조경기능사
실기

머리말

본 교재는 그동안 출제되었던 문제들을 철저히 분석하여 중요 핵심 부분만 정리함으로써 조경기능사 실기시험을 준비하고 있는 수험생들이 최소한의 시간 투자로 합격의 기쁨을 누릴 수 있도록 기획하였습니다.

조경기능사 실기시험은 조경설계(50점), 수목감별(10점), 시공(40점) 과목으로 구성되어 있으며 100점 만점에 60점 이상이면 합격하는 시험입니다.

본 저자는 조경 분야를 처음 접하더라도 설계부터 시공까지 무리 없이 학습할 수 있도록 중요 Point만 정리하였으며, 특히 최근에 출제되었던 문제만을 엄선하여 정리하는 과정에서 실제 수험생들이 제공한 기출유형을 분석하여 수록하였습니다.

조경기능사 실기시험을 준비하면서 가장 많이 힘들어 하는 부분이 조경설계 부분입니다. 수목 표현, 시설물 그리기, 이용자 그리기 등 초등학교 때 스케치해본 이후 몇십 년 만에 연필을 들고 그림으로 표현하려니 많이들 힘들어 합니다. 주어진 시간 2시간 30분 안에 완성해야 하므로 시간적 압박과 스트레스는 극에 달하고 이 과정에서 10명이면 5명은 포기라는 생각이 머릿속에 떠오릅니다.

이러한 여러분들의 어려움을 충분히 이해하고 있기에 쉽게 공부할 수 있는 방법과 노하우를 적절하게 표현하여 큰 어려움 없이 쉽게 공부할 수 있도록 이 책을 기획하게 되었습니다.

본 책의 특징

[조경설계]

❶ 최근 기출문제를 바탕으로 핵심 Point 정리

❷ 수험생들과 함께 최신 설계도면 완벽 복원

❸ 평면도, 단면도 핵심 Point 유형별 분석

[수목감별]

❶ 빠른 이해를 위해 줄기, 가지, 잎, 꽃, 수형 등 수목감별 핵심 Point 정리

❷ 수험생들과 함께 수목의 특징 표현 복원

[조경작업(시공)]

❶ 시험유형별 작업순서 및 중요 Point 정리

❷ 최신 질의응답 내용 완벽 복원

마지막으로 이 책이 완성되기까지 물심양면으로 도와주신 모든 분들께 감사드립니다. 특히, 나도패스 대표님과 임직원 여러분께 진심으로 감사드리며, 더불어 도서출판 예문사 사장님 이하 임직원 여러분께도 감사를 드립니다. 그리고 항상 저에게 응원과 용기를 주시는 어머니와 사랑스러운 아내, 딸 윤서에게도 고마움을 전합니다.

저자 **정 용 민**

시험 정보

조경기능사 자격시험 안내

■ 자격명 : 조경기능사
■ 영문명 : Craftsman Landscape Architecture
■ 관련 부처 : 국토교통부
■ 시행기관 : 한국산업인력공단

❶ 시험일정(2024년 시행기준)

구분	필기원서 접수 (인터넷)	필기시험	필기 합격 (예정자) 발표	실기원서 접수	실기시험	최종합격자 발표일
2024년 정기 기능사 1회	2024.01.02 ~2024.01.05	2024.01.21 ~2024.01.24	2024.01.31	2024.02.05 ~2024.02.08	2024.03.16 ~2024.03.29	2024.04.09 2024.04.17
2024년 정기 기능사 2회	2024.03.12 ~2024.03.15	2024.03.31 ~2024.04.04	2024.04.17	2024.04.23 ~2024.04.26	2024.06.01 ~2024.06.16	2024.06.26 2024.07.03
2024년 정기 기능사	산업수요 맞춤형 고등학교 및 특성화고등 필기시험 면제자 검정 (일반 필기시험 면제자 응시불가)			2024.05.21 ~2024.05.24	2024.06.16 ~2024.06.21	2024.07.03 2024.07.10
2024년 정기 기능사 3회	2024.05.28 ~2024.05.31	2024.06.16 ~2024.06.20	2024.06.26	2024.07.16 ~2024.07.19	2024.08.17 ~2024.09.03	2024.09.11 2024.09.25
2024년 정기 기능사 4회	2024.08.20 ~2024.08.23	2024.09.08 ~2024.09.12	2024.09.25	2024.09.30 ~2024.10.04	2024.11.09 ~2024.11.24	2024.12.04 2024.12.11

※ 2025년 시험일정은 2024년 12월 전후로 Q-net에 공지 예정
※ 원서접수시간은 원서접수 첫날 10 : 00부터 마지막 날 18 : 00까지
※ 필기시험 합격예정자 및 최종합격자 발표시간은 해당 발표일 09 : 00
※ 시험일정은 종목별, 지역별로 상이할 수 있음
※ 접수일정 전에 공지되는 Q-net 공지사항 확인 필수

❷ 취득방법

1. 시행처
   한국산업인력공단
2. 관련 학과
   전문계 고등학교의 조경과, 원예과, 농학과
3. 시험과목
   - 필기 : ① 조경일반 ② 조경재료 ③ 조경시공 및 관리
   - 실기 : 1일차－1차 실기시험(도면설계작업, 수목영상감별)
     2일차－2차 실기시험(조경시공 실무작업 2개 과정)
4. 검정방법
   - 필기 : 객관식 4지 택일형 60문항(60분)
   - 실기 : 작업형(3시간 30분 내외)
5. 합격기준
   100점 만점 60점 이상

기본정보

❶ 개요

급속한 산업화의 도시화에 따른 환경의 파괴로 인하여 환경 복원과 주거환경 문제에 대한 관심과 그 중요성이 빠르게 부각됨으로써 공종별 전문인력으로 하여금 생활공간을 아름답게 꾸미고 자연환경을 보호하고자 도입되었다.

❷ 변천과정

1982.04.29. 대통령령 제10802호	1991.10.31. 대통령령 제13494호	1998.05.09. 대통령령 제15794호	현재
조원기능사2급	조경기능사2급	조경기능사	조경기능사

❸ 수행직무

자연환경과 인문환경에 대한 현장조사를 수행하여 기본구상 및 기본계획을 이해하고, 부분적 실시설계를 이해하며, 현장여건을 고려하여 시공을 통해 조경 결과물을 도출하고 이를 관리하는 행위를 수행하는 직무이다.

❹ 실시기관

한국산업인력공단(홈페이지 http://www.q-net.or.kr)

❺ 진로 및 전망

조경식재 및 조경시설물 설치공사업체, 공원(실내, 실외), 학교, 아파트 단지 등의 관리부서, 정원수 및 재배업체에 취업할 수 있으며, 거의 대부분 일용직으로 근무하고 있다. 조경공사는 건축물이 어느 정도 완공된 시점부터 시작되므로 건설경기가 회복된 시점보다 1~2년 정도 늦게 나타나게 된다. 따라서 조경기능사 자격취득자에 대한 인력수요는 당분간 현수준을 유지할 것으로 보이지만 각종 자연의 파괴, 대기오염, 수질오염 및 소음 등 각종 공해문제가 대두됨으로써 쾌적한 생활환경에 대한 욕구를 충족시키기 위해 조경에 대한 중요성이 증대되어 장기적으로 인력수요는 증가할 전망이다.

❻ 검정 현황

연도	필기			실기		
	응시	합격	합격률(%)	응시	합격	합격률(%)
2023	17,970	9,282	51.7	8,846	7,762	87.7
2022	16,486	8,681	52.7	8,705	7,474	85.9
2021	18,092	8,401	46.4	8,537	7,431	87
2020	13,443	6,241	46.4	6,235	5,659	90.8
2019	12,842	5,229	40.7	5,692	5,194	91.3
2018	10,656	4,480	42	5,383	5,006	93
2017	8,951	4,359	48.7	5,063	4,460	88.1
2016	9,222	3,979	43.1	4,922	4,334	88.1
2015	9,844	3,967	40.3	4,985	4,180	83.9
2014	10,166	3,441	33.8	4,718	4,211	89.3
2013	10,561	3,725	35.3	4,986	4,533	90.9
2012	10,246	4,156	40.6	5,243	4,576	87.3
2011	11,606	4,292	37	5,675	4,728	83.3
2010	11,276	5,496	48.7	6,625	5,666	85.5
2009	9,422	5,329	56.6	6,486	5,211	80.3
2008	5,278	2,935	55.6	4,300	2,879	67
2007	4,596	2,840	61.8	3,765	2,891	76.8
2006	3,404	1,534	45.1	2,539	1,816	71.5
2005	2,974	1,719	57.8	2,634	2,097	79.6
2004	1,735	1,011	58.3	1,787	1,452	81.3
2003	1,491	606	40.6	1,354	1,054	77.8
2002	1,275	581	45.6	1,298	1,075	82.8
2001	1,743	661	37.9	1,577	1,408	89.3
1982~2000	12,215	3,843	31.5	18,038	14,502	80.4
소 계	215,494	96,788	44.9	129,393	109,599	84.7

조경기능사 실기 출제기준

직무분야	건설	중직무분야	조경	자격종목	조경기능사	적용기간	2025.1.1.~2027.12.31.

• 직무내용 : 조경 실시설계도면을 이해하고 현장여건을 고려하여 시공을 통해 조경 결과물을 도출하여 이를 관리하는 직무이다.
• 수행준거 : 1. 개인주택, 주거단지의 소정원, 공원의 커뮤니티 정원 등을 대상으로 대상지 조사를 통해 공간을 구상하여 기본계획안을 수립하고 기반설계, 식재설계, 시설설계 등에 관한 설계업무를 수행할 수 있다.
2. 조경설계를 효율적으로 수행하기 위해서 기초적으로 갖추어야 할 조경재료에 대한 이해를 토대로 도서와 전산응용도면을 활용할 수 있다.
3. 설계도서에 따라 시공계획을 수립한 후 현장여건을 고려하여 기반을 조성하고, 잔디를 식재하며 파종할 수 있다.
4. 설계도서에 따라 시공계획을 수립한 후 현장여건을 고려하여 기능적 · 심미적으로 조경포장 공사를 할 수 있다.
5. 설계도서에 따라 시공계획을 수립한 후 실내여건을 고려하여 식물과 조경시설물을 생태적 · 기능적 · 심미적으로 식재하고 설치할 수 있다.
6. 식물을 굴취, 운반하여 생태적 · 기능적 · 심미적으로 식재할 수 있다.
7. 연간 정지전정 관리계획을 수립하여 낙엽 · 상록 교목, 관목류에 있어 가지치기, 수관 다듬기를 수행할 수 있다.
8. 관수, 지주목 관리, 멀칭관리, 월동관리, 장비 유지 관리, 청결 유지 관리, 실내 식물 관리를 수행할 수 있다.
9. 설계도서에 따라 필요한 자재와 시설물을 구입하여 조경시설물을 기능적 · 심미적으로 배치하고 설치할 수 있다.
10. 완성된 공사목적물을 발주처의 준공 승인 및 지자체 인수인계 전까지 식물의 생장과 조경시설의 기능을 유지시키기 위한 업무를 수행할 수 있다.

실기검정방법	작업형	시험시간	3시간

실기과목명	주요항목	세부항목	세세항목
조경 기초 실무	1. 조경기초설계	1. 조경디자인요소 표현하기	1. 점, 선, 면 등을 활용하여 각종 도형을 그릴 수 있다. 2. 레터링기법과 도면기호를 도면에 표기할 수 있다. 3. 조경식물재료와 조경인공재료의 특징을 표현할 수 있다. 4. 조경기초도면을 작성할 수 있다.
		2. 조경식물재료 파악하기	1. 조경식물재료의 성상별 종류를 구별할 수 있다. 2. 조경식물재료의 외형적 특성을 비교할 수 있다. 3. 조경식물재료의 생리적 특성을 조사할 수 있다. 4. 조경식물재료의 기능적 특성을 구분할 수 있다. 5. 조경식물재료의 규격을 조사하여 가격을 확인할 수 있다.
		3. 조경인공재료 파악하기	1. 조경인공재료의 종류를 파악할 수 있다. 2. 조경인공재료의 종류별 특성을 조사할 수 있다. 3. 조경인공재료의 종류별 활용 사례를 조사할 수 있다. 4. 조경인공재료의 생산 규격을 조사하여 가격을 확인할 수 있다.
		4. 전산응용도면(CAD) 작성하기	CAD에서 작성한 도면을 저장하고 출력할 수 있다.
	2. 조경설계	1. 대상지 조사하기	1. 대상지 주변의 여건과 계획 내용을 고려하여 특성을 찾을 수 있다. 2. 대상지 현황을 조사하고 분석할 수 있다.

실기과목명	주요항목	세부항목	세세항목
조경 기초 실무	2. 조경설계	1. 대상지 조사하기	3. 대상지 경계가 확정된 기본도(basemap)를 작성할 수 있다. 4. 조사된 자료를 바탕으로 현황 분석도를 작성할 수 있다.
		2. 관련분야 설계 검토하기	1. 건축도면을 검토하여 건축설계의 개요와 건물 내외 공간의 관계, 출입동선 등을 파악할 수 있다. 2. 토목도면을 검토하여 주요 지점의 표고, 옹벽구조물, 차량 접근도로, 우배수 시설 등을 파악할 수 있다. 3. 전기, 설비도면을 검토하여 전기 및 설비 관련 부대시설 등을 파악할 수 있다.
		3. 기본계획안 작성하기	1. 세부적인 공간과 동선을 배치하여 기본구상개념도를 작성할 수 있다. 2. 세부공간별 구상 내용에 맞는 이미지와 스케치를 작성하고 검토할 수 있다. 3. 동선을 배치하고 지반고에 따라 계단과 경사로 등을 계획할 수 있다. 4. 경관연출을 위해 지반고를 결정하고 포장 등을 계획할 수 있다. 5. 세부공간 기능과 경관연출을 위해 주경식물의 크기와 식재위치를 계획할 수 있다. 6. 세부공간 기능과 경관연출을 위해 주요 점경물과 조경시설을 배치할 수 있다. 7. 다양한 채색 도구와 표현기법을 활용하여 기본계획안을 작성할 수 있다.
		4. 조경기반 설계하기	1. 계획 지반고를 결정하고 부지 정지설계를 할 수 있다. 2. 지반고를 검토하여 조경구조물, 주차장, 대문, 담장 등을 설계할 수 있다. 3. 관련분야 계획에 맞추어 배수, 급수, 전기 등의 필요한 기반시설을 설계할 수 있다.
		5. 조경식재 설계하기	1. 조경 내 식물생육을 위한 식재기반을 설계할 수 있다. 2. 식물의 생태적 특성을 고려하여 정원의 주요 식물을 선정할 수 있다. 3. 식물의 생육환경과 경관을 고려하여 식재설계를 할 수 있다. 4. 정원식재를 위한 평면도, 입면도, 단면도, 상세도 등을 작성할 수 있다.
		6. 조경시설 설계하기	1. 정원공간의 기능과 미적 효과를 고려하여 조경시설을 선정하고 배치할 수 있다. 2. 연못, 벽천, 실개천, 분수 등 수경시설을 설계할 수 있다. 3. 원로의 기능에 맞는 포장재료와 단면상세를 결정하고 상세패턴설계를 할 수 있다. 4. 투사등, 볼라드등, 잔디등, 벽부착등 등을 활용한 조명설계를 할 수 있다. 5. 정원시설의 평면도, 입면도, 단면도, 상세도 등을 작성할 수 있다.
		7. 조경설계도서 작성하기	1. 조경의 공사비를 산출할 수 있다. 2. 설계도면과 공사시방서를 작성할 수 있다.
	3. 기초 식재공사	1. 굴취하기	1. 설계도서에 의한 수목의 종류, 규격, 수량을 파악할 수 있다. 2. 굴취지의 현장여건을 파악할 수 있다. 3. 수목뿌리 특성에 적합한 뿌리분 형태를 만들 수 있다. 4. 적합한 결속재료를 이용하여 뿌리분 감기를 할 수 있다. 5. 굴취 후 운반을 위한 보호조치를 할 수 있다.
		2. 수목 운반하기	1. 수목의 상하차작업을 할 수 있다. 2. 수목의 운반작업을 할 수 있다.

실기과목명	주요항목	세부항목	세세항목
조경 기초 실무	3. 기초 식재공사	2. 수목 운반하기	3. 수목특성을 고려하여 수목의 보호조치를 할 수 있다.
		3. 교목 식재하기	1. 수목별 생리특성, 형태, 식재시기를 고려하여 시공할 수 있다. 2. 설계도서에 따라 적절한 식재패턴으로 식재할 수 있다. 3. 수목 종류 및 규격에 적합한 식재를 할 수 있다. 4. 식재 전 정지전정을 하여 수목의 수형과 생리를 조절할 수 있다. 5. 식재 전후 수목의 활착을 위하여 적절한 조치를 수행할 수 있다.
		4. 관목 식재하기	1. 설계서에 의거, 관목을 식재할 수 있다. 2. 관목 종류별 생리특성, 형태, 식재시기를 고려하여 단위면적당 적정수량으로 식재할 수 있다. 3. 관목의 종류, 규격, 특성에 적합하게 식재할 수 있다. 4. 식재 전후 관목의 활착을 위한 보호조치를 수행할 수 있다.
		5. 지피 초화류 식재하기	1. 지피 초화류의 특성을 고려하여 설계도서와 현장상황의 적합성을 판단할 수 있다. 2. 지피 초화류의 종류별 식재시기를 고려하여 식재할 수 있다. 3. 설계서에 따라 지피 초화류의 생태특성을 고려하여 단위면적당 적정 수량으로 식재할 수 있다. 4. 활착을 위한 부자재의 사용과 관수 등 적절한 보호조치를 할 수 있다.
	4. 조경시설 공사	1. 시설물 설치 전 작업하기	1. 설계도서를 근거로 설치할 시설물의 수량을 파악할 수 있다. 2. 각 시설물의 재료와 설치공법을 설치작업 이전에 검수할 수 있다. 3. 각 시설물의 적정한 기초, 마감재, 결합부를 이해하고 시공할 수 있다.
		2. 안내시설 설치하기	1. 안내시설의 현장시공 적합성을 검토할 수 있다. 2. 안내시설 설치장소의 적합성을 검토할 수 있다. 3. 기초부와의 연결, 바탕면과의 연결부 등에 적합하게 시공할 수 있다.
		3. 옥외시설 설치하기	1. 설계된 옥외시설의 현장시공 적합성을 검토할 수 있다. 2. 옥외시설 설치장소의 적합성을 검토할 수 있다. 3. 옥외시설의 높이, 폭, 포장처리, 기울기 등을 적합하게 시공할 수 있다.
		4. 놀이시설 설치하기	1. 설계된 놀이시설의 현장설치에 대한 적합성을 검토하고 시공할 수 있다. 2. 놀이시설물 설치장소의 안정성을 검토할 수 있다. 3. 하부 포장재별로 연계성을 고려하여 시공할 수 있다.
		5. 운동시설 설치하기	1. 설계된 운동시설의 현장설치에 대한 적합성을 검토하고 시공할 수 있다. 2. 운동시설 설치장소의 적합성을 검토할 수 있다. 3. 운동시설에 적합한 포장재를 선정하여 시공할 수 있다.
		6. 경관조명시설 설치하기	1. 설계된 경관조명시설의 현장설치에 대한 적합성을 검토할 수 있다. 2. 경관조명등 설치장소의 적합성을 검토할 수 있다. 3. 주변경관에 적합한 등기구 설치공사를 할 수 있다.
		7. 환경조형물 설치하기	1. 제작된 환경조형물과 디자인 개념의 적합성에 대해 검토할 수 있다. 2. 환경조형물 설치장소의 적합성을 검토할 수 있다. 3. 작가 및 설계자의 작품의도를 충분한 협의과정을 거치면서 시공할 수 있다.

실기과목명	주요항목	세부항목	세세항목
조경 기초 실무	4. 조경시설 공사	8. 데크시설 설치하기	1. 설계된 데크시설의 현장설치에 대한 적합성을 검토할 수 있다. 2. 데크시설물의 재료 선정과 공법의 적합성을 검토할 수 있다. 3. 데크를 구조적으로 안정되게 시공할 수 있다.
		9. 펜스 설치하기	1. 설계된 펜스의 현장설치에 대한 적합성을 검토할 수 있다. 2. 펜스 설치장소의 적합성을 검토할 수 있다. 3. 펜스를 구조적으로 안정되게 시공할 수 있다.
	5. 조경포장공사	1. 조경포장기반 조성하기	1. 포장설계도면에 따라 현장에 포장공간별로 정확히 구획할 수 있다. 2. 설계도서에 따라 기초 토공사 후 원지반 다짐을 할 수 있다. 3. 기층재를 설계도서에 따라 균일한 두께로 포설하고 다짐할 수 있다. 4. 설계도서에 따라 건식과 습식의 방법에 따른 기반조성을 할 수 있다.
		2. 조경포장경계 공사하기	1. 설계도서와 현장상황을 검토하여 마감높이와 구배를 결정할 수 있다. 2. 정해진 위치에 규준틀을 설치하고, 겨냥줄을 조일 수 있다. 3. 설계도면에 따라 포장경계를 설치할 수 있다.
		3. 친환경흙포장 공사하기	1. 설계도서의 배합기준에 따라 재료배합을 할 수 있다. 2. 색상, 두께, 재질 등을 동일하게 유지하며 시공할 수 있다. 3. 포장 후 파인 곳은 동일 재질 및 색깔로 보완시공할 수 있다.
		4. 탄성포장 공사하기	1. 설계도서에 적합한 탄성포장재의 하부기층을 설치할 수 있다. 2. 공사시방서에 따라 현장타설 탄성포장공사를 할 수 있다. 3. 설계도서에 따라 조립형 탄성포장재를 조립하여 시공할 수 있다.
		5. 조립블록포장 공사하기	1. 설계도서에 따라 건식, 습식 공사법으로 시공할 수 있다. 2. 설계도서에 따라 조립블록을 포설하고 줄눈을 조정할 수 있다. 3. 포장단부를 마감블록으로 마감할 수 있다. 4. 줄눈을 채우고 표면을 다져 마감공사를 할 수 있다.
		6. 조경투수포장 공사하기	1. 설계도서에 따라 투수포장재를 균일하게 포설할 수 있다. 2. 가열혼합물은 포설 후 적절한 장비를 선정하여 균일하게 전압하여 평탄성을 확보할 수 있다. 3. 표층을 마무리한 뒤 표면이 상하지 않도록 잘 보양할 수 있다.
		7. 조경콘크리트포장 공사하기	1. 기층재를 균일하게 포설하고 다짐할 수 있다. 2. P.E 필름, 와이어메시를 깔고 콘크리트를 균일하게 타설할 수 있다. 3. 포장 후 수축 · 팽창에 대한 줄눈을 설치할 수 있다.
	6. 잔디식재공사	1. 잔디기반 조성하기	1. 설계도서와 현장상황의 적합성을 파악할 수 있다. 2. 설계도서에 따라 식재기반을 조성할 수 있다. 3. 잔디식재지의 특성에 따른 적정한 관수시설을 설치할 수 있다.
		2. 잔디식재하기	1. 설계도서에 따라 잔디소요량을 산출하여 적기에 반입할 수 있다. 2. 설계도서와 잔디식재 지반에 따라 적정한 식재공법으로 시공을 할 수 있다. 3. 식재공법에 적합한 배토 및 전압을 할 수 있다. 4. 잔디식재 후의 생육을 위하여 시비, 관수, 깎기, 차광막 설치 등의 관리조치를 할 수 있다.

실기과목명	주요항목	세부항목	세세항목
조경 기초 실무	6. 잔디식재공사	3. 잔디파종하기	1. 설계도서에 따라 적정 품종, 품질, 파종량 등을 고려하여 잔디종자를 확보할 수 있다. 2. 설계도서에 따라 파종시기, 방법을 결정할 수 있다. 3. 파종 시 적정 피복두께를 유지하여 시공할 수 있다. 4. 설계도서에 따라 파종공간에 적정량의 종자를 균일하게 파종을 할 수 있다. 5. 파종 후 발아상태를 확인해서 보파할 수 있다.
	7. 실내조경공사	1. 실내조경기반 조성하기	1. 설계도서와 실내환경의 적합성을 검토할 수 있다. 2. 실내환경과 특성에 적합한 조경공간을 조성할 수 있다. 3. 구체의 허용중량에 적합한 실내조경기반을 조성할 수 있다. 4. 실내조경기반 조성을 위한 방수 · 방근공사를 할 수 있다.
		2. 실내녹화기반 조성하기	1. 실내식물의 적정 유지관리를 위한 급 · 배수시설을 배치할 수 있다. 2. 식물 식재를 위한 구체를 설치하고 마감재를 장식할 수 있다. 3. 실내환경에 적합한 녹화기반을 조성할 수 있다.
		3. 실내조경시설 · 점경물 설치하기	1. 실내환경 · 특성에 적합한 조경시설을 조성할 수 있다. 2. 실내환경 · 특성에 적합한 조경시설물을 설치할 수 있다. 3. 실내환경 · 특성을 고려하여 점경물을 배치할 수 있다.
		4. 실내식물 식재하기	1. 설계도서의 계획개념에 따라 식물을 특성별로 구분하여 식재할 수 있다. 2. 실내식물의 품질기준과 조성 후 식물의 변화를 고려하여 배치할 수 있다. 3. 식물군의 최소조도에 적합한 세부위치와 간격을 유지하여 식재할 수 있다.
	8. 조경공사 준공 전 관리	1. 병해충 방제하기	1. 설계도서에 의해 식재된 수목의 특성에 따라 준공 전 유지관리내용을 파악할 수 있다. 2. 시기별로 수목에 발생하는 병해충의 종류를 파악하여 병해충방제를 할 수 있다. 3. 농약취급 및 사용법과 사용상 주의사항을 숙지하고, 방제인력에 대한 교육계획을 수립할 수 있다.
		2. 관배수관리하기	1. 수목식재 위치와 생리적, 생태적인 특성을 파악하여 관수와 배수의 필요성을 파악할 수 있다. 2. 수목의 활착에 필요한 건습도를 파악하여 가뭄 시 하자를 줄일 수 있도록 관수계획을 수립하고 관수할 수 있다. 3. 식재수목의 배수여건을 분석하고, 배수불량 지반을 관찰하여 원활한 배수방법을 수립할 수 있다.
		3. 시비관리하기	1. 수목별 생육상태를 조사하고, 적정 시비시기를 파악할 수 있다. 2. 식재지반의 토양특성과 적정한 비료특성을 파악하여 시비할 수 있다. 3. 수목별 적정 시비량을 계산하고, 시비방법과 부작용 시 대처방법을 파악할 수 있다.
		4. 제초관리하기	1. 식재지역에 발생하는 잡초의 종류 및 생리적 특성을 파악할 수 있다. 2. 식재지역에 발생하는 잡초방제방법과 시기를 알고 잡초를 제거할 수 있다. 3. 제초제의 특성을 파악하여 제초제를 선택하고, 사용상 주의사항을 파악할 수 있다.

실기과목명	주요항목	세부항목	세세항목
조경 기초 실무	8. 조경공사 준공 전 관리	5. 전정관리하기	1. 식재수목의 정지전정을 위한 수목의 생리적, 생태적인 특성을 파악할 수 있다. 2. 전정방법과 시기를 파악하고 수종별, 형상별로 전정할 수 있다. 3. 식재수목의 조속한 활착, 생육도모, 형태유지, 화목류의 화아분화특성 등을 고려하여 전정시기를 조정할 수 있다.
		6. 수목보호조치하기	1. 자연재해로 인해 발생하는 수목의 생리적, 생태적 특성을 파악할 수 있다. 2. 수목에 영향을 주는 피해종류와 특성을 파악할 수 있다. 3. 피해유형별 예방방법과 방지대책을 수립하고 수목보호를 위한 조치를 취할 수 있다.
		7. 시설물보수관리하기	1. 설계도서에 의해 시공된 조경시설물의 유지관리를 위한 점검리스트를 작성할 수 있다. 2. 시설물 재료별, 소재별 특성을 파악하고 시설물 유지관리 및 점검방법을 수립할 수 있다. 3. 급 · 배수시설 및 포장시설의 종류별 특성을 파악하여 점검계획을 수립하고 보수할 수 있다.
	9. 일반 정지전정 관리	1. 연간 정지전정 관리 계획 수립하기	1. 대상지역 식물을 생태적 분류방법에 의거하여 조사할 수 있다. 2. 조사된 식물을 생태적 분류방법에 의거하여 수종 및 규격별로 도서를 작성할 수 있다. 3. 정지전정을 미관적, 실용적, 생리조절과 개화결실을 위해 수행되는 목적을 달성하기 위해 구체적으로 결정할 수 있다. 4. 정지전정의 목적에 따라 대상지역의 주변환경과 이용자, 수종별 생리, 생태적 습성 등을 고려하여 시기와 작업량, 방법, 연간작업횟수 등을 결정할 수 있다. 5. 정지전정 목적에 따라 정지전정 대상과 시기를 월 단위로 연간정지전정계획표를 작성할 수 있다. 6. 정지전정 작업에 의해 발생한 부산물처리방법은 경제적 효율성 등을 고려하여 재활용 또는 폐기처리로 구분하여 결정할 수 있다. 7. 대상지역의 계절적 요인, 기상조건, 지역의 고유특성에 따라 일상점검계획표를 작성할 수 있다. 8. 정지전정 목적에 따라 필요한 도구, 기구, 안전관련 물품 등을 준비할 수 있다.
		2. 굵은 가지치기	1. 정지전정 목적에 따라 대상수목에 있어 잘라 주어야 할 굵은 가지를 선정할 수 있다. 2. 수목의 생리적 특성 등을 고려하여 작업시기를 결정할 수 있다. 3. 작업 대상가지의 굵기, 위치, 주변 작업요건 등을 고려하여 작업방법 및 작업량을 결정할 수 있다. 4. 작업 후 상처 크기와 유합조직 형성 등을 예찰하여 사후관리계획을 수립할 수 있다. 5. 작업의 효율성과 안정성을 고려하여 대상수목의 작업우선순위를 결정할 수 있다.

시험 정보

실기과목명	주요항목	세부항목	세세항목
조경 기초 실무	9. 일반 정지전정 관리	2. 굵은 가지치기	6. 작업방법 및 작업순서에 따라 필요한 장비와 기구, 인력을 운용할 수 있다. 7. 작업 중 발생하는 잔재물을 처리할 수 있다.
		3. 가지길이 줄이기	1. 수목의 생장속도나 수형의 균형을 잡아 주기 위하여 필요 이상으로 길게 자란 가지를 선정할 수 있다. 2. 수목의 생리적 특성과 개화시기 등을 고려하여 작업시기를 결정할 수 있다. 3. 작업 후의 고른 생육을 위하여 눈의 위치와 방향을 파악한 후 정지전정부위를 결정할 수 있다. 4. 겨울의 적설량과 여름의 강우량, 강풍 등에 대비하여 가지가 부러지거나 휘지 않도록 작업량을 적당히 조절할 수 있다.
		4. 가지솎기	1. 수형 향상, 채광, 통풍 또는 병해충예방 등의 목적에 따라 밀생가지가 있는 대상수목 및 대상가지를 선정할 수 있다. 2. 수목의 생리 및 작업효율성을 고려하여 작업시기 및 작업횟수, 작업량을 결정할 수 있다. 3. 수관 내부가 환하게 되도록 골고루 가지를 솎아줄 수 있다. 4. 수종별 고유형태가 형성될 수 있도록 수관 외부의 끝선을 고르게 정리할 수 있다. 5. 가지의 위치에 따라 효율적으로 작업하기 위하여 고지가위 등 작업목적에 적합한 작업장비, 도구, 기구를 선정할 수 있다.
		5. 생울타리 다듬기	1. 생울타리의 용도에 따라 형상과 높이, 폭을 결정할 수 있다. 2. 결정된 형상과 높이, 폭에 따라 각각의 수종별 생장속도, 맹아력, 화기 등을 파악하고 작업횟수와 작업시기를 결정할 수 있다. 3. 생울타리의 높이와 폭을 일정하게 하기 위하여 지주를 세우고 수평줄을 칠 수 있다. 4. 생울타리의 높이에 따라 윗면과 옆면의 작업순서를 결정할 수 있다. 5. 생장속도를 고려하여 정지전정 작업을 할 수 있다.
		6. 가로수 가지치기	1. 식재된 가로수의 특수기능과 역할에 따라 가로수의 수관형상을 결정할 수 있다. 2. 주변경관과의 조화, 수목의 생리적 특성 등을 고려하여 가로수의 수관폭 및 수관높이, 지하고 등을 결정하여 작업량을 산정할 수 있다. 3. 작업대상지역 차도의 차량 통행량과 인도의 보행자 통행량, 대상지역의 행사 등을 조사, 분석 후 그에 따라 교통처리계획과 작업시기를 결정할 수 있다. 4. 차량과 통행인에게 불편함이 없도록 작업 후의 잔재물 반출 등의 청소를 깨끗이 할 수 있다.
		7. 상록교목 수관 다듬기	1. 정지전정할 나무 수관의 형태를 보고 수목의 생리적 특성에 따라 만들고자 하는 수형을 결정하고, 기존에 수형이 형성되어 있으면 그 형성된 형태를 기준으로 수관을 다듬을 수 있다. 2. 수형을 다듬기 전에 수목의 생리적 특성에 따라 작업시기와 작업횟수, 작업량을 결정할 수 있다. 3. 작업의 효율성을 높이기 위하여 작업우선순위를 결정할 수 있다.

실기과목명	주요항목	세부항목	세세항목
조경 기초 실무	9. 일반 정지전정 관리	8. 화목류 정지전정하기	1. 수목의 크기를 줄이거나 다듬는 양에 따라 정지전정 횟수와 작업량을 결정할 수 있다. 2. 수목별 개화습성을 고려하여 정지전정 시기와 방법을 결정할 수 있다. 3. 정지전정 후 잔재물을 제거할 수 있다.
		9. 소나무류 순 자르기	1. 소나무 정지전정 시기를 생리적 특성 및 목적에 따라 결정하고 정지전정 횟수와 정지전정 방법을 결정할 수 있다. 2. 적아와 적심을 통하여 가지의 수량과 신장을 조절할 수 있다. 3. 나무 수형을 안정성이 있게 하기 위하여 순 따기 시기와 방법을 결정할 수 있다.
	10. 관수 및 기타 조경관리	1. 관수하기	1. 관수대상의 식재규모에 따라 관수방법을 검토 및 시행할 수 있다. 2. 관수대상지역의 면적과 단위관수량을 참고하여 소요되는 물의 양을 결정할 수 있다. 3. 기상조건을 고려하여 계절별 관수횟수와 관수시간을 적정하게 결정할 수 있다. 4. 관수대상 및 토양의 수분상태를 관찰하여 관수할 수 있다.
		2. 지주목관리하기	1. 계절별 요인 및 식재의 고유특성에 따라 지주목의 크기와 종류를 선택하여 설치할 수 있다. 2. 이용자의 안전을 고려한 지주목의 종류와 재료를 선택하여 안전사고발생을 미연에 방지할 수 있다. 3. 일상점검계획표에 따라 지주목의 노후 및 결속상태를 점검하고 보수 및 교체 작업을 할 수 있다.
		3. 멀칭관리하기	1. 멀칭대상지역에 따라 멀칭재료 및 멀칭방법을 선택할 수 있다. 2. 멀칭상태를 수시로 점검하여 원래 상태가 유지되고 있는지 관찰할 수 있다.
		4. 월동관리하기	1. 선정된 식물과 식재지역의 기후에 따라 월동재료와 월동방법을 결정할 수 있다. 2. 해체된 월동재료는 병해충 발생의 전염원이 될 수 있으므로 관리지역 밖으로 반출하거나 소각처리할 수 있다.
		5. 장비유지관리하기	1. 장비의 효율적인 관리를 위하여 보관 위치를 정하고 점검에 필요한 항목을 결정할 수 있다. 2. 장비는 점검에 필요한 항목에 따라 수시로 점검하여 언제든지 사용할 수 있도록 청결하게 유지할 수 있다.
		6. 청결유지관리하기	항상 청결을 유지하여 이용자 및 작업자의 안전사고를 예방할 수 있다.
		7. 실내식물관리하기	1. 해당 실내공간 및 식재된 실내식물의 특성을 파악하여 연간 실내식물관리계획을 수립할 수 있다. 2. 실내식물의 관수, 영양공급 등 생육상태 개선을 위한 작업을 실시할 수 있다. 3. 실내식물의 고사, 생육조건(채광, 통풍, 온 · 습도 등) 변경에 따른 실내식물의 선택, 교체를 할 수 있다. 4. 입면녹화시설에 대한 주기적인 관리를 할 수 있다.

공부 방법

여러분들의 필기시험 합격을 진심으로 축하드립니다.
이제 실기시험 준비에 전력을 다하여 최종 합격의 기쁨을 누리시기 바랍니다.
필기는 암기 위주로 공부하지만 실기는 눈으로 보고, 몸으로 작업하고, 설계를 해야만 합격할 수 있습니다. "노력만이 합격이다"라고 생각하시면 됩니다.

점수 배점표
1 조경설계(평면도, 단면도) 50점
2 수목감별 10점
3 조경작업(시공) 40점

❶ 조경설계 공부법

1) 조경기능사 실기는 어린이를 위한 놀이공간을 기준으로 시험문제가 출제됩니다.
   - 기출유형은 수공간, 캐스케이드, 미로담장, 야외무대, 옥상조경, 기념공원, 장애인램프, 소공원, 기타 새로운 유형이 출제됩니다.
   - 위 기본 도면을 바탕으로 새로운 유형이 추가되면서 출제되기 때문에 기본 도면만 이해한다면 새로운 유형이 출제되어도 충분히 설계할 수 있습니다.

2) 현황도 유형 파악하기
   - 모든 설계조건은 80~90%가 교재에 수록된 내용과 비슷합니다.
   - 나머지는 새로운 유형을 추가하기 때문에 시설물에 대한 조건은 문제에 주어집니다.
   - 중부지방인지 남부지방인지, 수종은 몇 종인지, 시설물에 대한 규격이 있는지 파악합니다.

3) 설계시간 단축하기
   - 처음 도면을 설계하기 시작해서 완성하기까지 기본 4~5시간이 소요됩니다.
   - 시간 단축을 위해서는 제도 용구가 내 몸과 하나가 되어야만 시간을 단축할 수 있습니다.
   - 여러 시설물을 그리다 보면 나도 모르게 빨리 그리기 위한 노하우가 축적됩니다.
   - 수목표현 또한 처음에는 어색하지만 하다보면 익숙해져서 여러 표현이 쉽게 나옵니다.
   - 첫 번째 도면부터 마지막 도면까지 시간을 체크하면서 일단 한 번씩 설계합니다. 다시 처음부터 도면을 설계할 때 시간 단축이 많이 된다는 것을 확인할 수 있습니다.

❷ 수목감별 공부법

- 대부분의 수험생들이 수목감별(10점)을 포기하는 경우가 많습니다. 조금만 노력하면 10개 이상은 맞힐 수 있습니다.
- '120종' 중에서 '20종'이 출제되기 때문에, 수종 이름을 알고 있어야 정답을 쓸 수 있습니다.
- 수목 이름을 알아도 아래처럼 쓰면 오답 처리됩니다.
  예 등(○)－등나무(×), 앵도나무(○)－앵두나무(×), 아까시나무(○)－아까시아나무(×)
- 빔 프로젝트를 이용해서 전체 수형, 꽃, 잎, 열매 등을 보여 주는데, 그중에서 특징적인 부분만 알고 있으면 정답을 쓰는 데 큰 문제는 없습니다.
  예 가지에 화살 깃 모양이 있으면 정답은 화살나무
  줄기가 백색이면 정답은 자작나무
- 수목원, 근린공원, 학교주변 등에 있는 수목을 눈여겨보는 것도 큰 도움이 됩니다.

❸ 조경작업(시공) 잘하는 법

- 시공은 합격하는 데 큰 역할을 하며, 만약 시공을 잘못했을 경우 불합격될 확률이 큽니다.
- 모든 시공은 순서에 맞게 정확해야 합니다.
- 감독관 질문에 대한 답변을 해야 하기 때문에 순서에 맞게 답변을 준비해야 합니다.
- 모든 시험은 같은 조건에서 보기 때문에 나이가 많고, 여자라고 해서 예외일 수는 없습니다. 망치질하기, 톱질하기, 드릴 사용하기 등 수험자가 직접 시공해야 합니다.
- 숙련된 시공을 보기 때문에 몸으로 익히면서 연습하는 것이 좋습니다.

오프라인 교육생 합격 수기

"열정적인 선생님 덕분입니다"

수강생 최OO

조경기능사 최종 합격했습니다.
나름 자격증이 제법 있는데, 조경기능사 자격증 합격의 기쁨이 엄청 컸습니다.
필기는 본인과의 싸움으로 어떤 과목과 다를 바 없는데, 실기는 많은 시간을 할애해야 했습니다.
자격증을 반드시 따고야 말겠다는 신념으로 시간과 열정을 쏟아부어 최종 자격증을 취득하고 보니 합격의 기쁨은 배가 되었습니다.
정용민 교수님의 열정은 타의 추종을 불허합니다.
모든 예시문을 하나라도 더 알려주시려고 애쓰셨으며, 하루 8시간을 지치지 않는 열정으로 강의해 주셔서 우리들도 시간가는 줄 몰랐습니다.
너무너무 감사드립니다.
흐트러지지 않게 끊임없이 과제를 내주셔서, 집에서 과제하느라 혼신의 힘을 쏟았습니다.
그렇게 이끌어 주셨기에 가능했습니다.
같이 공부했던 학우들도 모두 열심히 공부했기에 같이 갈 수 있었습니다.
힘든 시간이었지만, 합격으로 보답되어 정말 기쁩니다.
코로나로 인해 '강의가 폐쇄될까?, 시험이 연기될까?' 하면서 조마조마했는데, 모두 무탈하였고, 기사시험처럼 연기되지 않고 예정대로 마칠 수 있게 되어서 이또한 감사한 상황이었습니다.
교수님의 열정에 다시 한 번 깊은 감사 인사드립니다.
고맙고 감사합니다.

"시키는 대로만 했더니 합격했습니다"

수강생 권OO

조경이라는 생소한 과목에 두려움을 느끼며 주경야독에 입문했던 것이 5월 말. 강의실 벽면에 걸린 평면도를 보며 '나도 저렇게 제도할 수 있을까?' 하고 의구심을 가진 채 공부를 시작했습니다.
한 주 한 주 정용민 교수님의 강의를 들으면서 점차 자신감을 갖게 되었으며 7월 필기시험에서 87점이라는 준수한 성적으로 통과하였고, 이후 실기 강의를 시작하였습니다. 시키는 대로만 하면 틀림없이 합격할 것이라는 정용민 교수님의 말씀을 충실히 따랐기에 이렇게 조경기능사 자격증을 손에 넣을 수 있었습니다.
다시 한 번 교수님께 감사드립니다.
낙오 없이 모두 합격하신 동기 여러분께도 축하 인사드립니다.
감사합니다. 정교수님! 좋은 일만 가득하십시오.

"격려와 용기로 힘을 얻었습니다"

수강생 유OO

필기보다 실기의 도면은 너무 어려웠어요. 글씨도 예쁘지 않고 그림도 못 그리는데 암담하고 초조했어요. 선생님의 설명을 잘 듣고 따라하면 시간이 지날수록 현저히 달라질 것이라고 하셔서 반신반의하며 선생님께서 가르쳐 주시는 대로 따라 했지만 처음엔 엉망이었습니다.
집과 직장에서는 동영상강의를 반복하여 들으며 밤잠 설쳐가며 그리고 또 그렸습니다. 선생님께서 점점 좋아지고 있다고 하셔서 힘을 얻었습니다.
급우들의 도움도 아주 많이 받았습니다.
항상 격려와 용기와 힘을 주시는 선생님의 배려 덕분에 더 열심히 노력할 수 있었습니다.
끝까지 포기하지 않고 본인에게 믿음을 주셨던 선생님의 지도로 아주 좋은 경험을 하게 되었습니다. 내 인생 최고로 행복한 공부였습니다.
단합이 잘 되는 급우들을 만난 것도 행운이었습니다.
정말 감사합니다.

온라인 교육생 합격 수기

"반복적인 연습으로 자신감을 찾았습니다"

수강생 김○○

직장 말년차로서 은퇴 후에 무엇을 해볼까 하다가 '일단 자격증이라도 따놓자' 하는 생각에 조경분야가 마음에 끌려 〈주경야독 직업전문학교〉 조경기능사 주말반에 수강 신청을 하였고, 강의를 받으면서 조경에 대한 역사부터 이론에 대해 생소한 부분도 많았으나 정용민 교수님이 전원 합격이라는 사명감으로 수준을 높여가며 끊임없이 인도해 주셔서 필기시험을 잘 치를 수 있었었습니다.

실기 부분에서 설계 실습은 처음 접하는 부분이라 잘 모르기도 했고 따라하기도 쉽지 않았으나 교수님께서 주말마다 강의시간에 다양한 조경설계 설명과 실습뿐만 아니라 주중에 집에서 반복해서 설계해보도록 매주마다 과제를 주시고 첨삭을 해주셔서 한 단계 한 단계 이해도가 높아지고 재미를 느낄 수 있었으며 시공 분야 또한 시험장과 같은 환경의 실습 장소에서 실습을 해봄으로써 어느 정도 자신감도 갖게 되었습니다.

공부하는 데 다소 부족한 부분은 Open해주신 인터넷 강의를 통해서 반복 학습을 할 수 있어서 많은 도움이 되었고 이런 것들이 유기적으로 공부하고 훈련되면서 시험장에서 실기시험 볼 때 좀 떨리기는 했지만 큰 어려움 없이 소화해서 합격하지 않았나 합니다.

교육생 모두가 낙오하지 않고 합격할 수 있도록 끊임없이 수준을 높여가며 열정적으로 인도해주신 교수님께 다시 한번 감사드립니다….^^

교육 동기분들 ! 모두 모두 합격 축하합니다. ~~^^

"차별화된 강의와 요점정리가 합격의 비결입니다"

수강생 최○○

정용민 교수님의 실기 인강을 열심히 듣고 기능사 실기시험에 합격했습니다. 감사합니다.

열정적이고 훌륭한 내용의 강의였으며, 특히 각 분야별 중요도 순서로 간략하게 정리해 주시는 점이 타 강의들과 차별화되는 거 같습니다. 저는 도면 연습시간이 절대적으로 부족해서, 수정을 반복하다 도면 청결도 부문에서는 낙제점 수준이었지만, 개념을 이해하고 있다는 점을 열심히 표현하기만 해도 기본점수는 받을 수 있다는 교수님 말씀이 맞았습니다.

온라인 수강생의 질문에 전화까지 해주시는 정성도 감동이었습니다. 조경도면의 기본개념 이해에 큰 도움을 주신 정용민 교수님 감사드립니다.

조경기능사 시험을 준비하시는 분들의 합격을 기원합니다.

"조경기능사 합격으로 인생 2막을 열었습니다"

수강생 박○○

지난 여름은 어떻게 지나 갔는지 모르겠다. 내 기억엔 그리 덥지는 않았던 것으로 기억되지만 그 반대의 사람도 있을 것이다. 아주 오랜만에 공부 같은 공부를 했다.

올해로 내 나이 환갑이다. 환갑기념 및 노후대비로 무언가 의미 있는 준비를 하기 위해 찾던 중 딸아이 생각이 났다. 딸은 대학에서 조경, 산림학을 전공하고 작년에 공무원이 되어 열심히 일하고 있다. 평소 이런저런 대화 중에 조경에 대한 이야기가 많이 나오고 그때마다 좀 알면 더 좋겠다고 생각만 가지고 있었는데 올 초에 30여 년 전 군대고참을 만난 자리에서 그분도 조경공부를 한다며 나에게도 추천하는 것이 아닌가!

나와는 전혀 다른 분야라 다소 두렵기도 했지만 용기 내어 시작했다. 5월 1일부터 공부를 시작하여 7월 15일 필기시험, 8월 26일 실기시험까지 한 번에 합격할 수 있어 무척 기쁘다. 조경기능사 실기 강의를 들으며 정용민 강사님의 "나만 믿고 따라오면 합격한다"는 그 말만 믿고 열심히 한 덕분에 합격할 수 있었다. 특히, 현황도/설계도는 초기 10장을 그리니 감이 잡히고 20장을 그리니 자신감이 생겼다. 모두 35장을 그렸다. 특히 시험 직전에 올려준 옥상조경 설계도는 시험에 나오지는 않았지만 매우 큰 도움이 되었다.

"조경에 대한 사랑이 더욱 커졌습니다"

수강생 김○○

저는 늦깎이로 조경에 도전했던 사람입니다. 조경 경험도 없고, 주변에 도움을 받을 데도 없어서 정용민 강사님의 인강으로 시험을 준비했습니다.
필기는 합격의 한계와 공부범위의 한계를 잘 규정해서 강의해주신 덕분에 85점으로 우수하게 통과하였습니다. 실기는 제도 41점(82%), 식물감별 4.5점(45%), 실습 27점(67.5%), 총 73점으로 무사히 통과했습니다.
이제부터는 현장에서 배운 지식을 토대로 열심히 하겠습니다.
정용민 강사님의 세세함과 업그레이드 능력에 감사드립니다.
저처럼 공부하시는 분들을 위해 제 나름의 팁을 남긴다면 필기는 처음엔 몰라도 반복해서 듣다보면 시험 때 정답이 이것 같다는 확신이 생깁니다. 시중의 교재 중에는 기사시험대비와 혼동되어 다소 어려운 것들이 많습니다. 기능사를 준비하신다면 교재선택에 신중을 기하시기 바랍니다.
실기는 첫째, 제도를 완벽하게 지도해주신 덕에 정말정말 완벽하게 할 수 있었습니다. 저라면 실기 중에 제도에 전력을 다하겠습니다.
둘째, 식물감별은 정말 어렵습니다. 스트레스 받지 마시고, 평소 알고 있는 것들(석류나무, 모과나무 등)만 생각하신다면 기본 3점 이상 받습니다. 욕심내지 마십시오. 저는 시험을 치른 후 좌절을 맛보기도 했습니다. 노력에 비해 점수 얻기가 정말 힘듭니다.
실습의 경우 제 생각에는 평가관들이 만점은 주지 않고 평균 70~80점을 준다고 생각합니다. 저는 묘목심기와 삼발이 지주목 세우기에서 지주목이 부서져 있어서 감점을, 수간주사에서는 공기 방울을 빼지 않아서 감점을 받아 이 부분은 아슬아슬했던 것 같습니다. 강사님의 강의 실습모습을 잘 살피시고, 시험 때는 아주 천천히 그리고 주변을 돌아보면서(커닝은 아니지만) 하시면 저보다는 훨씬 좋은 점수를 얻을 것입니다.
시험을 준비하면서 조경에 대한 사랑이 매우 많이 커진 것에 제 스스로 감사드립니다.
정용민 강사님 정말 고맙습니다. 늘 건강하십시오.

"강의 내용, 강의 교재 모두 국내 최고입니다"

수강생 추○○

우선 정용민 교수님께 감사의 말씀을 드립니다.
저는 1, 2차 모두 정용민 교수님의 동영상 강의를 수강했는데요. 발음과 강의내용이 너무나 간결하고 깔끔해서 이해가 잘 되었고, 강의내용뿐만 아니라 교재도 중요도가 표시되어 있어서 조경기능사 교수로는 국내 최고인 것 같습니다.
덕분에 환갑이 지났지만 1차 40일, 2차 50일 만에 합격하였습니다. 참고로 저는 1차 시험에 공부할 시간이 부족하여 이해 위주로 하였고, 기출문제는 거의 안 풀었는데도 71.66점이 나오더라고요.
제 개인적인 생각으로는 기출문제 위주는 오히려 시간이 더 걸리고 더 고생스럽고 더 빨리 잊어버리고 점수도 덜 나올 것 같습니다. 따라서 더 위험한 것 같습니다. 1, 2차 모두 교수님이 하라는 대로만 하면 모두 합격 가능하다고 생각됩니다.
다시 한 번 감사드립니다.
정용민 교수님, 파이팅!

차 례

PART 01 설계이론

PART 02 시공

차례

PART 03 기출복원문제 및 해설

PART 04 부록

1 설계이론

01장 조경설계

01 제도의 개념 및 제도용구

1 제도의 개념

제도는 제도용구를 사용하여 설계자의 구상을 선, 기호, 문자 등으로 제도용지에 표시하는 일로 도면은 시공자가 시공하는 데 필요한 내용이므로 간결하고 정확해야 하며, 누구나 쉽게 이해할 수 있도록 작성해야 한다.

▼ 도면 작성 시 기본원칙

통일성	선, 문자, 기호를 정확하고 통일성 있게 쉽게 표현
간결성	누구나 쉽게 알 수 있도록 간결하게 표현
청결성	도면이 더러워지지 않도록 항상 청결을 유지

2 제도용구

명 칭	용 도
제도판	고정식 제도판과 이동식 제도판이 있다.
T자 및 삼각자	제도판 위에 제도용지를 부착하여 제도를 하는데, 이때 T자나 평행자를 이용하여 평행선을 긋거나 삼각자(30°, 45°, 60°)와 조합하여 수직선과 사선을 긋는 데 사용한다.
삼각 축척자	단면이 삼각형으로 각 변에 1/100에서 1/600까지의 축척 눈금이 새겨져 있으며, 실물의 크기를 도면 내에 축소한 치수로 표시하는 데 사용한다.
템플릿	템플릿은 크기가 다른 원, 사각, 타원 또는 각종 기호 등을 그리기 쉽게 얇은판(셀룰로이드나 아크릴)에 새겨 놓은 것으로 원형 템플릿은 수목을 표현할 때에 편리하게 사용할 수 있다(원형 템플릿 : 수목 표현, 종합 템플릿 : 시설물 표현).
운형자	여러 가지 곡선 모양을 본떠 만든 것으로, 불규칙한 곡선을 그을 때 사용한다.
자유곡선자	자유로운 곡선을 그릴 때 사용한다.

명 칭	용 도
필기도구	• 제도용 연필은 심의 굵기와 진한 정도에 따라 여러 종류로 나뉘는데, H의 수가 클수록 단단하고 흐리고, B의 수가 클수록 무르고 진하며, 일반적으로 HB, B, 2B, 4B, H, 2H 등이 많이 사용된다. • 샤프는 굵기에 따라 0.3, 0.5, 0.7, 0.9mm로 분류되며 세밀하고 명확한 제도를 할 수 있어야 한다.
제도 용지	A3와 비슷한 용지를 사용한다(기능사 A3, 기사 A2 사이즈). A4: 210 × 297 / A3: 297 × 420 / A2: 420 × 594 / A1: 594 × 841 / A0: 841 × 1,189
제도용 비	제도지 위의 불순물을 제거하기 위해 입으로 불거나 손으로 제거하면 침 또는 땀 등이 묻어 용지가 불균일하게 되는 경우가 많으므로 빗자루 등으로 깨끗이 쓸어낸다.
컴퍼스	원 또는 호를 그릴 때 사용한다.

A4	A3	A2	A1	A0
210 × 297	297 × 420	420 × 594	594 × 841	841 × 1,189

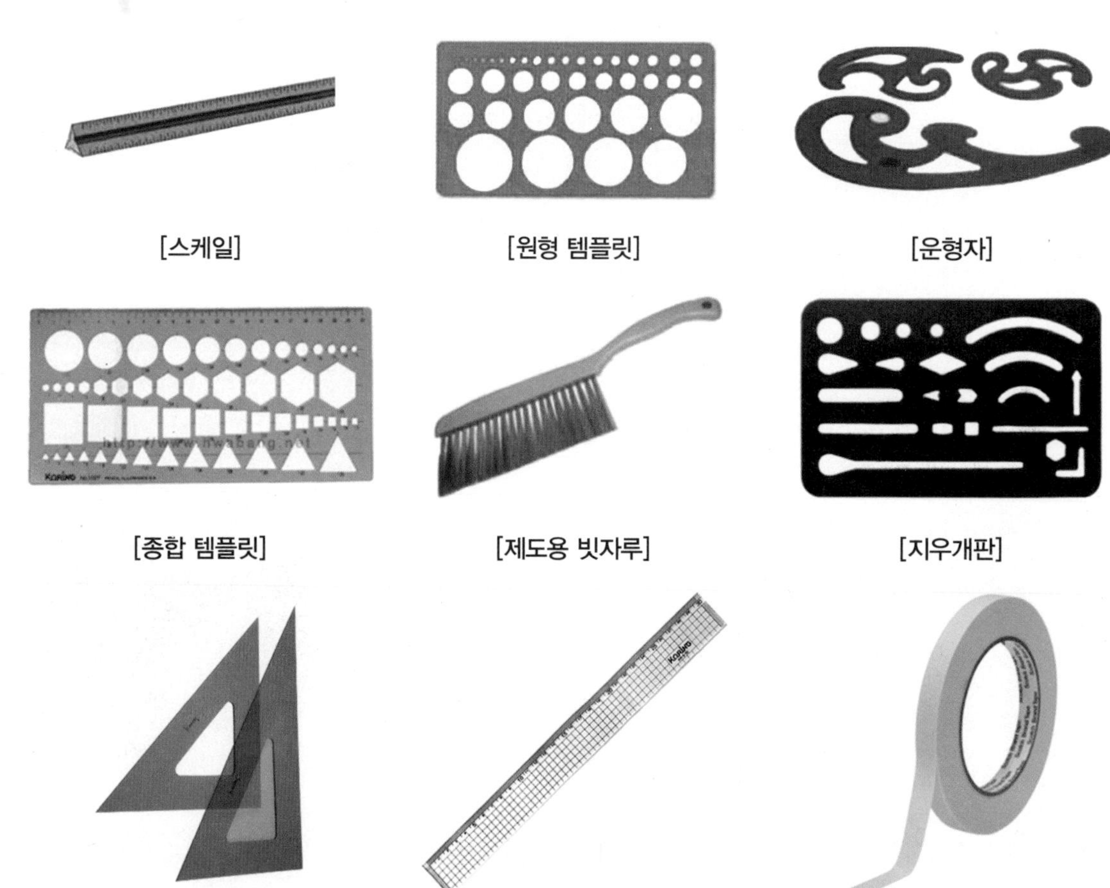

[스케일] [원형 템플릿] [운형자]

[종합 템플릿] [제도용 빗자루] [지우개판]

[삼각자] [방안자(30cm)] [마스킹테이프]

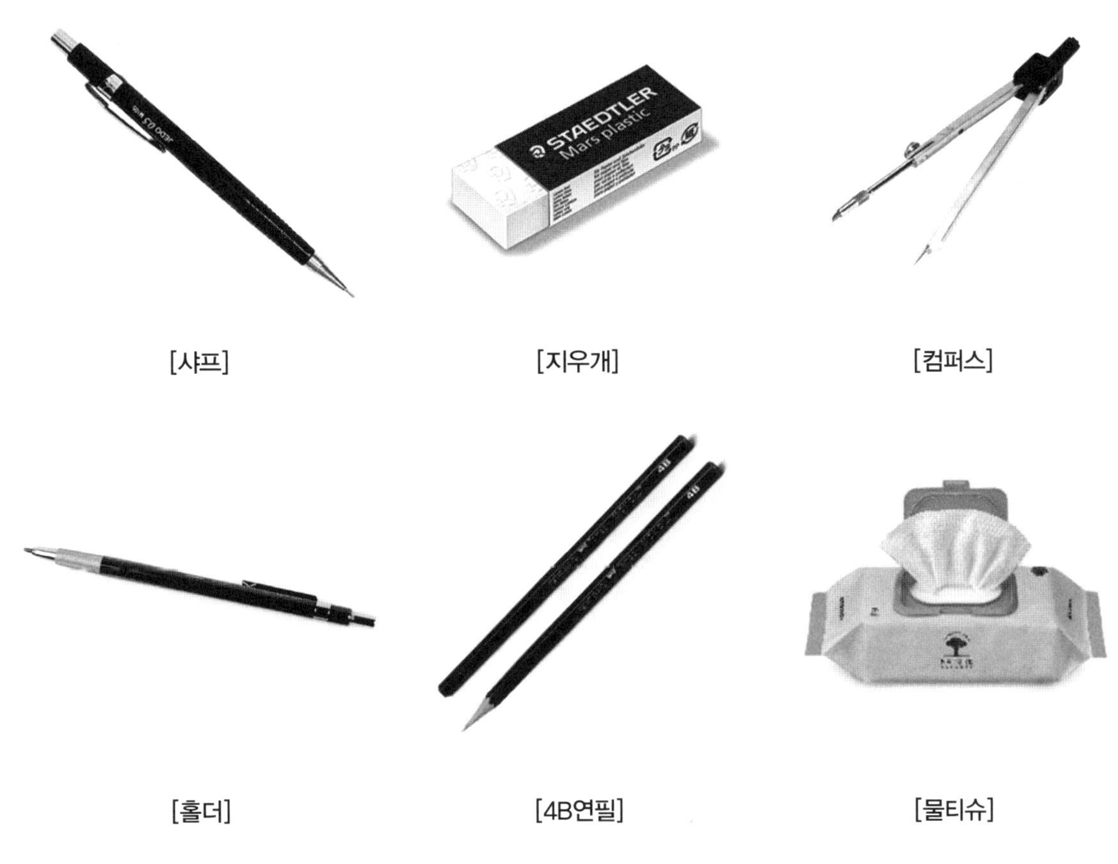

[샤프] [지우개] [컴퍼스]

[홀더] [4B연필] [물티슈]

02 선 긋기

1 선 긋기 방법

(1) **수평선 긋기** : 수평선은 좌 → 우로, 위 → 아래로 일정한 힘으로 긋는다.

(2) **수직선 긋기** : 수직선은 아래 → 위로 일정한 힘으로 긋는다. 선을 그을 때는 자세를 우측으로 돌린 상태에서 우측 팔꿈치를 위로 끌어올리면서 긋는다. 삼각자를 이용하기 때문에 흔들리지 않게 정확히 고정하여 선을 그어야 한다.

(3) **사선 긋기** : 사선은 좌 → 우로 일정한 힘으로 긋는다. 사선 역시 고정된 삼각자가 흔들리지 않도록 왼손으로 삼각자를 정확히 고정하고 그어야 한다.

(4) 선을 그을 때에는 일정한 필압을 유지하며 한번에 긋는다.

(5) 선의 일관성과 통일성을 유지하기 위해 한 장의 도면에 같은 목적으로 사용하는 선의 굵기는 동일해야 한다.

(6) 선은 모양과 굵기에 따라 다양한 용도로 사용하는데, 모양에 따라 실선과 허선으로 구분하며, 점선은 다시 파선과 쇄선으로 나뉜다.

(7) 선을 한 번 시작점에서 끝나는 지점까지 그은 다음, 선의 굵기가 가늘게 나왔을 때는 다시 한번 I자를 밑으로 조금 내린 후, 시작점에서 끝 지점까지 새로 긋는다.

▼ 선의 종류와 용도

구분			굵기	선의 명칭	선의 용도
종류		표현			
실선	굵은 실선	———	0.8mm	외형선	부지외곽선, 단면의 외형선
	중간선	———	0.3~ 0.5mm		• 시설물 및 수목의 표현 • 보도포장의 패턴 • 계획등고선
	가는 실선	———	0.2mm	치수선	치수기입선
				치수 보조선	치수선을 이끌어내기 위한 선
				인출선	수목인출선
허선	점선	············	–	가상선	물체의 보이지 않는 부분의 모양을 나타내는 선
	파선	- - - - - -			
	1점 쇄선	—·—·—	0.2~ 0.8mm	경계선 중심선	• 물체 및 도형의 중심선 • 단면선, 단면선 • 부지경계선
	2점 쇄선	—··—··—		상상선	1점 쇄선과 구분할 필요가 있을 때

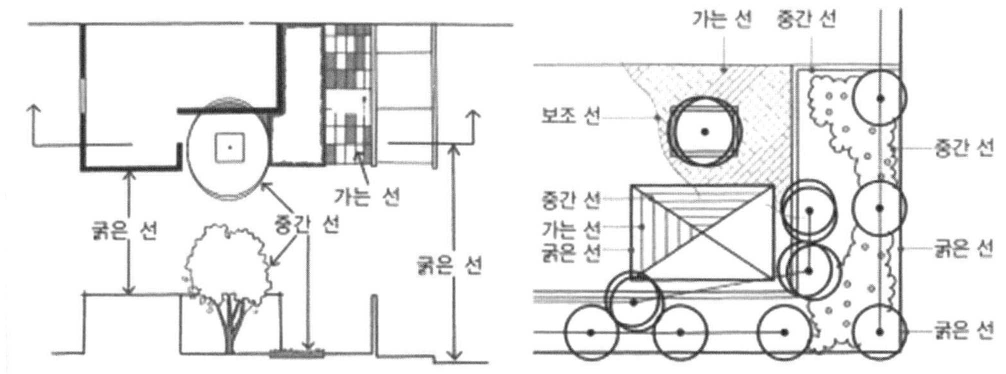

[굵기에 따른 적절한 선의 종류와 용도]

바르게 그어진 선(○)

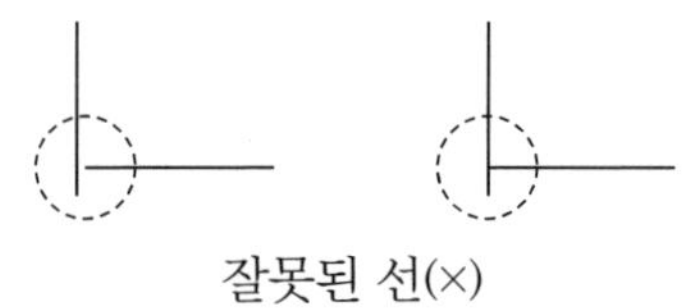
잘못된 선(×)

[선긋기의 잘된 사례와 잘못된 사례]

03 문자 쓰기

1 문자의 기입법 및 종류

도면 내 문자는 영문(대문자), 아라비아 숫자, 한글을 사용하고 있으며, 문자에 따른 기준선, 보조선, 가상선을 그은 후 문자를 기입한다.

(1) 문자를 기입할 때에는 제도체에 근거하여 문자를 기입한다.
(2) 문자를 기입할 시엔 보조라인을 그어서 최대한 수평이 맞도록 기입한다.
(3) 시험에서 요구하는 텍스트의 높이는 정해진 것은 아니며, 도면 사이즈에 비례해서 시각적으로 보기 좋게 높이를 잡는다.
(4) 인출선을 사용할 때에는 치수를 제외한 텍스트 앞 부위는 항상 수평(가로)선이 되도록 한다.

2 문자 연습 및 주의점

도면 내에 사용되는 문자는 우리가 실생활에서 사용하고 있는 문자와는 조금 차이가 있다. 이것을 일명 '제도체'라고 하는데, 제도체는 도면상에서 상당히 중요하며, 평소에 틈틈이 연습을 많이 해서 충분히 손에 익혀야 한다. 채점자들은 도면에 사용되는 선(LINE)과 제도체만으로도 그 설계자(수검자)의 내공을 알 수 있다.

(1) **영문 연습** : 글자체가 보기 좋게 나오기 위해서는 글자체를 위에서 밑으로 눌러 주면서 적는다는 것이다. 또한, 수직으로 떨어뜨리는 획에 있어서는 시작과 끝나는 위치에 일정한 필압으로 누르면서 써야 한다.
(2) **숫자 연습** : 우리가 일반적으로 사용하는 숫자의 형태와 비슷하다. 다만 "5, 6, 7, 9"자 연습에 주의해야 한다. 또한, 숫자를 적을 때에는 1,000 단위마다 ","를 찍는다.
(3) **한글 연습** : 한글은 너비를 넓게, 높이는 낮게 해서 글자연습을 한다.

MEMO

02장 수목 표현

01 평면 표현하기

하늘에서 내려다본 수목의 모습을 표현하는 것으로, 수고(H)를 고려하여 그리며, 수목의 성상별, 즉 상록교목, 낙엽교목, 관목, 지피식물, 초화류에 따라 다른 표현기법을 사용한다.

1 교목

(1) 수관의 윤곽에 따른 수목 표현

① 간단한 원으로 표현하거나 원형의 보조선을 따라 윤곽선이 뚜렷이 나타나도록 표현한다.

② 윤곽선의 형태는 수종에 따라 차이가 있다.

※ 활엽수 : 부드러운 질감으로 뭉실뭉실하게 표현한다.

※ 침엽수 : 직선이나 톱날 형태로 표현한다.

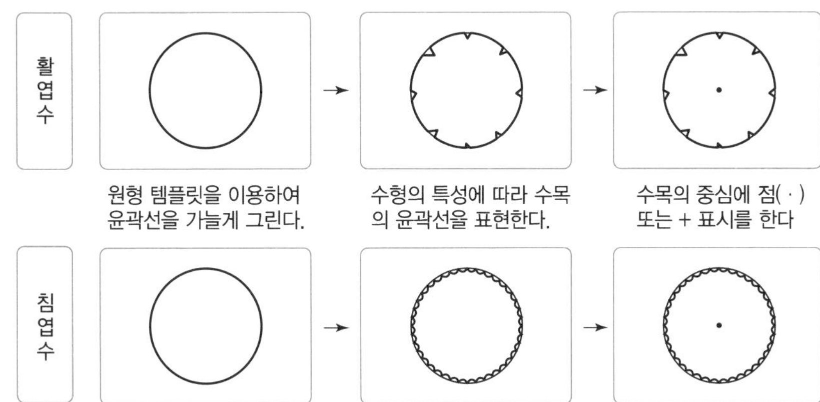
활엽수
원형 템플릿을 이용하여 윤곽선을 가늘게 그린다.
수형의 특성에 따라 수목의 윤곽선을 표현한다.
수목의 중심에 점(·) 또는 + 표시를 한다
침엽수

[수관의 윤곽에 따른 수목 표현 과정]

(2) 수목의 수고에 따른 원형 템플릿 사용 예(Scale : 1/100)

수 고	H2.0	H2.5	H3.0	H3.5	H4.0	H4.5
원형 템플릿	14호	16호	18호	20호	22호	24호

예 소나무(H4.0×W2.0) – 원형 템플릿(22호)　청단풍(H2.5×R8) – 원형 템플릿(16호)

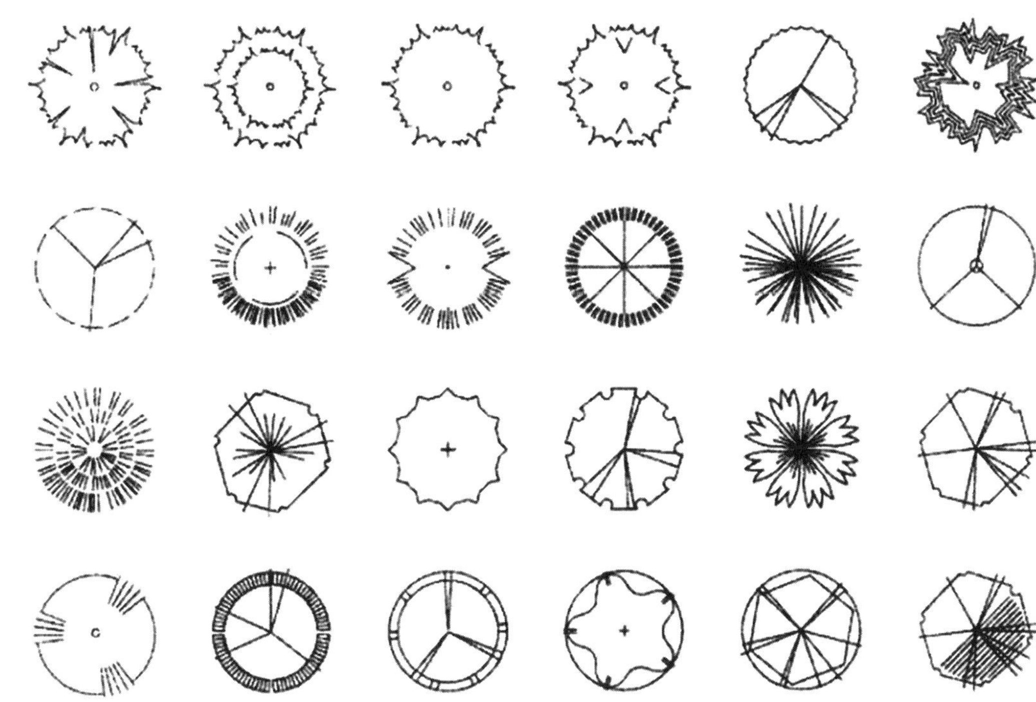

[침엽수의 다양한 표현]

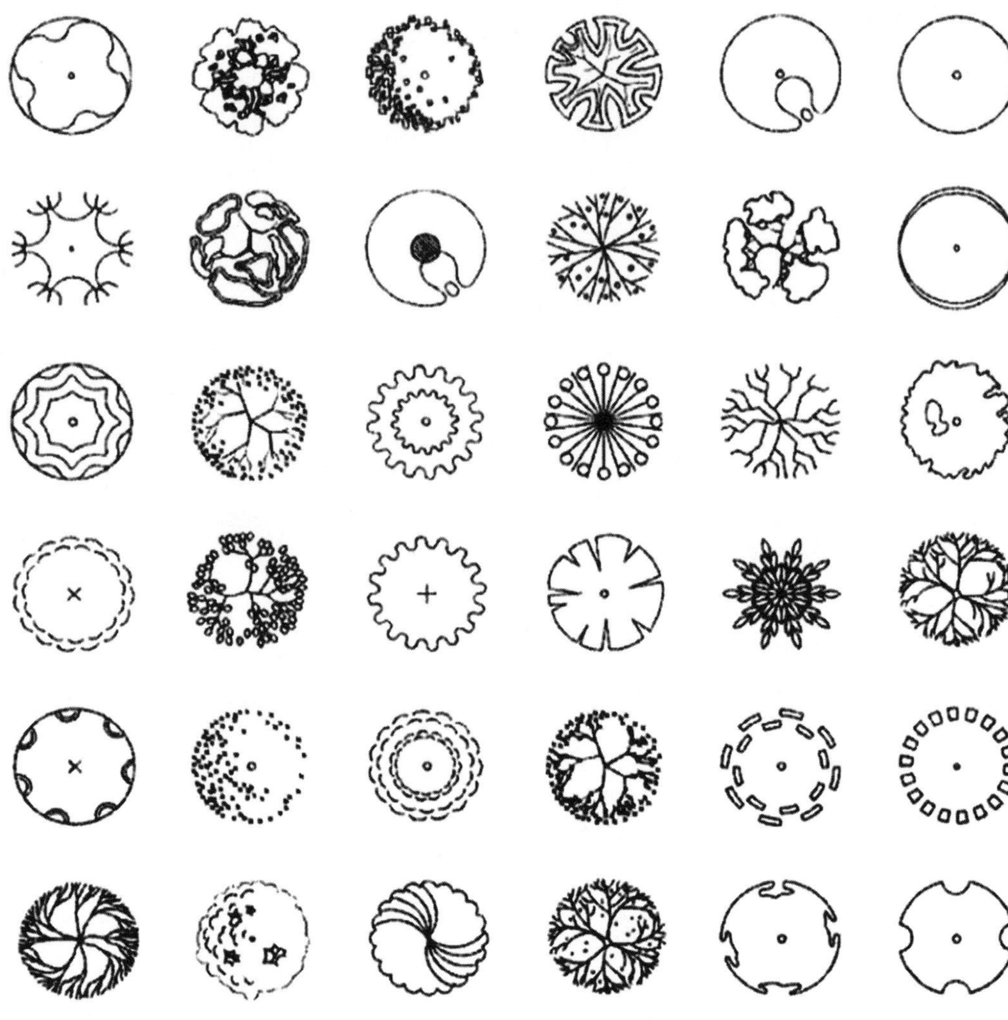

[활엽수의 다양한 표현]

2 관목

관목은 뿌리 부근으로부터 줄기가 여러 갈래로 나와 줄기와 가지의 구별이 뚜렷하지 않고 키가 작은 나무를 말한다. 침엽과 활엽의 구분은 교목의 표현 구분과 동일하게 적용하며, 표현방법은 군식 표현 기법을 사용한다.

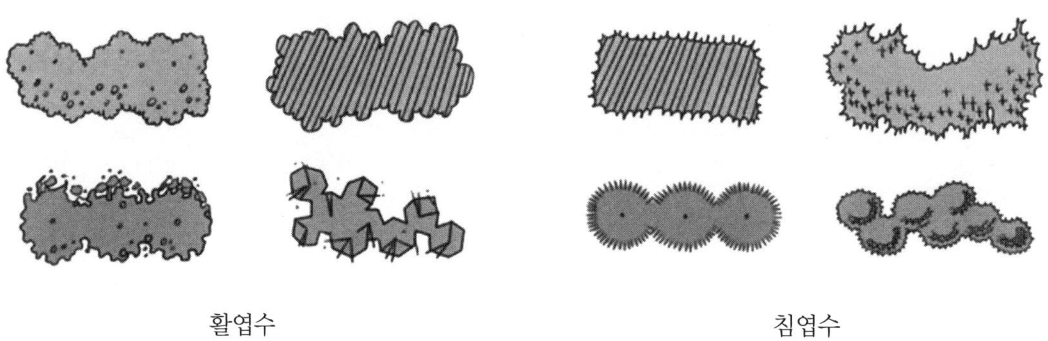

[다양한 군식 표현]

3 지피식물

지피식물은 지표면을 낮게 덮는 키가 작은 식물을 말하며, 지피류의 표현은 농도와 선의 너비 등을 일관성 있게 그려서 통일성 있는 질감이 나타나도록 한다.
작고 간단한 형태를 질서 있게 연속적으로 반복하여 부드러운 질감이 표현되도록 연출한다.

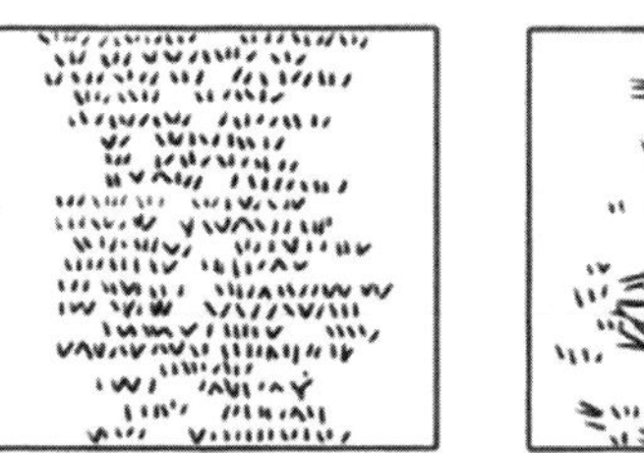
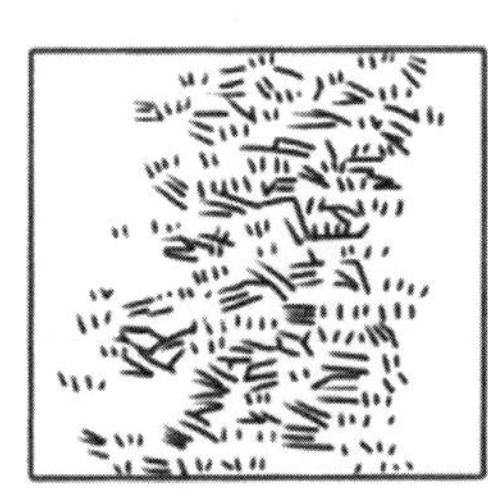
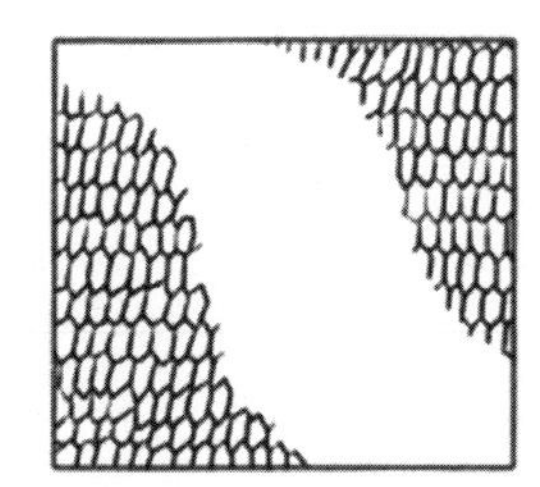
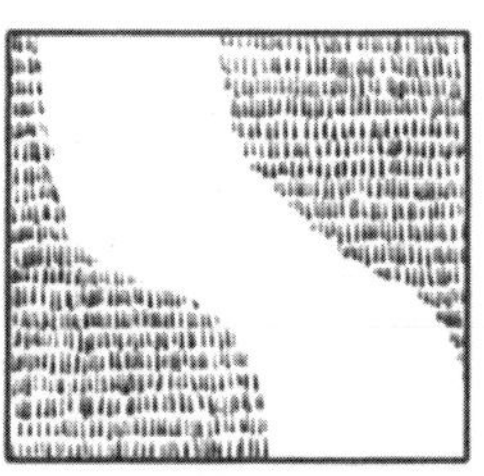

[지피식물 표현]

02 입면 표현하기

1 교목

조경수목의 입면표현은 상록교목과 낙엽교목을 구분하며 평면도상의 수목의 수고높이와 수관폭을 고려하여 그려준다.

(1) **침엽수** : 윤곽선을 날카로운 선 등으로 뾰족하게 표시한다.

   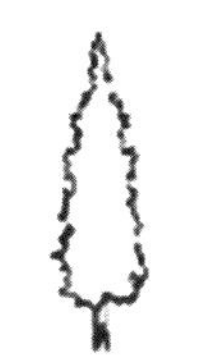  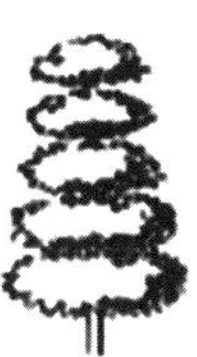

[침엽수]

(2) **활엽수** : 윤곽선을 부드러운 질감으로 표시한다.

[활엽수]

2 관목

(1) 교목의 표현 방법과 비슷하며, 단식일 때와 군식일 때의 표현 방법을 달리한다.
(2) 지표로부터 줄기가 여러 갈래로 나와 줄기와 가지의 구별이 불명확하다.

[관목]

3 이용자

휴먼스케일에 맞게 그려준다.

 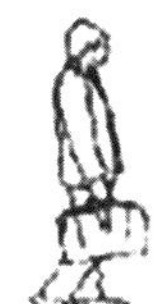 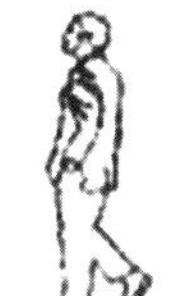    

[이용자]

03장 시설물

조경 시설물은 옥외에 설치되는 시설이며, 안내, 표지, 편익, 조명, 경계, 관리 등의 기능이 있다. 시설물은 개성 있는 형태와 색채를 가지도록 디자인하여 조경 공간 전체의 조화와 통일성을 유지하는 것이 아주 중요하다.

- 평면적인 표현 : 하늘에서 내려다본 형태를 간단히 기호화하여 표현한다.
- 단면적인 표현 : 수평으로 바라보는 모습을 표현한다.

문제에 주어진 규격에 맞게 정확히 그려주며, 만약 규격이 없을 경우에는 다음 표를 참고한다.

▼ 시설물 규격

수목보호대	1,000 × 1,000	등벤치	1,200 × 500	평벤치	1,200 × 500
휴지통	600 × 600	시소	2연식	그네	2연식
볼라드	400 × 400	미끄럼대	단주식	회전무대	2,000 × 2,000
정글짐	2,000 × 2,000	철봉	3연식		

1 휴게공간

(1) 목적 : 이용자들의 휴식을 목적으로 하는 정적인 시설 공간이다.

(2) 시설물 : 퍼걸러, 정자, 평벤치, 등벤치, 야외탁자, 셸터 등

▼ 휴게공간의 시설물 표현

구분	퍼걸러		정자	평벤치	등벤치	음수대
시설물						
평면적 표현	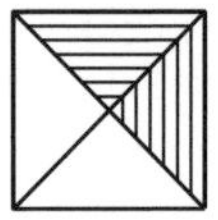	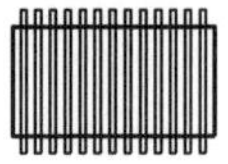	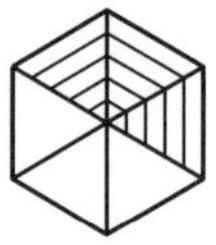		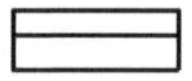	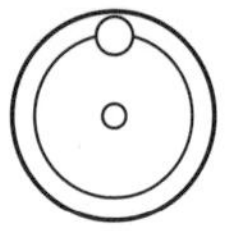
단면적 표현		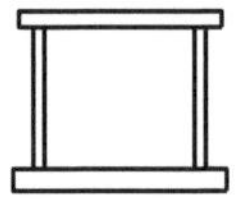			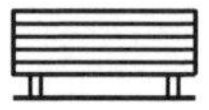 	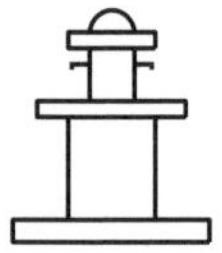

2 놀이공간

(1) 목적 : 어린이의 놀이를 목적으로 하는 동적인 시설공간이다.

(2) 시설물 : 그네, 회전무대, 미끄럼대, 정글짐, 시소 등

▼ 놀이공간의 시설물 표현

분류	미끄럼대	시소	정글짐	회전무대	그네
시설물					
평면적 표현	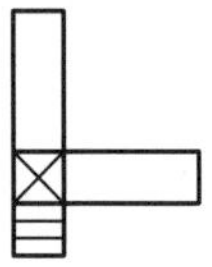	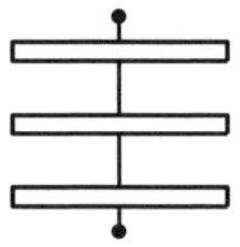	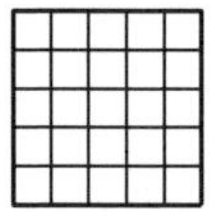	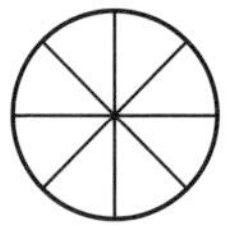	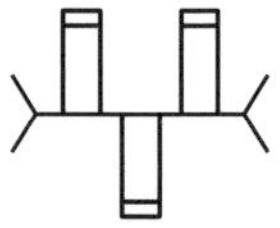
단면적 표현		 	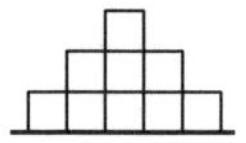		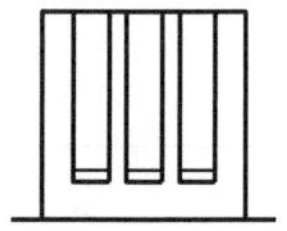 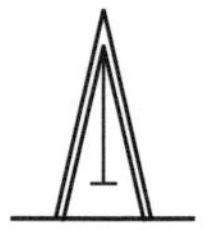

3 운동공간

(1) 목적 : 이용자들의 신체 단련 및 운동을 목적으로 하는 시설 공간이다.

(2) 시설물 : 철봉, 농구장, 축구장, 테니스장, 배드민턴장 등

(3) 주의사항

① 운동시설은 남북방향

② 그네, 미끄럼대의 배치는 북향 또는 동향(햇빛을 마주하지 않도록 한다.)

▼ 운동공간의 시설물 표현

분류	농구장	축구장	철봉	테니스장	배드민턴장
시설물					
평면적 표현					
단면적 표현					

4 수경공간

(1) 목적 : 물을 이용하여 설계 대상 공간의 경관을 연출하기 위한 시설 공간이다.

(2) 시설물 : 분수, 벽천, 수영장, 바닥분수, 연못 등

▼ 수경공간의 시설물 표현

분류	분수	벽천	연못	바닥 분수	수영장
시설물					
평면적 표현					
단면적 표현					

5 관리시설

(1) 설계대상공간의 기능을 원활히 유지하기 위한 관리목적으로 설치하는 시설이다.

(2) 관리사무소, 공중화장실, 안내판, 조명등, 쓰레기통, 음수대, 시계탑 등을 말한다.

6 지형 및 수면의 높이 표현

(1) 지점 표고는 평면도나 단면도상에서 특정 지점의 높이를 나타내는 방법으로, 도면상에서 수치로 기입한다(예 +1.0).

(2) 수면의 높이는 주로 연못이나 분수 등 수경시설(수공간)에서 사용되며, 도면상에서는 역삼각형(▼, ▽)으로 표시하고 수심을 기입한다(예 W.L=4.0).

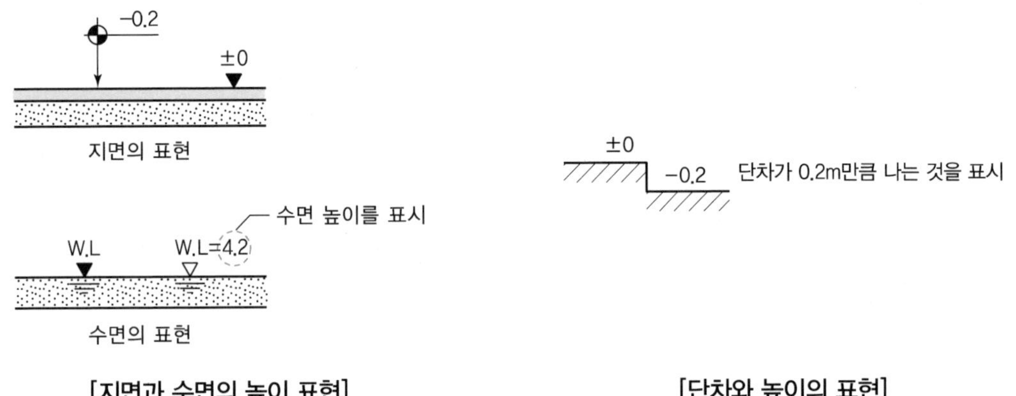

[지면과 수면의 높이 표현]　　[단차와 높이의 표현]

7 기타 도면 표현

주로 상세도의 단면이나 입면 표시에서 재료를 나타낼 때 사용되는 기호이며, 기본적으로 모두 익히고 정확하게 표시하여 설계자의 의도를 제대로 표현하도록 한다.

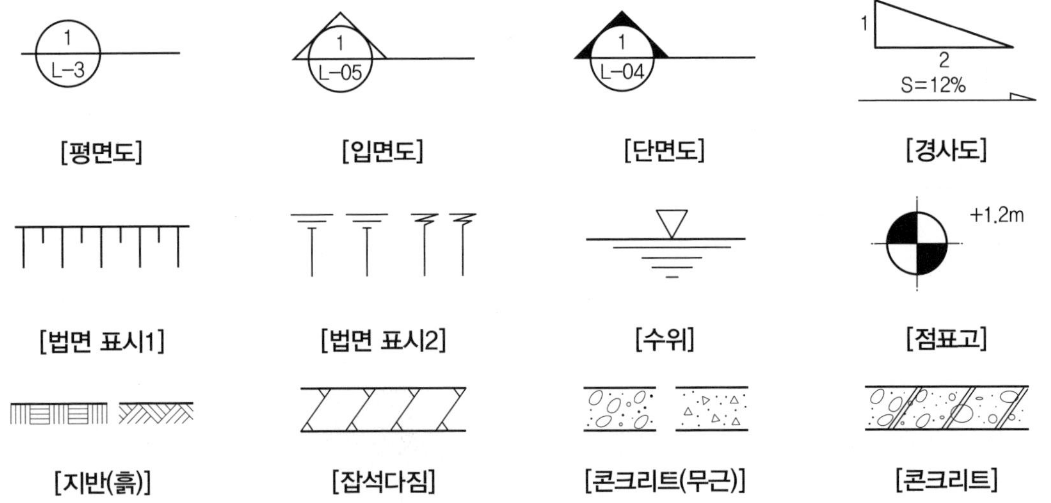

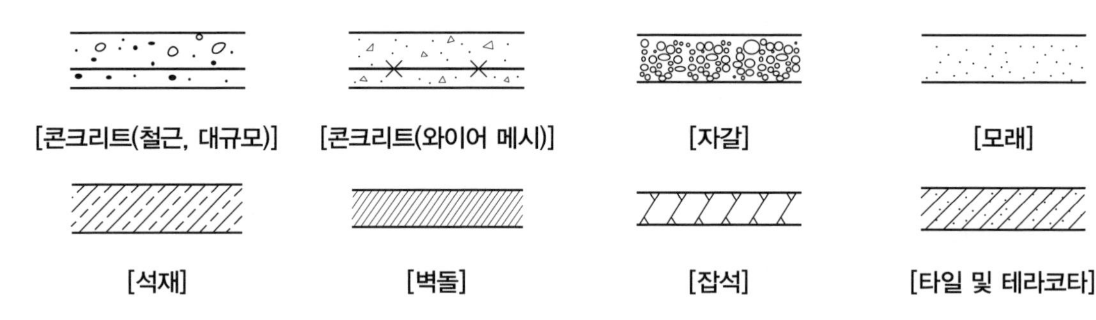

8 조경시설물 평면도 및 단면도 쉽게 표현하기

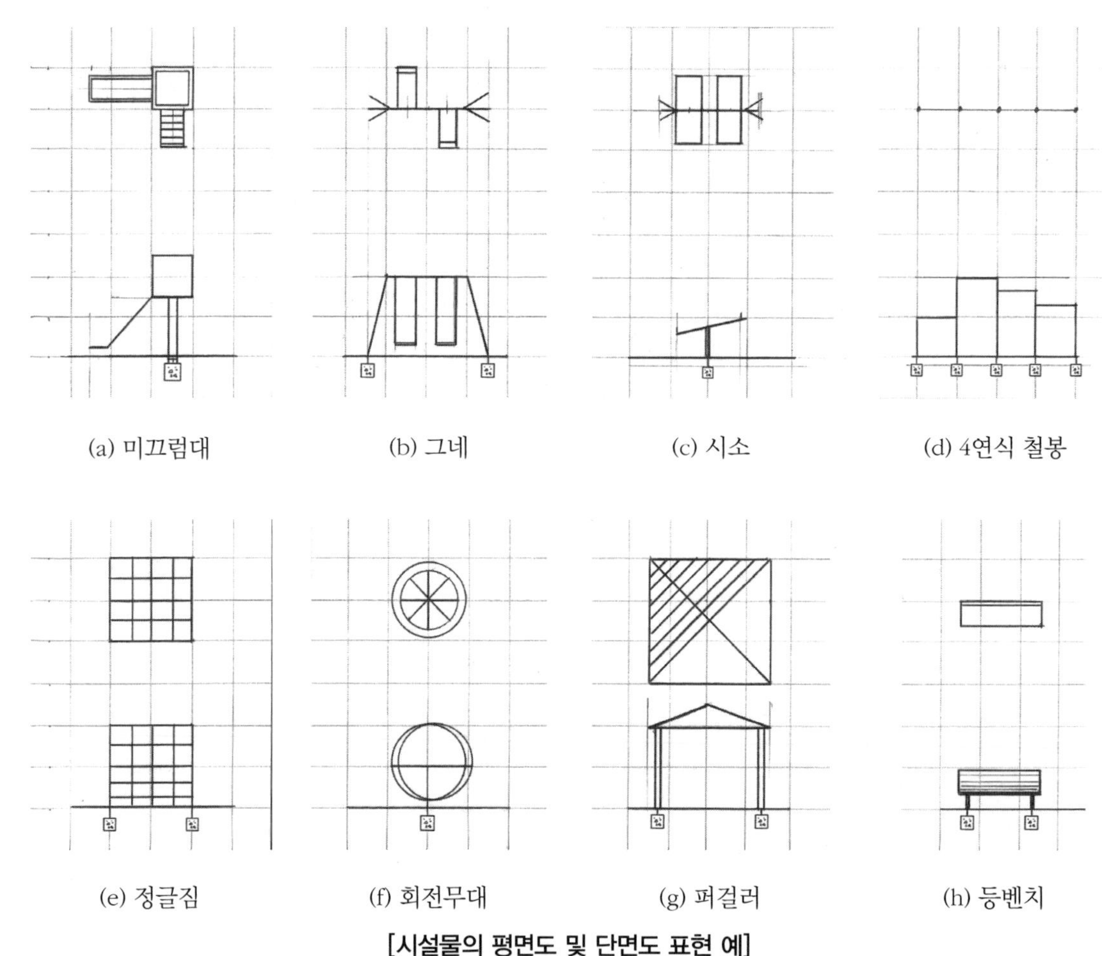

[시설물의 평면도 및 단면도 표현 예]

9 각종 시설물

[카스토퍼] [볼라드] [평벤치]

[등벤치] [소형고압블록] [화강석판석]

[자연석판석] [수목보호대] [목재데크]

[퍼걸러] [셸터] [플랜트박스]

[벽천]

[앉음벽]

[수공간 목재데크]

04장 포장

보행자와 자전거 및 차량 통행과 공간의 원활한 기능유지를 목적으로 설치하는 포장을 말한다.

1 공간별 포장재료 선택하기

공간명	포장재료
휴게공간, 광장, 원로	소형 고압블록, 보도블록, 점토벽돌, 적벽돌, 마사토
기념공원, 야외무대	화강석판석, 자연석판석
놀이공간	고무블록, 고무칩, 고무매트, 모래
주차공간	콘크리트, 투수콘크리트
다목적 운동공간	마사토, 황토

(1) 소형고압블록, 보도블록, 점토벽돌, 적벽돌 포장하기

- 재료의 종류가 다양하고, 원로, 건물 주변, 광장 등에 많이 사용된다.
- 지하부 Scale 1/10으로 표현한다.

(a) 실제 포장 표현

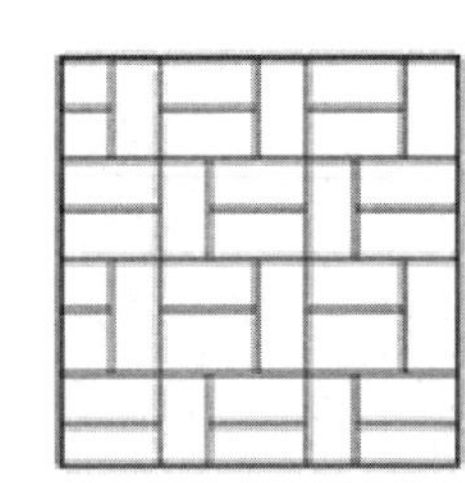

(b) 평면도 표현

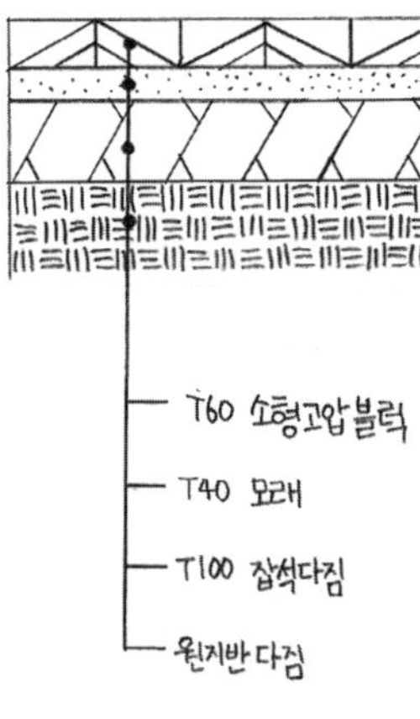

(c) 단면도 표현

[소형고압블록 포장, 보도블록 포장, 점토벽돌 포장, 적벽돌 포장 표현]

(2) 화강석판석, 자연석판석 포장하기

화강석판석	진입광장, 기념공원광장, 야외무대 등 넓은 면적의 깨끗한 공간에 형성에 유리하다.
자연석판석	휴게공간, 산책로, 수경공간 주변 등 편안한 느낌을 주는 곳에 사용된다.

(a) 실제 포장 표현

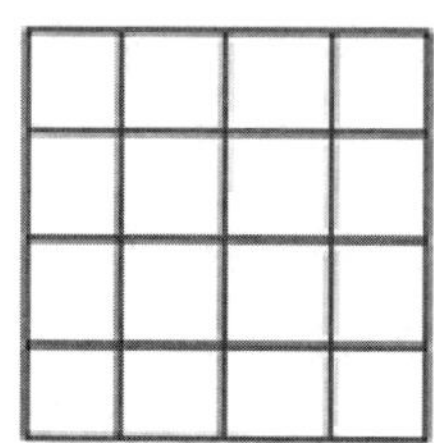

(b) 평면도 표현

T30 화강석판석
T50 붙임몰탈(1:3)
T100 콘크리트
#8 와이어메쉬
T100 잡석다짐
원지반다짐

(c) 단면도 표현

[화강암판석 포장 표현]

(a) 실제 포장 표현

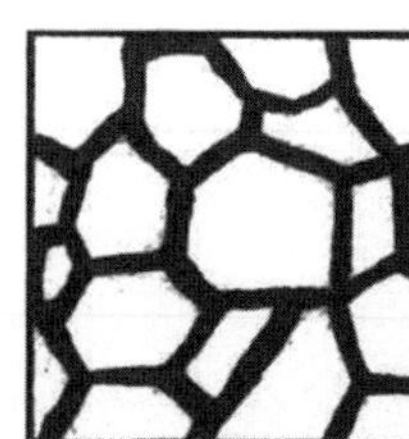

(b) 평면도 표현

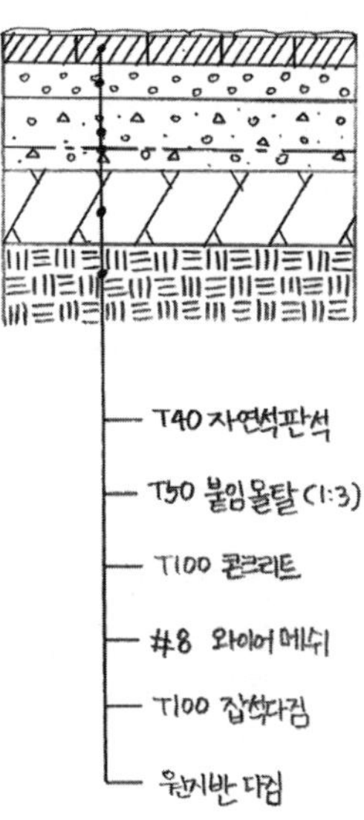

(c) 단면도 표현

[자연석판석 포장 표현]

(3) 고무블록, 고무칩, 고무매트 포장하기

충격을 흡수하는 능력이 좋은 포장재료로 유아 놀이공간에 많이 이용된다.

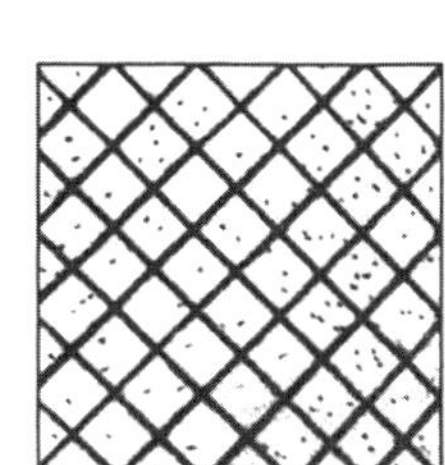

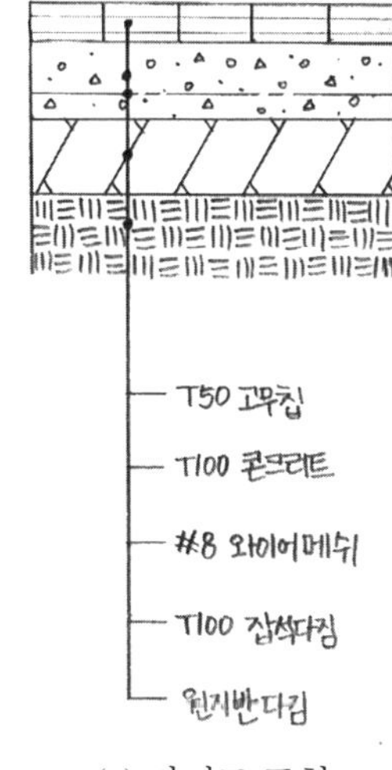

(a) 실제 포장 표현 (b) 평면도 표현 (c) 단면도 표현

[고무블록 포장, 고무칩 포장, 고무매트 포장 표현]

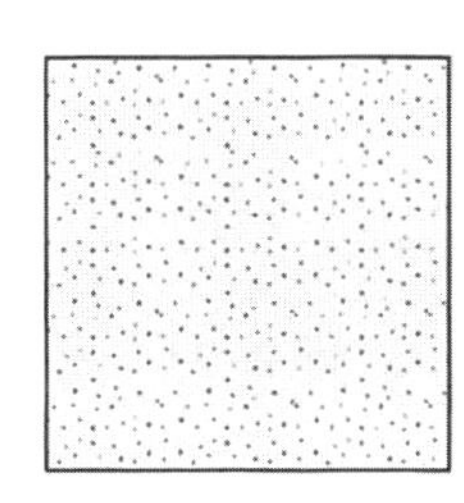

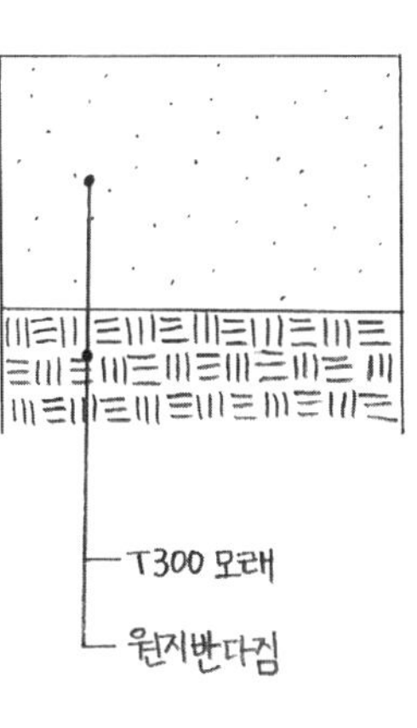

(a) 실제 포장 표현 (b) 평면도 표현 (c) 단면도 표현

[모래 포장 표현]

(4) 콘크리트, 투수콘크리트 포장하기

배수성 포장에 사용되는 형태로, 물을 흡수하는 것이 아니라 물이 쉽게 빠져나가도록 만드는 포장방법이며, 주로 자전거 도로와 주차공간에 사용된다.

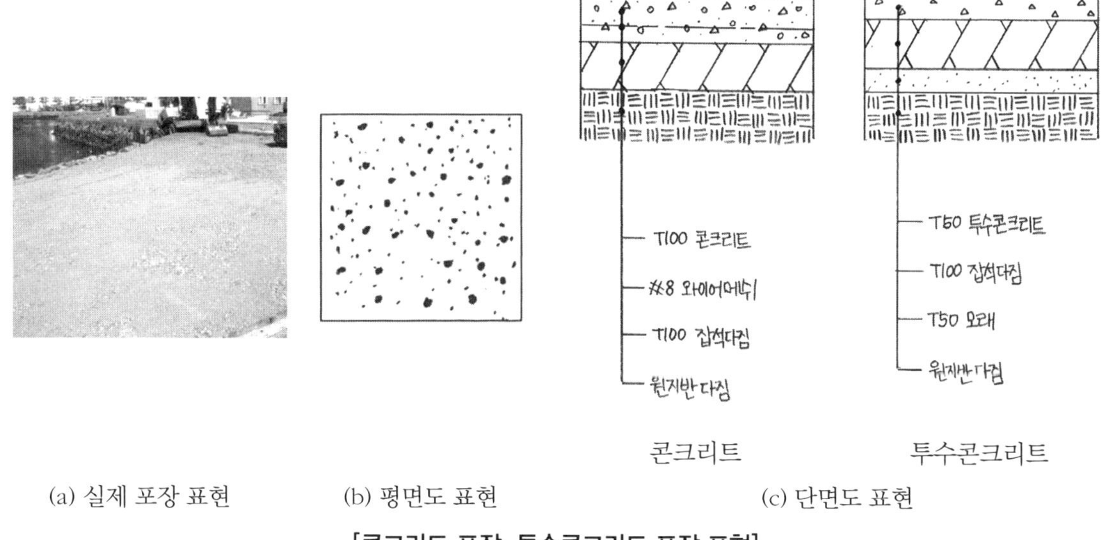

(a) 실제 포장 표현 (b) 평면도 표현 (c) 단면도 표현

[콘크리트 포장, 투수콘크리트 포장 표현]

(5) 마사토, 황토 포장하기

학교 운동장, 운동공간, 다목적 운동공간, 산책로에 많이 사용되며, 일반적으로 마사토 입자는 모래보다 굵으므로 모래와 같은 점에서 표현한 후 굵은 점을 찍어 패턴을 표현한다.

(a) 실제 포장 표현 (b) 평면도 표현 (c) 단면도 표현

[마사토, 황토 포장의 표현]

(6) 목재 포장하기

자연친화적이며 부드러운 느낌을 주는 포장으로, 주로 휴게공간이나 생태보행로, 수공간 등에 사용된다.

(a) 실제포장표현

(b) 평면도 표현

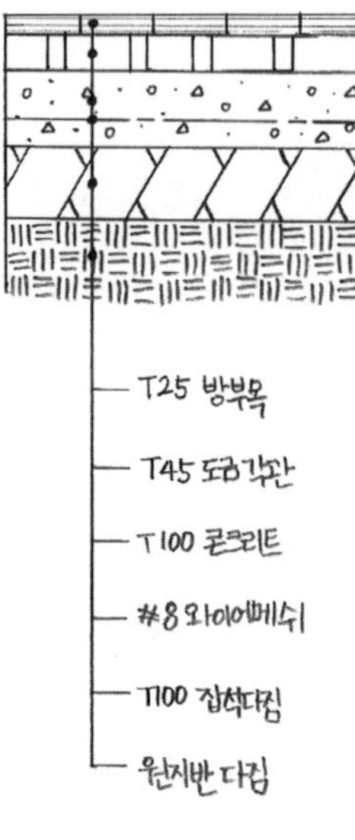

(c) 단면도 표현

[목재 포장의 표현]

(7) 경계석 포장하기

포장재료의 경계부분에는 포장면의 지반고를 고려하여 경계석을 설치한다.

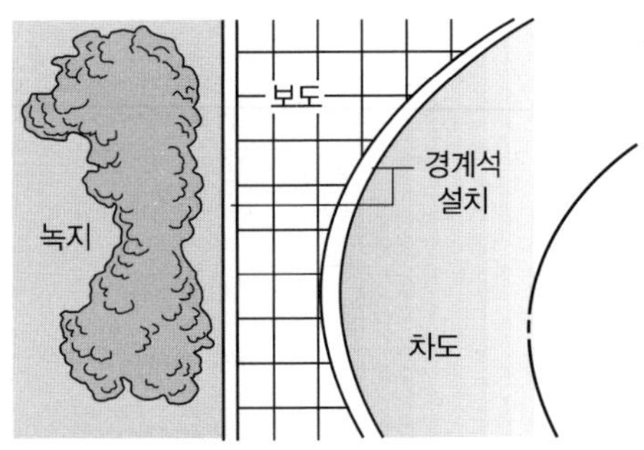

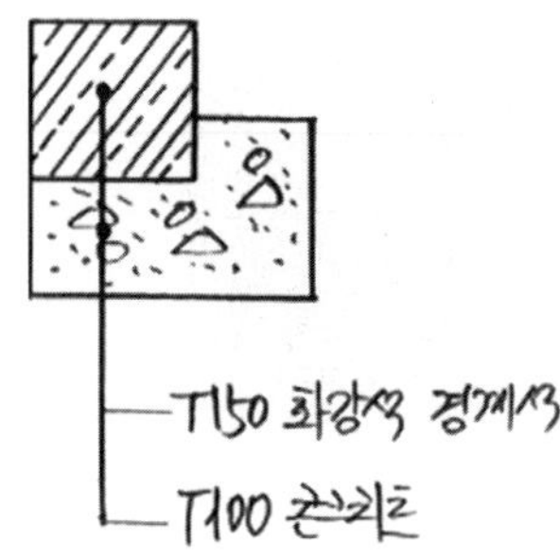

[경계석의 표현]

MEMO

05장 도면 표현

01 평면도

[평면도 그리기 순서]

테두리선 그리기 → 표제란 작성하기 → 대상지 현황도 그리기 → 시설물 그리기 → 포장하기 → 수목 식재하기 → 방위 및 축척표 작성하기 → 테두리선, 설계대상지 외형선 그리기

1 테두리선 그리기

(1) 시험용지 : A3(297×420)

(2) 제도판에 용지를 I자와 수평이 되게 2~3cm 띄어서 종이테이프로 고정한다.

(3) 좌측은 70mm, 우측, 위, 아래는 10mm 간격을 두고 굵게 그어준다.

여기서 잠깐!

실기시험 시 지급되는 용지의 좌측에는 다음과 같은 내용이 인쇄되어 있으며, 테두리선을 그릴 때 인쇄된 "수험자 유의사항"에 최대한 붙여서 선을 그려준다.

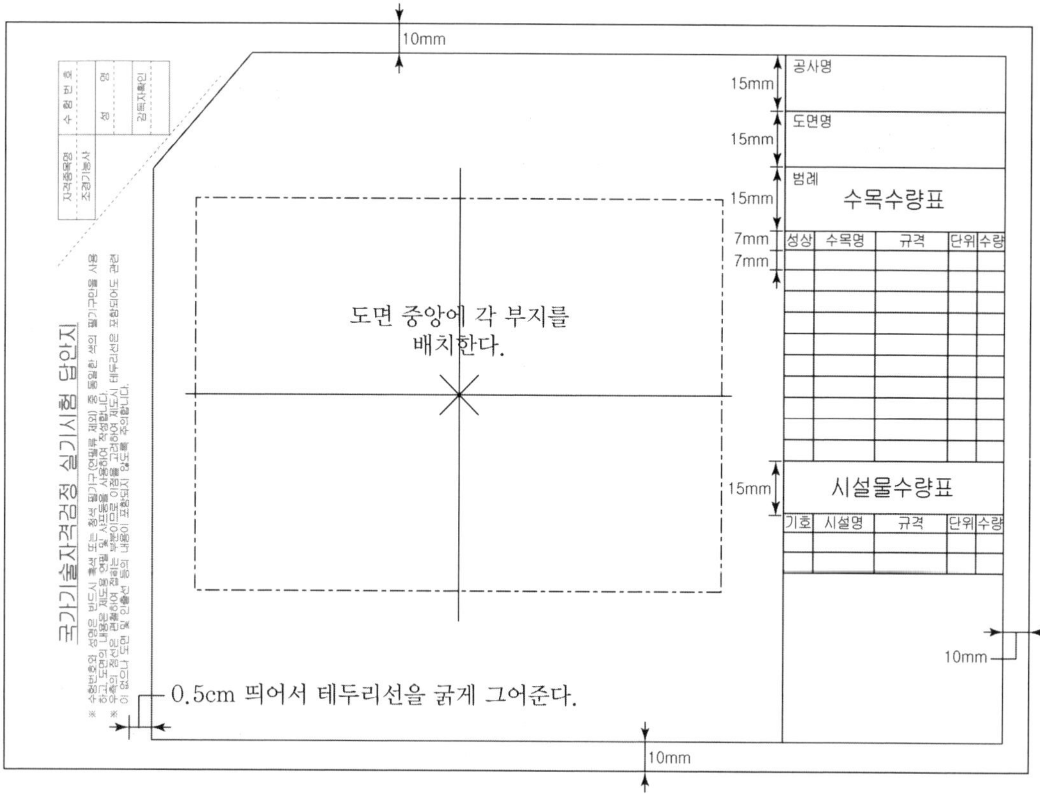

[시험용지 예시]

2 표제란 작성하기

(1) 표제란 폭 : 70mm(현황도 크기에 따라 조절이 가능함)

(2) 공사명, 도면명 내용

① 공사명(간격 15mm) : 예 도로변소공원조경공사

② 도면명(간격 15mm) : 예 조경계획도

(3) 수목수량표(간격 15mm, 각 수목명의 간격은 7mm)

성상(10mm)	수목명(15mm)	규격(25mm)	단위(10mm)	수량(10mm)

① 성상 : 상록교목, 낙엽교목, 관목, 초화, 지피 등

② 수목명
- 지역에 맞는 수목을 선정 (남부지방, 중부지방 확인)
- 상록교목 2종, 낙엽교목 6종, 관목 2종을 선택(시험에서는 주로 10종 선택하라고 나옴)

여기서 잠깐!

- 상록교목 4칸(소나무 군식 때문에 규격이 다른 소나무 3종을 1종으로 하며 1종은 스트로브잣나무 선택)
- 낙엽교목 6칸, 관목 2칸

※ 시험조건에 따른 수목수량은 변동될 수 있음

③ 규격 : 문제지에 제시한 규격으로 기재한다.

④ 단위 : 수목(교목/관목)은 "주"로 한다.

④ 수량 : 수관폭 등을 고려하여 식재할 면적을 기준으로 적절히 기재한다.

(4) 시설물 수량표(간격 15mm, 각 시설명의 간격은 7mm)

기호(10mm)	시설명(15mm)	규격(25mm)	단위(10mm)	수량(10mm)

① 기호 : 평면도에 있는 시설물 번호를 기입한다.

② 시설명 : 문제에 주어진 시설명을 기입한다.

③ 규격 : 문제에 주어진 규격으로 기입하며 없을 경우 "－" 기입한다.

④ 단위 : 단위는 "개"로 한다.

④ 수량 : 수관폭 등을 고려하여 식재할 면적을 기준으로 적절히 기재

3 현황도 중심잡기

삼각자 또는 50cm 방안자를 이용해서 대각선으로 교차하는 중심점을 표시한다.

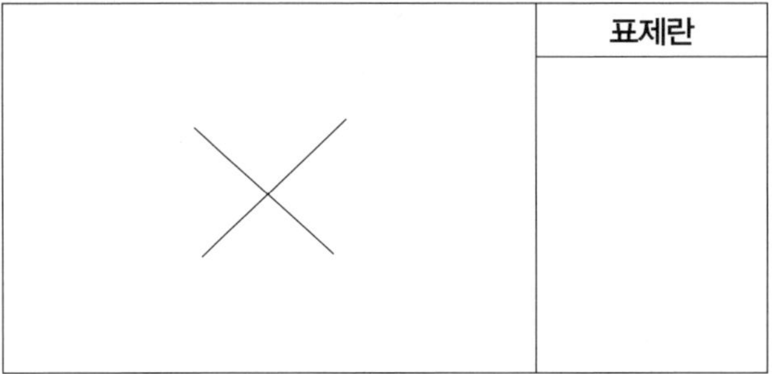

[중심잡기]

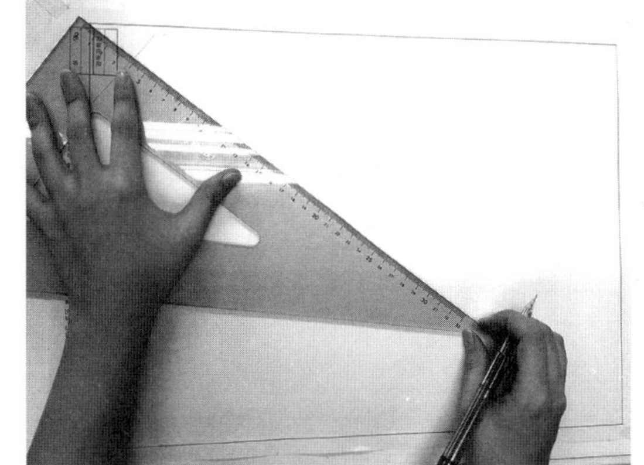

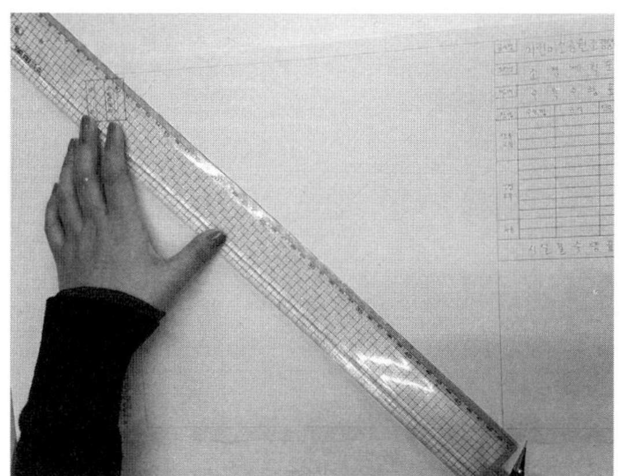

[중심 잡는 방법]

4 현황도 윤곽잡기

(1) 중심점을 이용해서 윤곽을 잡아준다.

(2) 가로폭 잡기

현황도에서 24칸이면 중심점을 기점으로 좌우로 12칸씩, 즉 12cm씩 그어준다.

(3) 세로폭 잡기

현황도에서 18칸이면 중심점을 기점으로 위아래로 9칸씩, 즉 9cm씩 그어준다.

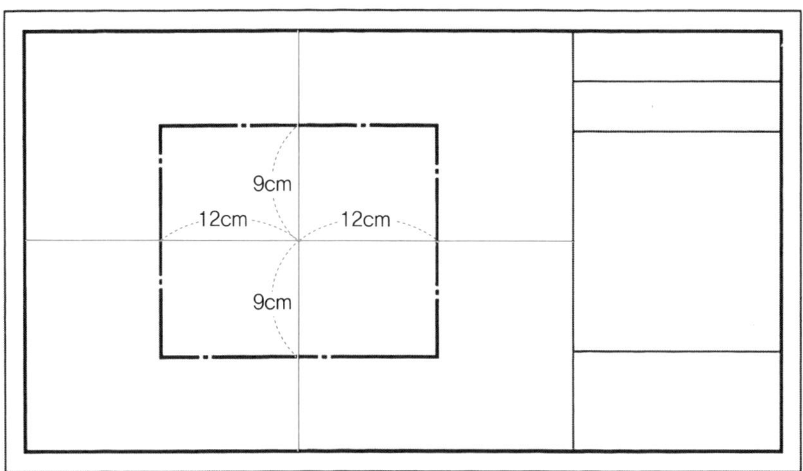

[현황도 중앙 배치]

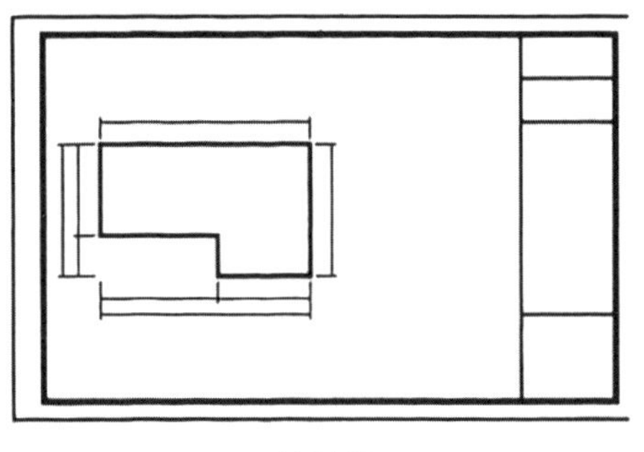

부적합

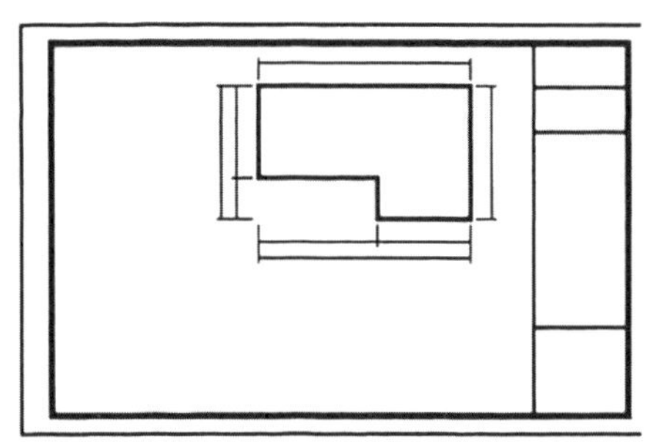

부적합

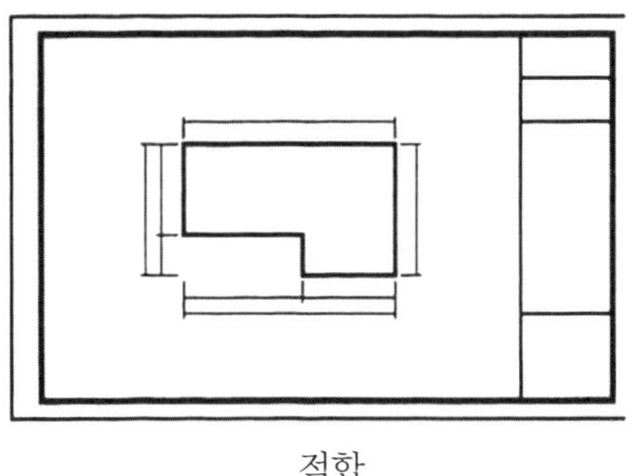

적합

[도면 구성요소 배치의 예]

5 현황도 격자 그리기

(1) 문제에 제시된 대상지의 가로세로 치수 또는 눈금의 수를 정확히 확인한다.

(2) 1cm 간격으로 격자를 흐리게 그어준다.

※ 격자는 완성 후 지우지 않는다.

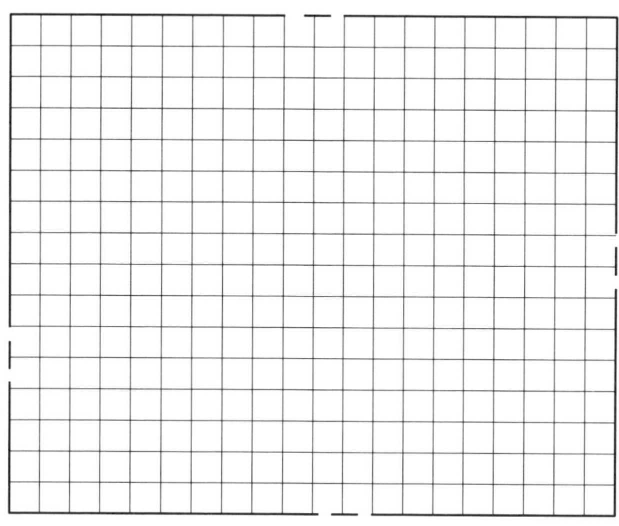

[격자 그리기]

- 조경기능사 시험에서 1/100의 축척은 현황도면의 격자 한 칸을 1m로 보기 때문에 스케일로 측정하지 말고 격자의 개수를 잘 세어야 현황도를 답안용지에 복사하듯 그릴 수 있다.
- 현황도의 방위는 일반적으로 북쪽(N)이 답안용지의 위쪽으로 향하게 배치하는 것이 좋다.

6 공간 표현하기

격자를 그린 상태에서 축척에 맞추어 공간을 그린 후 공간별로 대상지 경계석을 굵게 그어준다.

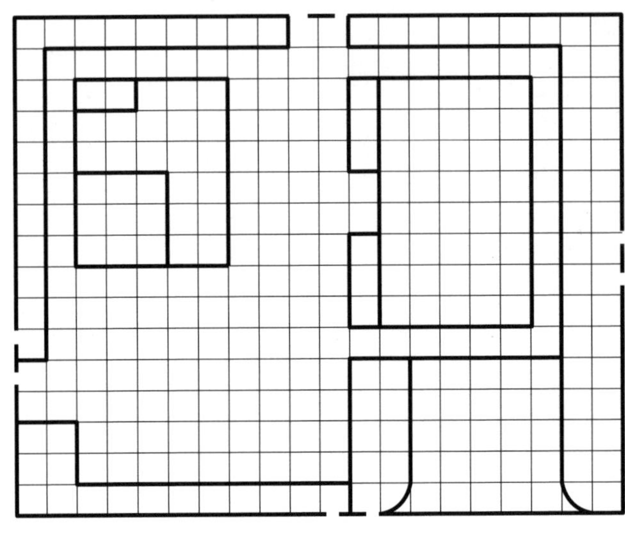

[경계석 그리기]

[샤프 활용방법]

- 도면의 외곽선(테두리선)은 2점 쇄선(0.9mm 샤프)으로 진하게 그어준다.
- 대상지 경계선은(0.7mm 샤프) 굵게 그어준다.
- 단면선은 일점쇄선(0.7mm 샤프)으로 선을 그어준다.
- 1cm 간격으로 격자를 가로세로(0.3mm 샤프) 흐리게 그려준다.
- 시설물, 수목, 표제란 등(0.5mm 샤프)을 이용한다.

7 시설물 표현하기

(1) 단면선을 표시한 후 시설물을 설계한다.

(2) 시설물의 종류에는 퍼걸러, 셸터, 등벤치, 평벤치, 수목보호대, 휴지통, 볼라드, 정글짐, 카스토퍼, 조명 등이 있다.

(3) 문제의 요구상황을 정확히 파악한 후 시설물의 위치와 방향을 결정한다.

(4) 요구사항에 치수가 주어진 시설물은 치수에 맞게 정확히 설치한다.

(5) 어린이 놀이시설은 안전성을 고려하여 위치를 잡아준다.

(6) 벤치는 가능하면 녹음식재, 유도식재 공간에 함께 배치하는 것이 좋고, 휴지통은 벤치와 가까이 설치하면 좋을 듯하다.

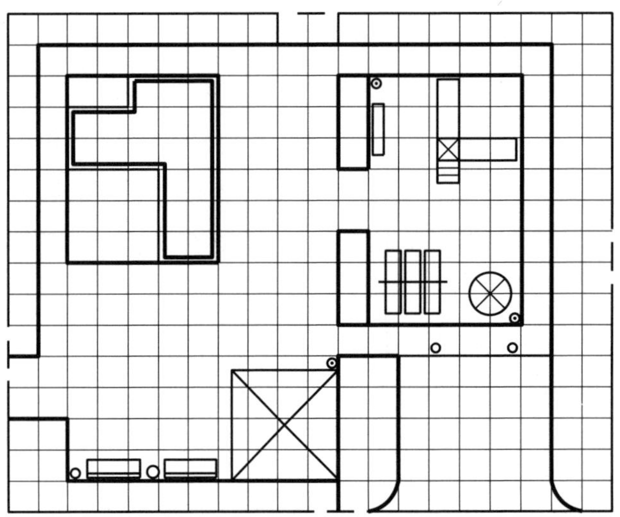

[시설물 표현하기]

8 포장의 표현하기

(1) 공간의 기능에 따라 포장을 선정한다.
(2) 공간의 모든 면을 포장 패턴으로 그릴 수 없으므로 일부분의 경계선을 그린 후 포장을 표현한다.
(3) 화살표로 포장명을 기입한다.

9 식재 표현하기

(1) 수목은 교목, 관목, 지피식물 순으로 그린다.
(2) 교목은 공간 간의 연계성을 고려하여, 차폐, 녹음, 경관, 유도 등의 기능에 맞는 수목을 선정한다.
(3) 녹음수를 식재한 장소에는 벤치를 설치한다.
(4) 관목은 군식으로 이루어지므로 먼저 식재할 관목의 범위를 정한다.
(5) 수목의 수고에 따른 원형 템플릿 사용 예(Scale : 1/100)

수고	H2.0	H2.5	H3.0	H3.5	H4.0	H4.5
원형템플릿	14호	16호	18호	20호	22호	24호

예 소나무(H4.0×W2.0) - 원형 템플릿(22호) 청단풍(H2.5×R8) - 원형 템플릿(16호)

(6) 수관폭(W)의 치수를 고려하여 원으로 표현하는데, 수관폭이 없을 때에는 수고(H)의 60~80% 범위로 수관폭을 계산하여 그린다.

10 바 스케일(Bar Scale)

(1) 도면이 확대되거나 축소되었을 때 도면의 대략적인 크기를 나타낼 때 사용한다.
(2) 표제란의 하단부에 좌우 여백을 맞춰 그려준다.
(3) 바 스케일 아래 스케일(Scale)을 기재한다(예 Scale = 1/100).
(4) 스케일(Scale) = 1/100 글씨의 기재는 5(M)와 끝 정렬을 해준다.

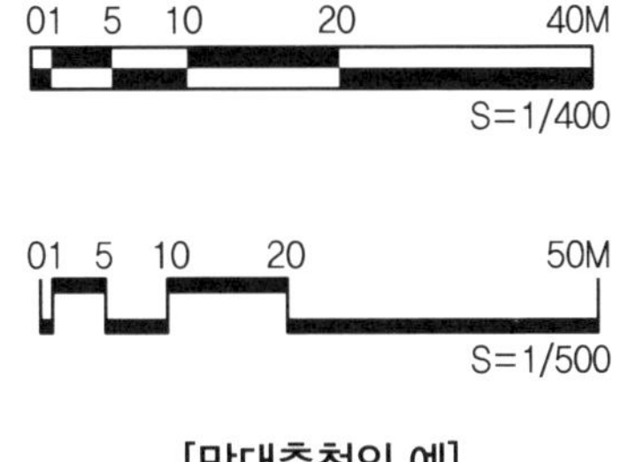

[막대축척의 예]

11 방위표

화살표의 방향과 알파벳 'N'으로 북쪽을 나타내며 다양하게 표시한다.

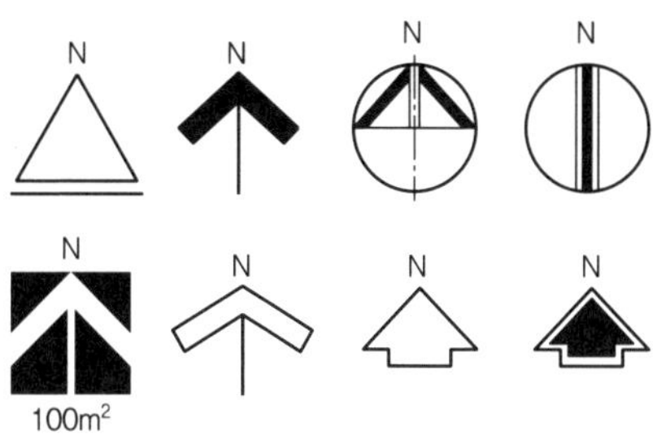

[방위표시의 예]

02 단면도

특정지역을 수직으로 절단하여 수평 방향에서 본 그림으로, 지상부와 지하부의 수직적인 구성을 보여주며, 이 도면을 평면도와 연관시켜 보면 입체적인 공간구성을 이해할 수 있다.

테두리선 그리기 → 지면선(G.L) 및 보조선 긋기 → 공간구획선 그리기 → 지상부 단면도 그리기 → 지하부 단면도 그리기 → 최종 마무리하기

1 테두리선 그리기

(1) 단면도에는 표제란 영역이 없다.
(2) 도면의 윤곽선을 그린 후 가로, 세로로 이등분 한 보조선을 긋고 중심을 잡는다.

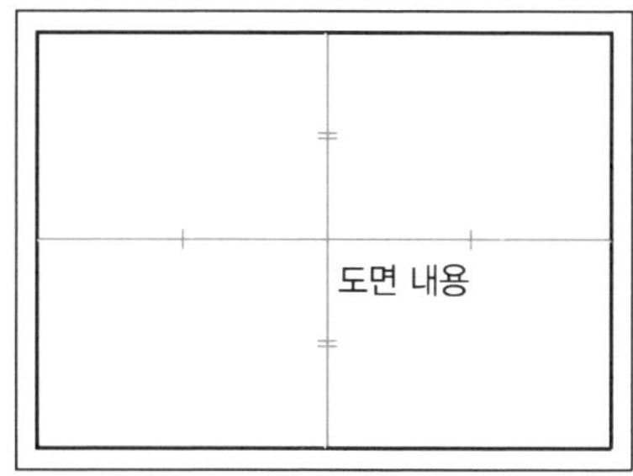

[윤곽선 그리기]

2 지면선(G.L) 그리기 및 보조선 긋기

(1) 단면선(B－B′) 위치를 확인하고 단면선의 화살표가 위쪽으로 향하도록 놓는다.

(2) 단면선의 폭을 고려하여 도면의 중앙에 지면선(G.L)을 수평으로 긋는다.

(3) 지면선의 왼쪽 끝에 수직선을 그린 후 1m 간격으로 보조선을 이용하여 수평선을 흐리게 긋는다.

※ 지상 1m는 도면에서 1cm로 표기한다(축척 : 1/100).

(4) 수직선에 높이를 숫자로 표시하고 맨 위에 단위(M)를 꼭 기입한다.

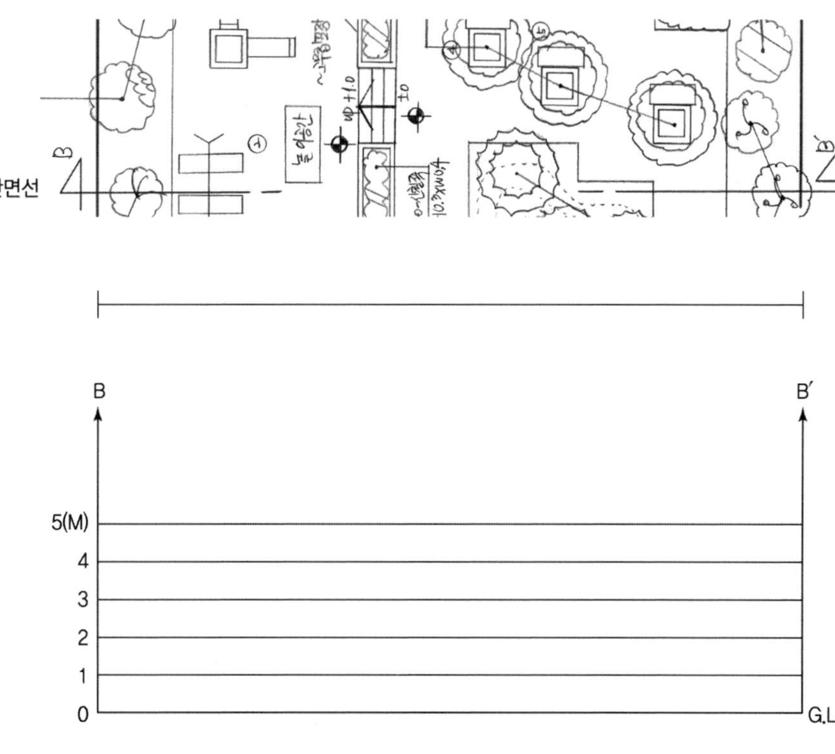

[지면선 및 보조선 그리기]

3 공간 구획선 그리기

(1) 단면선이 수평인 경우

평면도의 단면선(B－B′)에 용지를 대고 단면선상의 각 공간(수목, 시설물, 포장재료, 경계석, 식재 공간)을 지면선에 표시하고 보조선을 이용하여 수직선을 그어 공간 구획선을 그린다.

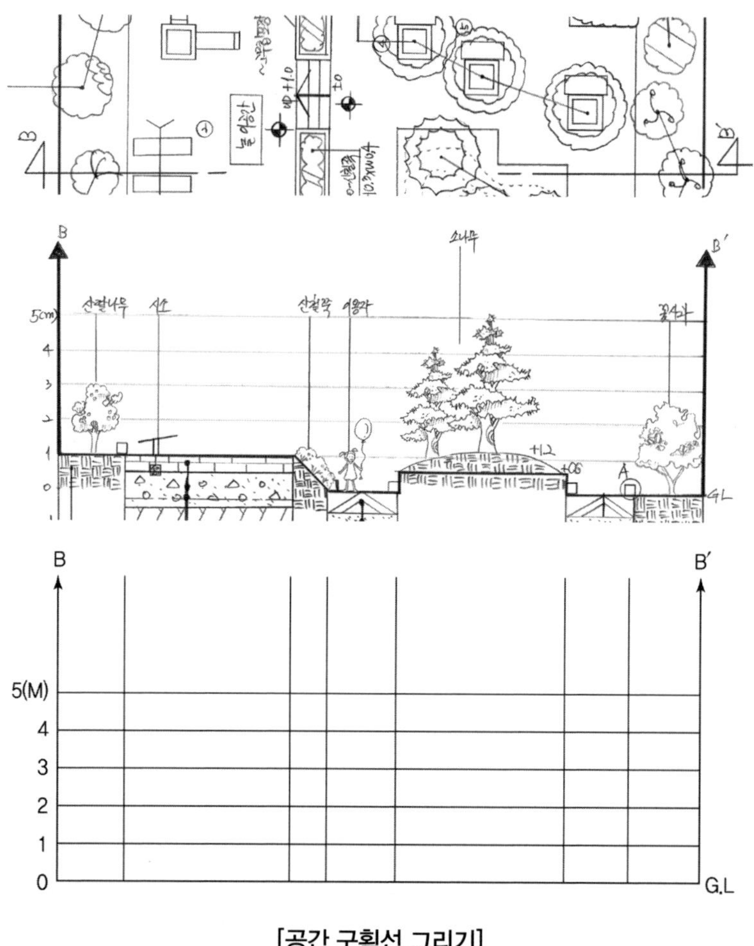

[공간 구획선 그리기]

(2) 단면선이 사선인 경우

평면도의 단면선(B－B′)이 사선이기 때문에 수평으로 놓이게 한 후 용지를 대고 단면선상의 각 공간(수목, 시설물, 포장재료, 경계석, 식재 공간)을 지면선에 표시하고 보조선을 이용하여 수직선을 그어 공간 구획선을 그린다.

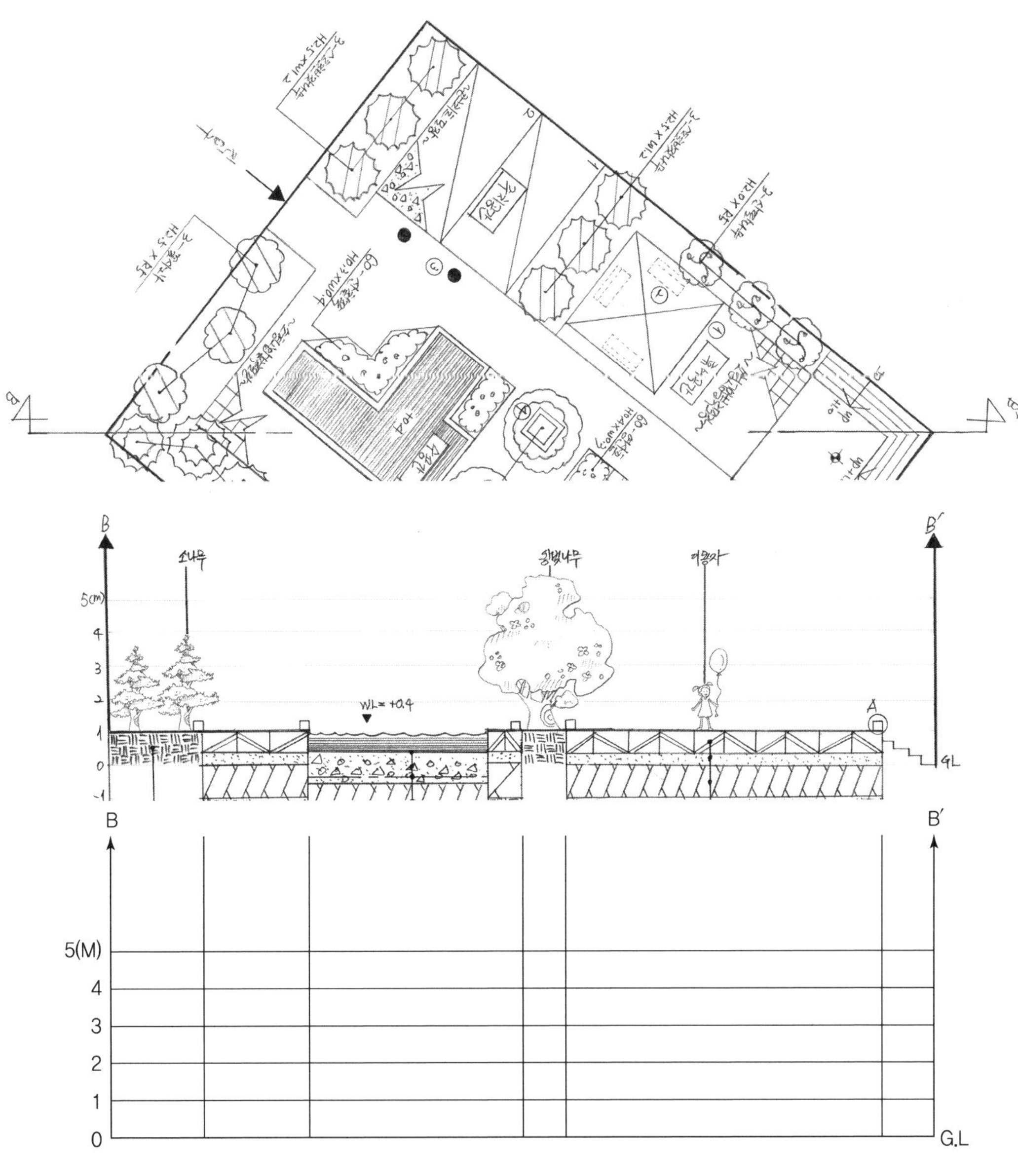

[공간 구획선 그리기]

4 지상부 단면도 그리기

(1) 도시된 공간 위치의 높이를 확인 후, 공간과 공간 사이에 경계석을 표시한다.
(2) 수목입면도를 수종에 맞게 정확한 위치에 그려준다.
(3) 상록교목, 낙엽교목, 관목, 지피식물 등에 대한 연습을 충분히 하는 것이 좋다.
(4) 평면도에서의 수목의 식재위치, 수목명, 수고(H)높이만큼 그려준다.
(5) 시설물은 규격에 맞게 그려준다.
(6) 이용자를 그려준다.

여기서 잠깐!

- 수목의 수고(H)와 단면도상 높이가 맞아야 한다.
- 평면도상의 수관 폭과 단면도상의 수관 폭이 일치해야 한다.

5 지하부 단면도 그리기

(1) 같은 포장재료가 분산되어 있을 때, 대표 하나만 인출선을 표시한다.
(2) 지하부는 Non Scale 표기하지만, 쉽게 표현하기 위해서 1/10로 표현한다.
※ 여유공간에 "지하부 scale 1/10"을 표시해준다.

6 최종 마무리하기

(1) 평면도, 단면도 테두리선을 굵은 실선으로 그어준다.
(2) 설계조건에서 누락된 부분이 있는지 다시 한번 확인한다.

06장 시험시간(2시간 30분) 배분하기

- 각 문항마다 배점이 있기 때문에 한 문항도 누락하지 않도록 한다.
- 설계 전에 문항에 주어진 내용을 현황도에 임시적으로 설계 · 가설계한다.

1 평면도 설계(1시간 40분)

표제란 작성 15분	• 해당 지역이 남부지방인지 중부지방인지 확인 후 식재 수종을 선택한다. • 식재수량표에 선택된 수종을 기입한다. • 시험조건에 따른 수목수량은 변경될 수 있다. • 시설물수량표에는 대략 선을 5줄 정도 그어준다(상황에 따라서 선을 늘려준다).
▼	
현황도 설계 30분	• 현황도 그리기 • 격자의 칸수를 셀 때 실수하지 않도록 칸수마다 숫자를 매긴다.
▼	
시설물 설계 15분	• 구획된 가, 나, 다, 라 공간별로 시설물을 설계한다. 예 놀이시설, 퍼걸러, 휴지통, 벤치, 볼라드, 벽천, 카스토퍼, 목교, 조명등, 안내판 등
▼	
포장재료기입 10분	• 각 공간마다 포장재료를 기입한다.
▼	
식재표현 30분 (중부지역)	• 유도식재, 녹음식재, 경관식재, 소나무 군식, 차폐식재 등의 식재를 표현한다. – 유도식재 : 왕벚나무, 느티나무 – 녹음식재 : 왕벚나무, 느티나무, 버즘나무, 은행나무, 회화나무 – 소나무 군식 : 소나무 – 차폐식재 : 스트로브잣나무, 쥐똥나무 – 경관식재 : 청단풍, 중국단풍, 자귀나무, 산수유, 꽃사과 • 경사면 : 관목류(영산홍, 자산홍) 식재

2 단면도 설계(40분)

평면도에서 단면선 화살표 방향으로 지상부와 지하부를 설계한다.

3 검토(10분)

설계조건에 누락된 부분이 있는지 최종 확인한다.

07장 도면설계 작업 시 유의사항

1 준비단계

(1) 자리가 지정되면 설계 전에 제도용구를 물티슈나 휴지로 깨끗하게 닦아준다.

(2) 답안지는 A3 용지 2장이 주어지며 추가 지급은 하지 않으므로 실수하지 않도록 한다.

※ 이름 및 수험번호 등은 용지 좌측에 반드시 볼펜으로 기재하여야 한다.

(3) 인쇄상태 확인을 위해서 시험문제를 받으면 눈으로만 시험지를 볼 수 있으며 문제와 현황도를 보고 설계를 어떻게 할지 생각한다.

2 표제란 및 현황도 제도단계

(1) 표제란 작성

① 폭은 70mm로 하고 대상지가 큰 경우 폭을 조정하여 설계한다.

※ 수험자 유의사항 크기에 따라 변경될 수 있음

② 표제란 작성에서 방위표와 스케일을 그리지 않거나 잘못 그렸을 경우 감점 처리된다.

③ 수목수량표 작성 시 수고가 큰 수목부터 윗부분에 기재하도록 한다.

(2) 주어진 문제를 보고 최대한 빨리 현황도를 그린다.

3 설계조건(각 문항마다 배점이 있기 때문에 한 문항도 누락하지 않도록 주의한다.)

(1) 식재지역

포장지역을 제외한 곳에는 모두 식재를 계획하시오(단, 녹지공간은 빗금 친 부분이며, 분위기를 고려하여 식재를 한다).

※ 빗금 친 부분에는 기능에 맞는 식재를 한다(녹음식재, 경관식재, 차폐식재 등).

(2) 포장하기

포장지역은 "소형고압블록, 투수콘크리트, 콘크리트, 고무칩, 마사토" 등 적당한 재료를 선택하여 재료의 사용이 적합한 장소에 기호로 표현하고, 포장명을 반드시 기입하시오.

※ 각 공간에 맞는 포장재료를 선택한다.

(3) 놀이공간

"가" 지역은 어린이를 위한 놀이공간으로 계획하고 놀이시설 3종(시소, 그네, 미끄럼틀, 정글짐, 회전무대, 4연식철봉, 종합놀이시설)을 계획하고 배치하시오.

※ 놀이시설 3종이면, 3종만 녹지대 쪽으로 배치한다.
※ 주의 : 4연식 철봉은 운동시설이다.

(4) 휴게공간

"다" 지역은 휴식공간으로 공원 이용자들의 편안한 휴식을 위한 퍼걸러(3,500×3,500mm) 1개와 앉아서 휴식을 즐길 수 있도록 등벤치 3개를 계획하고 설계하시오.

※ 제시된 수량만큼 설계한다.

(5) 유도식재

"나" 지역은 동적인 공간의 휴식공간으로 평벤치 3대를 설치하고, 수목보호대(3개)에 낙엽교목을 동일하게 식재하시오.

※ 수목보호대 + 평벤치(등벤치) + 낙엽교목 = 원로 내 유도식재로 활용한다.

(6) 주차공간

"라" 지역은 주차공간으로 소형자동차(3,000×5,000mm) 2대가 주차할 수 있는 공간으로 계획하고 설계하시오

※ 규격에 맞게 배치하며 주변에는 차폐식재를 한다.

(7) 기능별 식재

대상지 내에 식재는 유도식재, 녹음식재, 경관식재, 소나무군식 등의 식재 패턴을 필요한 곳에 배식하고 필요에 따라 수목보호대를 추가로 설치하시오.

※ 기능에 맞는 식재지역을 지정해 준다. 예 유도식재(왕벚나무), 녹음식재(느티나무) 등
※ 소나무를 군식할 때 서로 다른 규격은 소나무 1종으로 기재해 주어야 한다.

(8) 인출선

① 도면의 내용물 자체에 설명을 기입할 수 없을 때 사용하는 선이다.
② 수목명, 수목의 규격, 수목의 수량을 기입한다.
③ 한 도면에서 모든 인출선의 굵기와 질은 동일하게 유지한다.
④ 인출선의 긋는 방향과 기울기를 통일하는 것이 좋다.
⑤ 인출선 간의 교차나 치수선과의 교차를 피하도록 한다.
⑥ 중간에서 인출선을 뽑지 않도록 주의한다.

⑦ 수목의 인출선은 아래의 표현 방법 중 편한 방법을 선택하여 사용한다.

㉠ 교목

- 여러 그루의 수목 인출선은 수목연결선의 처음 또는 마지막 부분에서 인출한다.
- 멀리 떨어져 있는 수목은 연결하지 말고 별도로 인출한다.
- 인출선의 교차가 일어나는 경우에는 점프선을 이용하여 보기 좋게 한다.

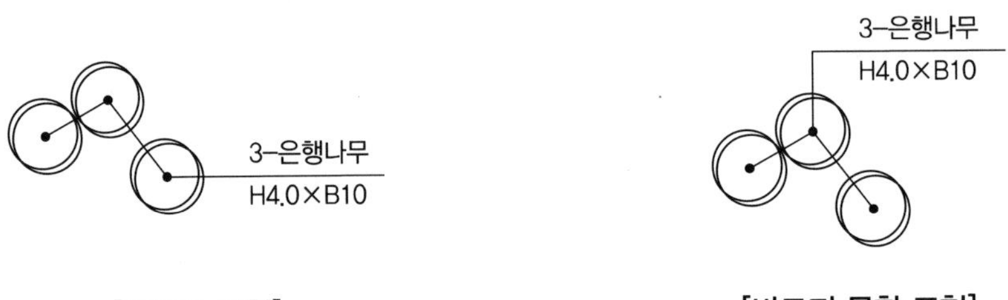

[올바른 표현] [바르지 못한 표현]

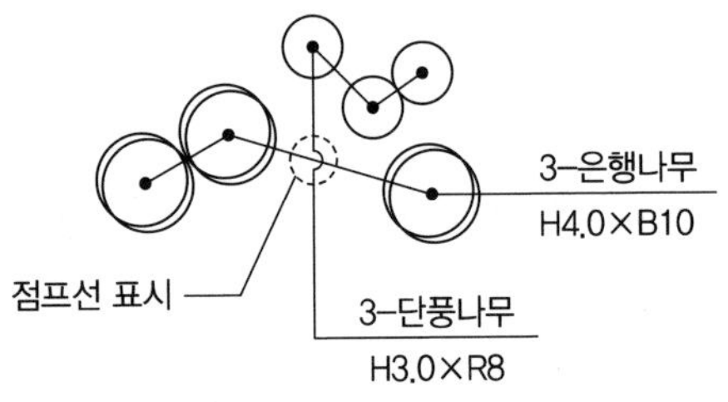

[인출선의 교차]

㉡ 관목

가까이 있는 군식끼리 연결하여 인출선을 사용한다.

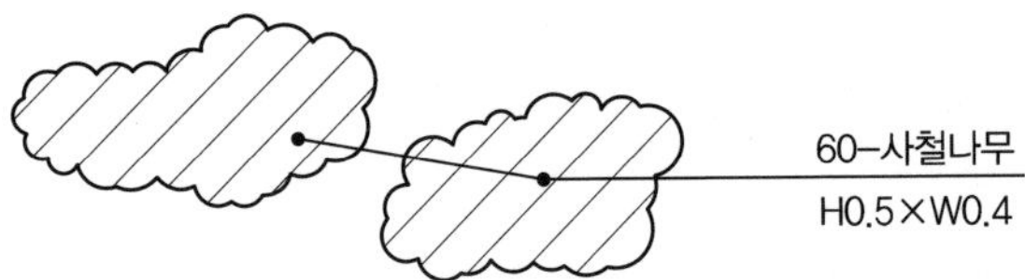

(9) 수종 선택하기

① 시험에서는 문제가 대부분 중부지방(중북부지방)으로 출제된다.

② 남부지방수종은 중부지방(중북부지방)에 식재할 수 없다.

구분		수종
중부지방	상록교목	소나무, 향나무, 스트로브잣나무, 주목, 섬잣나무 등
	낙엽교목	버즘나무, 백목련, 자귀나무, 청단풍, 수수꽃다리, 왕벚나무, 산딸나무, 이팝나무, 중국단풍, 꽃사과, 산수유, 느티나무 등
	관목	자산홍, 조팝나무, 영산홍, 회양목, 쥐똥나무, 병꽃나무, 명자나무, 산철쭉 등
	지피	조릿대, 잔디, 맥문동, 옥잠화(비비추), 둥굴레 등
	초화류	민들레, 원추리, 옥잠화(비비추), 꽃창포 등
남부지방		동백나무, 남천, 피라칸타, 아왜나무, 돈나무, 광나무, 식나무, 녹나무, 먼나무, 협죽도, 후박나무, 팔손이나무, 후피향나무, 다정큼나무, 꽝꽝나무 등

PART

2 시공

01장 작업형 실기

01 교목식재 및 새끼감기

1 시험장에 비치된 작업용구

식재교목, 삽, 퇴비, 전지가위, 물조리개, 새끼줄, 죽쑤기 용구, 녹화마대, 점토 등
※ 시험장에 따라 변경될 수 있음

2 작업순서

(1) 겉흙(표토) 걷기

① 땅 표면에 있는 흙은 유기물이 풍부하다. 미리 삽으로 긁어서 한쪽에 모아둔다.
② 겉흙과 속흙을 분리해서 놓는다.

(2) 구덩이 파기

① 주어진 수목의 뿌리분 크기보다 1.5~3배 정도가 되게 구덩이를 판다.
② 돌멩이나 나무뿌리 등의 이물질(돌멩이, 폐기물)을 제거한다.
③ 퇴비가 주어지면 구덩이 안에 퇴비를 넣고 그 위에 겉흙으로 볼록하게 덮어준다.
④ 퇴비와 뿌리가 직접 닿으면 퇴비의 발효열 등에 의해서 뿌리가 해를 입는다.
⑤ 퇴비가 주어지지 않으면 겉흙으로 구덩이 안을 볼록하게 만든다.

(3) 구덩이에 수목 넣기

① 뿌리분이 깨지지 않도록 조심해서 구덩이 속에 앉힌다.
② 수목을 앉히면서 생육지 방향과 수형을 고려하여 방향을 잡아준다.
③ 속흙으로 구덩이의 70% 정도를 채운다.

(4) 죽쑤기

① 감독관 지시에 따라 물조임인지 흙조임인지 확인하고 작업한다.
② 물죽쑤기를 하는 이유는 충분한 수분 공급과 뿌리분과 흙 사이에 공극을 없애고 잔뿌리의 활착을 위해서이다.

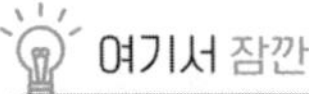
여기서 잠깐!

▸ 물조임 방법
- 전체 구덩이의 70% 정도까지 물을 주면서 막대를 이용해 죽쑤기를 해준다.
- 물이 빠진 후 속흙으로 뿌리분 주변에 나머지 공간을 채운다.
- 흙을 채워 가면서 3~4차례 죽쑤기 막대로 충분히 다진다.

▸ 흙조임 방법
흙을 채워 가면서 3~4차례 죽쑤기 막대로 충분히 다진다.

(5) 물집 만들기

수관 밑에 관수하기 좋도록 뿌리분 바깥쪽으로 물집을 10cm 높이로 둥글게 만든다.

(6) 가지치기(전정)

① 이식된 나무는 뿌리의 힘이 약하므로 불필요한 가지는 제거한다.
② 생리조절을 위해 가지와 잎을 감량하는 전정을 해 주어야 한다(T/R 조절).

(7) 관수 및 멀칭

물을 충분히 준 다음 수분증발을 막기 위하여 짚이나 나뭇잎을 덮어준다.

(8) 새끼감기 및 진흙 바르기

① 선정된 지점에 새끼를 아래에서 위로 감아 올라간다.
② 새끼 사이의 틈을 준비된 진흙으로 메꿔준다(진흙이 없을 경우 밭흙으로 대체한다).

(9) 주변정리

① 채점이 끝나면 주변을 정리하고 공구와 재료를 처음 상태로 원위치시킨다.
② 주변정리도 채점에 포함되어 있다.

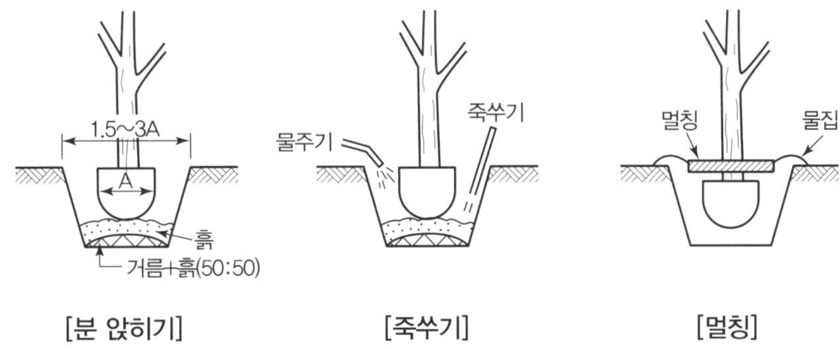

[분 앉히기] [죽쑤기] [멀칭]

3 예상 구두 질문-1

1) 흙조임과 물조임의 차이점과 목적을 자세히 설명하시오.
   - 차이점 : 흙조임은 물 없이 막대를 이용해서 다져주고, 물조임은 물을 넣으면서 다져준다.
   - 목적 : 토양과 뿌리분 사이에 밀착시킴으로써 공극을 없애기 위해서이다.

2) 흙조임을 하는 대표적인 수종은?
   소나무, 해송, 전나무, 소철 등

3) 전정의 목적을 설명하시오.
   생리조절, 생장조절, 성장억제, 개화결실 및 갱신을 위해 한다.

4) 전정해야 할 가지에는 어떤 것들이 있는가?
   도장지, 역지, 교차지, 평행지, 고사지, 무성지, 아래로 향한 가지 등

5) 이식 후 새끼감기의 목적을 설명하시오(주어진 재료가 소나무일 경우).
   소나무좀으로부터 병해충을 방지하기 위해서이다.

4 예상 구두 질문-2

수목감기의 목적을 설명하시오.
- 소나무 이식 후 소나무좀(천공성) 예방
- 수목 이식 후 수분증산 방지
- 여름 햇빛에 줄기가 타는 것을 막아줌(피소방지)
- 동해(凍害)나 병해충 방지

5 예상 구두 질문-3

멀칭의 효과에 대해서 설명하시오.
- 여름에는 수분 증발을 억제하며, 겨울에는 보온효과로 뿌리 보호
- 잡초의 발생을 줄이며, 근원부를 답압으로부터 보호
- 비료의 분해를 느리게 하고, 표토의 지온을 높여 뿌리의 발육 촉진

6 예상 구두 질문-4

소나무 순지르기에 대해서 설명하시오.
- 시기 : 5~6월
- 목적 : 성장억제, 즉 좋은 수형을 유지하기 위해서
- 방법 : 가운데 가장 긴 순을 완전히 제거하고 주위의 순도를 1/2~2/3만 남기고 제거한다. 가위로 할 경우 질린 단면이 적색으로 변하면서 마르기 때문에 반드시 맨손으로 실시한다.

① 표토층 확보

② 구덩이 파기

③ 흙과 퇴비 넣기

④ 수목 앉히기

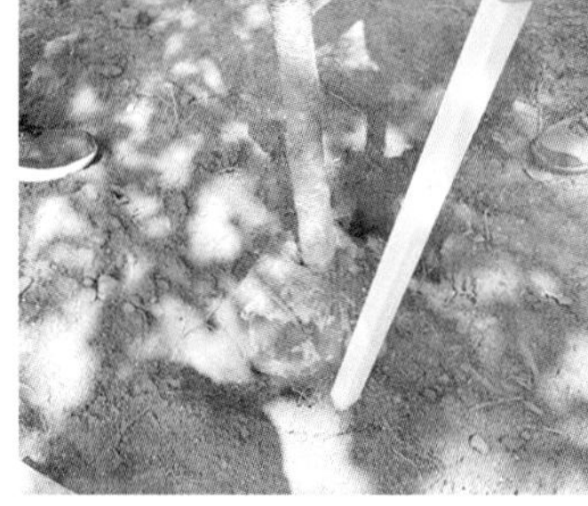
⑤ 쭉수기

⑥ 물집 만들기

⑦ 수피감기

02 삼발이 지주목 세우기

1 시험장에 비치된 작업용구

지주목, 새끼줄, 녹화마대, 고무바, 삽 등
※ 시험장에 따라 변경될 수 있음

2 작업순서

(1) 지주목 구덩이 파기

① 수목을 중심으로 지주목을 이용해서 지면에 삼각형 모양을 잡고 꼭짓점을 표시한다.
② 꼭짓점 자리에 지주목을 묻을 곳을 세 군데 삽으로 판다.
③ 깊이는 30cm 이상, 지주목의 각도는 60° 정도가 되게 고정한다.

(2) 높이 선정 및 수목보호조치

① 지주목과 수목이 접촉하는 위치에 새끼줄 또는 녹화마대를 감아 수피를 보호한다.
② 폭은 15cm 정도로 한다.

(3) 지주목 세우기

① 하나의 지주목에 고무바를 묶은 후, 세 개의 지주목을 지그재그(X자)모양으로 고무바를 돌리며 묶는다(주어진 재료만큼 사용).
② 고무바 결속 후 줄처리를 깨끗하게 해준다.
③ 지주목 구덩이 부위를 다시 한번 밟아준다.

(4) 견고성 확인

감독관이 결속된 부분을 흔들었을 때 흔들림이 없이 견고해야 한다.

(5) 주변정리

① 채점이 끝나면 주변을 정리하고 공구와 재료를 처음 상태로 원위치시킨다.
② 주변정리도 채점에 포함되어 있다.

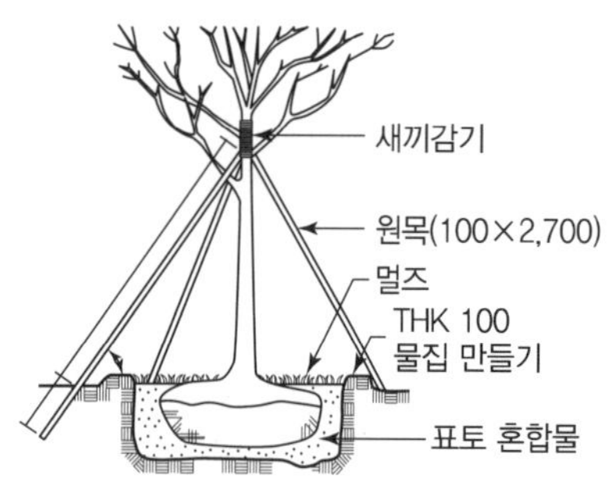

[지주목 완성 상태]

① 지주목을 이용한 지주목 위치 선정

② 지정된 위치 30cm 구멍파기

③ 지주목 결속부분 수피감기

④ X모양으로 수목 결속하기(샘플 1)

⑤ X모양으로 수목 결속하기(샘플 2)

3 예상 구두 질문

1) 땅속에 묻히는 지주목은 방부처리를 어떻게 하는가?

땅에 묻히는 부분이 썩지 않도록 표면탄화법을 이용해 방부처리한다.

2) 지면과 지주목의 각도는?

60˚

3) 삼발이 지주목의 장단점을 설명하시오.

- 장점 : 설치가 간단하다.
- 단점 : 보행에 지장을 주므로 이용자의 통행이 적은 곳에 설치한다.

03 삼각(사각) 지주목 세우기

1 시험장에 비치된 작업용구

지주목(세로목 3개, 가로목 3개, 중간목 1개), 새끼줄, 녹화마대, 고무바, 삽, 못, 망치 등

※ 시험장에 따라 변경될 수 있음

2 작업순서

(1) 지주목 구덩이 파기

① 수목을 중심으로 가로목을 이용해서 지면에 삼각형 모양을 잡고 꼭짓점을 표시한다.

② 꼭짓점 자리에 지주목이 박힐 구덩이를 30cm 깊이로 판다.

(2) 다리 위치 고정

① 세로목과 가로목은 못을 이용해서 3개의 다리를 만들어준다.

② 120cm로 제조한 다리를 3개의 구덩이에 1차로 30cm 깊이로 고정시킨다.

③ 다리 고정 후 가로목을 맞은편 다리 위에 올려놓고 수평이 되는지 확인한다.

④ 수평조절은 구덩이 깊이로 한다.

(3) 수간보호조치

① 중간목과 수목이 접촉하는 위치에 녹화마대 또는 새끼줄을 감아 수피를 보고한다.

② 폭은 15cm 정도로 한다.

(4) 삼각 지주 고정

① 수평조절 후 못과 망치를 이용해서 다리를 고정시킨다.

② 수간보호조치 위치가 맞는지 확인한다.

③ 못과 망치를 이용해 중간목을 덧댄다.

※ 못과 망치가 주어지지 않고 고무바로 하는 경우도 있음

④ 균형이 맞는지 다시 한번 확인한다.

(5) 수목고정 및 견고성 확인

① 수목의 수간보호조치된 부분과 중간목을 고무바를 이용하여 결속시킨다.

② 감독관이 결속된 부분을 흔들었을 때 흔들림이 없이 견고해야 한다.

(6) 주변정리

① 채점이 끝나면 주변을 정리하고 공구와 재료를 처음상태로 원위치시킨다.

② 주변정리도 채점에 포함되어 있다.

3 예상 구두 질문

1) 땅 속에 묻히는 지주목은 방부처리를 어떻게 하는가?

표면탄화법을 이용해 방부처리를 해준다.

2) 삼각 지주목의 장단점을 설명하시오.

- 장점 : 견고하다.
- 단점 : 시공이 어렵다.

※ 사각지주목은 삼각지주목에 세로목과 가로목 한 세트 추가

① 지주목을 이용한 위치선정

② 지정된 위치에 30cm 구멍파기

③ 가로목 못박기

④ 수목보호조치

⑤ 삼각형 만들기

⑥ 중간목 묶기

⑦ 완성하기

04 벽돌포장

1 시험장에 비치된 작업용구

- 시공도면(시험지)을 확인 후 감독관 설명에 따라 진행한다.
- 준비물 : 벽돌(약 20~40개), 기준실, 삽, 모래, 고무망치, 못, 줄자, 레이크 등

※ 시험장에 따라 변경될 수 있음

2 작업 전 숙지사항 및 유의사항

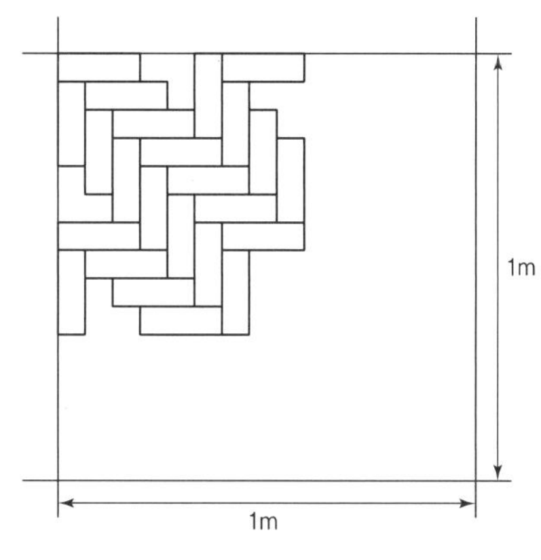

[벽돌 포장 패턴]

(1) 포장 패턴은 도면으로 확인한다(평깔기 또는 모로세워 무늬깔기).

(2) 벽돌은 대략 20~40개 정도 주어진다.

(3) 제시한 포장 면적은 가로 1m × 세로 1m이지만 실제 터파기 할 때는 10~20cm 더 여유 있게 터파기 후 줄자를 이용하여 1m씩 정사각형 실을 띄운다.

(4) 잡석은 한 것으로 가정하고 모래는 실제 주어지지 않으며, 주변의 흙으로 대체하는 경우가 많다.

3 작업순서

(1) 실 띄우기

① 줄자를 이용하여 제시된 면적을 표시하고 못으로 고정한 후 실을 띄운다.

② 1×1m인 경우 줄자를 이용하여 120×120cm로 여유 있게 출제 면적을 고려하여 표시한다.

③ 못으로 고정할 때 물매 2%를 예상해서 뒤쪽은 약간 올려준다.

(2) 터파기

① 주어진 문제에 따라 깊이만큼 터파기 한다.(기존형 210×100×60, 표준형 190×90×57)

② 잡석지정은 한 걸로 간주하고 터파기 하는 경우가 많다.

예 기존형 터파기

평깔기	T100(10cm) =	벽돌 T60(6cm)	+ 모래 T40(4cm)
모로세워깔기	T140(14cm) =	벽돌 T100(10cm)	+ 모래 T40(4cm)

↳ ※ 실제 벽돌 규격을 확인한다.

(3) 모래포설

① 잡석 위에 모래를 4cm 정도 포설한다.

※ 시험장에 따라 밭흙을 모래로 대체하는 경우가 많다.

② 포설한 모래를 평평하게 정지작업을 한다.

(4) 벽돌깔기

① 모서리부터 포장해 나간다.

② 줄눈 간격은 1cm 이하가 되도록 한다(볼펜을 활용한다).

③ 고무망치를 이용하여 두드려 가면서 요철이 없게 지면과 밀착하도록 작업한다.

(5) 모래덮기 및 견고성 확인

① 삽을 이용해서 벽돌 사이에 모래를 채워준다.

② 모래가 줄눈 사이에 들어가 틈이 없도록 작업한다.

③ 포장된 벽돌 가장자리를 모래로 충분히 다져서 견고성을 유지시킨다.

④ 감독관이 올라섰을 때 벽돌이 움직이거나 무너지지 않도록 견고해야 한다.

(6) 모래제거

빗자루를 이용해서 벽돌 위의 모래를 깨끗하게 제거한다.

(7) 주변정리

① 채점이 끝나면 주변을 정리하고 공구와 재료를 처음상태로 원위치시킨다.

② 주변정리도 채점에 포함되어 있다.

4 예상 구두 질문

1) 벽돌의 규격을 설명하시오.
   기존형 210×100×60mm, 표준형 190×90×57mm

2) 벽돌 포장 단면을 차례대로 설명하시오.
   원지반다짐 → 잡석(100mm) → 모래(40mm)

3) 배수를 위한 물매는 몇 %인가?
   약 2~3%(수평계로 확인할 수 있음)

4) 줄눈 간격은?
   1cm 이하

① 마름질하기

② 땅파기

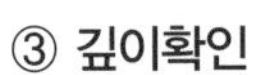

③ 깊이확인

④ 고르기

⑤ 모래뿌리기

⑥ 벽돌배치

⑦ 모래덮기

⑧ 모로세워깔기 완성

➜ 평깔기 방식은 모로세워깔기와 동일하며 벽돌을 평으로 깔아주면 됨

05 판석포장

1 시험장에 비치된 작업용구

시공도면(시험지), 모래, 잡석, 기준실, 핀, 삽, 줄자, 레이크 등
※ 시험장에 따라 변경될 수 있음

2 작업순서

(1) 실 띄우기

① 줄자를 이용하여 제시된 면적을 표시하고 못으로 고정한 후 실을 띄운다.
② 1×1m인 경우 줄자를 이용하여 120×120cm로 여유 있게 출제 면적을 고려하여 표시한다.
③ 못으로 고정할 때 물매 2%를 예상해서 뒤쪽은 약간 올려 준다.

(2) 터파기

구분	내용
문제 1	• 판석 밑에 잡석과 콘크리트가 있다고 가정하고 모르타르는 모래로 대체한다. • 모르타르(40mm)+판석두께 깊이로 터파기 한다.
문제 2	• 판석 밑에 잡석과 콘크리트, 모르타르가 있다고 가정하고 작업한다. • 판석두께 깊이로 터파기 한다.

※ 판석포장 단면 : 원지반다짐 → 잡석다짐 → 콘크리트 → 모르타르 → 판석(작업 환경상 콘크리트는 작업한 것으로 하고 생략한다)

(3) 모래깔기

① 모래를 '모르타르'라고 가정한 경우가 많다.
② 잡석 위에 모래를 4cm 정도 고르게 정지작업을 한다.

(4) 판석깔기

① 모서리 가장자리부터 큰 것을 먼저 깔아 전체적인 형태를 잡아준다.
② 판석을 깔았을 때 줄눈 형태가 Y자가 나오도록 시공한다.
③ 줄눈간격은 1～2cm 정도, 깊이는 1cm 이내로 하며, 판석보다 높아서는 안 된다.

(5) 주변정리

① 채점이 끝나면 주변을 정리하고 공구와 재료를 처음상태로 원위치시킨다.
② 주변정리도 채점에 포함되어 있다.

3 예상 구두 질문

1) 판석으로 이용되는 암석은 무엇인가?
점판암이 나올 확률이 높다.

2) 판석 지하단면을 차례대로 설명하시오.
잡석다짐(100mm) → 콘크리트(100mm) → 모르타르(40mm) → 판석

3) 모르타르를 이용하여 판석을 붙이는 이유는?
판석이 횡력에 약하기 때문이다.

4) 판석포장 시 줄눈의 간격과 깊이는?
줄눈의 간격 1～2cm, 깊이 1cm 이내이다.

5) 작업 전에 판석에 물을 충분히 주는 이유는?
모르타르와 잘 부착하기 위해서이다.

① 'Y'형 위치잡기

② 완성하기

06 잔디뗏장깔기

- 작업면적 : 1m×1m 또는 2m×2m 중 면적을 지정해 준다.
- 시공방법 : 어긋나게 붙이기, 평떼붙이기, 줄떼붙이기 중 하나를 지정해 준다.
- 완성하면 시험위원의 점검을 받은 후 해체하여 원위치시킨다.

1 시험장에 비치된 작업용구

뗏장, 복합비료, 줄자, 기준실, 삽, 레이크 등
※ 시험장에 따라 변경될 수 있음

2 작업순서

(1) 정지작업

① 표토를 3～5삽 정도 긁어서 한쪽에 모아준다.

② 20cm 정도 깊이로 갈아엎는다.
③ 콘크리트 조각이나 못, 돌 등 이물질을 제거한다.
④ 레이크로 정지작업을 한다.

(2) 잔디배열

① 복합비료를 주며 레이크로 정지작업을 한다.
② [시험문제]에 있는 무늬대로 잔디를 놓는다.

(3) 복토

① 잔디 줄눈 사이에 걷어 놓은 표토를 뗏밥 대용으로 충분히 채워준다.
② 뗏장 위에도 약간 뿌려준다.
③ 잔디 위를 삽으로 두들긴다(원래는 롤러로 다져야 하나 시험에서는 삽으로 대체).

(4) 관수

① $1m^2$당 6L의 물을 준다.
② 시험에서는 물을 주지 않고 구두 질문으로 대체한다.

(5) 주변정리

① 채점이 끝나면 주변을 정리하고 공구와 재료를 처음상태로 원위치시킨다.
② 주변정리도 채점에 포함되어 있다.

3 예상 구두 질문

1) 복합비료는 얼마나 주는가?
- 1×1m = $1m^2$당 20g
- 2×2m = $4m^2$당 80g을 준다.

2) 관수는 얼마나 하는가?
$1m^2$당 6L 또는 충분히 준다.

① 경운작업 이물질 제거
② 레이크 정지작업
③ 비료주기
④ 레이크 정지작업
⑤ 전면붙이기
⑥ 어긋나게 붙이기
⑦ 줄떼붙이기
전면붙이기 (이음매붙이기)
어긋나게 붙이기
줄떼붙이기

07 관목군식

1 시험장에 비치된 작업용구

관목, 기준실, 삽, 전정가위, 관수용구 등
※ 시험장에 따라 변경 될 수 있음

2 작업순서

(1) 식재위치 선정

관목군식 위치를 표시해 준다.

(2) 구덩이 파기

① 가장 큰 나무를 중앙에 심고 주변에 작은 나무들을 심어 나간다.
② 식재간격은 20～30cm 정도로 한다.
③ 나머지 작업은 교목식재작업과 동일하다.

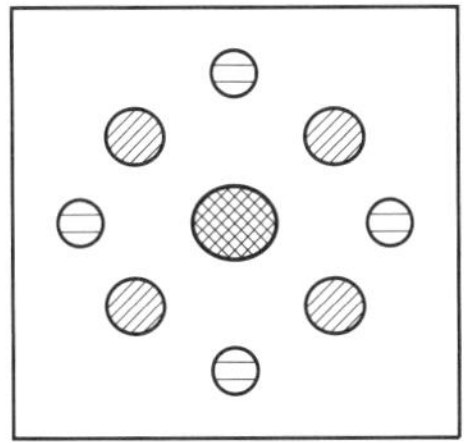

[관목 군식]

(3) 관수

삐뚤어진 나무를 바로잡아 주면서 물을 충분히 준다.

(4) 전정

가운데는 약간 높고 가장자리로 가면서 낮아지도록 반구형 형태로 전정한다.

08 열식 식재(생울타리)

1 시험장에 비치된 작업용구

관목, 못, 기준실, 삽 등
※ 시험장에 따라 변경될 수 있음

2 작업순서

(1) 식재위치 선정

① 감독관 설명에 따라 기준실을 이용해서 식재위치를 표시한다(예 2m, 1m 길이 지정).
② 기준실이 주어지지 않을 경우 삽을 이용하여 식재위치를 표시한다.

(2) 식재방법

① 먼저 식재할 곳을 두 줄로 고랑을 파듯이 판다(관목뿌리 깊이만큼).
② 두 줄로 관목을 줄맞추어 심는다. 지그재그로 엇갈리게 식재하는 것이 중요하다.
③ 식재 간격은 20～30cm 정도로 한다.

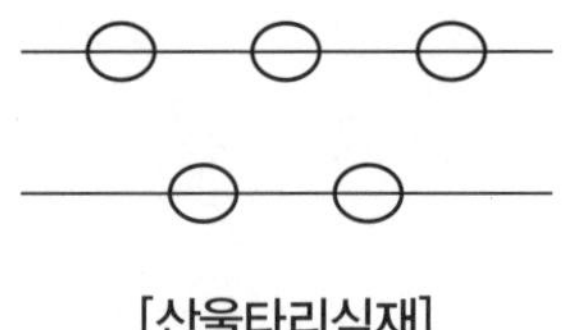

[산울타리식재]

(3) 관수

삐뚤어진 나무를 바로잡아 주면서 물을 충분히 준다.

(4) 전정

생울타리의 상부는 강하게 하부는 약하게 전정한다.

(5) 주변정리

① 채점이 끝나면 주변을 정리하고 공구와 재료를 처음상태로 원위치시킨다.

② 주변정리도 채점에 포함되어 있다.

3 예상 구두 질문

1) 생울타리 전정 시기는?

5월, 10월 총 2회 실시한다.

2) 생울타리 전정 요령을 설명하시오.

상부는 강하게, 하부는 약하게 전정한다.

※ 상부를 강하게 전정하면, 아래 가지가 치밀해지는 효과를 얻을 수 있다.

3) 거름주는 방법을 설명하시오.

관목으로부터 20~30cm 띄고, 20~30cm 깊이로 선상거름 방법으로 시비한다.

① 구획잡기

② 교호배치

③ 완성하기

09 수간주사

1 시험장에 비치된 작업용구

옥시테트라사이클린 수화제, 링거세트, 드릴, 도포제 등

※ 시험장에 따라 변경될 수 있음

2 작업 전 숙지사항 및 유의사항

(1) 시험문제 : 주어진 수목은 빗자루병에 걸렸다고 가정하고 수간주사 한다.

(2) 약액은 옥시테트라사이클린 수화제 1g을 1,000cc 물에 녹여 사용한다.

(3) 시기는 수액이 왕성하게 이동하는 4~9월 사이 증산작용이 왕성한 맑은 날에 실시한다.

3 작업순서

(1) 주입공 뚫기방법과 고정하기

① 수간 밑에서 5~10cm에 구멍을 뚫은 다음 반대쪽에도 지상에서 10~15(20)cm 높이에 구멍을 뚫는다.

② 드릴로 구멍을 20~30°로 유지되도록 하고 깊이는 3~4cm로 뚫는다.

③ 구멍의 지름은 5~6mm이다.

④ 수간주입기를 높이 180cm 정도에 고정시킨다.

(2) 약액주입방법

① 주입기의 마개를 제거하고 공기를 빼고 주입공에 넣는다.

② 약액이 잘 들어갈 수 있도록 1cm 정도 여유를 준다.

③ 같은 방법으로 나머지 호스를 반대쪽의 주입공에 수간주사한다.

(3) 약액주입 후 처리방법

병해충 침입방지를 위해서 주입 구멍에 도포제를 발라 주거나 코르크 마개로 구멍을 막아준다(실제로는 진흙을 준다).

4 예상 구두 질문

1) 수간주사 주입 시기는?

수액이 왕성하게 이동하는 4~9월 사이 증산작용이 왕성한 맑은 날에 실시한다.

2) 빗자루병에 사용하는 약제이름과 약액의 희석농도는 어떻게 되는가?

옥시테트라사이클린 수화제 1g을 1,000cc 물에 녹여 사용한다.

3) 주입공 지름과 깊이, 각도, 약액통의 고정높이를 설명하시오.

깊이는 3~4cm, 구멍각도 20~30˚, 높이 1.8m

※ 최근 시험에서는 수간주사를 실제 주사액으로 직접 실시하고 있다.

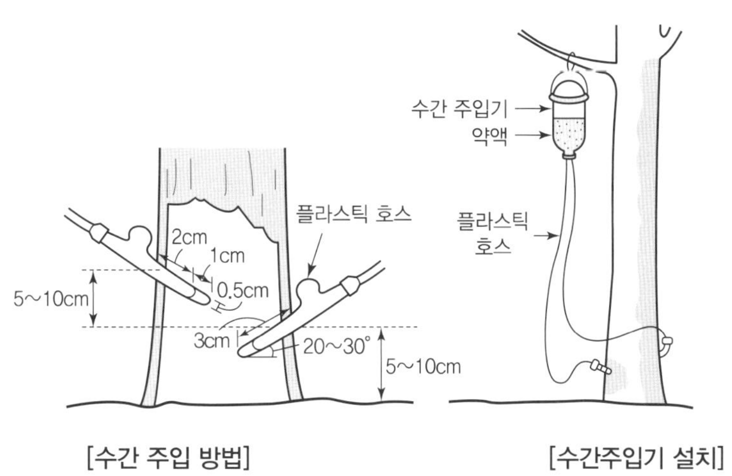

[수간 주입 방법] [수간주입기 설치]

① 위치잡기

② 구멍뚫기

③ 약액주입

④ 작업완료

10 잔디종자 파종

• 작업면적 : 2m×2m(시험장에 따라 변경 될 수 있음)
• 잔디종자는 서양잔디인 벤트그래스로 가정한다.
• 완성하면 시험위원 점검을 받은 후 해체하여 원위치시킨다.

1 시험장에 비치된 작업용구

종자, 모래, 삽, 레이크, 관수용구, 멀칭재료 등
※ 시험장에 따라 변경될 수 있음

2 작업순서

(1) 경운 및 정지

① 주어진 실이나 줄을 이용하여 파종 구획을 정한다.
② 식재할 곳을 20cm 정도 깊이로 경운한다.
③ 콘크리트 조각이나 못, 돌 등 이물질을 제거한다.

(2) 파종 및 관수

① 비료 20g을 주고 레이크로 잘 긁어준다.
② 씨앗을 동서방향으로 한 번 파종하고 남북방향으로 파종한다.
③ 레이크로 긁어서 씨앗이 살짝 묻히도록 한다.
④ 롤러(삽으로 대체 가능)를 굴려서 잔디 종자를 흙과 밀착시킨다.
⑤ 물을 충분히 준다.

(3) 주변정리

① 채점이 끝나면 주변을 정리하고 공구와 재료를 처음상태로 원위치시킨다.
② 주변정리도 채점에 포함되어 있다.

3 예상 구두 질문

1) 종자를 모래와 섞어서 파종하는 이유는?
잔디 종자가 작기 때문에 바람에 날리는 것을 방지하기 위해서 모래와 1 : 1 비율로 파종한다.

2) 종자파종 시 빨간 색소를 넣는 이유는?
뿌린 자리를 확인하기 위해서이다.

※ 최근 시험에서는 종자를 주고 종자파종을 실제로 시키고 있다.

① 경운작업 이물질 제거

② 레이크 정지작업

③ 비료주기

④ 레이크 정지작업

⑤ 전압작업

⑥ 물주기

02장 작업형 기출문제 예시

※ 다음 작업형 문제는 출제기준에 따라 변경될 수 있습니다.

01 교목식재 및 새끼감기

[출제유형]

주어진 수목을 이용하여 식재 및 수피감기를 하시오(제한시간 20분).

1) 수목의 식재는 식재순서에 맞추어 실시한다.
2) 수피감기의 순서 및 진흙바르기도 작업에 포함한다.
3) 완성 후 시험위원 점검을 받은 후 해체하여 사용한 재료들을 원위치 시킨다.
   ※ 해체 후 주변정리까지 제한시간에 포함한다.
4) 수목은 시험위원이 지정하여 준다.

02 삼발이 지주목 세우기

[출제유형]

주어진 수목을 식재하고, 삼발이형 지주목을 설치하시오(제한시간 30분).

1) 수목의 식재는 죽쑤기에 의한다.
2) 결속부위는 주어진 재료를 사용한다.
3) 완성 후 시험위원의 점검을 받은 후 해체하여 원위치 시킨다.
   ※ 해체 후 주변정리까지 제한시간에 포함한다.
4) 수목은 시험위원이 지정하여 준다.

03 삼각 지주목 세우기

[출제유형 – I]

주어진 수목을 식재하고, 삼각 지주목을 설치하시오(제한시간 20분).

1) 수목의 식재는 죽쑤기에 의한다.
2) 결속부위는 주어진 재료를 사용한다.
3) 완성 후 시험위원의 점검을 받은 후 해체하여 원위치 시킨다.
   ※ 해체 후 주변정리까지 제한시간에 포함한다.
4) 지주목은 길이를 고려하여 지주목을 재단하여 완성한다.
5) 수목은 시험위원이 지정하여 준다.

[출제유형 – II]

주어진 수목을 식재하고, 수피감기 및 삼각 지주목을 설치하시오(제한시간 20분).

1) 수목의 식재는 식재순서에 맞추어서 실시한다.
2) 물쭉쑤기, 물집만들기, 수피감기의 순서 및 진흙바르기도 작업에 포함한다.
3) 결속부위는 주어진 재료를 사용한다.
4) 완성 후 시험위원의 점검을 받은 후 해체하여 원위치 시킨다.
   ※ 해체 후 주변정리까지 제한시간에 포함한다.

04 벽돌포장

[출제유형]

주어진 재료로 도면과 같이 벽돌(210×100×60)포장을 실시한다(제한시간 30분).

1) 잡석다짐이나 콘크리트, 모르타르 등은 실제 행하지 않고 다짐만 한다.
2) 포장방법은 모로세워깔기로 실시한다.
3) 한쪽을 기준으로 하여 물매를 맞추어 조정한다.
4) 완성 후 시험위원의 점검을 받은 후 해체하여 사용한 재료들을 원위치 시킨다.
   ※ 해체 후 주변정리까지 제한시간에 포함한다.

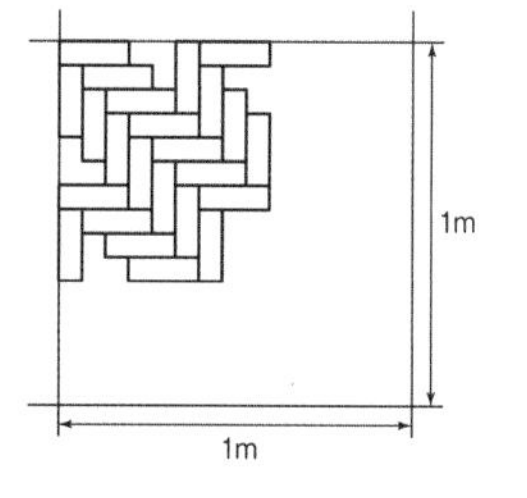

05 판석포장

[출제유형- I (단면도가 주어진 경우)]

주어진 재료로 도면과 같이 판석포장을 실시한다(제한시간 30분).

1) 잡석다짐이나 콘크리트, 모르타르 등은 실제 행하지 않고 다짐만 한다.
2) 포장방법은 아래 그림의 단면도대로 실시한다.
3) 완성 후 시험위원의 점검을 받은 후 해체하여 사용한 재료들을 원위치 시킨다.
   ※ 해체 후 주변정리까지 제한시간에 포함한다.

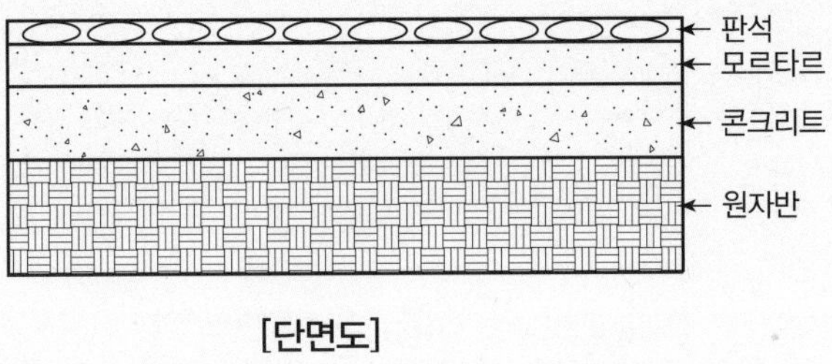

[단면도]

[출제유형- II (단면도가 없는 경우)]

주어진 재료로 도면과 같이 판석포장을 실시한다(제한시간 30분).

1) 잡석다짐이나 콘크리트, 모르타르 등은 실제 행하지 않고 다짐만 한다.
2) 완성 후 시험위원의 점검을 받은 후 해체하여 사용한 재료들을 원위치 시킨다.
   ※ 해체 후 주변정리까지 제한시간에 포함한다.

06 잔디뗏장깔기

[출제유형 – I]

주어진 재료로 잔디붙이기를 하시오(제한시간 20분).

1) 시공면적 : 가로 250cm×세로 160cm
2) 시공방법 : 어긋나게 붙이기로 포장한다.
3) 완성 후 시험위원의 점검을 받은 후 해체하여 사용한 재료들을 원위치 시킨다.
   ※ 해체 후 주변정리까지 제한시간에 포함한다.

[출제유형 – II]

주어진 재료로 잔디붙이기를 하시오(제한시간 20분).

1) 시공면적 : 가로 200cm×세로 200cm
2) 시공방법 : 전면 붙이기로 포장한다.
3) 완성 후 시험위원의 점검을 받은 후 해체하여 사용한 재료들을 원위치 시킨다.
   ※ 해체 후 주변정리까지 제한시간에 포함한다.

[출제유형 – III]

주어진 재료를 이용하여 잔디식재를 하시오.

1) 시공면적 : 가로 200cm×세로 200cm
2) 잔디식재는 어긋나게 붙이기로 포장한다.
3) 완성 후 시험위원의 점검을 받은 후 해체하여 사용한 재료들을 원위치 시킨다.
   ※ 해체 후 주변정리까지 제한시간에 포함한다.

07 관목군식

[출제유형]

주어진 재료로 관목군식을 하시오(제한시간 20분).

1) 완성 후 시험위원의 점검을 받은 후 해체하여 사용한 재료들을 원위치 시킨다.
※ 해체 후 주변정리까지 제한시간에 포함한다.

08 열식 식재(생울타리)

[출제유형]

주어진 수목을 이용하여 울타리식재를 하시오(제한시간 30분).

1) 완성 후 시험위원의 점검을 받은 후 해체하여 사용한 재료들을 원위치 시킨다.
※ 해체 후 주변정리까지 제한시간에 포함한다.

09 수간주사

[출제유형]

주어진 재료를 이용하여 가설치된 수목(통나무 원목)에 수간주입을 하시오(제한시간 20분).

1) 식재한 수목에 실시하되 지주목에 방해가 되지 않도록 한다.
2) 드릴은 두 곳에만 사용할 수 있다.
3) 시기는 6~8월로 가정한다.
4) 대추나무 빗자루병으로 가정하여 주어진 약재를 규정농도로 희석하여 사용한다.
5) 완성 후 시험위원의 점검을 받은 후 해체하여 원위치 시킨다.
※ 해체 후 주변정리까지 제한시간에 포함한다.

10 잔디종자 파종

[출제유형 – Ⅰ]

주어진 재료를 이용하여 잔디종자 파종을 하시오(제한시간 20분).

1) 시공면적 : 가로 250cm×세로 160cm(또는 2m×2m)
2) 완성 후 시험위원의 점검을 받은 후 해체하여 사용한 재료들을 원위치 시킨다.
※ 해체 후 주변정리까지 제한시간에 포함한다.

[출제유형 – Ⅱ]

주어진 재료를 이용하여 잔디종자 파종을 하시오(제한시간 20분).

1) 시공면적 : 2m×2m
2) 주어진 재료를 잔디종자라 생각하고 순서 및 방법을 정확히 하여 작업한다.
3) 완성 후 시험위원의 점검을 받은 후 해체하여 사용한 재료들을 원위치 시킨다.
※ 해체 후 주변정리까지 제한시간에 포함한다.

[출제유형 – Ⅲ]

주어진 재료를 이용하여 잔디종자 파종을 하시오(제한시간 30분).

1) 주어진 재료를 잔디종자라 생각하고 순서 및 방법을 정확히 하여 작업한다.
2) 완성 후 시험위원의 점검을 받은 후 해체하여 사용한 재료들을 원위치 시킨다.
※ 해체 후 주변정리까지 제한시간에 포함한다.

PART 3

기출복원문제 및 해설

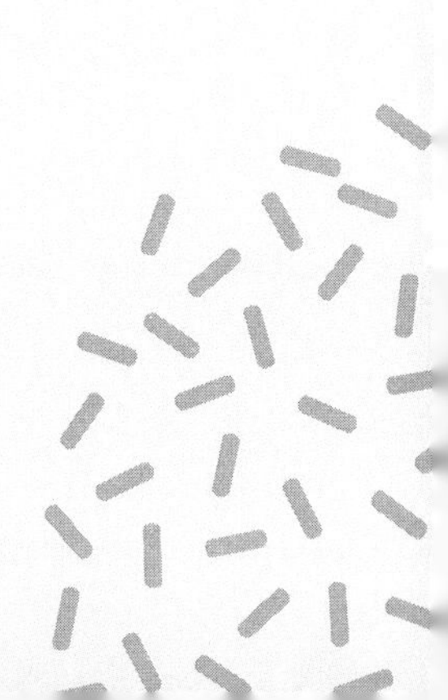

01장 기출복원문제 및 해설

01 도로변 소공원(마운딩)

우리나라 중부지역에 위치한 도로변의 빈 공간에 대한 조경설계를 하고자 한다. 주어진 현황도 및 아래 사항을 참조하여 설계조건에 따라 조경계획도를 작성한다(단, 2점 쇄선 안 부분을 조경설계 대상지로 한다).

요구사항

❶ 식재 평면도를 위주로 한 조경계획도를 축척 1/100로 작성하시오(지급용지－1).

❷ 도면 오른쪽 위에 작업명칭을 작성하시오.

❸ 도면 오른쪽에는 "주요 시설물수량표와 수목(식재)수량표"를 작성하고, 수량표 아래에는 "방위표시와 막대축척"을 그려 넣으시오(단, 전체 대상지의 길이를 고려하여 범례표의 폭을 조정할 수 있다).

❹ 도면 전체적인 안정감을 위하여 "테두리선"을 작성하시오.

❺ 도로변 소공원 부지 내의 B－B′ 단면도를 축척 1/100로 작성하시오(지급용지－2).

❻ 반드시 식재 평면도는 성상, 수목명, 규격, 단위, 수량을 명기하여 작성하시오.

설계조건

❶ 해당 지역은 도로변의 자투리 공간을 이용하여 휴식 및 어린이들이 즐길 수 있는 도로변 소공원의 특성을 고려하여 조경계획도를 작성하시오.

❷ 포장지역을 제외한 곳에는 모두 식재를 계획하시오(단, 녹지공간은 빗금 친 부분이며, 분위기를 고려하여 식재를 한다).

❸ 포장지역은 "소형고압블록, 투수콘크리트, 콘크리트, 고무칩, 마사토" 등을 적당한 재료를 선택하여 재료의 사용이 적합한 장소에 기호로 표현하고, 포장명을 반드시 기입하시오.

❹ "다" 지역은 어린이를 위한 놀이공간으로 계획하고 놀이시설 3종(시소, 그네, 미끄럼틀, 철봉, 회전문대)을 배치하시오.

❺ "가" 지역은 휴식공간으로 공원 이용자들의 편안한 휴식을 위한 퍼걸러(3,500 × 3,500mm) 1개와 앉아서 휴식을 즐길 수 있도록 등벤치 3개를 계획하고 설계하시오.

❻ "라" 지역은 주차공간으로 소형자동차(3,000 × 5,000mm) 2대가 주차할 수 있는 공간으로 계획하고 설계하시오.

❼ "나" 지역은 동적인 공간의 휴식공간으로 평벤치 3대를 설치하고, 수목보호대(3개)에 낙엽교목을 동일하게 식재하시오.

❽ "마" 지역은 등고선 1개당 20cm가 높으며, 전체적으로 주변 지역에 비해 60cm 높다(등고선에 반드시 점표고를 표시하시오).

❾ "다" 지역은 "가", "나", "라" 지역보다 1m 높으며, 적합한 포장 및 경사부분을 적합하게 처리한다.

❿ 대상지 내에 식재는 유도식재, 녹음식재, 경관식재, 소나무군식 등의 식재 패턴을 필요한 곳에 배식하고 필요에 따라 수목보호대를 추가로 설치하시오.

⓫ 수목은 아래의 수종 중에서 10가지를 선정하여 골고루 안정적인 배식이 될 수 있도록 계획하고, 인출선을 이용하여 수량, 수종명, 규격을 반드시 기입하시오.

> 소나무(H4.0×W2.0), 소나무(H3.0×W1.5), 소나무(H2.5×W1.2), 스트로브잣나무(H2.5×W1.2), 스트로브잣나무(H2.0×W1.0), 왕벚나무(H4.5×B15), 버즘나무(H3.5×B8), 느티나무(H3.0×R6), 청단풍(H2.5×R8), 다정큼나무(H1.0×W0.6), 동백나무(H2.5×R8), 중국단풍(H2.5×R5), 굴거리나무(H2.5×W0.6), 자귀나무(H2.5× R6), 태산목(H1.5×W0.5), 먼나무(H2.0×R5), 산딸나무(H2.0×R5), 산수유(H2.5× R7), 꽃사과(H2.5×R5), 수수꽃다리(H1.5×W0.6), 병꽃나무(H1.0×W0.4), 쥐똥나무(H1.0×W0.3), 명자나무(H0.6×W0.4), 산철쭉(H0.3×W0.4), 영산홍(H0.4×W0.3), 조릿대(H0.6×7가지)

⓬ B－B′ 단면도는 경사, 포장재료, 경계선 및 기타 시설물의 기초, 주변의 수목, 중요 시설물, 이용자 등을 단면도상에 반드시 표시하고 높이 차를 한눈에 볼 수 있도록 설계하시오.

현황도

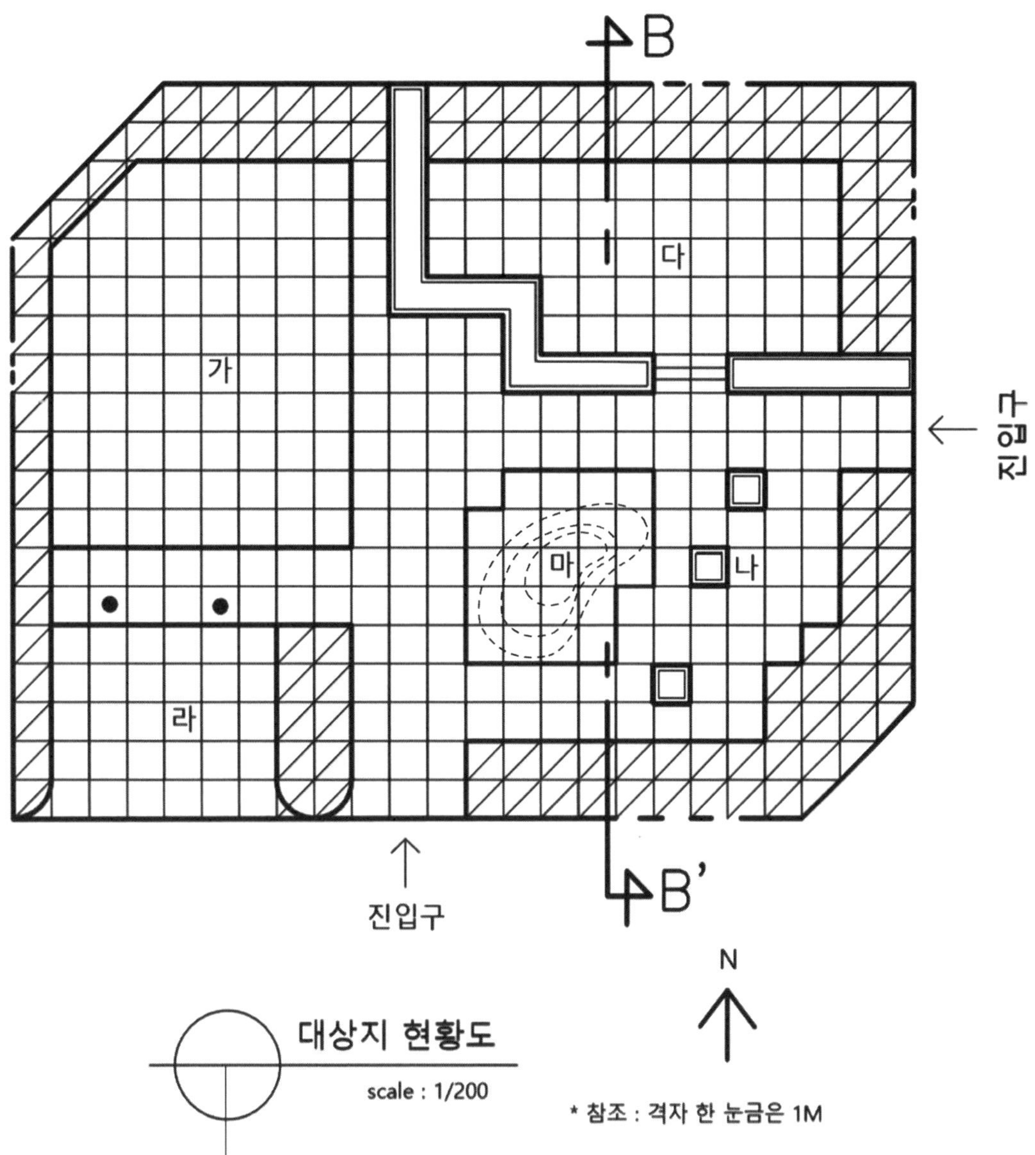

핵심 Point(평면도)

우리나라 중부지역에 위치한 도로변의 빈 공간에 대한 조경설계를 하고자 한다. 주어진 현황도 및 아래 사항을 참조하여 설계조건에 따라 조경계획도를 작성합니다.
(단, 2점 쇄선 안 부분을 조경설계 대상지로 한다)

➡ 중부지방인지, 남부지방인지 확인 후 [설계조건 11번]에서 지역수종을 선택한다.
➡ 도면설계 후 마지막에 테두리선을 2점 쇄선으로 굵게 그어준다.

[요구사항]

❶ 식재 평면도를 위주로 한 조경계획도를 축척 1/100로 작성하시오(지급용지 – 1).
➡ 축척은 현황도의 격자 1cm(눈금)는 1m이므로 격자의 개수를 잘 세어 현황도를 정확하게 그려준다.
➡ 가능하면 격자는 흐리게 그리며 지우지 않는다.

❷ 도면 오른쪽 위에 작업명칭을 작성하시오.
➡ 표제란에 공사명과 도면명을 기입한다.

❸ 도면 오른쪽에는 "주요 시설물수량표와 수목(식재)수량표"를 작성하고, 수량표 아래에는 "방위표시와 막대축척"을 그려 넣으시오(단, 전체 대상지의 길이를 고려하여 범례표의 폭을 조정할 수 있다).
➡ 수목수량표의 수목명과 규격은 문제에 제시된 규격대로 기재하며, 시설물수량표의 시설명과 규격은 문제에 제시된 대로 기재한다.

❹ 도면 전체적인 안정감을 위하여 "테두리선"을 작성하시오.
➡ 테두리선은 마지막에 도면을 제출할 때 2점 쇄선으로 굵게 그어준다.

❺ 도로변 소공원 부지 내의 B – B′ 단면도를 축척 1/100로 작성하시오(지급용지 – 2).
➡ 단면선은 1점 쇄선으로 그어준다.

❻ 반드시 식재 평면도는 성상, 수목명, 규격, 단위, 수량을 명기하여 작성하시오.
➡ 수목수량표의 성상은 상록교목, 낙엽교목, 관목으로 구분한다.

여기서 잠깐!

1. 요구사항 1번~5번 내용은 표제란 작성에 대한 전반적인 내용이다.
2. "지급용지 – 1"에서 평면도를, "지급용지 – 2"에서 단면도를 설계한다.
3. 현황도 아래에 축척 1/200, 1/300으로 표시되어 있어도, 1/100으로 설계한다.
4. 요구사항의 내용은 시험내용과 다소 차이는 있으나, 설계방법은 위 내용과 비슷하다.

[설계조건]

❶ 해당 지역은 도로변의 자투리 공간을 이용하여 휴식 및 어린이들이 즐길 수 있는 도로변 소공원의 특성을 고려하여 조경계획도를 작성하시오.

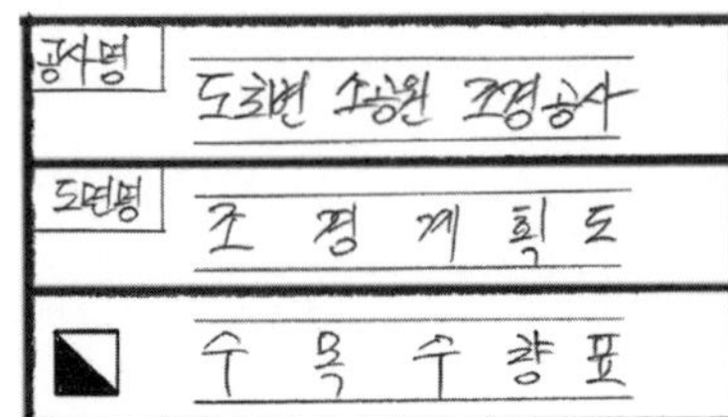

• 공사명 : 도로변 소공원 조경공사
• 도면명 : 조경계획도

❷ 포장지역을 제외한 곳에는 모두 식재를 계획하시오(단, 녹지공간은 빗금 친 부분이며, 분위기를 고려하여 식재한다).

➡ 빗금 친 지역은 식재공간이다(주의 : 현황도를 그릴 때 빗금선은 그을 필요 없음).

❸ 포장지역은 "소형고압블록, 투수콘크리트, 콘크리트, 고무칩, 마사토" 등을 적당한 재료를 선택하여 재료의 사용이 적합한 장소에 기호로 표현하고, 포장명을 반드시 기입하시오.

➡ 각 지역에 맞는 포장을 선택한다.

공간명	포장재료
휴게공간, 광장, 원로	소형고압블록, 보도블록, 점토벽돌, 마사토
기념공원, 야외무대	화강석판석, 자연석판석
놀이공간	고무블록, 고무칩, 고무매트, 모래
주차공간	콘크리트, 투수콘크리트
다목적 운동공간	마사토, 모래

❹ "다" 지역은 어린이를 위한 놀이공간으로 계획하고 놀이시설 3종(시소, 그네, 미끄럼틀, 철봉, 회전무대)을 배치하시오.

➡ 어린이를 위한 놀이공간으로 놀이시설 3종(시소, 그네, 미끄럼틀)을 설계한다.
• 철봉은 운동시설로 분류한다.
• 놀이공간은 무조건 나온다고 생각하고 그리는 방법을 꼭 숙지해서 시간을 단축한다.
• 단면선이 지나기 때문에 쉬운 시설물이 걸치도록 배치한다.

적용수종	주변지역에 녹음수(느티나무, 왕벚나무)와 경관식재가 잘 어울리게 식재
시설명	시소, 그네 , 미끄럼틀
포장명	고무칩포장
공간명	놀이공간

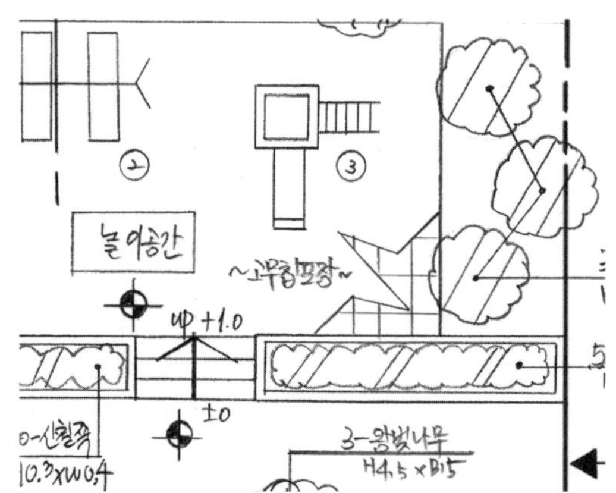

❺ "가" 지역은 휴식공간으로 공원 이용자들의 편안한 휴식을 위한 퍼걸러(3,500×3,500mm) 1개와 앉아서 휴식을 즐길 수 있도록 등벤치 3개를 계획하고 설계하시오.

➡ 퍼걸러 위치는 가능하면 녹지 쪽 가까이에 설계한다.
➡ 퍼걸러 안에 있는 등벤치(1,200×500)는 점선으로 그어준다.

적용수종	주변지역에 녹음수로 느티나무, 왕벚나무 식재
포장명	소형고압블록포장
공간명	휴식공간

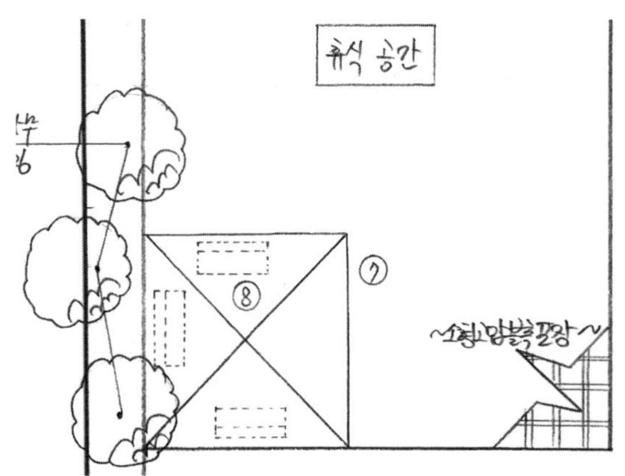

❻ "라" 지역은 주차공간으로 소형자동차(3,000 × 5,000mm) 2대가 주차할 수 있는 공간으로 계획하고 설계하시오.

➡ 소형자동차(3,000×5,000mm) 2대가 주차할 수 있게 설계한다.
➡ 사선을 긋고 1, 2라고 수량을 적어준다.

적용수종	주변지역에 차폐수로 스트로브잣나무, 쥐똥나무 식재
포장명	콘크리트포장
공간명	주차공간

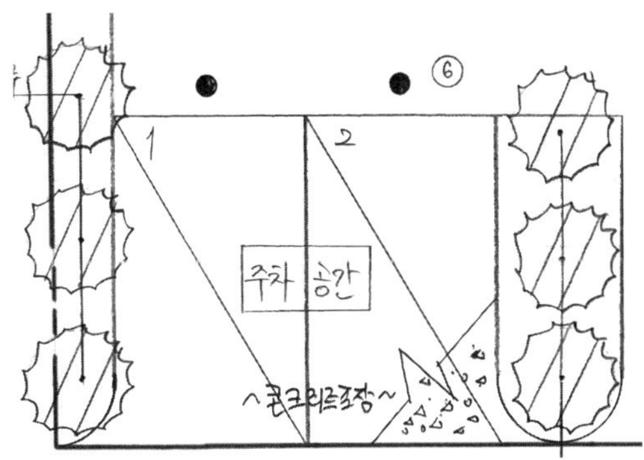

❼ "나" 지역은 동적인 공간의 휴식공간으로 평벤치 3개를 설치하고, 수목보호대(3개)에 낙엽교목을 동일하게 식재하시오.

➡ 수공간 주변에 수목보호대가 있으므로 원로 또는 광장의 개념으로 생각하자.

적용수종	왕벚나무, 느티나무
포장명	소형고압블록포장
공간명	공간에 대한 명시가 없기 때문에 "원로"로 생각

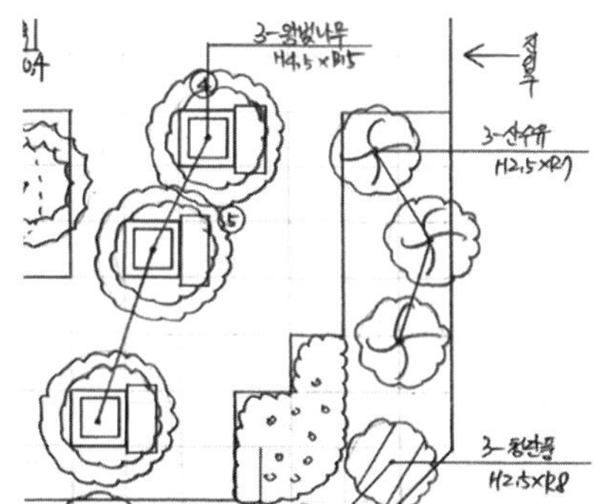

❽ "마" 지역은 등고선 1개당 20cm가 높으며, 전체적으로 주변 지역에 비해 60cm 높다(등고선에 반드시 점표고를 표시하시오).

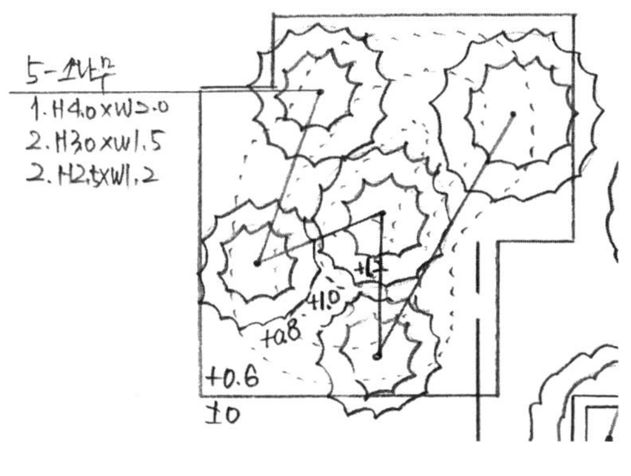

[평면도]

➡ 주변지역보다 60cm 높은 상태에서 등고선 1개당 20cm 올라가므로 최종 높이는 +1.2이며, 점표고는 반드시 습관적으로 기입한다.
➡ 만약 "전체적으로 주변지역에 비해 60cm 높다"라는 말이 없으면, 등고선 1개당 20cm 올라가므로 최종 높이는 +0.6 기입한다.

[단면도]

➡ 단면선이 약간 걸쳐 있지만 마운딩과 점표고는 표시한다.
➡ 소나무는 규격에 맞게 그린다.

적용수종	소나무 군식
공간명	마운딩 공간

❾ "다" 지역은 "가", "나", "라" 지역보다 1m 높으며, 적합한 포장 및 경사부분을 적합하게 처리한다.

➡ "다" 지역은 놀이공간으로 "가", "나", "라" 지역보다 1m 높으며, 계단 위쪽에 "↑up"을 표시하고 "+1.0" 점표고를 기입한다.
➡ 1m 높이차가 발생하며, Plant Box 공간에는 관목을 식재한다.
➡ $1m^2$당 관목수량은 10개로 한다.

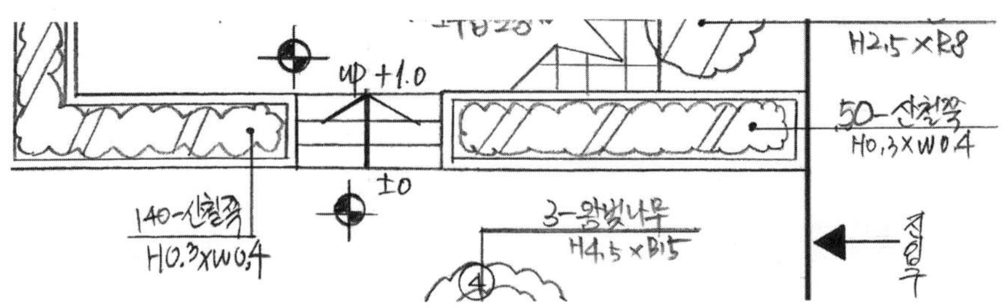

⑩ 대상지 내에 식재는 유도식재, 녹음식재, 경관식재, 소나무군식 등의 식재 패턴을 필요한 곳에 배식하고 필요에 따라 수목보호대를 추가로 설치하시오.

유도식재	입구에서 3칸 정도 위치에 식재
녹음식재	놀이공간, 휴식공간에 식재
소나무군식	마운딩 공간에 식재하며, 마운딩이 없을 경우 여유공간에 식재
경관식재	나머지 빈 공간에 식재
차폐식재	주차공간 주변에 식재하며, 주차공간이 없을 경우 진입구 주변에 식재

⑪ 수목은 아래의 수종 중에서 10가지를 선정하여 골고루 안정적인 배식이 될 수 있도록 계획하고, 인출선을 이용하여 수량, 수종명, 규격을 반드시 기입하시오.

> 소나무(H4.0×W2.0), 소나무(H3.0×W1.5), 소나무(H2.5×W1.2), 스트로브잣나무(H2.5×W1.2), 스트로브잣나무(H2.0×W1.0), 왕벚나무(H4.5×B15), 버즘나무(H3.5×B8), 느티나무(H3.0×R6), 청단풍(H2.5×R8), 다정큼나무(H1.0×W0.6), 동백나무(H2.5×R8), 중국단풍(H2.5×R5), 굴거리나무(H2.5×W0.6, 자귀나무(H2.5×R6), 태산목(H1.5×W0.5), 먼나무(H2.0×R5), 산딸나무(H2.0×R5), 산수유(H2.5×R7), 꽃사과(H2.5×R5), 수수꽃다리(H1.5×W0.6), 병꽃나무(H1.0×W0.4), 쥐똥나무(H1.0×W0.3), 명자나무(H0.6×W0.4), 산철쭉(H0.3×W0.4), 영산홍(H0.4×W0.3), 조릿대(H0.6×7가지)

상록교목	소나무, 스트로브잣나무 등(2종 선택)
낙엽교목	왕벚나무, 느티나무, 청단풍, 중국단풍, 자귀나무, 산딸나무, 산수유, 꽃사과 등 (6종 선택)
관목	산철쭉, 영산홍 등(2종 선택)

핵심 Point(단면도)

1. 단면도 기본틀 잡기

❶ 제일 먼저 지급용지－2에 테두리선을 규격에 맞춰 긋고 사선으로 선을 그어 중심선을 잡는다.
❷ 평면도의 단면선(B－B′) 길이에 맞추어 단면도 답안지 가로 중심선에 G.L선을 긋는다.
❸ G.L선과 평행하게 1cm 간격으로 5칸 정도 보조선을 긋는다.
❹ G.L선에 수직으로 점표고를 표기해주고[예 1.0, 2.0, 3.0, 4.0, 5.0(m)] 높이를 숫자로 기입한다.

2. 공간나누기

녹지	놀이공간	식수대	원로	마운딩	원로	녹지

❶ 평면도를 이용한 공간 구획선 그리기
평면도의 단면선(B－B′)에 용지를 대고 단면선상의 각 공간(경계석, 수목, 시설물, 식재공간)을 지면선에 표시하고 보조선을 이용하여 수직선을 그어 공간 구획선을 그린다.

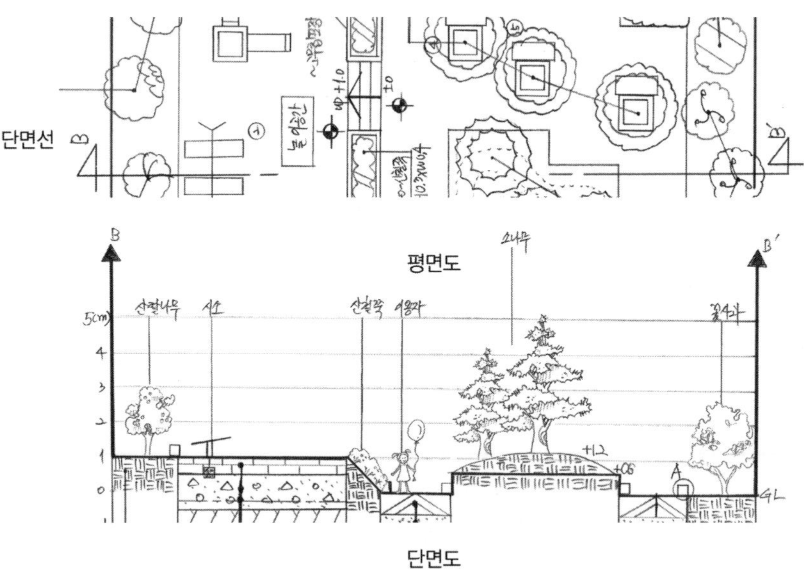

[공간 구획선 그리기]

3. G.L에 각 공간을 구획한 후 지상부에 시설물, 수목, 이용자 등을 표현하고 지하부에 포장을 한다. 단면도 Scale 1/100이며, 지하부는 1/10으로 설계한다.

4. 지상부 시설물 및 수목 표현하기

공간명	지상부 표현하기
녹지	산딸나무 H2.0 높이로 그린다.
놀이공간	평면도에 걸친 시소를 그린다.
식수대	높이차가 있는 부분은 산철쭉으로 식재한다.
원로	원로에는 이용자 1~2명을 표현한다.
마운딩 (소나무군식)	전체적으로 60cm가 높은 상태에서, 등고선 1개당 20cm가 높다고 표현했기 때문에 최종 높이는 +1.2가 된다. ※ 60cm를 1/100으로 하면 0.6m
원로	위에서 이용자를 표현했기 때문에 생략한다.
녹지	느티나무를 H3.0 높이로 그린다.

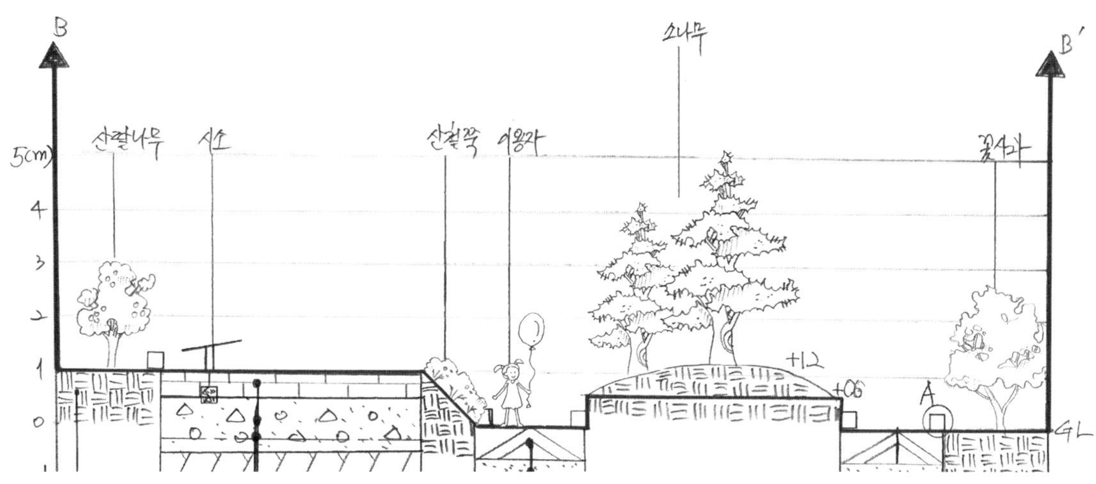

[시설물 및 수목 그리기]

➡ 공간이 바뀔 때마다 화강석 경계석을 지하부에 넣어야 하지만, 간단한 표현방법으로 G.L선에 종합템플릿 정사각형 3번으로 그린 후, 원형 템플릿 8번으로 동그라미 그린 후 "A" 적어준다.

5. 지하부 표현하기

공간명	지하부 표현하기
녹지	원지반다짐
놀이공간	T50 고무칩, T100 콘크리트, #8 와이어메쉬, T100 잡석다짐, 원지반다짐
식수대	원지반다짐
원로	T60 소형고압블록, T40 모래, T100 잡석다짐, 원지반다짐
마운딩 (소나무군식)	원지반다짐, 소나무군식
원로	T60 소형고압블록, T40 모래, T100 잡석다짐, 원지반다짐
녹지	원지반다짐

※ 포장이 중복될 경우 인출선은 한 개만 뽑는다.

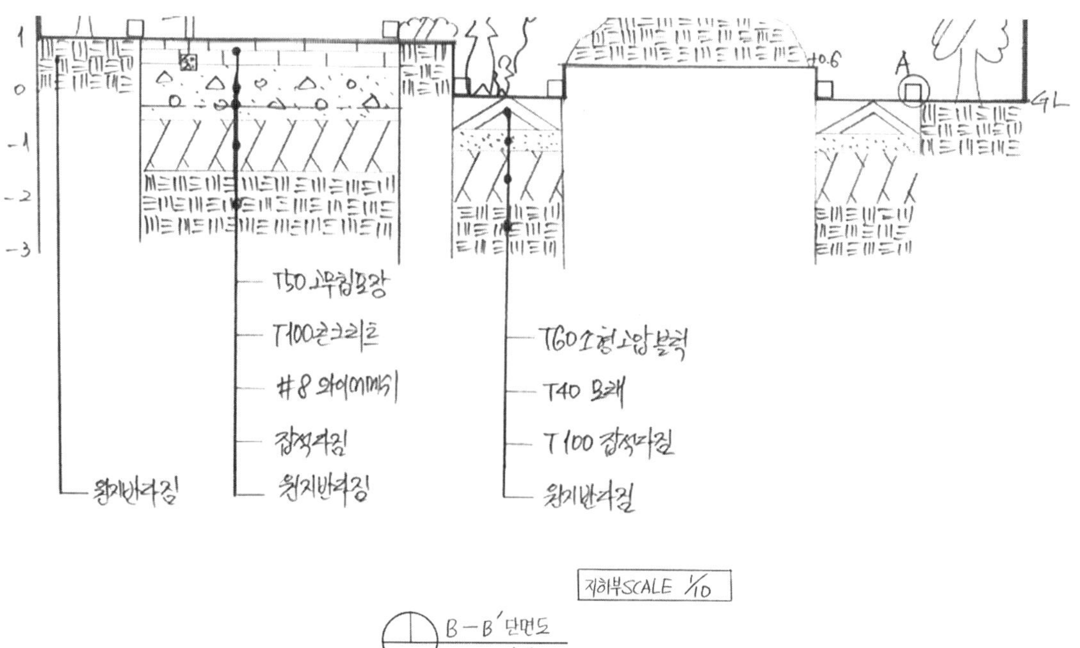

[지하부 그리기]

6. 오른쪽 여유공간에 "화강석 경계석 Scale" 표현

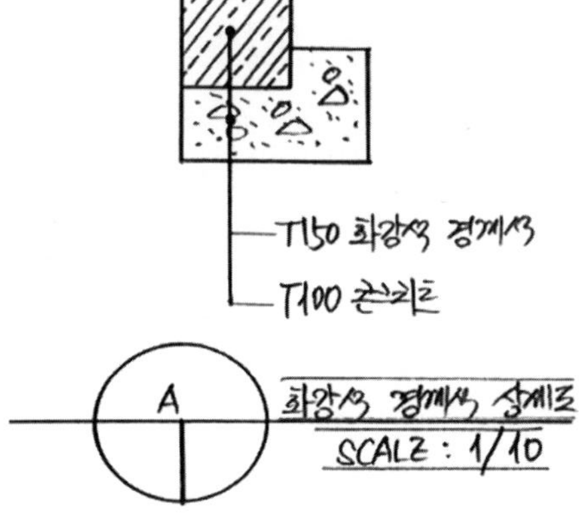

MEMO

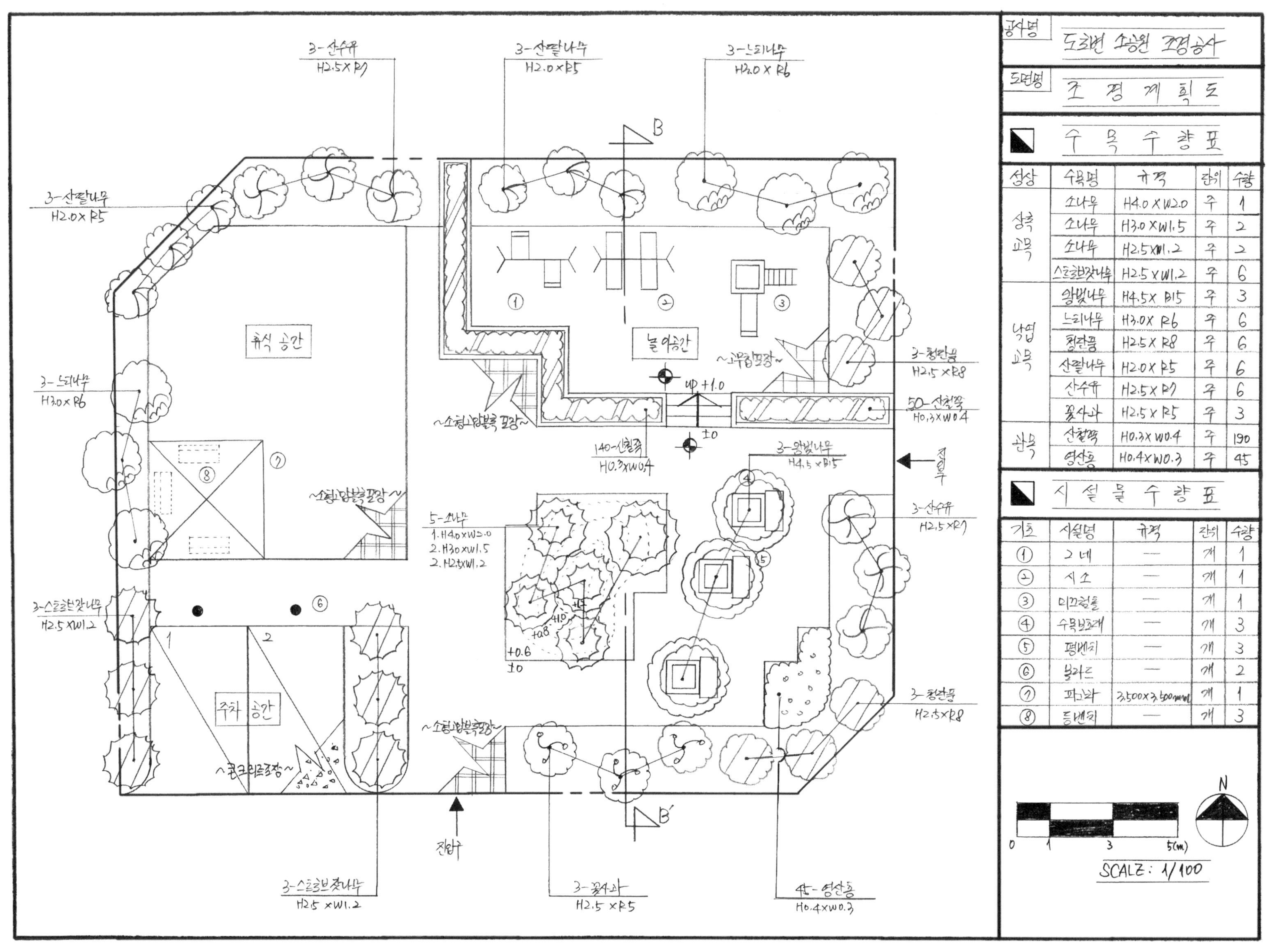

수 목 수 량 표

성상	수목명	규격	단위	수량
상록교목	소나무	H4.0×W2.0	주	1
	소나무	H3.0×W1.5	주	2
	소나무	H2.5×W1.2	주	2
	스트로브잣나무	H2.5×W1.2	주	6
낙엽교목	왕벚나무	H4.5×B15	주	3
	느티나무	H3.0×R6	주	6
	청단풍	H2.5×R8	주	6
	산딸나무	H2.0×R5	주	6
	산수유	H2.5×R7	주	6
	꽃사과	H2.5×R5	주	3
관목	산철쭉	H0.3×W0.4	주	190
	영산홍	H0.4×W0.3	주	45

시 설 물 수 량 표

기호	시설명	규격	단위	수량
①	그네	—	개	1
②	시소	—	개	1
③	미끄럼틀	—	개	1
④	수목보호대	—	개	3
⑤	평벤치	—	개	3
⑥	볼라드	—	개	2
⑦	파고라	3,500×3,500mm	개	1
⑧	등벤치	—	개	3

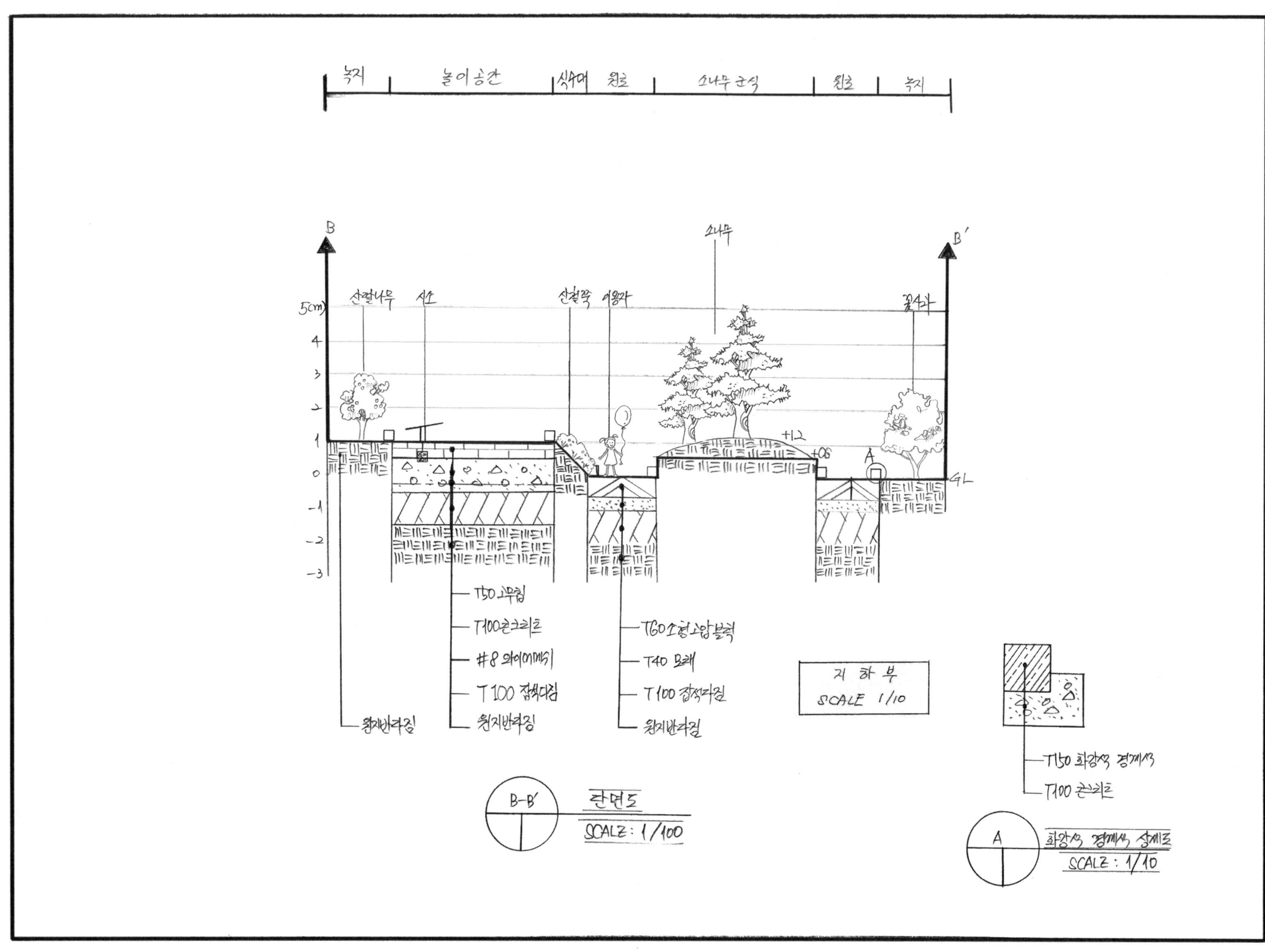

02 도로변 소공원(수공간)

우리나라 중부지역에 위치한 도로변의 빈 공간에 대한 조경설계를 하고자 한다. 주어진 현황도 및 아래 사항을 참조하여 설계조건에 따라 조경계획도를 작성한다(단, 2점 쇄선 안 부분을 조경설계 대상지로 한다).

요구사항

❶ 식재 평면도를 위주로 한 조경계획도를 축척 1/100로 작성하시오(지급용지 – 1).
❷ 도면 오른쪽 위에 작업명칭을 작성하시오.
❸ 도면 오른쪽에는 "주요 시설물수량표와 수목(식재)수량표"를 작성하고, 수량표 아래에는 "방위표시와 막대축척"을 그려 넣으시오(단, 전체 대상지의 길이를 고려하여 범례표의 폭을 조정할 수 있다).
❹ 도면 전체적인 안정감을 위하여 "테두리선"을 작성하시오.
❺ 도로변 소공원 부지 내의 B – B′ 단면도를 축척 1/100로 작성하시오(지급용지 – 2).
❻ 반드시 식재 평면도는 성상, 수목명, 규격, 단위, 수량을 명기하여 작성하시오.

설계조건

❶ 해당 지역은 도로변의 자투리 공간을 이용하여 휴식 및 어린이들이 즐길 수 있는 도로변 소공원의 특성을 고려하여 조경계획도를 작성하시오.
❷ 포장지역을 제외한 곳에는 모두 식재를 계획하시오(단, 녹지공간은 빗금 친 부분이며, 분위기를 고려하여 식재를 한다).
❸ 포장지역은 "소형고압블록, 투수콘크리트, 콘크리트, 고무칩, 마사토" 등 적당한 재료를 선택하여 재료의 사용이 적합한 장소에 기호로 표현하고, 포장명을 반드시 기입하시오.
❹ "다" 지역은 주차공간으로 소형자동차(2,500 × 5,000mm) 2대가 주차할 수 있는 공간으로 계획하고 설계하시오.
❺ "가" 지역은 어린이를 위한 놀이공간으로 계획하고, 그 안에 놀이시설 3종을 계획하고 배치하시오.
❻ "나" 지역은 수(水)공간으로 지반보다 60cm 낮게 위치해 있다.
❼ "라" 지역은 휴식공간으로 공원 이용자들의 편안한 휴식을 위한 퍼걸러(3,500 × 3,500mm) 1개와 앉아서 휴식을 즐길 수 있도록 등벤치 3개를 계획하고 설계하시오.
❽ 대상지역은 진입구에 계단이 위치해 있으며, 높이 차가 1m 높은 것으로 보고 설계하시오.
❾ 대상지 내에 식재는 유도식재, 녹음식재, 경관식재, 소나무군식 등의 식재 패턴을 필요한 곳에 배식하고 필요에 따라 수목보호대를 추가로 설치하시오.
❿ 수목은 아래의 수종 중에서 10가지를 선정하여 골고루 안정적인 배식이 될 수 있도록 계획하고, 인출선을 이용하여 수량, 수종명, 규격을 반드시 기입하시오.

> 소나무(H4.0×W2.0), 소나무(H3.0×W1.5), 소나무(H2.5×W1.2), 스트로브잣나무(H2.5×W1.2), 스트로브잣나무(H2.0×W1.0), 왕벚나무(H4.5×B15), 버즘나무(H3.5×B8), 느티나무(H3.0×R6), 청단풍(H2.5×R8), 다정큼나무(H1.0×W0.6), 동백나무(H2.5×R8), 중국단풍(H2.5×R5), 굴거리나무(H2.5×W0.6), 자귀나무(H2.5×R6), 태산목(H1.5×W0.5), 먼나무(H2.0×R5), 산딸나무(H2.0×R5), 산수유(H2.5×R7), 꽃사과(H2.5×R5), 수수꽃다리(H1.5×W0.6), 병꽃나무(H1.0×W0.4), 쥐똥나무(H1.0×W0.3), 명자나무(H0.6×W0.4), 산철쭉(H0.3×W0.4), 영산홍(H0.4×W0.3), 조릿대(H0.6×7가지)

⓫ B – B′ 단면도는 경사, 포장재료, 경계선 및 기타 시설물의 기초, 주변의 수목, 중요 시설물, 이용자 등을 단면도상에 반드시 표시하고 높이 차를 한눈에 볼 수 있도록 설계하시오.

현황도

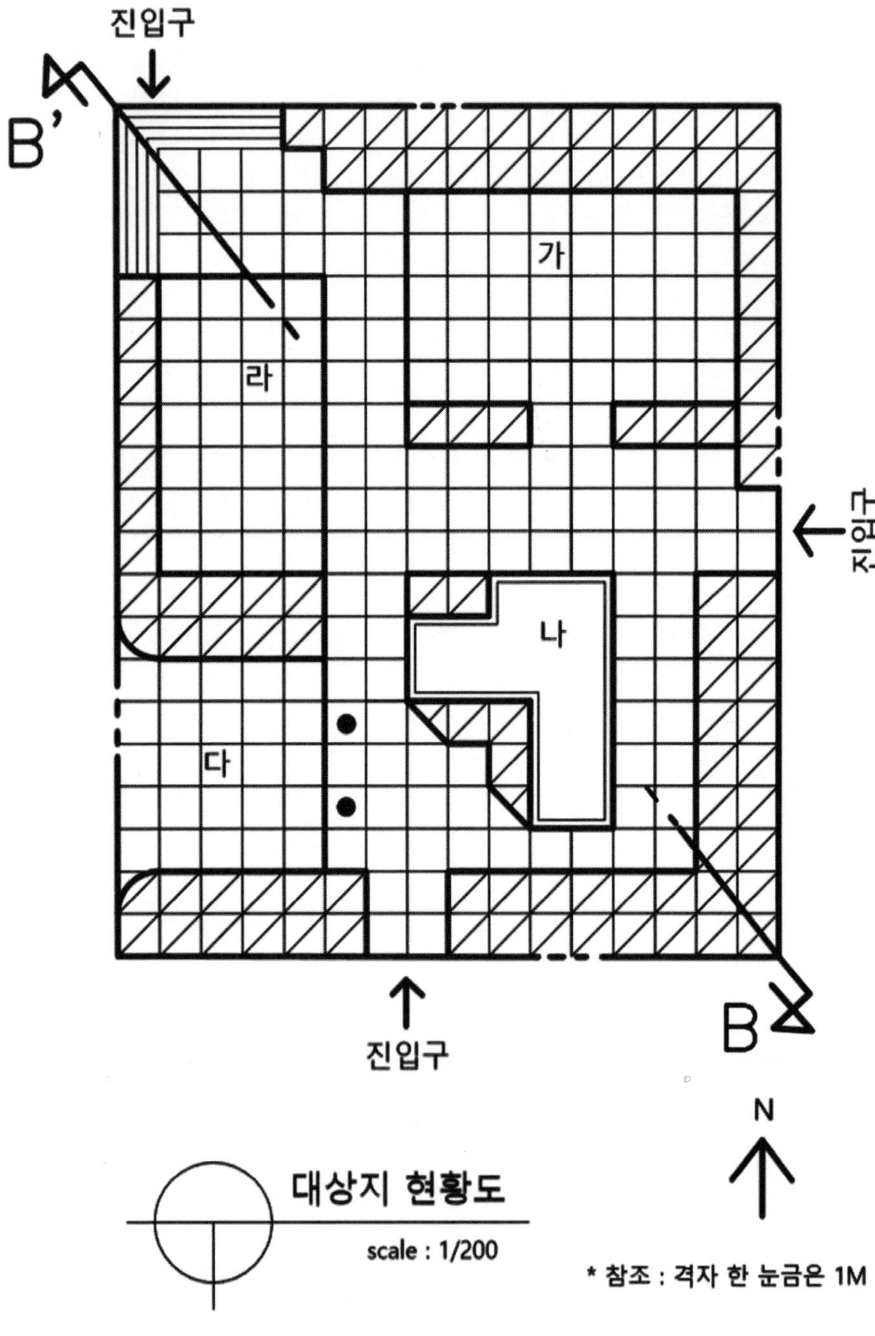

핵심 Point

1. ❽ 대상지역은 진입구에 계단이 위치해 있으며, 높이 차가 1m 높은 것으로 보고 설계하시오.

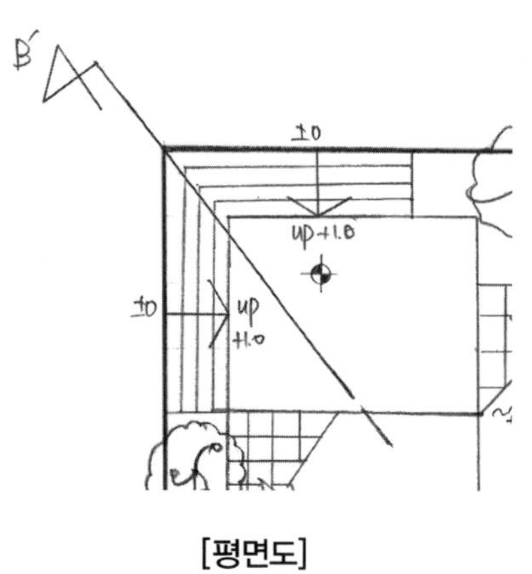

[평면도]

➡ 대상지 외곽은 [±0]이며, 대상지는 [+1.0]으로 높이를 잡아준다.

➡ 진입구 지역의 계단 개수만큼 그려준다.

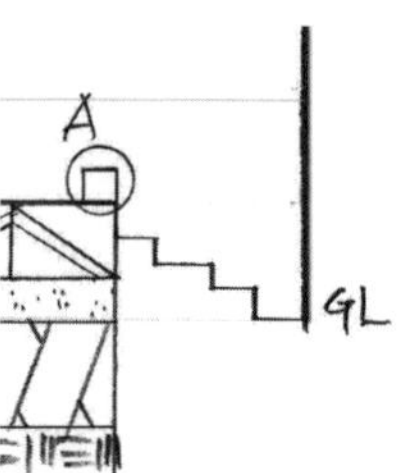

[단면도]

➡ 포장에 대한 특별한 내용이 없기 때문에 포장은 생략해도 무관하며, 한다면 콘크리트 포장, 화강석판석 포장으로 처리한다.

2. ❻ "나" 지역은 수(水)공간으로 지반보다 60cm 낮게 위치해 있다.

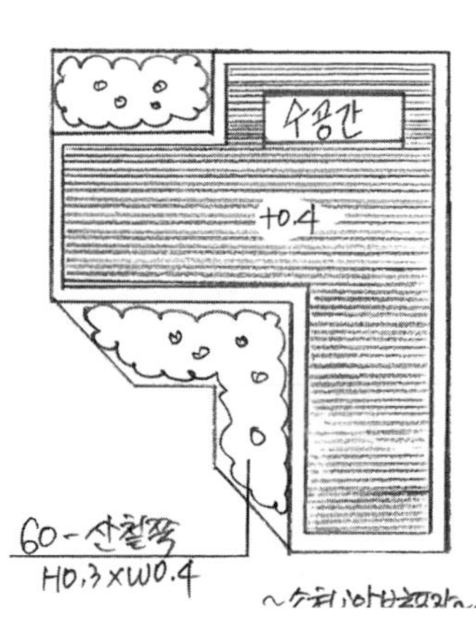

[평면도]

➡ 대상지보다 60cm 낮기 때문에 물결 표시와 함께 점표고 [+0.4]로 표시해 준다.

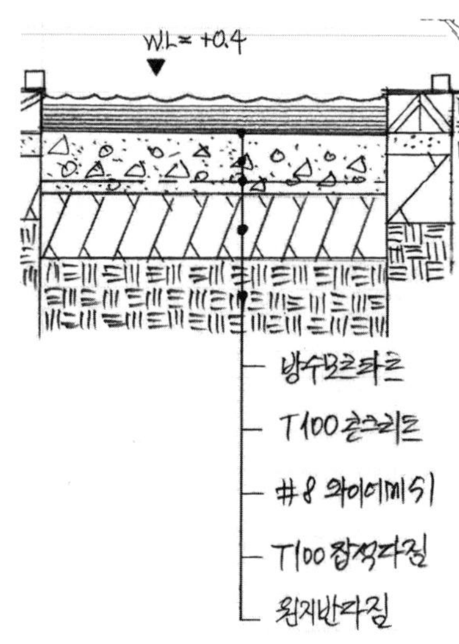

[단면도]

➡ ▼W.L 표시와 함께 수심깊이 [+0.4]를 기입한다.

3. ⑩ 수목은 아래의 수종 중에서 10가지를 선정하여 골고루 안정적인 배식이 될 수 있도록 계획하고, 인출선을 이용하여 수량, 수종명, 규격을 반드시 기입하시오.

상록교목(2종)	소나무(H4.0×W2.0), 소나무(H3.0×W1.5), 소나무(H2.5×W1.2), 스트로브잣나무(H2.5×W1.2)
낙엽교목(6종)	왕벚나무(H4.5×B15), 청단풍(H2.5×R8), 중국단풍(H2.5×R5), 자귀나무(H2.5×R6), 산딸나무(H2.0× R5), 산수유(H2.5×R7), 꽃사과(H2.5×R5)
관목(2종)	수수꽃다리(H1.5×W0.6), 쥐똥나무(H1.0×W0.3), 명자나무(H0.6×W0.4), 산철쭉(H0.3×W0.4), 영산홍(H0.4×W0.3), 조릿대(H0.6×7가지)

4. 단면선 그리기

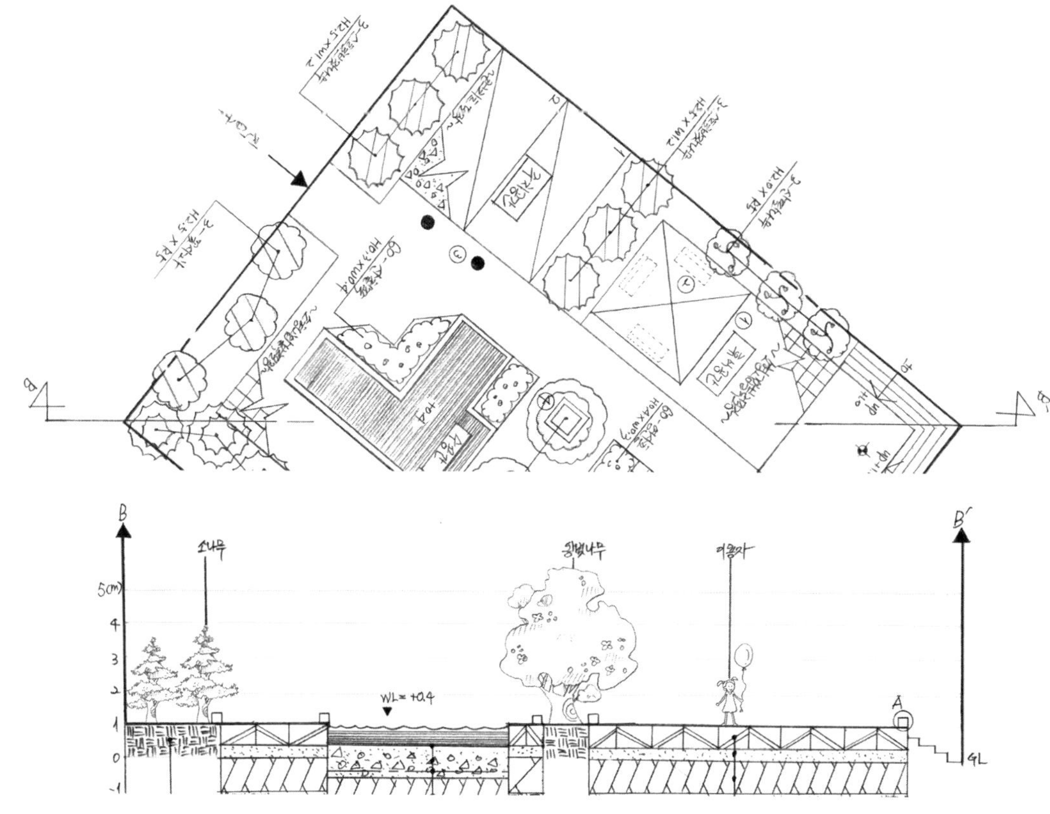

[공간 구획선 그리기]

MEMO

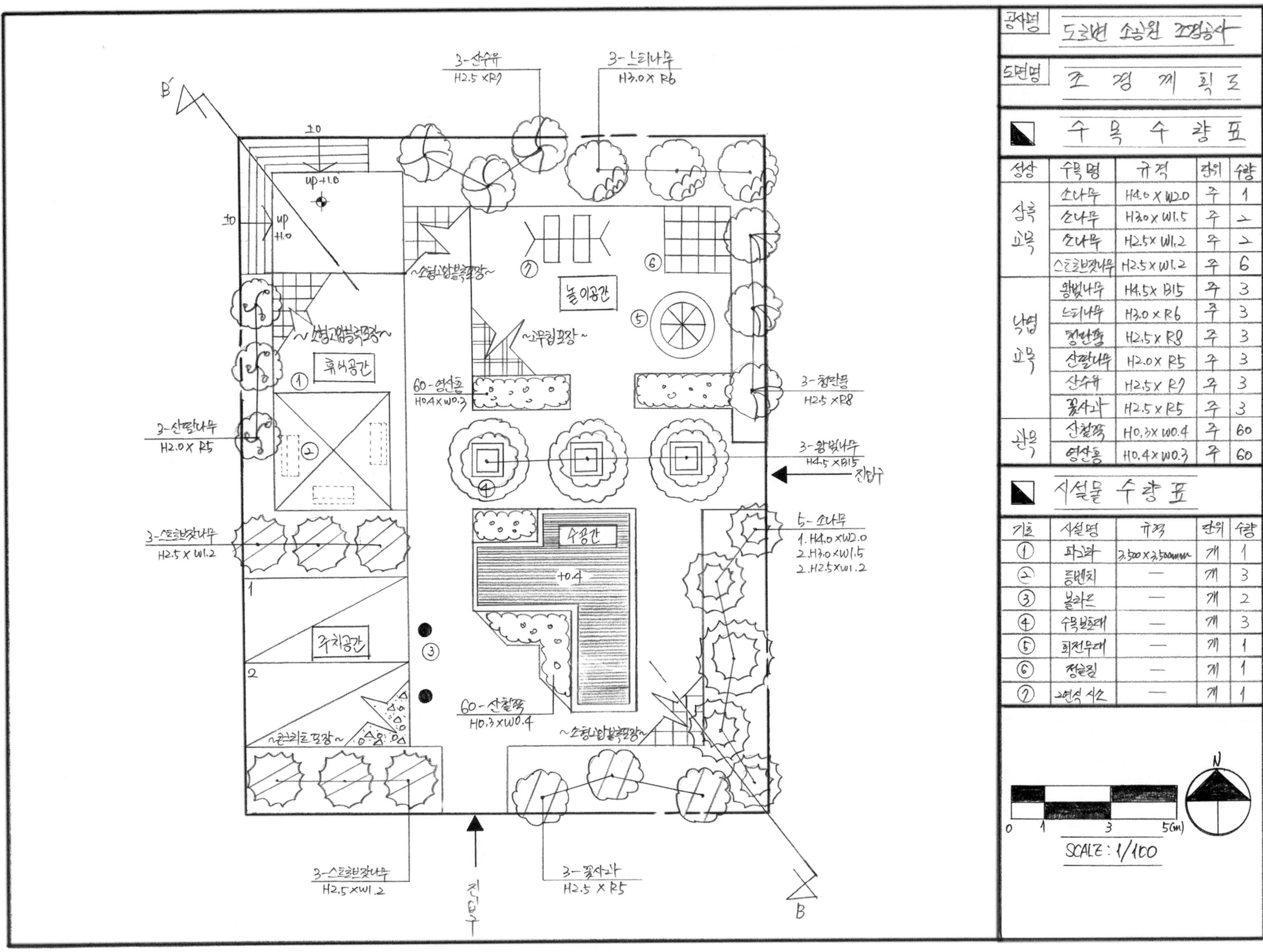
공사명
도로변 소공원 조경공사
도면명
조경계획도
수목수량표
성상 수목명 규격 단위 수량
상록교목 소나무 H4.0×W2.0 주 1
소나무 H3.0×W1.5 주 2
소나무 H2.5×W1.2 주 2
스트로브잣나무 H2.5×W1.2 주 6
낙엽교목 왕벚나무 H4.5×B15 주 3
느티나무 H3.0×R6 주 3
청단풍 H2.5×R8 주 3
산딸나무 H2.0×R5 주 3
산수유 H2.5×R7 주 3
꽃사과 H2.5×R5 주 3
관목 산철쭉 H0.3×W0.4 주 60
영산홍 H0.4×W0.3 주 60
시설물 수량표
기호 시설명 규격 단위 수량
① 파고라 3,500×3,500mm 개 1
② 등벤치 — 개 3
③ 볼라드 — 개 2
④ 수목보호대 — 개 3
⑤ 회전무대 — 개 1
⑥ 정글짐 — 개 1
⑦ 2연식 시소 — 개 1
N
0 1 3 5(m)
SCALE : 1/100
3-산수유
H2.5×R7
3-느티나무
H3.0×R6
B'
B
UP+1.0
UP +1.0
~소형고압블럭포장~
놀이공간
휴식공간
~고무칩포장~
60-영산홍
H0.4×W0.3
3-청단풍
H2.5×R8
3-산딸나무
H2.0×R5
3-왕벚나무
H4.5×B15
진입구
5-소나무
1. H4.0×W2.0
2. H3.0×W1.5
2. H2.5×W1.2
3-스트로브잣나무
H2.5×W1.2
수공간
+0.4
주차공간
60-산철쭉
H0.3×W0.4
~콘크리트포장~
3-스트로브잣나무
H2.5×W1.2
3-꽃사과
H2.5×R5
진입구

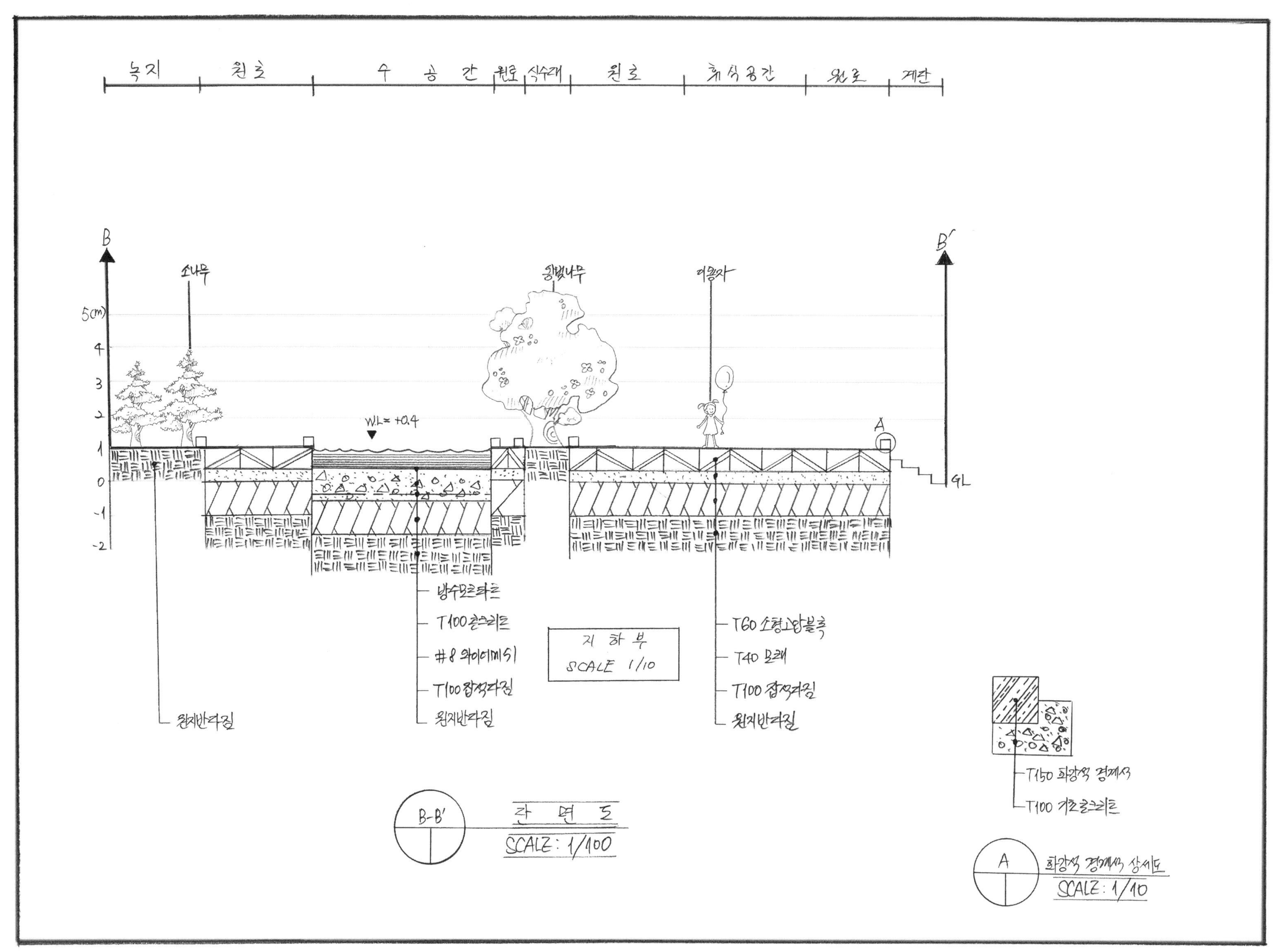
녹지
원로
수공간
원로
식수대
원로
휴식공간
원로
계단
B
B'
소나무
왕벚나무
이용자
5(m)
4
3
2
1
0
-1
-2
WL=+0.4
A
GL
방수모르타르
T100 콘크리트
#8 와이어메쉬
T100 잡석다짐
원지반다짐
원지반다짐
지하부
SCALE 1/10
T60 소형고압블록
T40 모래
T100 잡석다짐
원지반다짐
T150 화강석 경계석
T100 기초콘크리트
B-B'
단면도
SCALE: 1/100
A
화강석 경계석 상세도
SCALE: 1/10

03 도로변 소공원(벽천 1)

우리나라 중부지역에 위치한 도로변의 빈 공간에 대한 조경설계를 하고자 한다. 주어진 현황도 및 아래 사항을 참조하여 설계조건에 따라 조경계획도를 작성한다(단, 2점 쇄선 안 부분을 조경설계 대상지로 한다).

요구사항

❶ 식재 평면도를 위주로 한 조경계획도를 축척 1/100로 작성하시오(지급용지 – 1).

❷ 도면 오른쪽 위에 작업명칭을 작성하시오.

❸ 도면 오른쪽에는 "주요 시설물수량표와 수목(식재)수량표"를 작성하고, 수량표 아래에는 "방위표시와 막대축척"을 그려 넣으시오(단, 전체 대상지의 길이를 고려하여 범례표의 폭을 조정할 수 있다).

❹ 도면 전체적인 안정감을 위하여 "테두리선"을 작성하시오.

❺ 도로변 소공원 부지 내의 B – B′ 단면도를 축척 1/100로 작성하시오(지급용지 – 2).

❻ 반드시 식재 평면도는 성상, 수목명, 규격, 단위, 수량을 명기하여 작성하시오.

설계조건

❶ 해당 지역은 도로변의 자투리 공간을 이용하여 휴식 및 어린이들이 즐길 수 있는 도로변 소공원의 특성을 고려하여 조경계획도를 작성하시오.

❷ 포장지역을 제외한 곳에는 모두 식재를 계획하시오(단, 녹지공간은 빗금 친 부분이며, 분위기를 고려하여 식재를 한다.)

❸ 포장지역은 "소형고압블록, 투수콘크리트, 콘크리트, 고무칩, 마사토" 등 적당한 재료를 선택하여 재료의 사용이 적합한 장소에 기호로 표현하고, 포장명을 반드시 기입하시오.

❹ "나" 지역은 수경공간으로 최대 높이 1m의 벽천이 위치하고, 벽천 앞의 수(水)공간은 깊이 60cm로 설계하시오.

❺ "가" 지역은 어린이를 위한 놀이공간으로 계획하고, 그 안에 놀이시설 3종을 계획하고 배치하시오.

❻ "다" 지역은 휴식공간으로 공원 이용자들의 편안한 휴식을 위한 퍼걸러(3,500 × 3,500mm) 1개와 앉아서 휴식을 즐길 수 있도록 등벤치 1개 이상을 계획하고 설계하시오.

❼ "라" 지역은 중심광장으로 각 공간과의 연결과 녹음을 부여하기 위해 수목보호대 4개소에 적합한 수종을 식재하시오.

❽ 대상지역은 진입구에 계단이 위치해 있으며, 대상지 외곽부지보다 높이 차이가 1m 낮은 것으로 보고 설계하시오.

❾ 대상지 경계에 위치한 외곽 녹지대는 식수대(Plant Box) 형태의 높이 1m의 적벽돌 구조를 가지며, 대상지 내에 식재는 유도식재, 녹음식재, 경관식재, 소나무군식 등의 식재 패턴을 필요한 곳에 배식하시오.

❿ 수목은 아래의 수종 중에서 10가지를 선정하여 골고루 안정적인 배식이 될 수 있도록 계획하고, 인출선을 이용하여 수량, 수종명, 규격을 반드시 기입하시오.

> 소나무(H4.0×W2.0), 소나무(H3.0×W1.5), 소나무(H2.5×W1.2), 스트로브잣나무(H2.5×W1.2), 스트로브잣나무(H2.0×W1.0), 왕벚나무(H4.5×B15), 버즘나무(H3.5×B8), 느티나무(H3.0×R6), 청단풍(H2.5×R8), 다정큼나무(H1.0×W0.6), 동백나무(H2.5×R8), 중국단풍(H2.5×R5), 굴거리나무(H2.5×W0.6), 자귀나무(H2.5×R6), 태산목(H1.5×W0.5), 먼나무(H2.0×R5), 산딸나무(H2.0×R5), 산수유(H2.5×R7), 꽃사과(H2.5×R5), 수수꽃다리(H1.5×W0.6), 병꽃나무(H1.0×W0.4), 쥐똥나무(H1.0×W0.3), 명자나무(H0.6×W0.4), 산철쭉(H0.3×W0.4), 영산홍(H0.4×W0.3), 조릿대(H0.6×7가지)

⓫ B – B′ 단면도는 경사, 포장재료, 경계선 및 기타 시설물의 기초, 주변의 수목, 중요 시설물, 이용자 등을 단면도상에 반드시 표시하고 높이 차를 한눈에 볼 수 있도록 설계하시오.

현황도

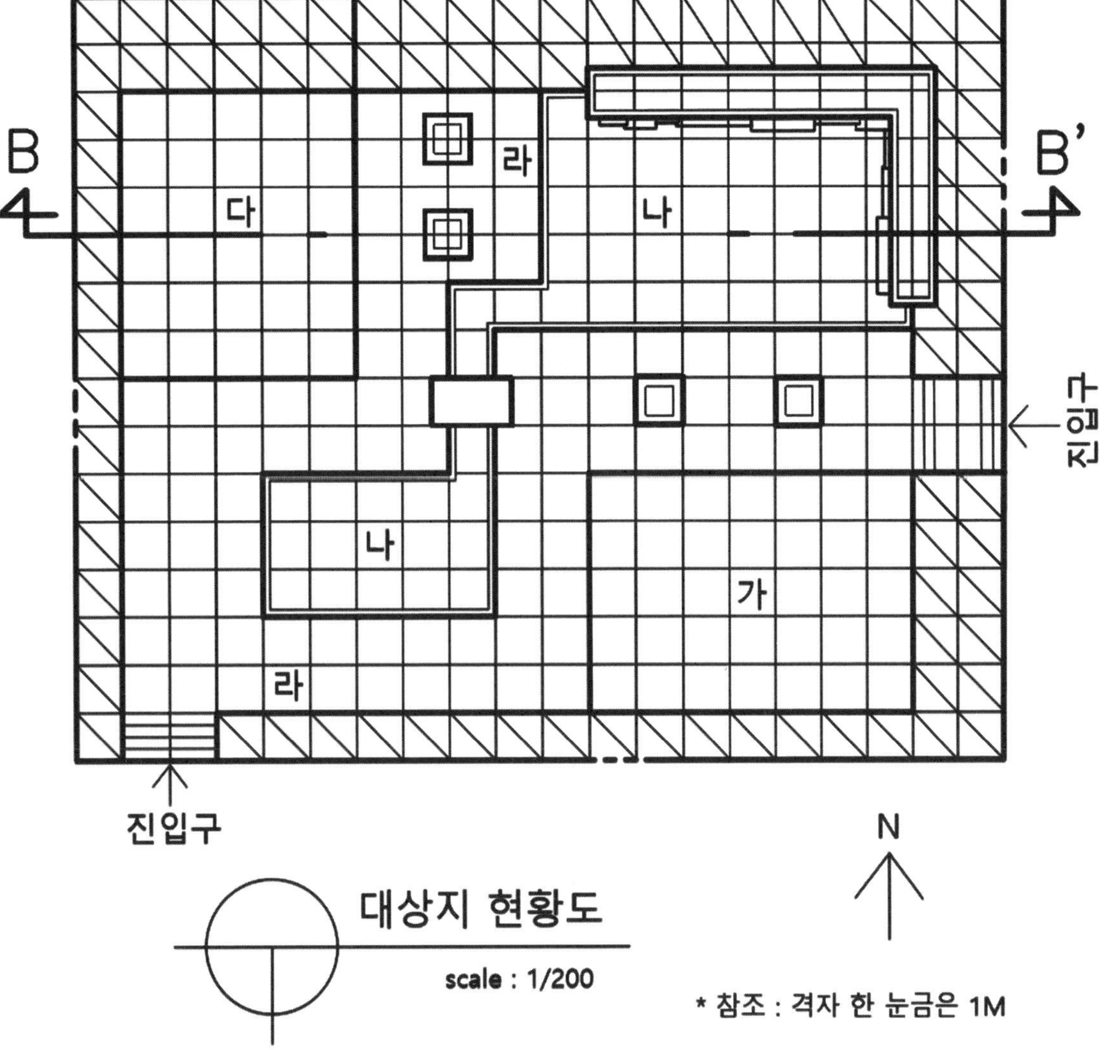

핵심 Point

1. ❽ 대상지역으로 진입구에 계단이 위치해 있으며, 대상지 외곽부지보다 높이 차이가 1m 낮은 것으로 보고 설계하시오.

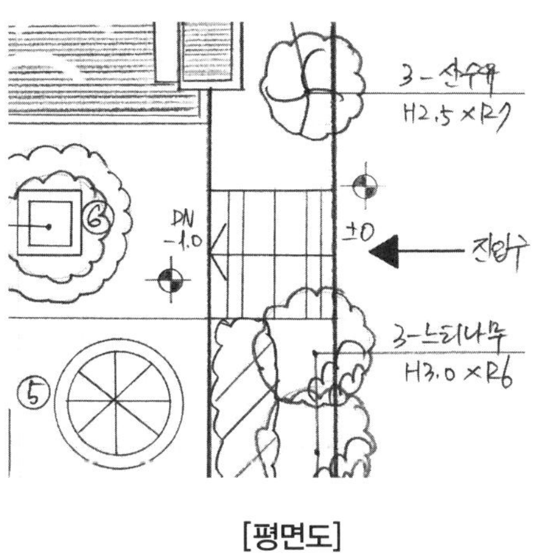

[평면도]

➡ 대상지 외곽부지보다 1m 낮기 때문에 점표고를 DN －1.0으로 표시한다(선큰 형식으로 구성).

※ 선큰(Sunken) : '움푹 들어간, 가라앉은'의 뜻으로 지하에 자연광을 유도하기 위해 대지를 파내고 조성한 곳을 말한다.

2. ❹ "나" 지역은 수경공간으로 최대 높이 1m의 벽천이 위치하고, 벽천 앞의 수(水)공간은 깊이 60cm로 설계하시오.

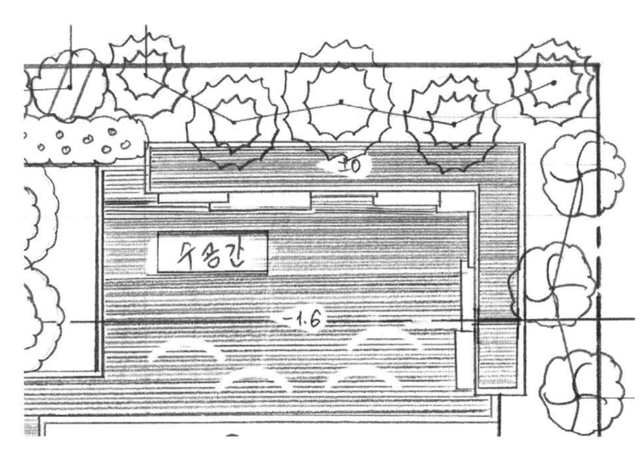

[평면도]

➡ 대상지보다 60cm 낮기 때문에 물결 표시와 함께 점표고를 －1.6으로 표시해 준다.

➡ 1m의 벽천이 있다는 것은 대상지(－1.0)에서 1m 높은 것이므로 벽천의 높이는 ±0이 된다.

3. ❾ 대상지 경계에 위치한 외곽 녹지대는 식수대(Plant Box) 형태의 높이 1m의 적벽돌 구조를 가지며, 대상지 내에 식재는 유도식재, 녹음식재, 경관식재, 소나무군식 등의 식재 패턴을 필요한 곳에 배식하시오.

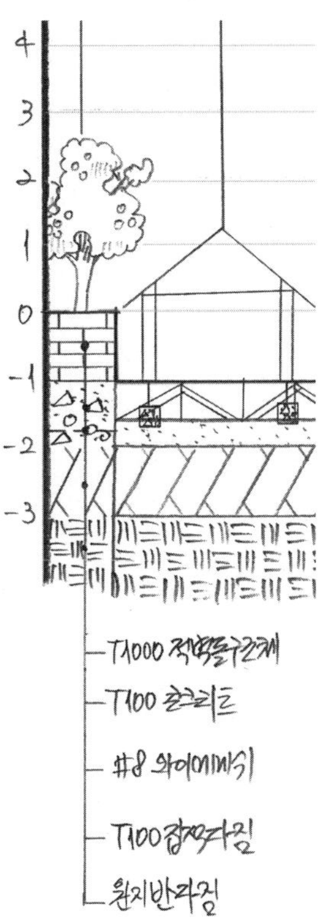

(a) 적벽돌 구조라는 말이 있을 경우

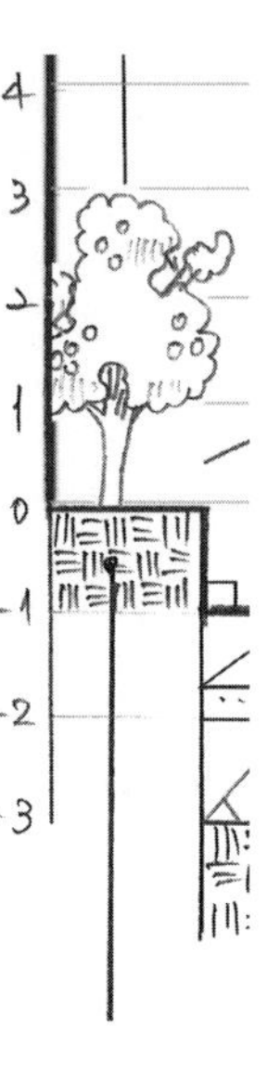

(b) 적벽돌 구조라는 말이 없을 경우

➡ 높이 1m의 적벽돌 구조는 평면도에서는 표현하지 말고 단면도에서 표현한다.
➡ 높이 1m의 적벽돌 구조를 가지고 있다면 그림 (a)와 같은 단면을 표현한다.
➡ 높이 1m의 적벽돌 구조를 가지고 있지 않다면 그림 (b)와 같은 단면을 표현한다.

MEMO

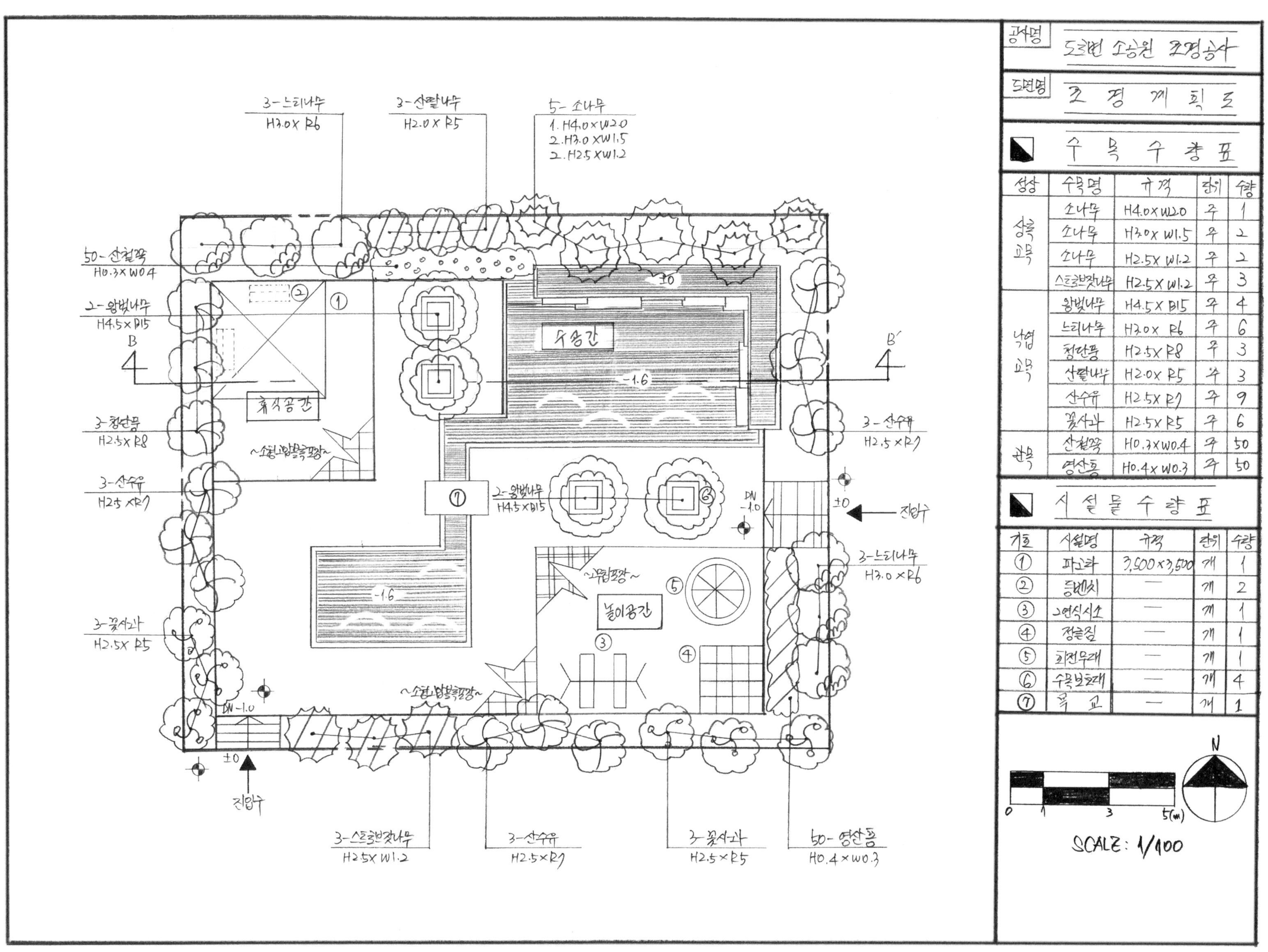
공사명
도로변 소공원 조경공사
도면명
조경계획도
수목수량표
성상 수목명 규격 단위 수량
상록교목 소나무 H4.0×W2.0 주 1
소나무 H3.0×W1.5 주 2
소나무 H2.5×W1.2 주 2
스트로브잣나무 H2.5×W1.2 주 3
낙엽교목 왕벚나무 H4.5×B15 주 4
느티나무 H3.0×R6 주 6
청단풍 H2.5×R8 주 3
산딸나무 H2.0×R5 주 3
산수유 H2.5×R7 주 9
꽃사과 H2.5×R5 주 6
관목 산철쭉 H0.3×W0.4 주 50
영산홍 H0.4×W0.3 주 50
시설물수량표
기호 시설명 규격 단위 수량
① 파고라 3,500×3,500 개 1
② 등벤치 — 개 2
③ 2연식시소 — 개 1
④ 정글짐 — 개 1
⑤ 회전무대 — 개 1
⑥ 수목보호대 — 개 4
⑦ 목교 — 개 1
SCALE : 1/100
3-느티나무 H3.0×R6
3-산딸나무 H2.0×R5
5-소나무 1. H4.0×W2.0 2. H3.0×W1.5 2. H2.5×W1.2
50-산철쭉 H0.3×W0.4
2-왕벚나무 H4.5×B15
3-청단풍 H2.5×R8
3-산수유 H2.5×R7
3-꽃사과 H2.5×R5
3-스트로브잣나무 H2.5×W1.2
3-산수유 H2.5×R7
3-꽃사과 H2.5×R5
50-영산홍 H0.4×W0.3
3-산수유 H2.5×R7
3-느티나무 H3.0×R6
2-왕벚나무 H4.5×B15
수공간
휴식공간
놀이공간
~소형고압블록포장~
~고무칩포장~
진입구
진입구

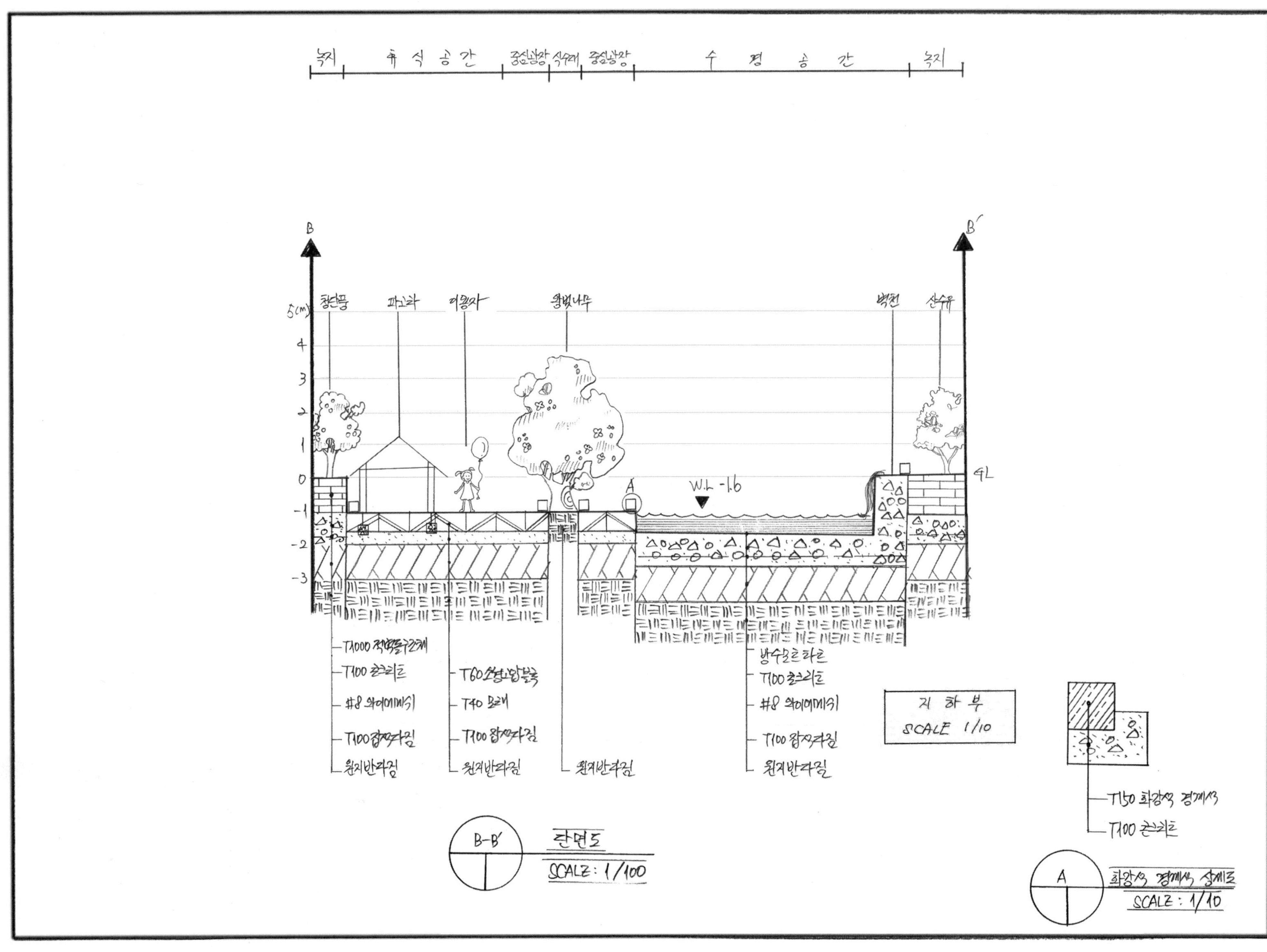

녹지
휴식공간
수경공간
녹지
B
B'
W.L -1.6
GL
T100 콘크리트
#8 와이어메쉬
원지반다짐
방수모르타르
지 하 부
SCALE 1/10
B-B'
단면도
SCALE : 1/100
A
SCALE : 1/10

04 어린이공원(미로)

우리나라 중부지역에 위치한 도로변의 빈 공간에 대한 조경설계를 하고자 한다. 주어진 현황도 및 아래 사항을 참조하여 설계조건에 따라 조경계획도를 작성한다(단, 2점 쇄선 안 부분을 조경설계 대상지로 한다).

요구사항

❶ 식재 평면도를 위주로 한 조경계획도를 축척 1/100로 작성하시오(지급용지－1).

❷ 도면 오른쪽 위에 작업명칭을 작성하시오.

❸ 도면 오른쪽에는 "주요 시설물수량표와 수목(식재)수량표"를 작성하고, 수량표 아래에는 "방위표시와 막대축척"을 그려 넣으시오(단, 전체 대상지의 길이를 고려하여 범례표의 폭을 조정할 수 있다).

❹ 도면 전체적인 안정감을 위하여 "테두리선"을 작성하시오.

❺ 도로변 소공원 부지 내의 B－B′ 단면도를 축척 1/100로 작성하시오(지급용지－2).

❻ 반드시 식재 평면도는 성상, 수목명, 규격, 단위, 수량을 명기하여 작성하시오.

설계조건

❶ 해당 지역은 도로변의 자투리 공간을 이용하여 휴식 및 어린이들이 즐길 수 있는 미로 및 놀이 소공원으로 공원의 특성을 고려하여 조경계획도를 작성하시오.

❷ 포장지역을 제외한 곳에는 모두 식재를 계획한다(단, 녹지공간은 빗금 친 부분이며, 분위기를 고려하여 식재를 한다).

❸ 포장지역은 "점토벽돌, 화강석판석, 투수콘크리트, 콘크리트, 고무칩, 마사토" 등 적당한 재료를 선택하여 재료의 사용이 적합한 장소에 기호로 표현하고, 포장명을 반드시 기입하시오.

❹ "가" 지역은 진입 및 각 공간을 원활하게 연결시킬 수 있도록 계획하며, 보행흐름에 지장이 없도록 설계하시오.

❺ "다" 지역은 휴식공간으로 공원 이용자들의 편안한 휴식을 위한 퍼걸러(3,500 × 3,500mm) 1개와 앉아서 휴식을 즐길 수 있도록 등벤치 2개 이상을 계획하고 설계하시오.

❻ 대상지 내에 보행자 통행에 지장을 주지 않는 곳에 2인용 평상형 벤치(1,200 × 500mm) 3개(단, 퍼걸러 안에 설치된 벤치는 제외)와 휴지통 3개소를 설치하시오.

❼ "나" 지역은 어린이를 위한 놀이공간으로 계획하고, 그 안에 놀이시설물을 3종류(정글짐, 회전무대, 3연식철봉, 2연식 시소, 2연식 그네 등)를 배치하시오.

❽ "라" 지역은 어린이의 미로공간으로 담장(A)의 소재와 두께는 자유롭게 선정하여, 가급적 높이는 1m 정도로 설계하시오.

❾ "나" 지역은 "가", "다", "라" 지역보다 높이 차가 1m 높고, 그 높이 차이를 식수대(Plant Box)로 처리하였으므로 적합한 조치를 하시오.

❿ 대상지 내에 식재는 유도식재, 녹음식재, 경관식재, 소나무군식 등의 식재 패턴을 필요한 곳에 배식하고 3개의 수목보호대에는 녹음식재를 실시하고, 필요에 따라 수목보호대를 추가로 설치하여 포장 내에 식재를 하시오.

⓫ 수목은 아래의 수종 중에서 10가지를 선정하여 골고루 안정적인 배식이 될 수 있도록 계획하고, 인출선을 이용하여 수량, 수종명, 규격을 반드시 기입하시오.

> 소나무(H4.0×W2.0), 소나무(H3.0×W1.5), 소나무(H2.5×W1.2), 스트로브잣나무(H2.5×W1.2), 스트로브잣나무(H2.0×W1.0), 왕벚나무(H4.5×B15), 버즘나무(H3.5×B8), 느티나무(H3.0×R6), 청단풍(H2.5×R8), 다정큼나무(H1.0×W0.6), 동백나무(H2.5×R8), 중국단풍(H2.5×R5), 굴거리나무(H2.5×W0.6), 자귀나무(H2.5×R6), 태산목(H1.5×W0.5), 먼나무(H2.0×R5), 산딸나무(H2.0×R5), 산수유(H2.5×R7), 꽃사과(H2.5×R5), 수수꽃다리(H1.5×W0.6), 병꽃나무(H1.0×W0.4), 쥐똥나무(H1.0×W0.3), 명자나무(H0.6×W0.4), 산철쭉(H0.3×W0.4), 영산홍(H0.4×W0.3), 조릿대(H0.6×7가지)

⓬ B－B′ 단면도는 경사, 포장재료, 경계선 및 기타 시설물의 기초, 주변의 수목, 중요 시설물, 이용자 등을 단면도상에 반드시 표시하고 높이 차를 한눈에 볼 수 있도록 설계하시오.

현황도

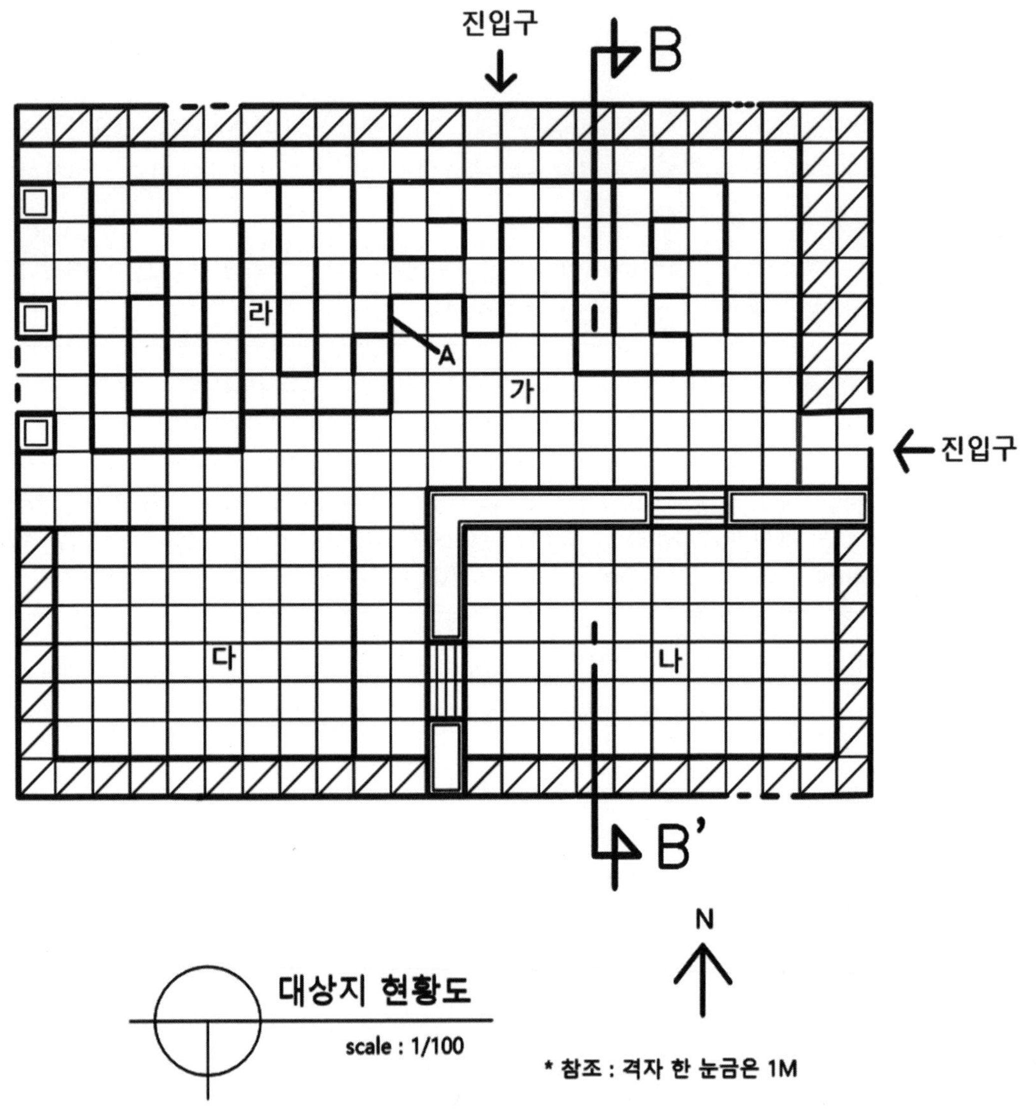

핵심 Point

1. ❽ "라" 지역은 어린이의 미로공간으로 담장(A)의 소재와 두께는 자유롭게 선정하여, 가급적 높이는 1m 정도로 설계하시오.

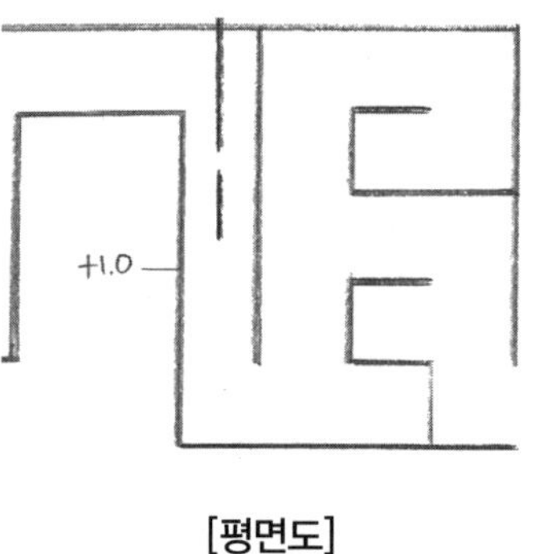

[평면도]

➡ 담장(A)의 소재와 두께는 자유롭게 표현하며 평면도에서는 +1.0 점표고만 기입한다.

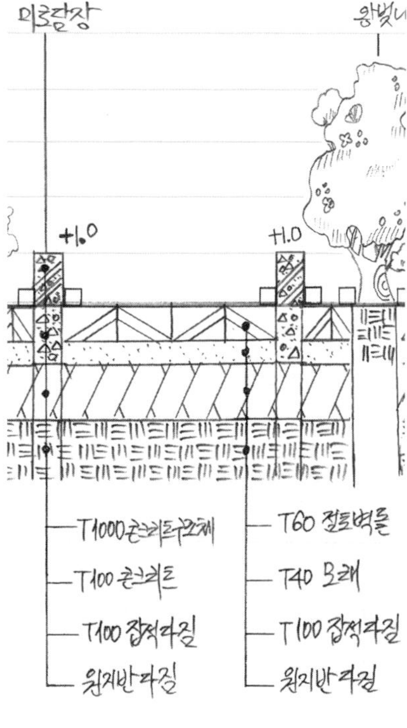

[단면도]

➡ 높이는 1m로 하며 소재와 두께는 자유롭게 선정하라고 했으므로 소재는 콘크리트구조체, 두께는 자유롭게 설계한다.
※ 1m=T1000으로 표현

2. ❾ "나" 지역은 "가", "다", "라" 지역보다 높이 차가 1m 높고, 그 높이 차이를 식수대(Plant Box)로 처리하였으므로 적합한 조치를 하시오.

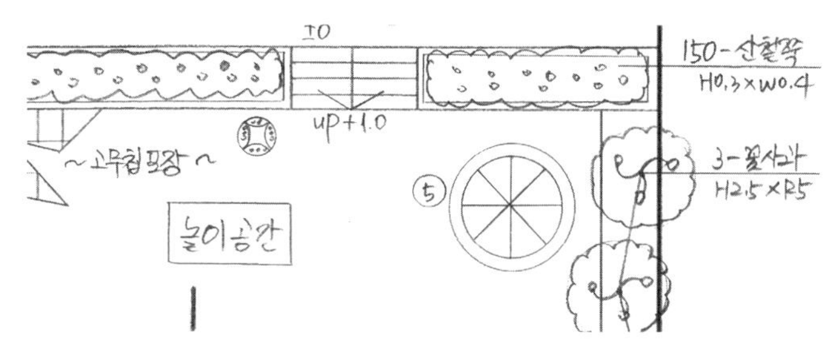

[평면도]

➡ 가, 다, 라 지역보다 1m 높기 때문에 점표고를 up +1.0으로 기입한다.
➡ 식수대(Plant Box)에는 관목으로 식재한다(1칸에 10주).

[단면도]

➡ 길이만큼 사선(/)을 그어서 관목을 표현하고 수목명을 기입한다.
➡ 포장은 원지반다짐으로 기입한다.

MEMO

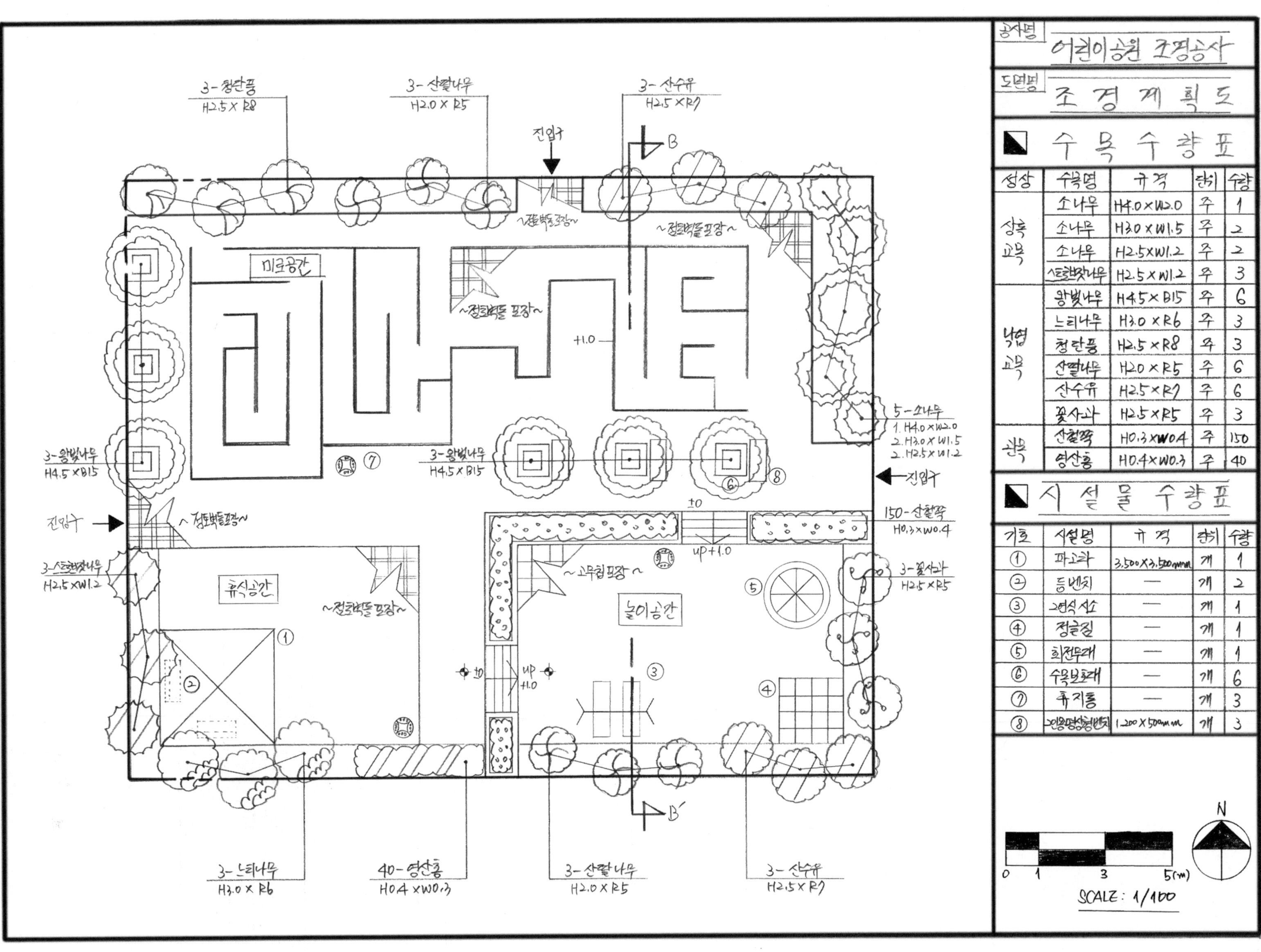
공사명
어린이공원 조경공사
도면명
조경계획도
수목수량표
시설물수량표
미로공간
휴식공간
놀이공간
진입구
SCALE : 1/100

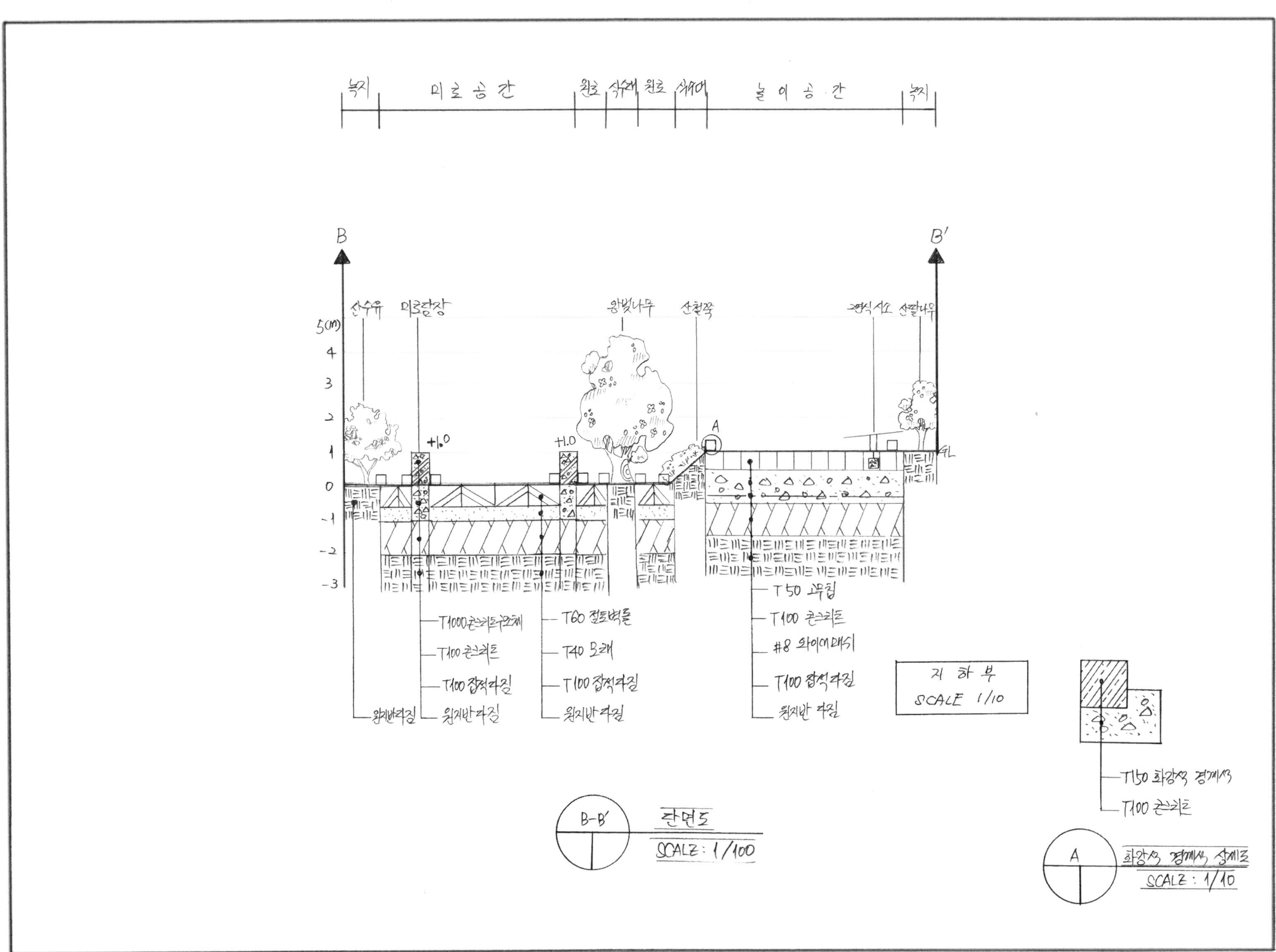
녹지
미로공간
원로
식수대
원로
식재대
놀이공간
녹지
B
B'
산수유
미로담장
왕벚나무
산철쭉
관리시소
산딸나무
5(m)
4
3
2
1
0
-1
-2
-3
+1.0
+1.0
A
GL
T1000 콘크리트구조체
T100 콘크리트
T100 잡석다짐
원지반다짐
원지반다짐
T60 점토벽돌
T40 모래
T100 잡석다짐
원지반다짐
T50 고무칩
T100 콘크리트
#8 와이어메쉬
T100 잡석다짐
원지반 다짐
지 하 부
SCALE 1/10
T150 화강석 경계석
T100 콘크리트
B-B'
단면도
SCALE : 1/100
A
화강석 경계석 상세도
SCALE : 1/10

05 도로변 소공원(캐스케이드)

우리나라 중부지역에 위치한 도로변의 빈 공간에 대한 조경설계를 하고자 한다. 주어진 현황도 및 아래 사항을 참조하여 설계조건에 따라 조경계획도를 작성한다(단, 2점 쇄선 안 부분을 조경설계 대상지로 한다).

요구사항

❶ 식재 평면도를 위주로 한 조경계획도를 축척 1/100로 작성하시오(지급용지－1).

❷ 도면 오른쪽 위에 작업명칭을 작성하시오.

❸ 도면 오른쪽에는 "주요 시설물수량표와 수목(식재)수량표"를 작성하고, 수량표 아래에는 "방위표시와 막대축척"을 그려 넣으시오(단, 전체 대상지의 길이를 고려하여 범례표의 폭을 조정할 수 있다).

❹ 도면 전체적인 안정감을 위하여 "테두리선"을 작성하시오.

❺ 도로변 소공원 부지 내의 B－B′ 단면도를 축척 1/100로 작성하시오(지급용지－2).

❻ 반드시 식재 평면도는 성상, 수목명, 규격, 단위, 수량을 명기하여 작성하시오.

설계조건

❶ 해당 지역은 도로변의 자투리 공간을 이용하여 휴식 및 어린이들이 즐길 수 있는 도로변 소공원의 특성을 고려하여 조경계획도를 작성하시오.

❷ 포장지역을 제외한 곳에는 모두 식재를 계획하시오(단, 녹지공간은 빗금 친 부분이며, 분위기를 고려하여 식재를 한다).

❸ 포장지역은 "점토벽돌, 화강석블록, 투수콘크리트, 콘크리트, 고무칩, 마사토" 등 적당한 재료를 선택하여 재료의 사용이 적합한 장소에 기호로 표현하고, 포장명을 반드시 기입하시오.

❹ "다" 지역은 어린이 놀이공간으로 그 안에 회전무대(H1,200 × W2,300), 4연식 철봉(H2,300 × L4,000), 단주식 미끄럼대(H2,700 × L4,200 × W1,000) 3종을 배치하시오.

❺ "나" 지역은 휴식공간으로 공원 이용자들의 편안한 휴식을 위한 퍼걸러(6,000 × 4,000mm), 1개와 앉아서 휴식을 즐길 수 있도록 등벤치 2개를 계획하고 설계하시오.

❻ "라" 지역은 "가" 연못의 인접 지역으로 수목보호대 4개에 동일한 낙엽교목을 식재하고, 평벤치 4개를 설치하시오.

❼ "가" 지역은 연못으로 물이 차 있으며, "라"와 "마1" 지역보다 60cm 정도 낮은 위치로 계획하시오.

❽ "마1" 지역은 공간과 공간을 연결하는 연계동선으로 대상지의 설계 성격에 맞게 적절한 포장을 선택하시오.

❾ "마2" 지역은 "마1"과 "라" 지역보다 1m 높은 지역으로 산책로 주변에 등벤치 3개를 설치하고 벤치 주변에 휴지통 2개소를 함께 설치하시오.

❿ "A" 시설은 폭 1m의 장방형 정형식 캐스케이드(계류)로 약 9m 정도 흘러가 연못과 합류된다. 3번의 단차로 자연스럽게 연못으로 흘러들어가며, "마2" 지역과 거의 동일한 높이를 유지하고 있으므로, "라" 지역 사이에 옹벽을 설치하여 단 차이를 자연스럽게 해소하시오.

⓫ 대상지 내에 식재는 유도식재, 녹음식재, 경관식재, 소나무군식 등의 식재 패턴을 필요한 곳에 배식하고 필요에 따라 수목보호대를 추가로 설치하시오.

⓬ 수목은 아래의 수종 중에서 10가지를 선정하여 골고루 안정적인 배식이 될 수 있도록 계획하고, 인출선을 이용하여 수량, 수종명, 규격을 반드시 기입하시오.

소나무(H4.0×W2.0), 소나무(H3.0×W1.5), 소나무(H2.5×W1.2), 스트로브잣나무(H2.5×W1.2), 스트로브잣나무(H2.0×W1.0), 왕벚나무(H4.5×B15), 버즘나무(H3.5×B8), 느티나무(H3.0×R6), 청단풍(H2.5×R8), 다정큼나무(H1.0×W0.6), 동백나무(H2.5×R8), 중국단풍(H2.5×R5), 굴거리나무(H2.5×W0.6), 자귀나무(H2.5×R6), 태산목(H1.5×W0.5), 먼나무(H2.0×R5), 산딸나무(H2.0×R5), 산수유(H2.5×R7), 꽃사과(H2.5×R5), 수수꽃다리(H1.5×W0.6), 병꽃나무(H1.0×W0.4), 쥐똥나무(H1.0×W0.3), 명자나무(H0.6×W0.4), 산철쭉(H0.3×W0.4), 영산홍(H0.4×W0.3), 조릿대(H0.6×7가지)

⓭ B－B′ 단면도는 경사, 포장재료, 경계선 및 기타 시설물의 기초, 주변의 수목, 중요 시설물, 이용자 등을 단면도상에 반드시 표시하고 높이 차를 한눈에 볼 수 있도록 설계하시오.

현황도

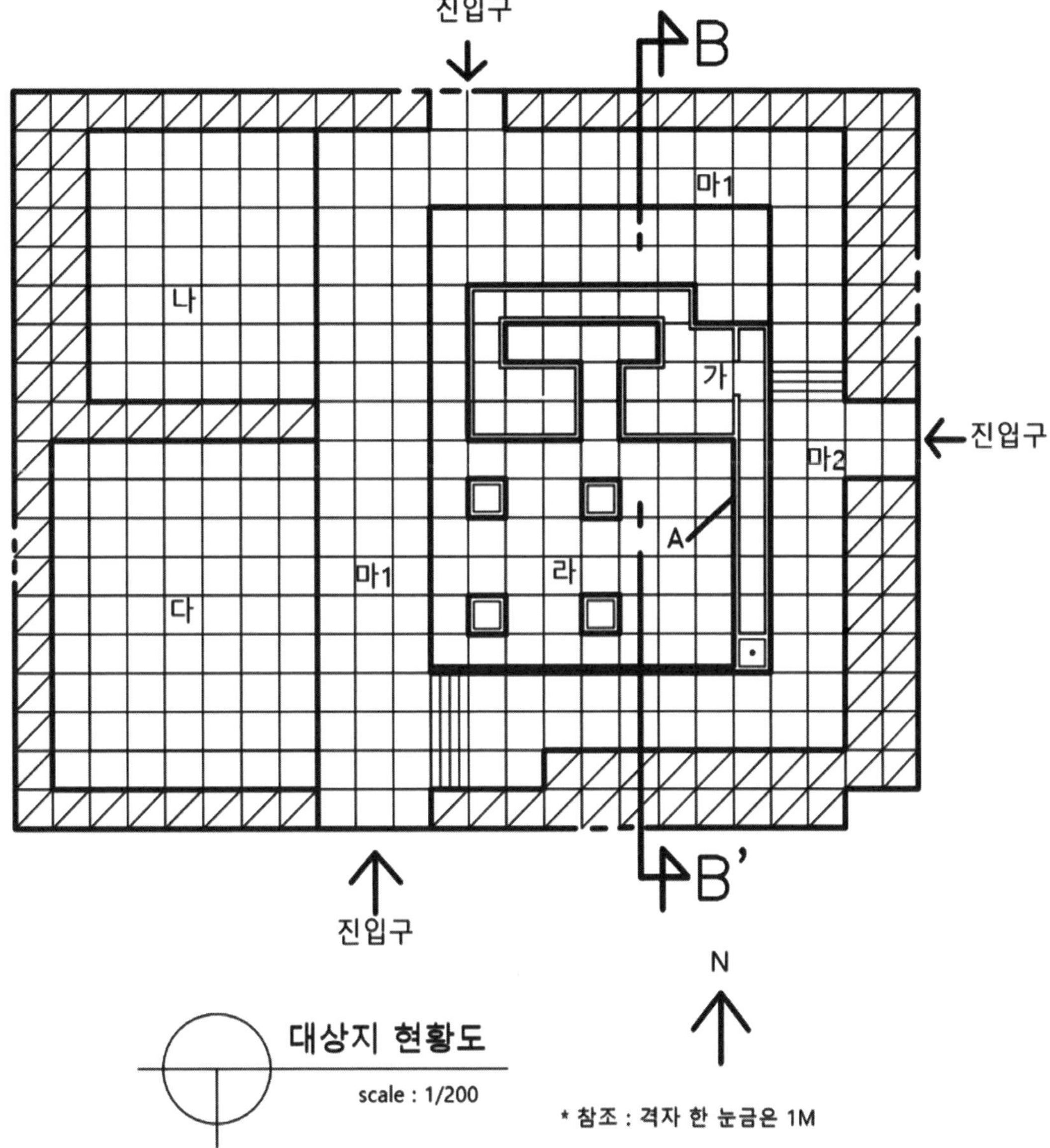

핵심 Point

1. ❹ "다" 지역은 어린이 놀이공간으로 그 안에 회전무대(H1,200 × W2,300), 4연식 철봉(H2,300 × L4,000), 단주식 미끄럼대(H2,700 × L4,200 × W1,000) 3종을 배치하시오.

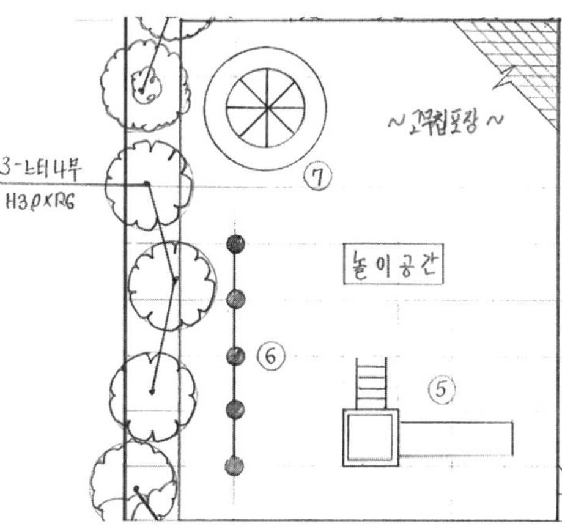

[평면도]

➡ 놀이시설물에 대한 규격이며, 하늘에서 내려봤을 때, 폭과 길이를 생각하면 된다.

- 회전무대(H1,200×W2,300) : W2,300이므로 원호 23호로 그려준다.
- 4연식 철봉(H2,300×L4,000) : 길이가 4m이며 4cm로 그려준다.
- 단주식 미끄럼대(H2,700×L4,200×W1,000) : 총 길이는 4.2m이며 그중 계단 1m, 미끄럼대 판 1m, 활주 2.2m이다(단주식은 활주가 1개, 이방식은 활주가 2개).

2. ❿ "A" 시설은 폭 1m의 장방형 정형식 캐스케이드(계류)로 약 9m 정도 흘러가 연못과 합류된다. 3번의 단차로 자연스럽게 연못으로 흘러 들어가며, "마2" 지역과 거의 동일한 높이를 유지하고 있으므로, "라" 지역 사이에 옹벽을 설치하여 단 차이를 자연스럽게 해소하시오.

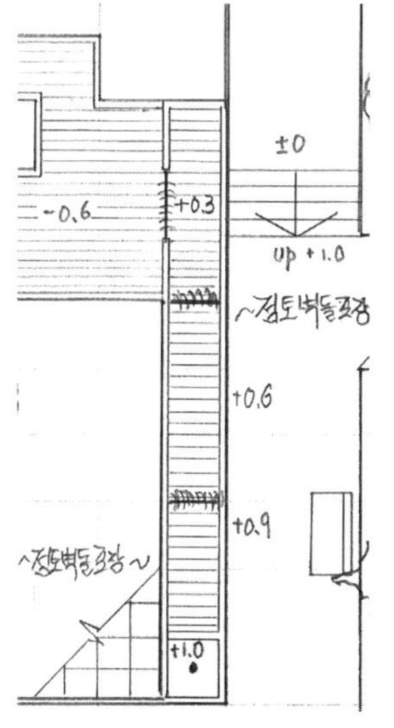

[평면도]

➡ 마2 지역은 "나", "다", "마1" 지역보다 1m 높고, 총 길이가 9m이며, 3으로 나누어서 단차를 표현해 주면 된다.

1	2	3	4	5	6	7	8	9
+0.3			+0.6			+0.9		+1.0 수원지

※ 수원지(물이 나오는 곳)를 포함해서 9칸으로 표현한다.

➡ 마지막 단차[+0.3]에서 "가" 지역과 자연스럽게 합류된다.

➡ 단이 나누어지는 부분에는 선을 굵게 그어 흘러 내려가는 것처럼 표현한다.

3. ❼ "가" 지역은 연못으로 물이 차 있으며, "라"와 "마1" 지역보다 60cm 정도 낮은 위치로 계획하시오.

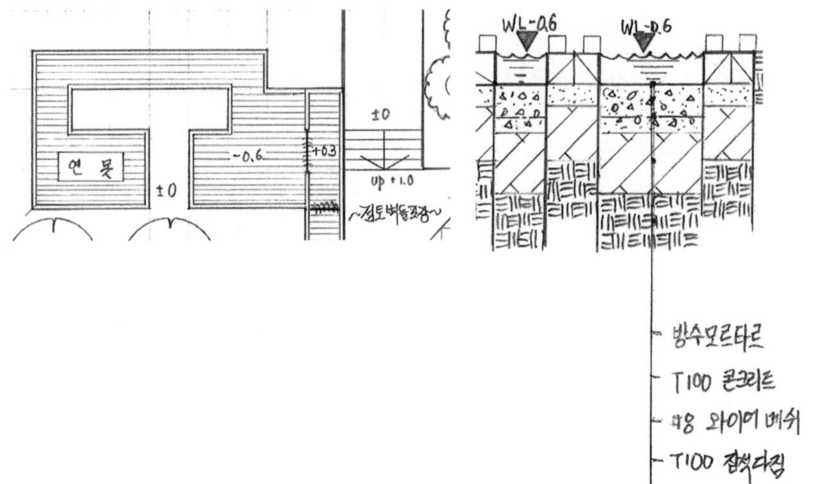

[평면도] [단면도]

➡ 대상지보다 60cm 낮기 때문에 물결 표시와 함께 점표고를 −0.6으로 표시해 준다.

MEMO

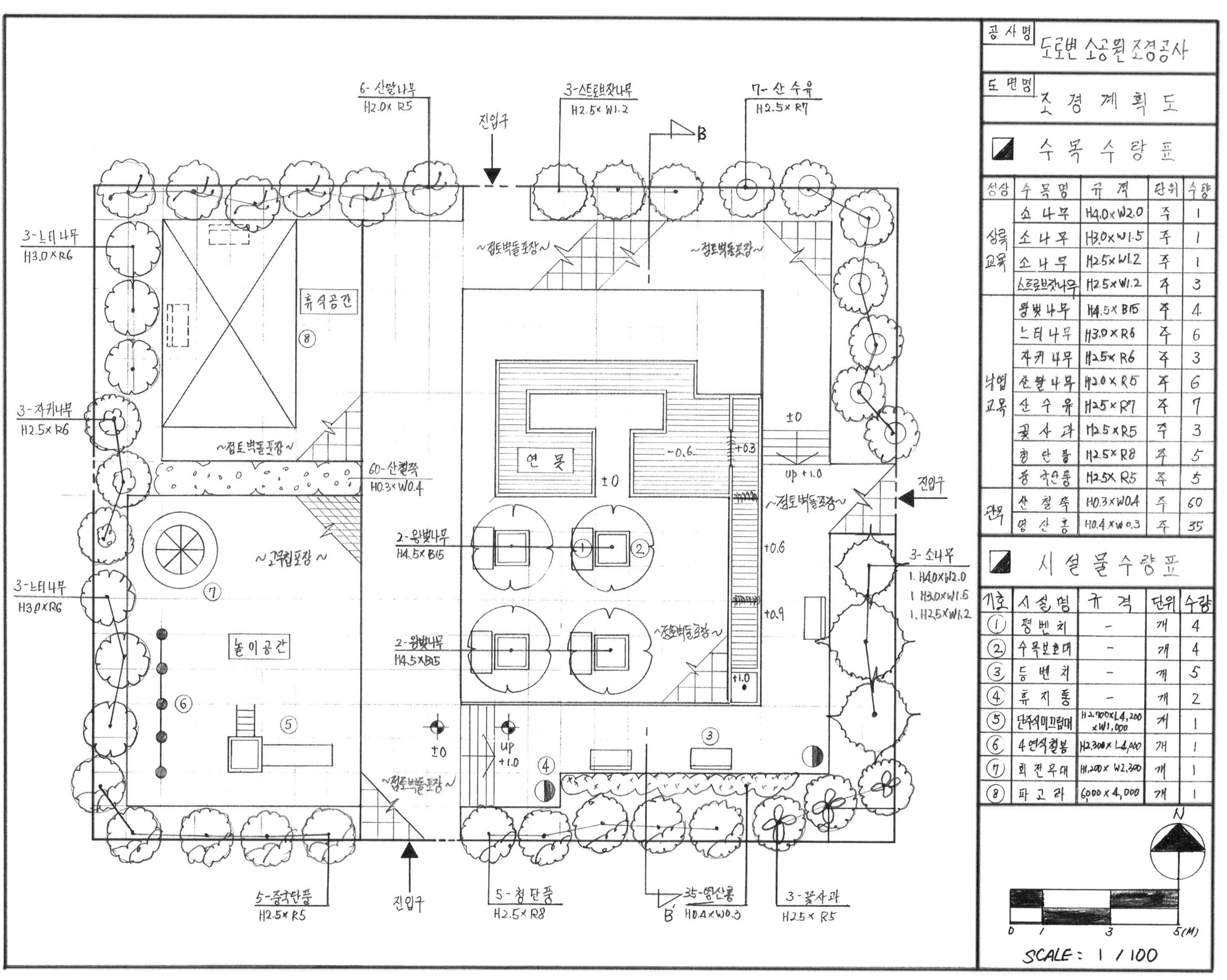

■ 수목수량표

성상	수목명	규격	단위	수량
상록교목	소나무	H4.0×W2.0	주	1
	소나무	H3.0×W1.5	주	1
	소나무	H2.5×W1.2	주	1
	스트로브잣나무	H2.5×W1.2	주	3
낙엽교목	왕벚나무	H4.5×B15	주	4
	느티나무	H3.0×R6	주	6
	자키나무	H2.5×R6	주	3
	산딸나무	H2.0×R5	주	6
	산수유	H2.5×R7	주	7
	꽃사과	H2.5×R5	주	3
	청단풍	H2.5×R8	주	5
	중국단풍	H2.5×R5	주	5
관목	산철쭉	H0.3×W0.4	주	60
	영산홍	H0.4×W0.3	주	35

■ 시설물수량표

기호	시설명	규격	단위	수량
①	평벤치	-	개	4
②	수목보호대	-	개	4
③	등벤치	-	개	5
④	휴지통	-	개	2
⑤	단주식미끄럼대	H2,700×L4,200×W1,000	개	1
⑥	4연식철봉	H2,300×L4,000	개	1
⑦	회전무대	H1,200×W2,300	개	1
⑧	파고라	6,000×4,000	개	1

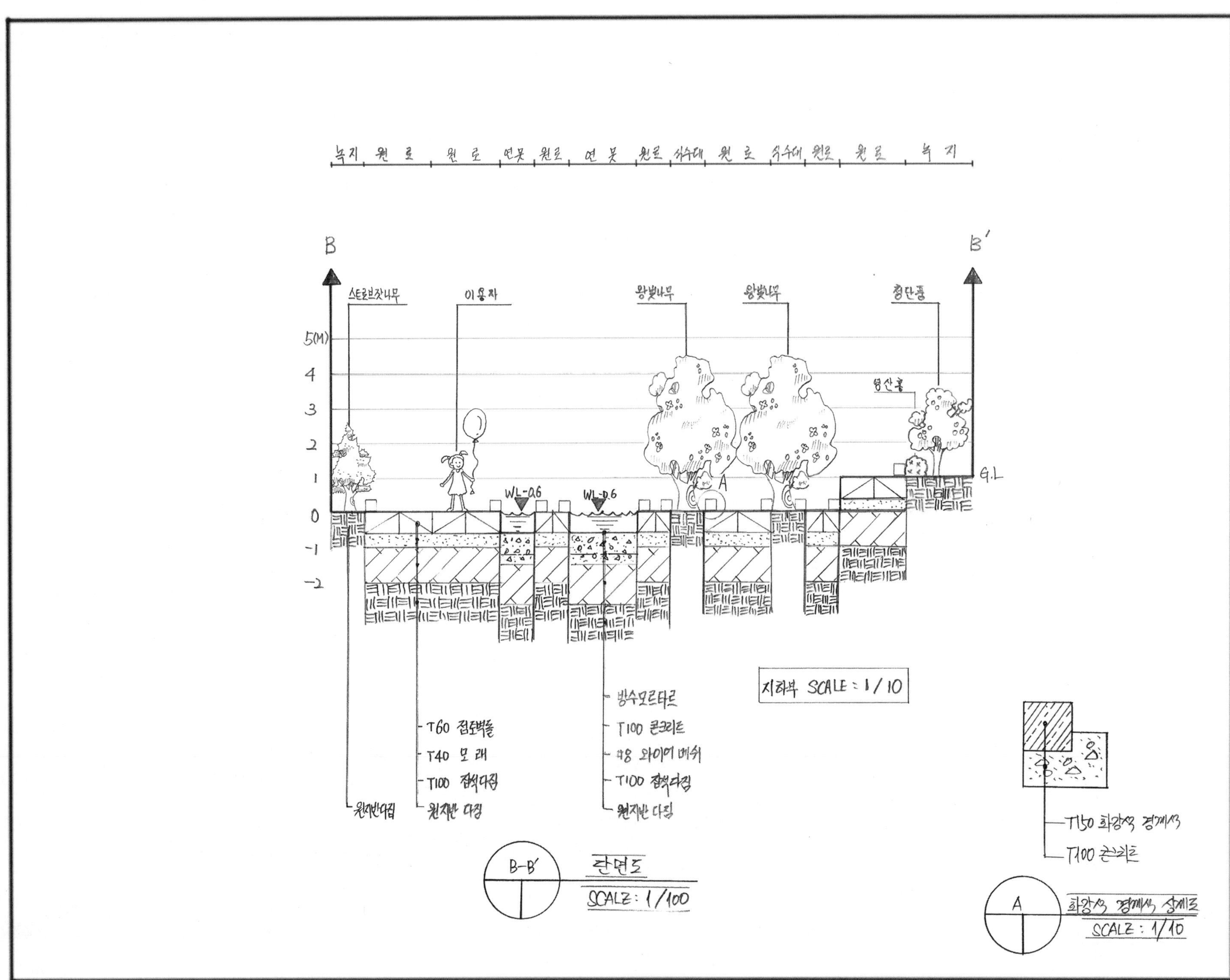
녹지 원로 원로 연못 원로 연못 원로 식수대 원로 식수대 원로 원로 녹지
B
B′
스트로브잣나무
이용자
왕벚나무
왕벚나무
청단풍
영산홍
5(M)
4
3
2
1
0
-1
-2
WL-0.6
WL-0.6
A
G.L
T60 점토벽돌
T40 모래
T100 잡석다짐
원지반 다짐
원지반다짐
방수모르타르
T100 콘크리트
#8 와이어 메쉬
T100 잡석다짐
원지반 다짐
지하부 SCALE : 1/10
T150 화강석 경계석
T100 콘크리트
B-B′
단면도
SCALZ : 1/100
A
화강석 경계석 상세도
SCALZ : 1/10

06 도로변 소공원(야외무대 1)

우리나라 중부지역에 위치한 도로변의 빈 공간에 대한 조경설계를 하고자 한다. 주어진 현황도 및 아래 사항을 참조하여 설계조건에 따라 조경계획도를 작성한다(단, 2점 쇄선 안 부분을 조경설계 대상지로 한다).

요구사항

❶ 식재 평면도를 위주로 한 조경계획도를 축척 1/100로 작성하시오(지급용지 – 1).

❷ 도면 오른쪽 위에 작업명칭을 작성하시오.

❸ 도면 오른쪽에는 "주요 시설물수량표와 수목(식재)수량표"를 작성하고, 수량표 아래에는 "방위표시와 막대축척"을 그려 넣으시오(단, 전체 대상지의 길이를 고려하여 범례표의 폭을 조정할 수 있다).

❹ 도면 전체적인 안정감을 위하여 "테두리선"을 작성하시오.

❺ 도로변 소공원 부지 내의 B – B′ 단면도를 축척 1/100로 작성하시오(지급용지 – 2).

❻ 반드시 식재 평면도는 성상, 수목명, 규격, 단위, 수량을 명기하여 작성하시오.

설계조건

❶ 해당 지역은 도로변의 자투리 공간을 이용하여 공연 및 어린이들이 즐길 수 있는 도로변 소공원의 특성을 고려하여 조경계획도를 작성하시오.

❷ 포장지역을 제외한 곳에는 모두 식재를 계획하시오(단, 녹지공간은 빗금 친 부분이며, 분위기를 고려하여 식재를 한다).

❸ 포장지역은 "점토벽돌, 화강석블록, 콘크리트, 고무칩, 마사토, 투수콘크리트" 등 적당한 재료를 선택하여 재료의 사용이 적합한 장소에 기호로 표현하고, 포장명을 반드시 기입하시오.

❹ "가" 지역은 놀이공간으로 "나" 지역보다 1.0m 낮게 계획하고, 그 안에 어린이 놀이시설물 3종류(회전무대, 3연식 철봉, 정글짐, 2연식 시소 등)를 배치하시오.

❺ "나" 지역은 보행공간으로 각각의 공간을 연계할 수 있으며, 공간별 높이 차이는 식수대(Plant Box)로 처리하였으며, 주 진입구에는 동일한 수종을 3주 식재하고 적합한 장소를 선택하여 평상형 벤치와 휴지통을 추가로 설치하시오.

❻ "다" 지역은 정적인 휴식공간으로 퍼걸러(3,500 × 3,500mm) 1개와 등받이형 벤치(등벤치, 1,200 × 500mm) 2개, 휴지통 1개를 설치하시오.

❼ "라" 지역은 공연과 관람석과의 완충공간으로 공연이 없을 경우 동적인 휴식공간으로 활용하고자 하며, "나" 지역보다 1.0m 낮게 배치하시오.

❽ "마" 지역은 야외무대 공간으로 "라" 지역보다는 60cm 높고, 바닥포장 재료는 공연 시 미끄러짐이 없는 것을 선택하시오(단, 녹지대 쪽에 가림벽(2.5m)이 설치된 경우 그 높이를 고려하여 계획함).

❾ 대상지 내에 식재는 유도식재, 녹음식재, 경관식재, 소나무군식 등의 식재 패턴을 필요한 곳에 배식하고, 3개의 수목보호대에는 녹음식재를 실시하고, 필요에 따라 수목보호대를 추가로 설치하시오.

❿ 수목은 아래의 수종 중에서 10가지를 선정하여 골고루 안정적인 배식이 될 수 있도록 계획하고, 인출선을 이용하여 수량, 수종명, 규격을 반드시 기입하시오.

소나무(H4.0×W2.0), 소나무(H3.0×W1.5), 소나무(H2.5×W1.2), 스트로브잣나무(H2.5×W1.2), 스트로브잣나무(H2.0×W1.0), 왕벚나무(H4.5×B15), 버즘나무(H3.5×B8), 느티나무(H3.0×R6), 청단풍(H2.5×R8), 다정큼나무(H1.0×W0.6), 동백나무(H2.5×R8), 중국단풍(H2.5×R5), 굴거리나무(H2.5×W0.6), 지귀나무(H2.5×R6), 태산목(H1.5×W0.5), 먼나무(H2.0×R5), 산딸나무(H2.0×R5), 산수유(H2.5×R7), 꽃사과(H2.5×R5), 수수꽃다리(H1.5×W0.6), 병꽃나무(H1.0×W0.4), 쥐똥나무(H1.0×W0.3), 명자나무(H0.6×W0.4), 산철쭉(H0.3×W0.4), 영산홍(H0.4×W0.3), 조릿대(H0.6×7가지)

⓫ B – B′ 단면도는 경사, 포장재료, 경계선 및 기타 시설물의 기초, 주변의 수목, 중요 시설물, 이용자 등을 단면도상에 반드시 표시하고 높이 차를 한눈에 볼 수 있도록 설계하시오.

현황도

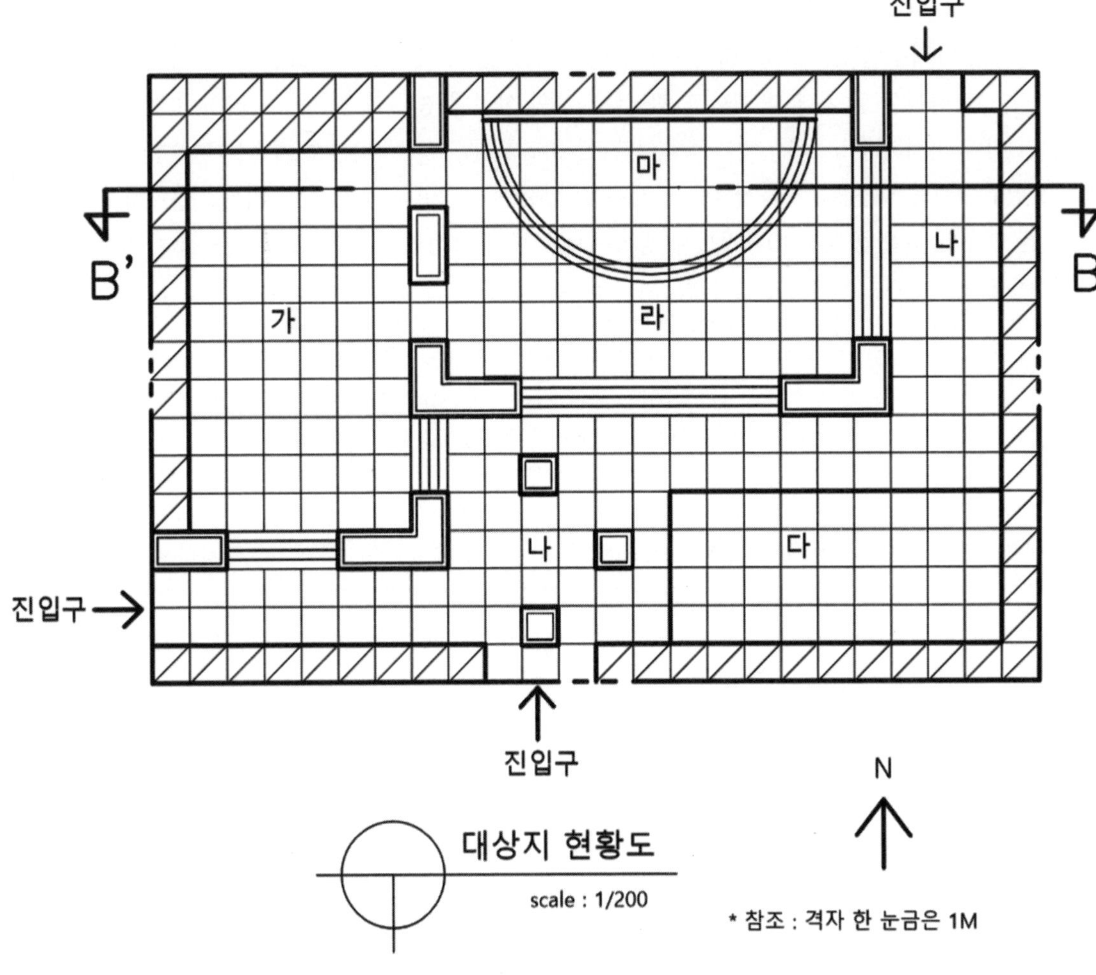

핵심 Point

1. "가"와 "라" 지역은 "나" 지역보다 1m 낮다.

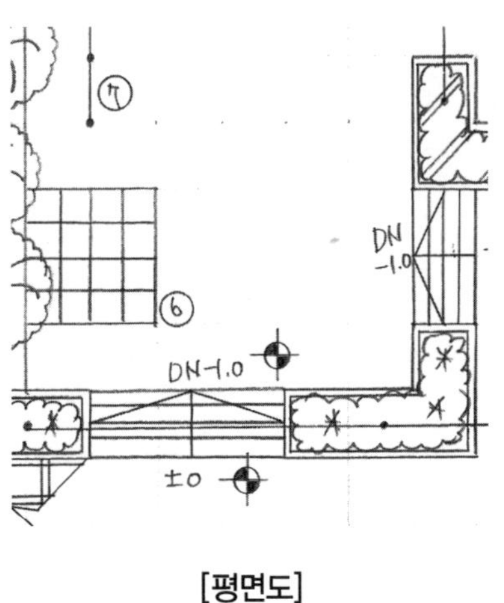

[평면도]

➡ 전체적으로 "가"와 "라" 지역보다 1m 낮기 때문에 점표고를 DN −1.0으로 표시한다.

2. ❽ "마" 지역은 야외무대 공간으로 "라" 지역보다는 60cm 높고, 바닥포장 재료는 공연 시 미끄러짐이 없는 것을 선택하시오(단, 녹지대 쪽에 가림벽(2.5m)이 설치된 경우 그 높이를 고려하여 계획함).

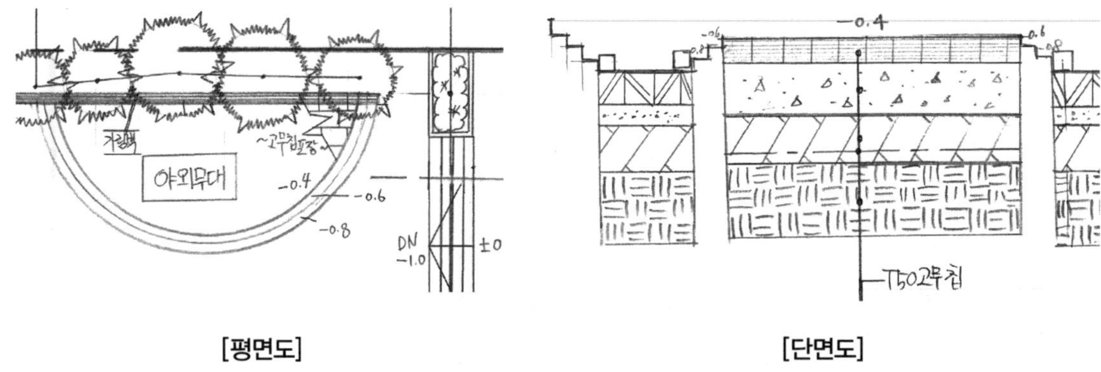

[평면도] [단면도]

➡ "마" 지역은 "라" 지역보다 60cm 높기 때문에 점표고를 −0.4로 표시한다(−1.0에서 60cm로 올라갔기 때문에 −0.4).
➡ 습관적으로 점표고를 꼭 기입한다.
➡ 미끄러짐 방지를 위해서 고무칩 또는 화강석판석을 포장한다.
➡ 녹지대에는 4계절 푸른 상록교목을 식재한다.

3. 놀이공간에 단면선이 걸친 경우

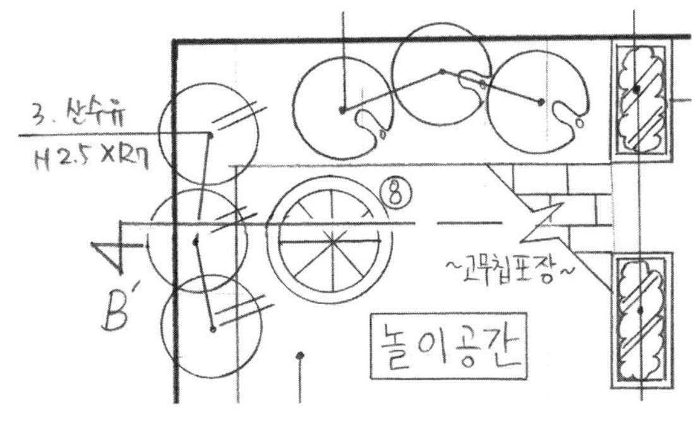

[평면도]

➡ 시설물을 단면선에 걸치지 않게 하는 경우가 많이 있으나 시설물 한 개 정도는 걸치게 해준다(평 · 단면도를 쉽게 그릴 수 있는 시설물을 배치한다).

MEMO

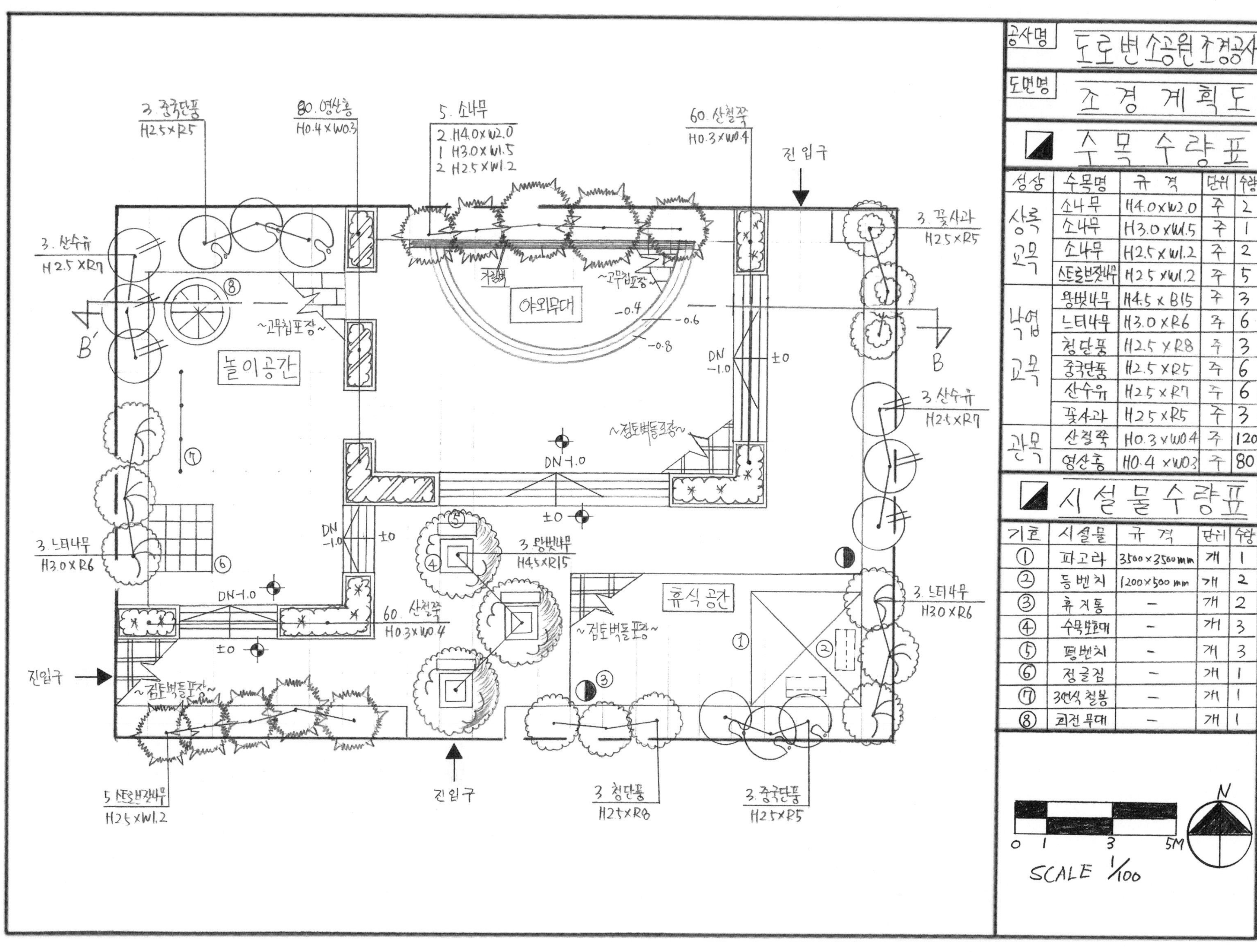

성상	수목명	규격	단위	수량
상록교목	소나무	H4.0×W2.0	주	2
	소나무	H3.0×W1.5	주	1
	소나무	H2.5×W1.2	주	2
	스트로브잣나무	H2.5×W1.2	주	5
낙엽교목	왕벚나무	H4.5×B15	주	3
	느티나무	H3.0×R6	주	6
	청단풍	H2.5×R8	주	3
	중국단풍	H2.5×R5	주	6
	산수유	H2.5×R7	주	6
	꽃사과	H2.5×R5	주	3
관목	산철쭉	H0.3×W0.4	주	120
	영산홍	H0.4×W0.3	주	80

기호	시설물	규격	단위	수량
①	파고라	3500×3500mm	개	1
②	등벤치	1200×500mm	개	2
③	휴지통	–	개	2
④	수목보호대	–	개	3
⑤	평벤치	–	개	3
⑥	정글짐	–	개	1
⑦	3연식 철봉	–	개	1
⑧	회전무대	–	개	1

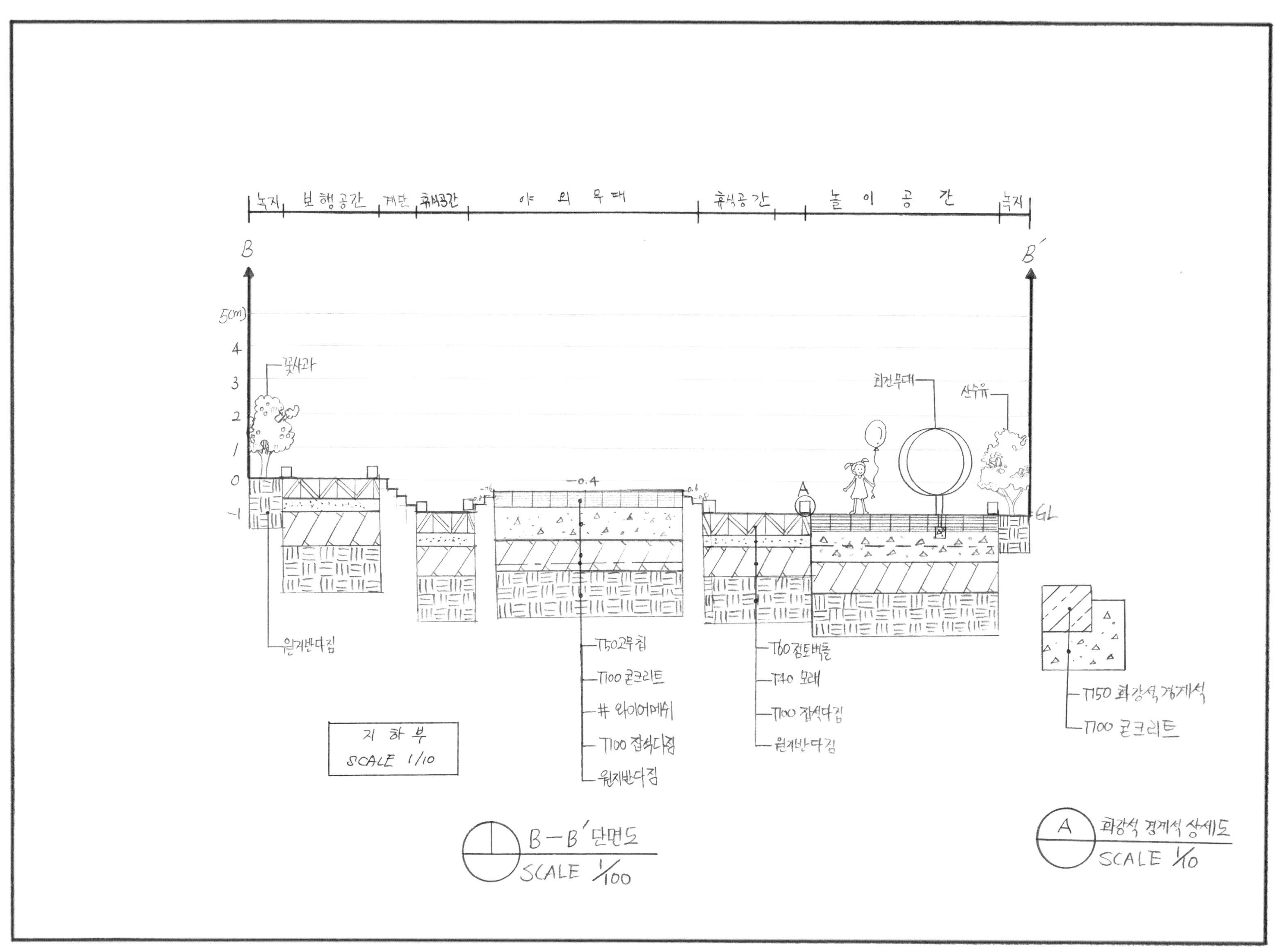

07 도로변 소공원(장애인용 램프, 도섭지)

우리나라 중부지역에 위치한 도로변의 빈 공간에 대한 조경설계를 하고자 한다. 주어진 현황도 및 아래 사항을 참조하여 설계조건에 따라 조경계획도를 작성한다(단, 2점 쇄선 안 부분을 조경설계 대상지로 한다).

요구사항

❶ 식재 평면도를 위주로 한 조경계획도를 축척 1/100로 작성하시오(지급용지－1).
❷ 도면 오른쪽 위에 작업명칭을 작성하시오.
❸ 도면 오른쪽에는 "주요 시설물수량표와 수목(식재)수량표"를 작성하고, 수량표 아래에는 "방위표시와 막대축척"을 그려 넣으시오(단, 전체 대상지의 길이를 고려하여 범례표의 폭을 조정할 수 있다).
❹ 도면 전체적인 안정감을 위하여 "테두리선"을 작성하시오.
❺ 도로변 소공원 부지 내의 B－B′ 단면도를 축척 1/100로 작성하시오(지급용지－2).
❻ 반드시 식재 평면도는 성상, 수목명, 규격, 단위, 수량을 명기하여 작성하시오.

설계조건

❶ 해당 지역은 도로변의 자투리 공간을 이용하여 휴식 및 어린이들이 즐길 수 있는 도로변 소공원의 특성을 고려하여 조경계획도를 작성하시오.
❷ 포장지역을 제외한 곳에는 모두 식재를 계획하시오(단, 녹지공간은 빗금 친 부분이며, 분위기를 고려하여 식재를 한다).
❸ 포장지역은 "점토벽돌, 투수콘크리트, 콘크리트, 고무칩, 마사토" 등 적당한 재료를 선택하여 재료의 사용이 적합한 장소에 기호로 표현하고, 포장명을 반드시 기입하시오.
❹ "다" 지역은 정적인 휴식공간으로 퍼걸러(3,500 × 3,500mm) 1개와 앉아서 휴식을 즐길 수 있도록 등벤치 2개 이상을 계획하고 설계하시오.
❺ "가" 지역은 어린이를 위한 놀이공간으로 계획하고, 그 안에 놀이시설 3종(회전무대, 철봉, 정글짐, 2연식 시소 등)을 계획하고 배치하시오.
❻ "나" 지역은 진입 및 각 공간을 원활하게 연결시킬 수 있도록 계획하고, 보행흐름에 지장이 없도록 설계하시오.
❼ "라" 지역은 정적인 휴식공간으로 연못, 정자(P) 및 어린이용 도섭지를 설치 · 운영하며, 3개의 수목보호대를 통해 적합한 수목을 설치하시오. "라" 지역은 "나" 지역보다 높이 차가 1m 낮으며, 공간별 높이 차이는 식수대(Plant Box)로 처리하시오.
❽ "마" 지역은 "라" 지역의 표고보다 수심이 1m 정도의 연못이 위치하며, 연못과 연결되는 도섭지의 경우 수심을 30cm 정도로 설치하시오.
❾ "A"는 1m 높이 차를 이용한 장애인용 램프(경사로)이며, 별도로 명시되지 아니한 내용은 수험자의 판단에 의해 작성토록 하며, 적합한 장소를 선택하여 평상형 벤치와 휴지통을 추가로 설치하시오.
❿ 대상지 내에 식재는 유도식재, 녹음식재, 경관식재, 소나무군식 등의 식재 패턴을 필요한 곳에 배식하고, 수목보호대에는 녹음식재를 실시하고, 필요에 따라 수목보호대를 추가로 설치하시오.
⓫ 수목은 아래의 수종 중에서 10가지를 선정하여 골고루 안정적인 배식이 될 수 있도록 계획하고, 인출선을 이용하여 수량, 수종명, 규격을 반드시 기입하시오.

소나무(H4.0×W2.0), 소나무(H3.0×W1.5), 소나무(H2.5×W1.2), 스트로브잣나무(H2.5×W1.2), 스트로브잣나무(H2.0×W1.0), 왕벚나무(H4.5×B15), 버즘나무(H3.5×B8), 느티나무(H3.0×R6), 청단풍(H2.5×R8), 다정큼나무(H1.0×W0.6), 동백나무(H2.5×R8), 중국단풍(H2.5×R5), 굴거리나무(H2.5×W0.6), 자귀나무(H2.5×R6), 태산목(H1.5×W0.5), 먼나무(H2.0×R5), 산딸나무(H2.0×R5), 산수유(H2.5×R7), 꽃사과(H2.5×R5), 수수꽃다리(H1.5×W0.6), 병꽃나무(H1.0×W0.4), 쥐똥나무(H1.0×W0.3), 명자나무(H0.6×W0.4), 산철쭉(H0.3×W0.4), 영산홍(H0.4×W0.3), 조릿대(H0.6×7가지)

⓬ B－B′ 단면도는 경사, 포장재료, 경계선 및 기타 시설물의 기초, 주변의 수목, 중요 시설물, 이용자 등을 단면도상에 반드시 표시하고 높이 차를 한눈에 볼 수 있도록 설계하시오.

현황도

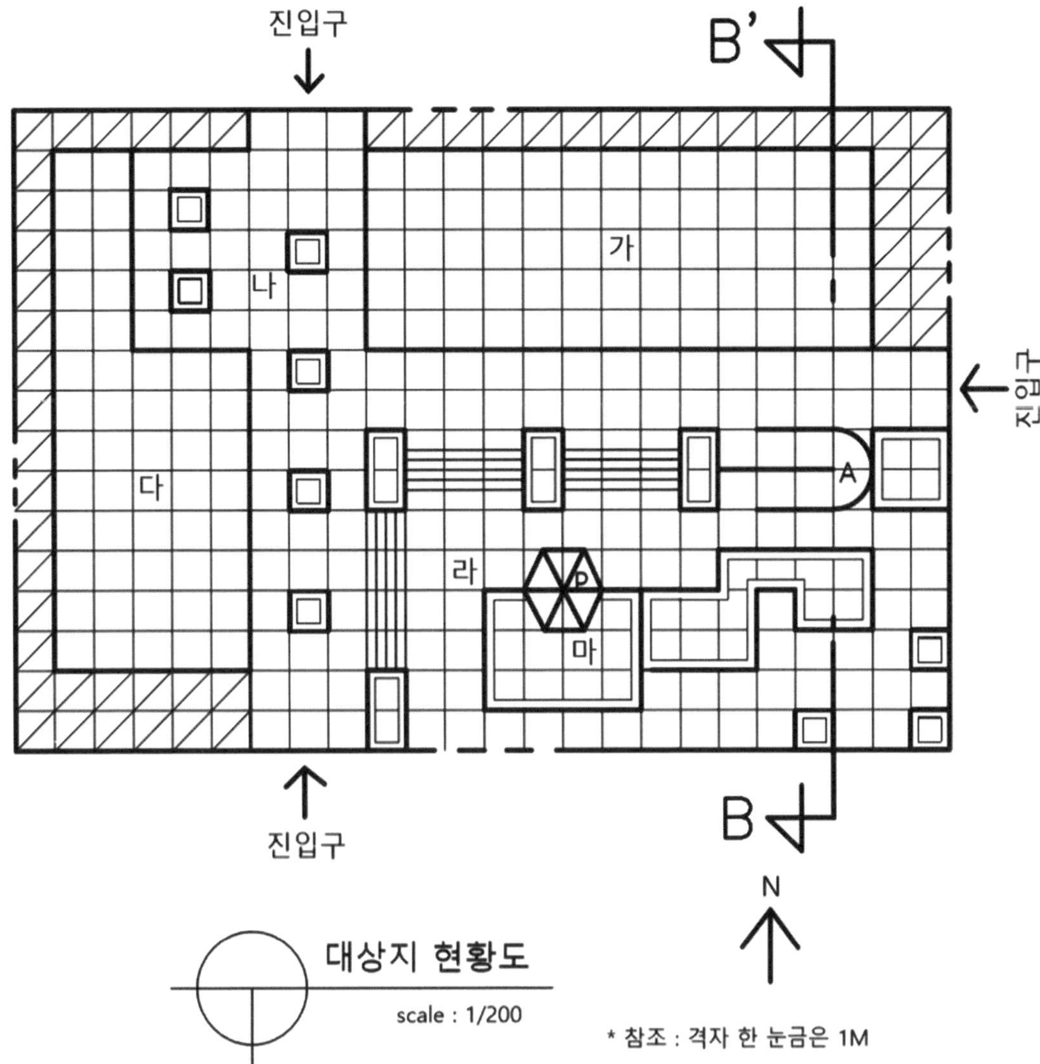

핵심 Point

1. "마" 지역은 "라" 지역의 표고보다 수심이 1m 정도의 연못이 위치하며, 연못과 연결되는 도섭지의 경우 수심을 30cm 정도로 설치하시오.

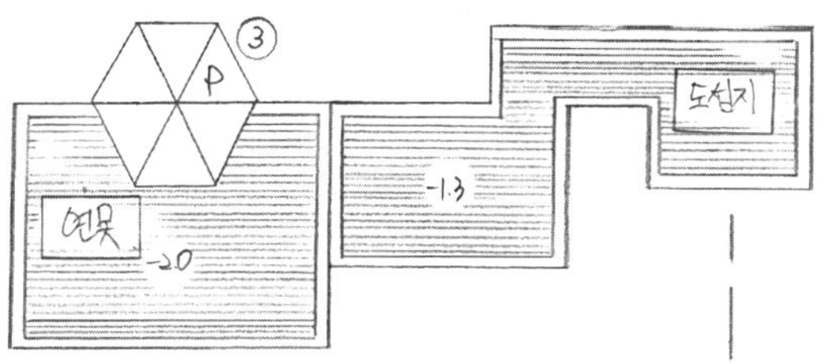

[평면도]

➡ "라" 지역의 점표고는 −1.0이다.
➡ "마" 지역은 "라" 지역의 표고보다 1m 낮기 때문에 점표고는 −2.0이다.
➡ 도섭지의 경우 수심이 30cm 낮기 때문에 점표고는 −1.30이다.

2. A는 1m 높이차를 이용한 장애인용 램프(경사로)이며, 별도로 명시되지 아니한 내용은 수험자의 판단에 의해 작성토록 하며, 적합한 장소를 선택하여 평상형 벤치와 휴지통을 추가로 설치하시오.

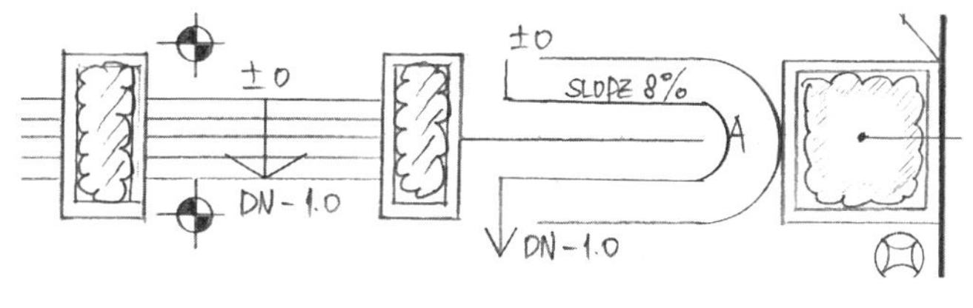

[평면도]

➡ 장애인용 램프에 1m 높이 차가 있으며 수험자의 판단에 의해 작성하기 때문에 "Slope 8%"라고 적어주고, 화살표와 점표고(DN −1.0)를 기입해 준다.

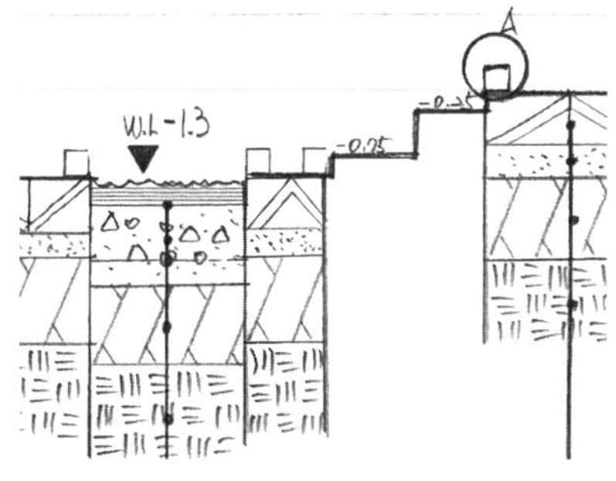

[단면도]

➡ 단면을 절단했을 때 높이 차로 인해서 계단 형태로 볼 수 있다고 가정해서 (−0.25), (−0.75)로 설계한다.
➡ 포장은 수험자 판단에 의해 작성하기 때문에 생략 가능하며, 콘크리트 포장도 가능하다.

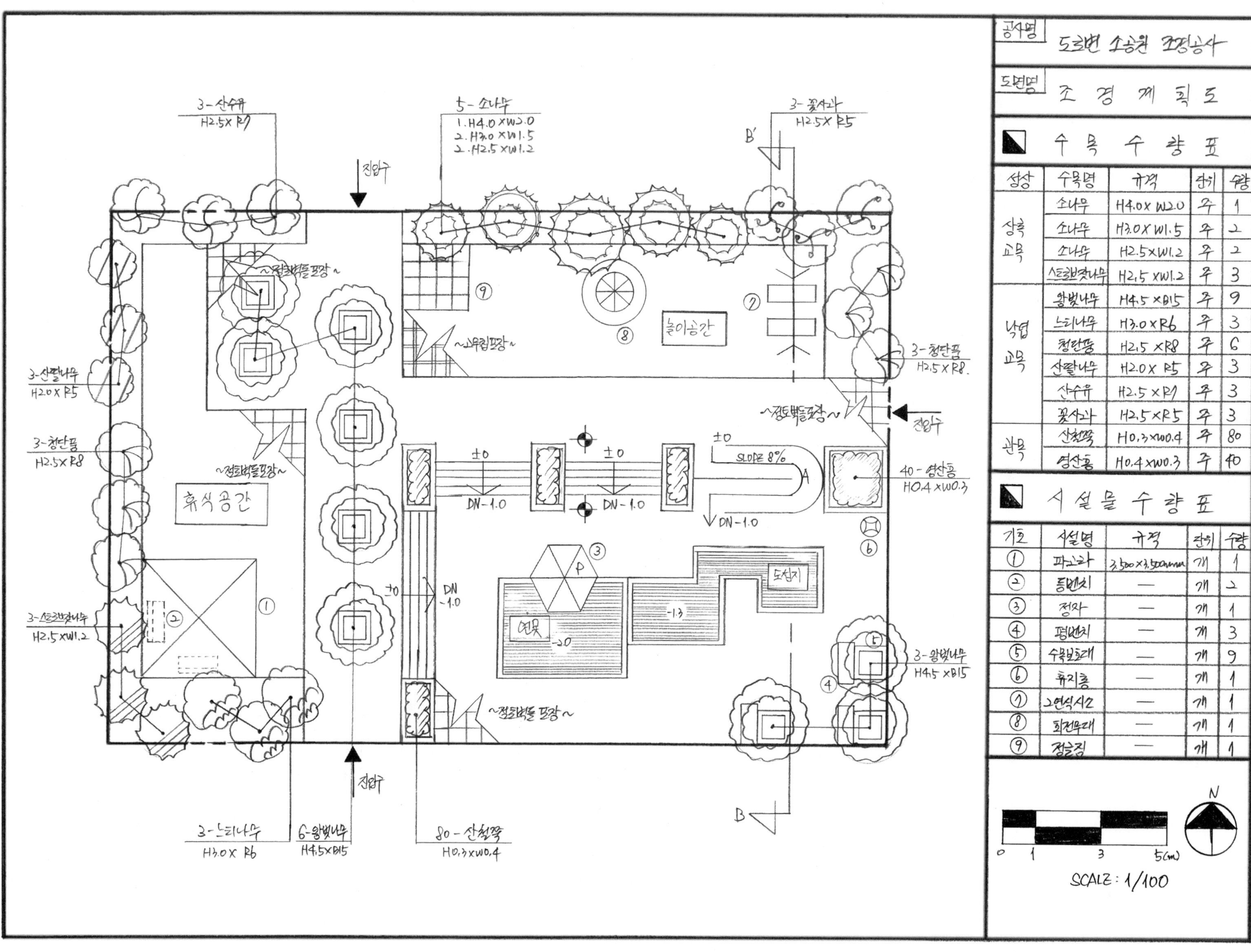

■ 수목 수량표

성상	수목명	규격	단위	수량
상록교목	소나무	H4.0×W2.0	주	1
	소나무	H3.0×W1.5	주	2
	소나무	H2.5×W1.2	주	2
	스트로브잣나무	H2.5×W1.2	주	3
낙엽교목	왕벚나무	H4.5×B15	주	9
	느티나무	H3.0×R6	주	3
	청단풍	H2.5×R8	주	6
	산딸나무	H2.0×R5	주	3
	산수유	H2.5×R7	주	3
	꽃사과	H2.5×R5	주	3
관목	산철쭉	H0.3×W0.4	주	80
	영산홍	H0.4×W0.3	주	40

■ 시설물 수량표

기호	시설명	규격	단위	수량
①	파고라	3,500×3,500mm	개	1
②	등벤치	—	개	2
③	정자	—	개	1
④	평벤치	—	개	3
⑤	수목보호대	—	개	9
⑥	휴지통	—	개	1
⑦	2연식시소	—	개	1
⑧	회전무대	—	개	1
⑨	정글짐	—	개	1

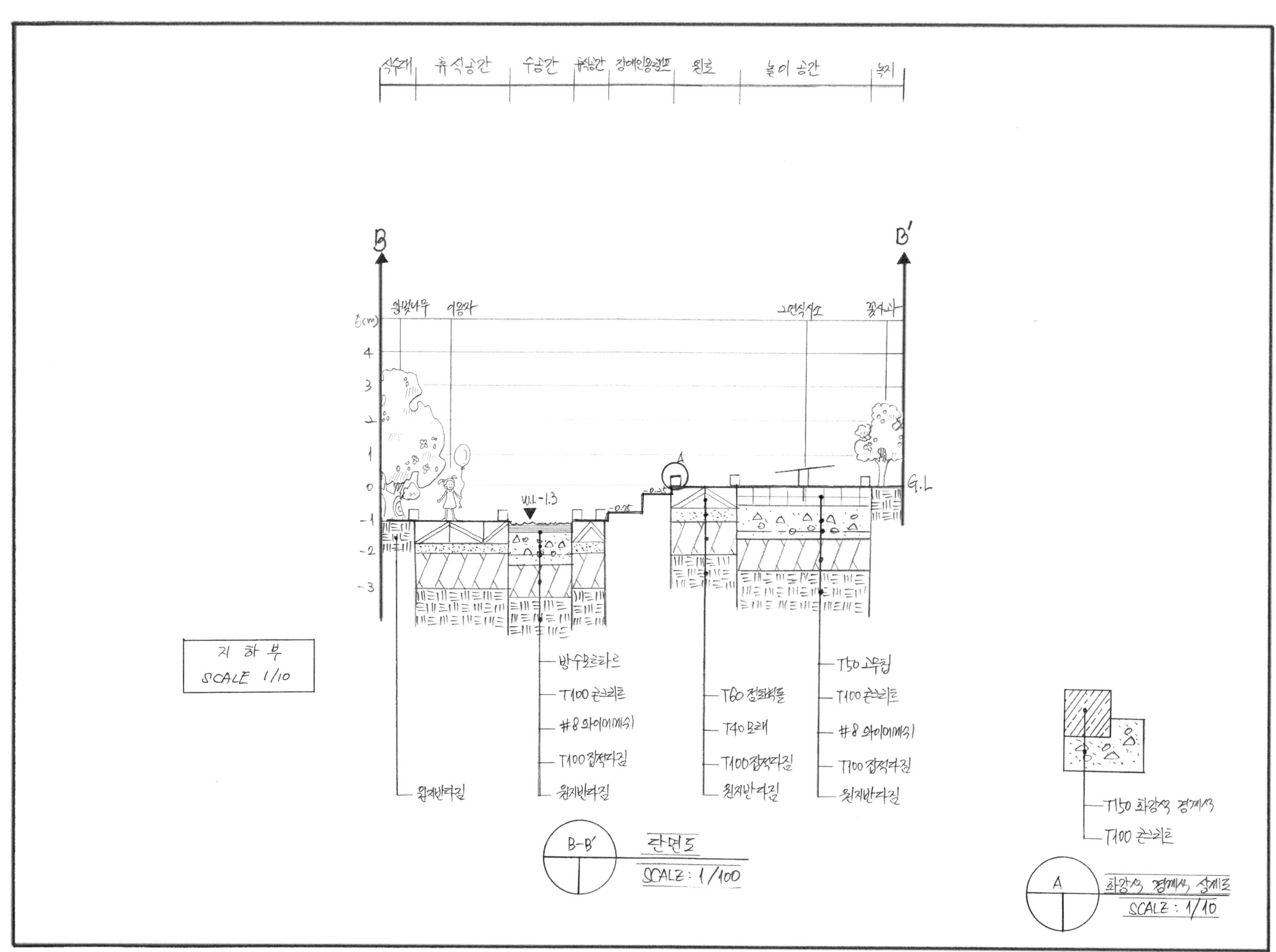
식수대
휴식공간
수공간
휴식공간
장애인용램프
원로
놀이 공간
녹지
B
B'
G.L
W.L -1.3
지 하 부
SCALE 1/10
방수모르타르
T100 콘크리트
#8 와이어메쉬
T100 잡석다짐
원지반다짐
T60 점토벽돌
T40 모래
T100 잡석다짐
원지반다짐
T50 고무칩
T100 콘크리트
#8 와이어메쉬
T100 잡석다짐
원지반다짐
원지반다짐
B-B'
단면도
SCALZ : 1/100
T150 화강석 경계석
T100 콘크리트
A
화강석 경계석 상세도
SCALZ : 1/10

08 도로변 소공원(목재데크 1)

우리나라 중부지역에 위치한 도로변의 빈 공간에 대한 조경설계를 하고자 한다. 주어진 현황도 및 아래 사항을 참조하여 설계조건에 따라 조경계획도를 작성한다(단, 2점 쇄선 안 부분을 조경설계 대상지로 한다).

요구사항

❶ 식재 평면도를 위주로 한 조경계획도를 축척 1/100로 작성하시오(지급용지－1).

❷ 도면 오른쪽 위에 작업명칭을 작성하시오.

❸ 도면 오른쪽에는 "주요 시설물수량표와 수목(식재)수량표"를 작성하고, 수량표 아래에는 "방위표시와 막대축척"을 그려 넣으시오(단, 전체 대상지의 길이를 고려하여 범례표의 폭을 조정할 수 있다).

❹ 도면 전체적인 안정감을 위하여 "테두리선"을 작성하시오.

❺ 도로변 소공원 부지 내의 B－B′ 단면도를 축척 1/100로 작성하시오(지급용지－2).

❻ 반드시 식재 평면도는 성상, 수목명, 규격, 단위, 수량을 명기하여 작성하시오.

설계조건

❶ 해당 지역은 도로변의 자투리 공간을 이용하여 공연 및 어린이들의 놀이 및 운동, 수면의 반영(反影)을 감상할 수 있는 소공원으로, 공원의 특징을 고려하여 조경계획도를 작성하시오.

❷ 포장지역을 제외한 곳에는 모두 식재를 계획하시오(단, 녹지공간은 빗금 친 부분이며, 분위기를 고려하여 식재를 한다).

❸ 포장지역은 "점토벽돌, 화강석판석, 콘크리트, 고무칩, 마사토, 투수콘크리트" 등 적당한 재료를 선택하여 재료의 사용이 적합한 장소에 기호로 표현하고, 포장명을 반드시 기입하시오.

❹ "나" 지역은 깊이 50cm의 수반(水盤)으로, 주변 녹지의 수형이 우수한 수목이 사계절 변화 없이 수면에 비치는 경치를 연출할 수 있도록 열식하고, 수반에 접하는 폭 1m의 목재데크를 외부에 설치하여 산책동선을 설계하시오.

❺ "라" 지역은 어린이를 위한 놀이공간으로 계획하고, 그 안에 어린이 놀이시설물 3종류(회전무대, 3연식 철봉, 정글짐, 2연식 시소 등)를 배치하시오.

❻ "다" 지역은 원로 및 광장으로 통행에 지장을 주지 않는 곳에 바닥분수(2,500 × 2,500mm)1개소, 평상형 셸터(2,500 × 2,500mm) 1개소, 그늘을 제공하기 위해 수목보호대 3개소, 평벤치(1.2m × 0.5m) 4개소를 설치하시오.

❼ "가" 지역은 주차공간으로 소형자동차(3,000 × 5,000mm) 2대가 주차할 수 있는 공간으로 계획하고 설계하시오.

❽ 대상지 내에는 유도식재, 경계식재("라"와 "다" 지역 사이 1m 이하 수목), 차폐식재("라" 지역 서쪽)의 기능을 고려하여 배식하시오.

❾ 대상지 내에 식재는 유도식재, 녹음식재, 경관식재, 소나무군식 등의 식재 패턴을 필요한 곳에 배식하고, 3개의 수목보호대에는 녹음식재를 실시하고, 필요에 따라 수목보호대를 추가로 설치하시오.

❿ 수목은 아래의 수종 중에서 10가지를 선정하여 골고루 안정적인 배식이 될 수 있도록 계획하고, 인출선을 이용하여 수량, 수종명, 규격을 반드시 기입하시오.

> 소나무(H4.0×W2.0), 소나무(H3.0×W1.5), 소나무(H2.5×W1.2), 스트로브잣나무(H2.5×W1.2), 스트로브잣나무(H2.0×W1.0), 왕벚나무(H4.5×B15), 버즘나무(H3.5×B8), 느티나무(H3.0×R6), 청단풍(H2.5×R8), 다정큼나무(H1.0×W0.6), 동백나무(H2.5×R8), 중국단풍(H2.5×R5), 굴거리나무(H2.5×W0.6), 자귀나무(H2.5×R6), 태산목(H1.5×W0.5), 먼나무(H2.0×R5), 산딸나무(H2.0×R5), 산수유(H2.5×R7), 꽃사과(H2.5×R5), 수수꽃다리(H1.5×W0.6), 병꽃나무(H1.0×W0.4), 쥐똥나무(H1.0×W0.3), 명자나무(H0.6×W0.4), 산철쭉(H0.3×W0.4), 영산홍(H0.4×W0.3), 조릿대(H0.6×7가지)

⓫ B－B′ 단면도는 경사, 포장재료, 경계선 및 기타 시설물의 기초, 주변의 수목, 중요 시설물, 이용자 등을 단면도상에 반드시 표시하고 높이 차를 한눈에 볼 수 있도록 설계하시오.

현황도

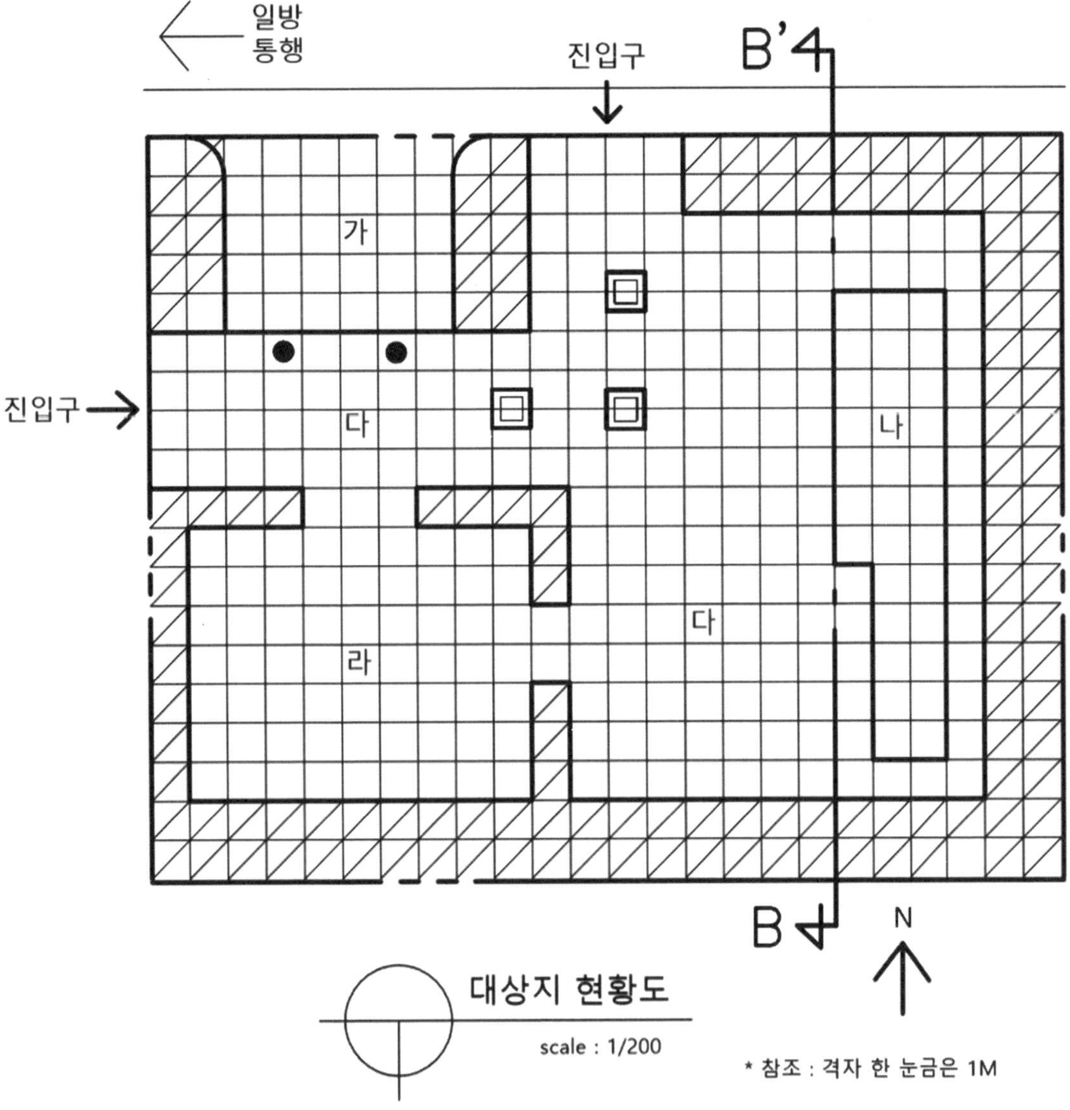

핵심 Point

1. ❸ 포장지역은 "점토벽돌, 화강석블록, 콘크리트, 고무칩, 마사토, 투수콘크리트" 등 적당한 재료를 선택하여 재료의 사용이 적합한 장소에 기호로 표현하고, 포장명을 반드시 기입한다.
   ➡ 원로의 포장재료로 점토벽돌, 화강석블록 등을 선택한다.

2. ❹ "나" 지역은 깊이 50cm의 수반(水盤)으로, 주변 녹지의 수형이 우수한 수목이 사계절 변화 없이 수면에 비치는 경치를 연출할 수 있도록 열식하고, 수반에 접하는 폭 1m의 목재데크를 외부에 설치하여 산책동선을 설계하시오.

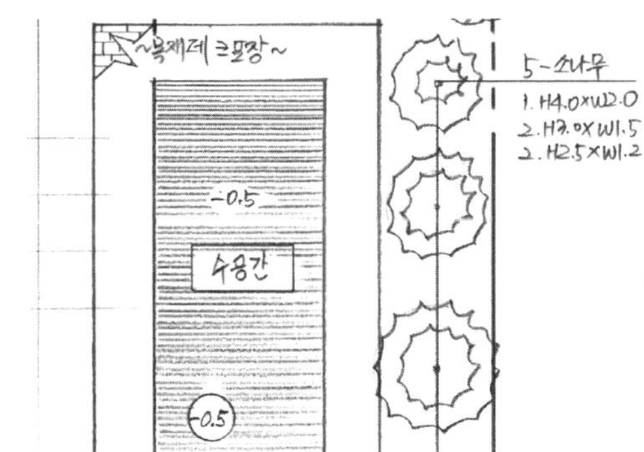

[평면도]

➡ 대상지 내 점표고는 ±0이며, 50cm 낮기 때문에 −0.5 표시
➡ 사계절 변화 없는 수목을 위해서 소나무로 열식
➡ 폭 1m의 목재데크는 "목재데크포장"으로 표현

3. ❽ 대상지 내에는 유도식재, 경계식재("라"와 "다" 지역 사이 1m 이하 수목), 차폐식재("라" 지역 서쪽)의 기능을 고려하여 배식하시오.

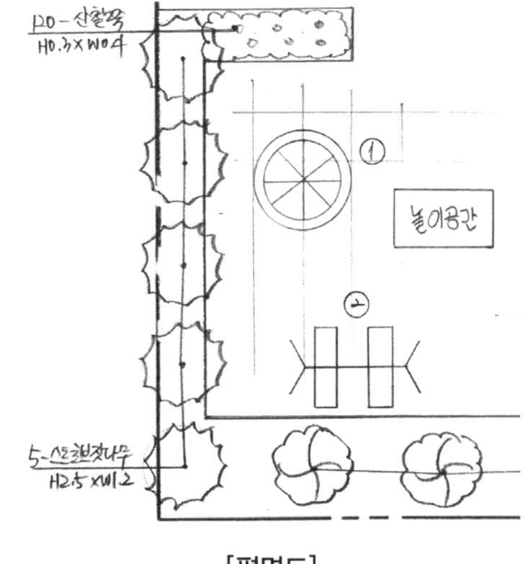

[평면도]

➡ 경계식재로 1m 이하의 산철쭉 식재
➡ 차폐식재로 스트로브잣나무 식재

4. ❻ "다" 지역은 원로 및 광장으로 통행에 지장을 주지 않는 곳에 바닥분수(2,500×2,500mm) 1개소, 평상형 셸터(2,500×2,500mm) 1개소, 그늘을 제공하기 위해 수목보호대 3개소, 평벤치(1.2m×0.5m) 4개소를 설치하시오.

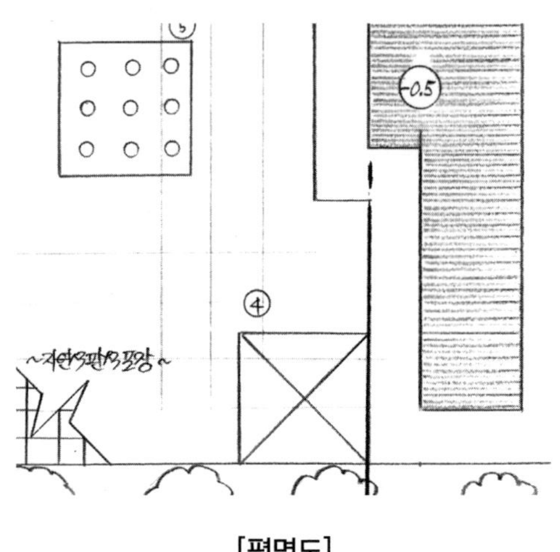

[평면도]

➡ 산책동선 주변에 셸터를 설치하고, 바닥분수는 여유공간에 설치해 준다.
➡ 화강석판석 또는 점토벽돌로 포장한다.

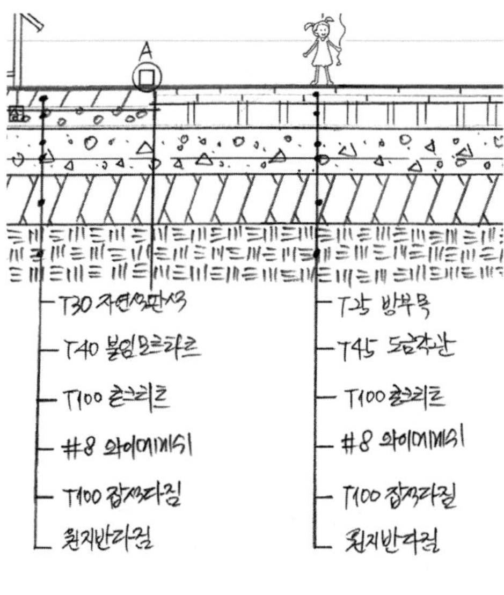

[단면도]

➡ 단면선은 화살표 방향으로 절단해서 그리기 때문에 화강석판석과 목재데크가 겹치는 부분은 화강석판석으로 포장하고, 목재데크와 수공간이 겹치는 부분은 목재데크로 포장한다.

MEMO

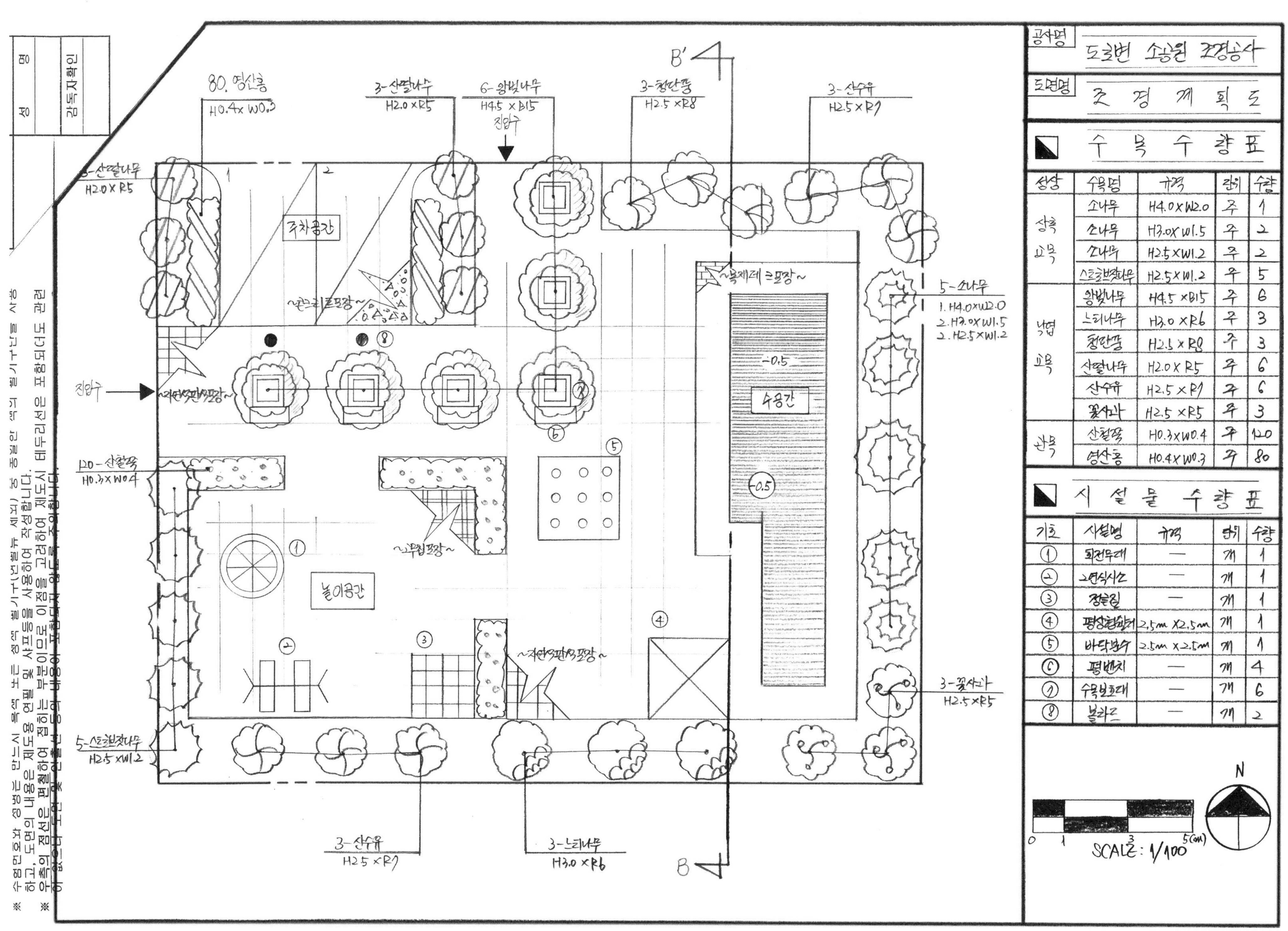

수목수량표

성상	수목명	규격	단위	수량
상록교목	소나무	H4.0×W2.0	주	1
	소나무	H3.0×W1.5	주	2
	소나무	H2.5×W1.2	주	2
	스트로브잣나무	H2.5×W1.2	주	5
낙엽교목	왕벚나무	H4.5×B15	주	6
	느티나무	H3.0×R6	주	3
	청단풍	H2.5×R8	주	3
	산딸나무	H2.0×R5	주	6
	산수유	H2.5×R7	주	6
	꽃사과	H2.5×R5	주	3
관목	산철쭉	H0.3×W0.4	주	120
	영산홍	H0.4×W0.3	주	80

시설물수량표

기호	시설명	규격	단위	수량
①	회전무대	—	개	1
②	2연식시소	—	개	1
③	정글짐	—	개	1
④	평상형쉘터	2.5m×2.5m	개	1
⑤	바닥분수	2.5m×2.5m	개	1
⑥	평벤치	—	개	4
⑦	수목보호대	—	개	6
⑧	볼라드	—	개	2

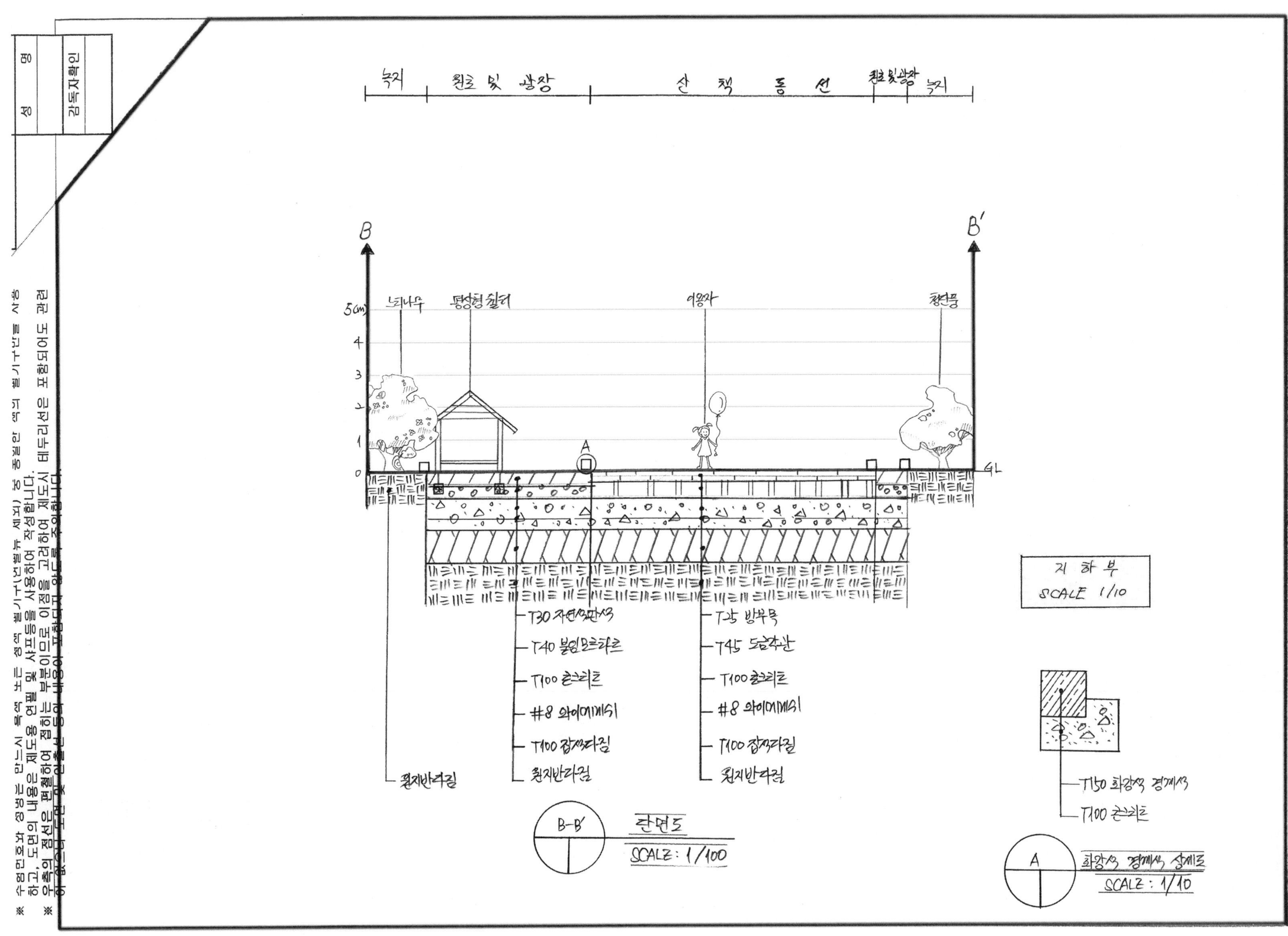
성 명
감독자확인
녹지
휴게 및 광장
산 책 동 선
휴게 및 광장
녹지
B
B'
5(m)
4
3
2
1
0
느티나무
평상형 쉘터
청단풍
A
GL
T30 자연석판석
T40 붙임모르타르
T100 콘크리트
#8 와이어메시
T100 잡석다짐
원지반다짐
T35 방부목
T100 콘크리트
#8 와이어메시
T100 잡석다짐
원지반다짐
원지반다짐
지 하 부
SCALE 1/10
T150 화강석 경계석
T100 콘크리트
B-B'
단면도
SCALE : 1/100
A
화강석 경계석 상세도
SCALE : 1/10

09 도심소공원(기념공원)

우리나라 중부지역에 위치한 도로변의 빈 공간에 대한 조경설계를 하고자 한다. 주어진 현황도 및 아래 사항을 참조하여 설계조건에 따라 조경계획도를 작성한다(단, 2점 쇄선 안 부분을 조경설계 대상지로 한다).

요구사항

❶ 식재 평면도를 위주로 한 조경계획도를 축척 1/100로 작성하시오(지급용지 – 1).

❷ 도면 오른쪽 위에 작업명칭을 작성하시오.

❸ 도면 오른쪽에는 "주요 시설물수량표와 수목(식재)수량표"를 작성하고, 수량표 아래에는 "방위표시와 막대축척"을 그려 넣으시오(단, 전체 대상지의 길이를 고려하여 범례표의 폭을 조정할 수 있다).

❹ 도면 전체적인 안정감을 위하여 "테두리선"을 작성하시오.

❺ 도로변 소공원 부지 내의 B – B′ 단면도를 축척 1/100로 작성하시오(지급용지 – 2).

❻ 반드시 식재 평면도는 성상, 수목명, 규격, 단위, 수량을 명기하여 작성하시오.

설계조건

❶ 해당 지역은 도로변의 자투리 공간을 이용하여 휴식과 관람을 할 수 있는 기념공원의 특징을 고려하여 조경계획도를 작성하시오.

❷ 포장지역을 제외한 곳에는 모두 식재를 계획하시오(단, 녹지공간은 빗금 친 부분이며, 공간의 성격 및 분위기를 고려하여 적절한 식재를 한다).

❸ 포장지역은 "점토벽돌, 콘크리트, 고무칩, 마사토, 화강석판석, 투수콘크리트" 등 적당한 재료를 선택하여 재료의 사용이 적합한 장소에 기호로 표현하고, 포장명을 반드시 기입하시오.

❹ "가" 지역은 어린이를 위한 놀이공간으로 계획하고, 그 안에 놀이시설 2종, 운동시설 1종을 계획하고 배치하시오.

❺ "나" 지역은 주차공간으로 소형자동차 2대가 주차할 수 있는 공간으로 4개의 고무 카스토퍼를 설계하며 대상지 내로 차량이 진입하지 못하도록 적절한 조치를 하시오.

❻ "다" 지역은 진입 및 공간을 원활하게 연결시킬 수 있도록 계획하고, 보행흐름에 지장이 없도록 설계하시오(공간 내 녹지는 띠녹지의 형태로 구성하시오).

❼ "라" 지역은 보행을 위한 포장을 제외한 공간은 초화원(식물은 수험자가 임의로 지정한다)을 계획하시오.

❽ "마" 지역은 정적인 휴식공간으로 4,000 × 3,000mm의 퍼걸러 1개와 1,500 × 450mm 평벤치 2개를 설치하시오.

❾ "바" 지역은 "다" 지역보다 3m 높은 곳에 위치하며, 포장은 화강석판석 포장으로 등벤치 4개를 배치하시오.

❿ "사" 지역은 "바" 지역보다 30cm 높은 곳이며, 이곳에는 1m의 조형부조와 정사각형의 조형물(적당한 위치에 1,000 × 1,000mm, 높이 0.8m)을 설계하시오.

⓫ "다"와 "바" 지역은 높이 차이가 발생하며, 계단을 설치하여 보행동선을 연계하고, 계단의 중간 "A" 지역은 관목을 활용한 화단으로 식재하시오.

⓬ "바" 지역을 둘러싼 주변의 녹지에는 공원 성격에 부합되는 경사처리 및 식재패턴(유도식재, 녹음식재, 경관식재, 소나무군식 등) 필요한 곳에 배식하고, 전체 부지 내 녹지에도 식재를 하시오.

⓭ 수목은 아래의 수종 중에서 10가지를 선정하여 골고루 안정적인 배식이 될 수 있도록 계획하고, 인출선을 이용하여 수량, 수종명, 규격을 반드시 기입하시오.

> 소나무(H4.0×W2.0), 소나무(H3.0×W1.5), 소나무(H2.5×W1.2), 스트로브잣나무(H2.5×W1.2), 스트로브잣나무(H2.0×W1.0), 왕벚나무(H4.5×B15), 버즘나무(H3.5×B8), 느티나무(H3.0×R6), 청단풍(H2.5×R8), 다정큼나무(H1.0×W0.6), 동백나무(H2.5×R8), 중국단풍(H2.5×R5), 굴거리나무(H2.5×W0.6), 자귀나무(H2.5×R6), 태산목(H1.5×W0.5), 먼나무(H2.0×R5), 산딸나무(H2.0×R5), 산수유(H2.5×R7), 꽃사과(H2.5×R5), 수수꽃다리(H1.5×W0.6), 병꽃나무(H1.0×W0.4), 쥐똥나무(H1.0×W0.3), 명자나무(H0.6×W0.4), 산철쭉(H0.3×W0.4), 영산홍(H0.4×W0.3), 조릿대(H0.6×7가지)

⓮ B – B′ 단면도는 경사, 포장재료, 경계선 및 기타 시설물의 기초, 주변의 수목, 중요 시설물, 이용자 등을 단면도상에 반드시 표시하고 높이 차를 한눈에 볼 수 있도록 설계하시오.

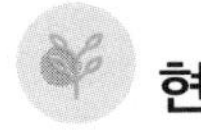

현황도

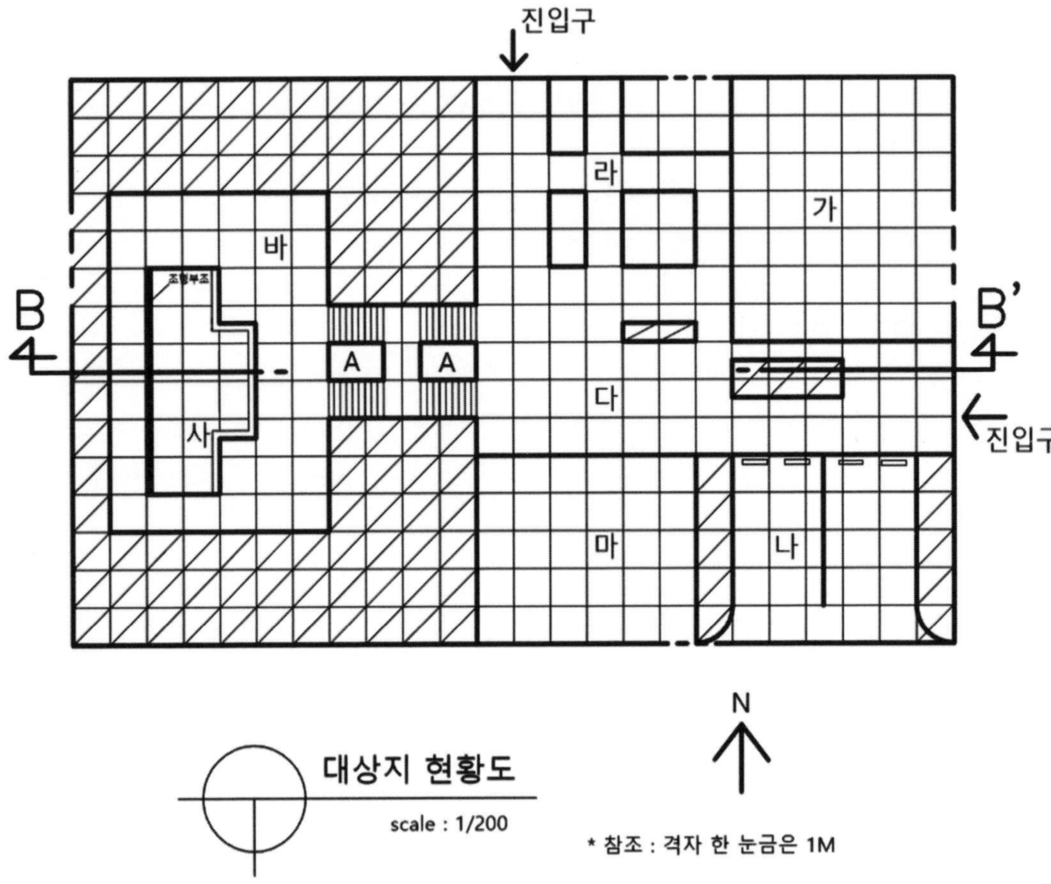

핵심 Point

1. ❼ "라" 지역은 보행을 위한 포장을 제외한 공간은 초화원(식물은 수험자가 임의로 지정한다)을 계획하시오.

초화류	맥문동	3치 포트	본	800
	옥잠화	3치 포트	본	600

➡ 분얼 : 식물의 땅속에 있는 마디에서 가지가 나오는 것

➡ 치 : 약 3.03cm이다. 자(약 30.3cm)의 작은 단위이다.

지피	조릿대, 잔디, 맥문동, 옥잠화(비비추), 둥굴레 등
초화류	민들레, 원추리, 옥잠화(비비추), 꽃창포, 메리골드 등

2. ❿ "사" 지역은 "바" 지역보다 30cm 높은 곳이며, 이곳에는 1m의 조형부조와 정사각형의 조형물(적당한 위치에 1,000×1,000mm, 높이 0.8m)을 설계하시오.

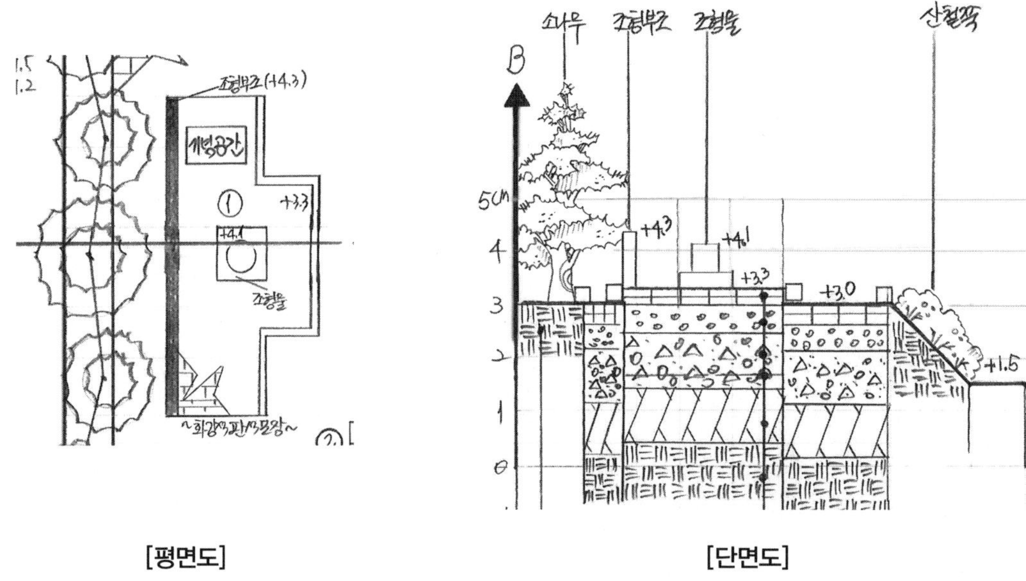

[평면도] [단면도]

➡ "사" 지역이 30cm 높기 때문에 +3.3을 기준으로 조형부조가 1m 높으므로 최종 높이는 +4.3이며, 정사각형의 조형물은 0.8m 높기 때문에 +4.1로 표현한다.

➡ 포장 : 화강석판석 포장

3. 경사면 식재처리방법

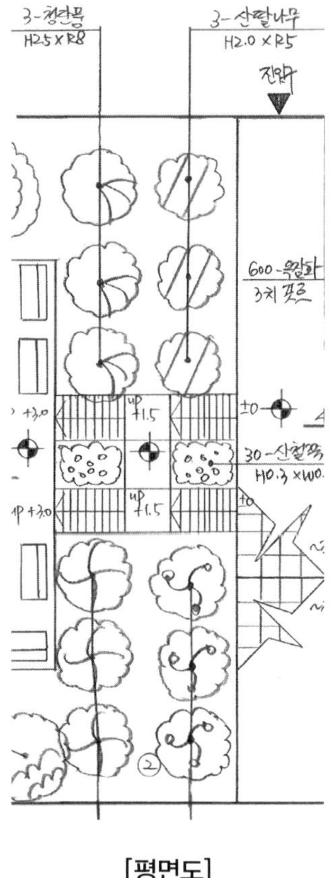

[평면도]

➡ 중부지방 수종 10종과 초화류를 식재하기 때문에 경사면에 관목을 식재할 경우, 경관식재 6종을 배치할 공간이 없기 때문에 수고 H2.0~H2.5 위주로 식재한다.

4. ❾ "바" 지역은 "다" 지역보다 3m 높은 곳에 위치하며, 포장은 화강석판석 포장으로 등벤치 4개를 배치하시오.

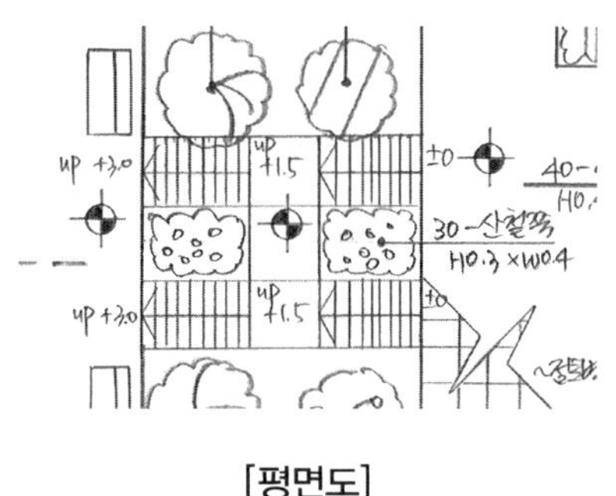

[평면도]

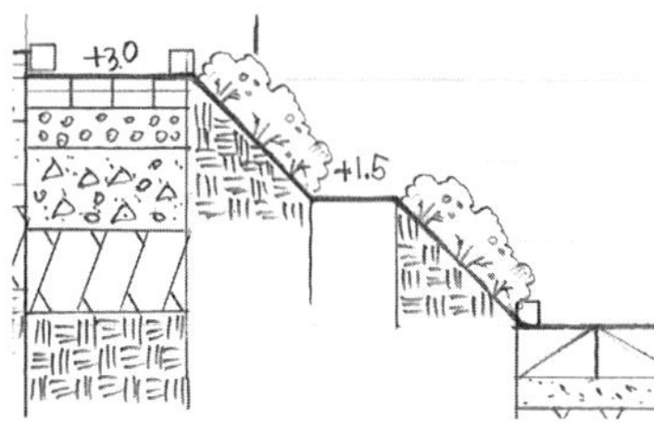

[단면도]

➡ "다" 지역보다 3m 높기 때문에 "바" 지역은 up(+3.0)이며, 중간에 계단참이 있으므로 up(+1.5)로 처리한다.

➡ 포장 : 화강석판석 포장

MEMO

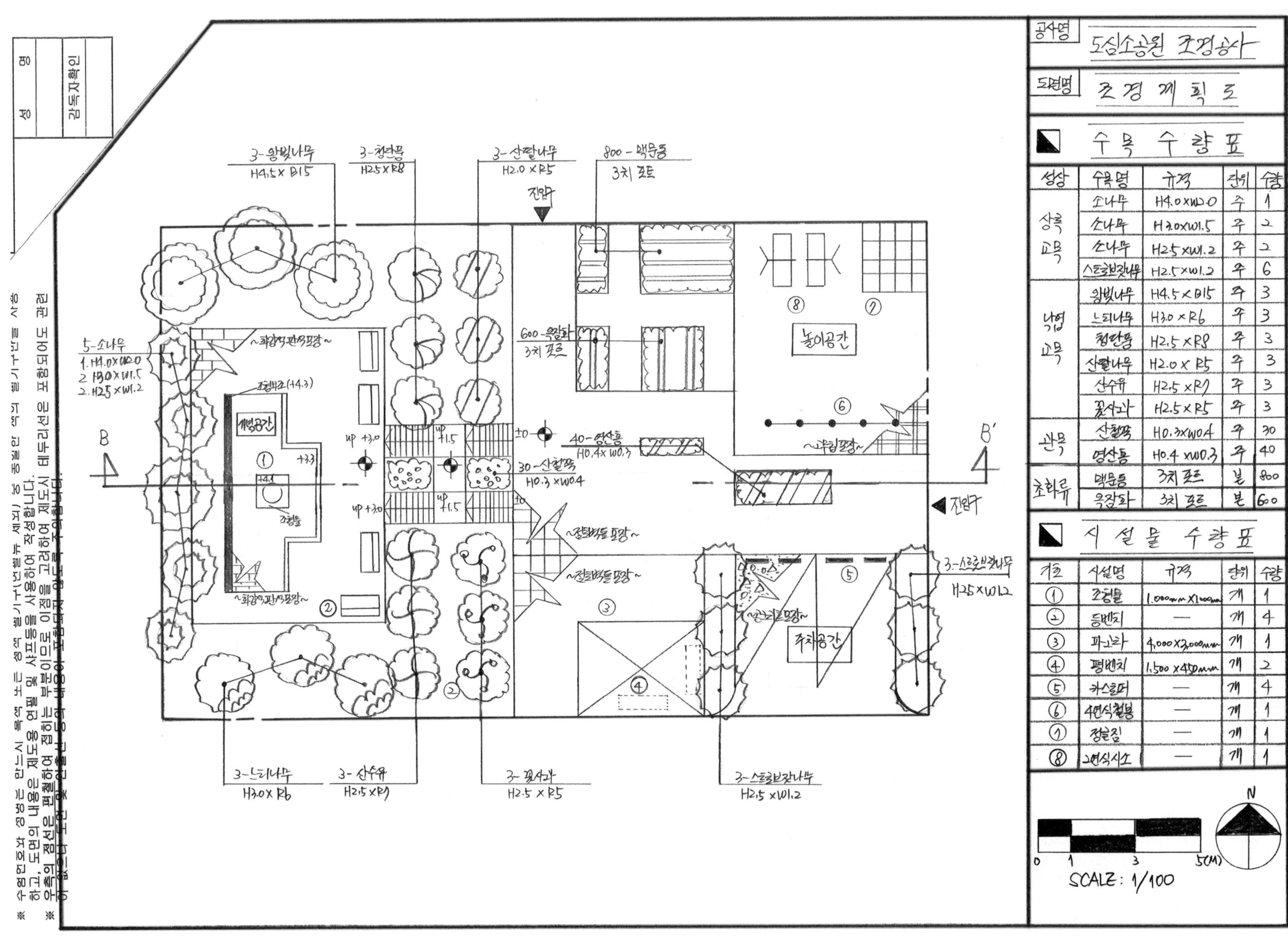

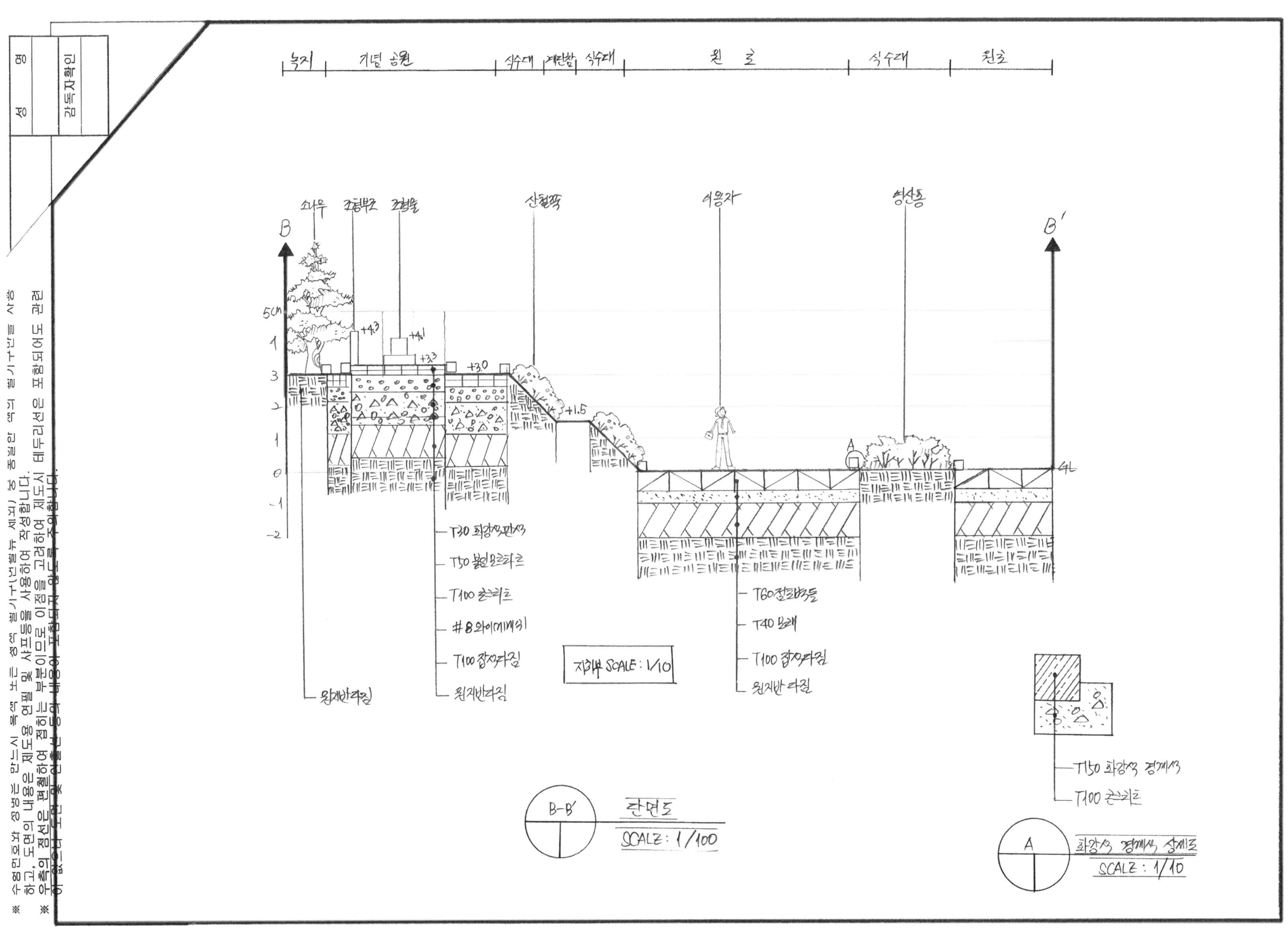

10 도로변 소공원(벽천 2)

우리나라 중부지역에 위치한 도로변의 빈 공간에 대한 조경설계를 하고자 한다. 주어진 현황도 및 아래 사항을 참조하여 설계조건에 따라 조경계획도를 작성한다(단, 2점 쇄선 안 부분을 조경설계 대상지로 한다).

요구사항

❶ 식재 평면도를 위주로 한 조경계획도를 축척 1/100로 작성하시오(지급용지－1).
❷ 도면 오른쪽 위에 작업명칭을 작성하시오.
❸ 도면 오른쪽에는 "주요 시설물수량표와 수목(식재)수량표"를 작성하고, 수량표 아래에는 "방위표시와 막대축척"을 그려 넣으시오(단, 전체 대상지의 길이를 고려하여 범례표의 폭을 조정할 수 있다).
❹ 도면 전체적인 안정감을 위하여 "테두리선"을 작성하시오.
❺ 도로변 소공원 부지 내의 A－A′와 B－B′ 단면도를 축척 1/100로 작성하시오(지급용지－2, 3).
❻ 반드시 식재 평면도는 성상, 수목명, 규격, 단위, 수량을 명기하여 작성하시오.

설계조건

❶ 해당 지역은 도로변의 자투리 공간을 이용하여 휴식 및 어린이들이 즐길 수 있는 도로변 소공원으로 공원의 특징을 고려하여 조경계획도를 작성하시오.
❷ 포장지역을 제외한 곳에는 모두 식재를 계획하시오(단, 녹지공간은 빗금 친 부분이며, 공간의 성격 및 분위기를 고려하여 적절한 식재를 한다).
❸ 포장지역은 "소형고압블록, 콘크리트, 고무칩, 마사토, 화강석판석, 투수콘크리트" 등 적당한 재료를 선택하여 재료의 사용이 적합한 장소에 기호로 표현하고, 포장명을 반드시 기입하시오.
❹ "나" 지역은 어린이를 위한 놀이공간으로 계획하고, 대상지는 주변보다 1m 높은 지역으로, 그 안에 어린이 놀이시설물을 3종류(회전무대, 3연식 철봉, 정글짐, 2연식 시소 등)를 배치하시오.
❺ "라" 지역은 정적인 휴식공간으로 퍼걸러(3,500 × 3,500mm) 1개와 앉아서 휴식을 즐길 수 있도록 등벤치 3개를 설치하고, 휴지통(1개)과 수목보호대(3개)에 동일한 수종의 낙엽교목을 식재하시오.
❻ "다" 지역은 주차공간으로 소형자동차(2,500 × 5,000mm) 2대가 주차할 수 있는 공간으로 계획하고 설계하시오.
❼ "가" 지역은 소형 벽천 및 연못으로 계단형 단(실선 1개당) 30cm가 높으며, 담수용 바닥은 "라" 지역과 동일한 높이이며, 담수 가이드라인은 전체적으로 "라" 지역에 비해 60cm가 높게 설치하시오.
❽ 대상지 내에 식재는 유도식재, 녹음식재, 경관식재, 소나무군식 등의 식재 패턴을 필요한 곳에 배식하고 필요에 따라 수목보호대를 추가로 설치하시오.
❾ 수목은 아래의 수종 중에서 10가지를 선정하여 골고루 안정적인 배식이 될 수 있도록 계획하고, 인출선을 이용하여 수량, 수종명, 규격을 반드시 기입하시오.

> 소나무(H4.0×W2.0), 소나무(H3.0×W1.5), 소나무(H2.5×W1.2), 스트로브잣나무(H2.5×W1.2), 스트로브잣나무(H2.0×W1.0), 왕벚나무(H4.5×B15), 버즘나무(H3.5×B8), 느티나무(H3.0×R6), 청단풍(H2.5×R8), 다정큼나무(H1.0×W0.6), 동백나무(H2.5×R8), 중국단풍(H2.5×R5), 굴거리나무(H2.5×W0.6), 자귀나무(H2.5×R6), 태산목(H1.5×W0.5), 먼나무(H2.0×R5), 산딸나무(H2.0×R5), 산수유(H2.5×R7), 꽃사과(H2.5×R5), 수수꽃다리(H1.5×W0.6), 병꽃나무(H1.0×W0.4), 쥐똥나무(H1.0×W0.3), 명자나무(H0.6×W0.4), 산철쭉(H0.3×W0.4), 영산홍(H0.4×W0.3), 조릿대(H0.6×7가지)

❿ B－B′ 단면도는 경사, 포장재료, 경계선 및 기타 시설물의 기초, 주변의 수목, 중요 시설물, 이용자 등을 단면도상에 반드시 표시하고 높이 차를 한눈에 볼 수 있도록 설계하시오.

현황도

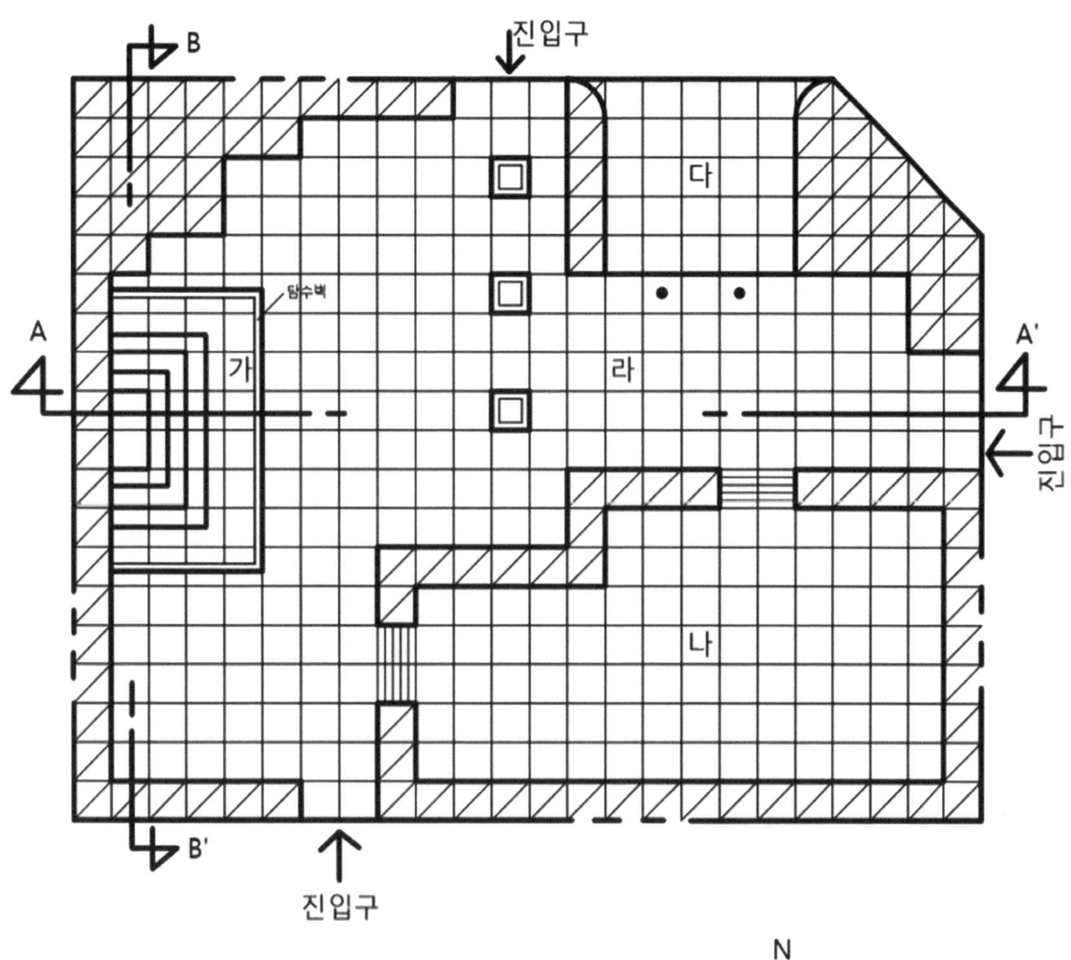

대상지 현황도

scale : 1/200

* 참조 : 격자 한 눈금은 1M

핵심 Point

1. ❼ "가" 지역은 소형 벽천 및 연못으로 계단형 단(실선 1개당) 30cm가 높으며, 담수용 바닥은 "라" 지역과 동일한 높이이며, 담수 가이드라인은 전체적으로 "라" 지역에 비해 60cm가 높게 설치하시오.

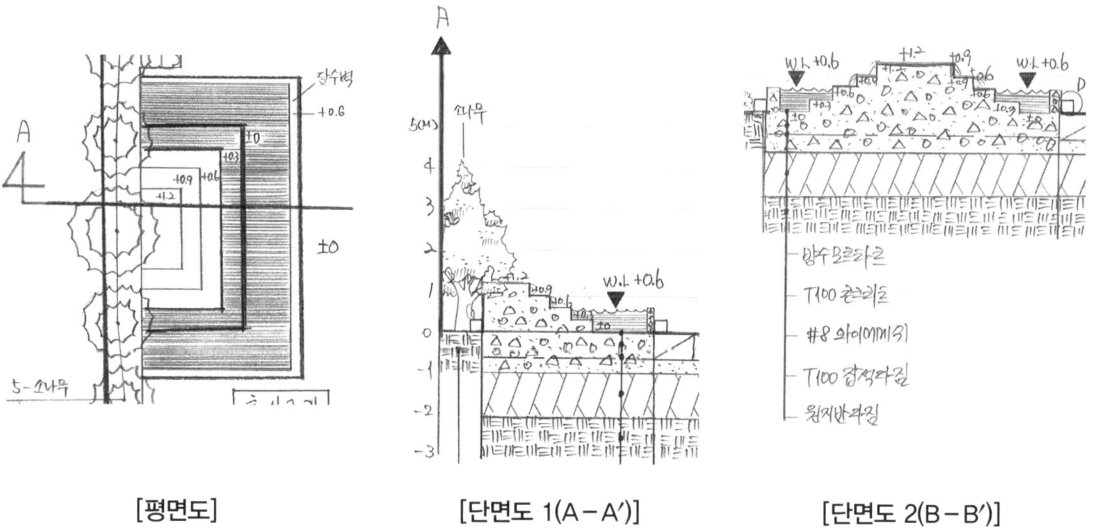

[평면도] [단면도 1(A－A′)] [단면도 2(B－B′)]

- ➡ 담수벽 +0.6
- ➡ 실선 1개당 30cm가 높기 때문에 +0.3, +0.6, +0.9, +1.2로 표시한다.
- ➡ 물결표시는 담수벽을 넘어서는 안 되므로 +0.3까지 표시한다.
- ➡ [단면도 1, 2]에 점표고를 확실하게 넣어주며 포장은 콘크리트를 이용해서 포장한다.

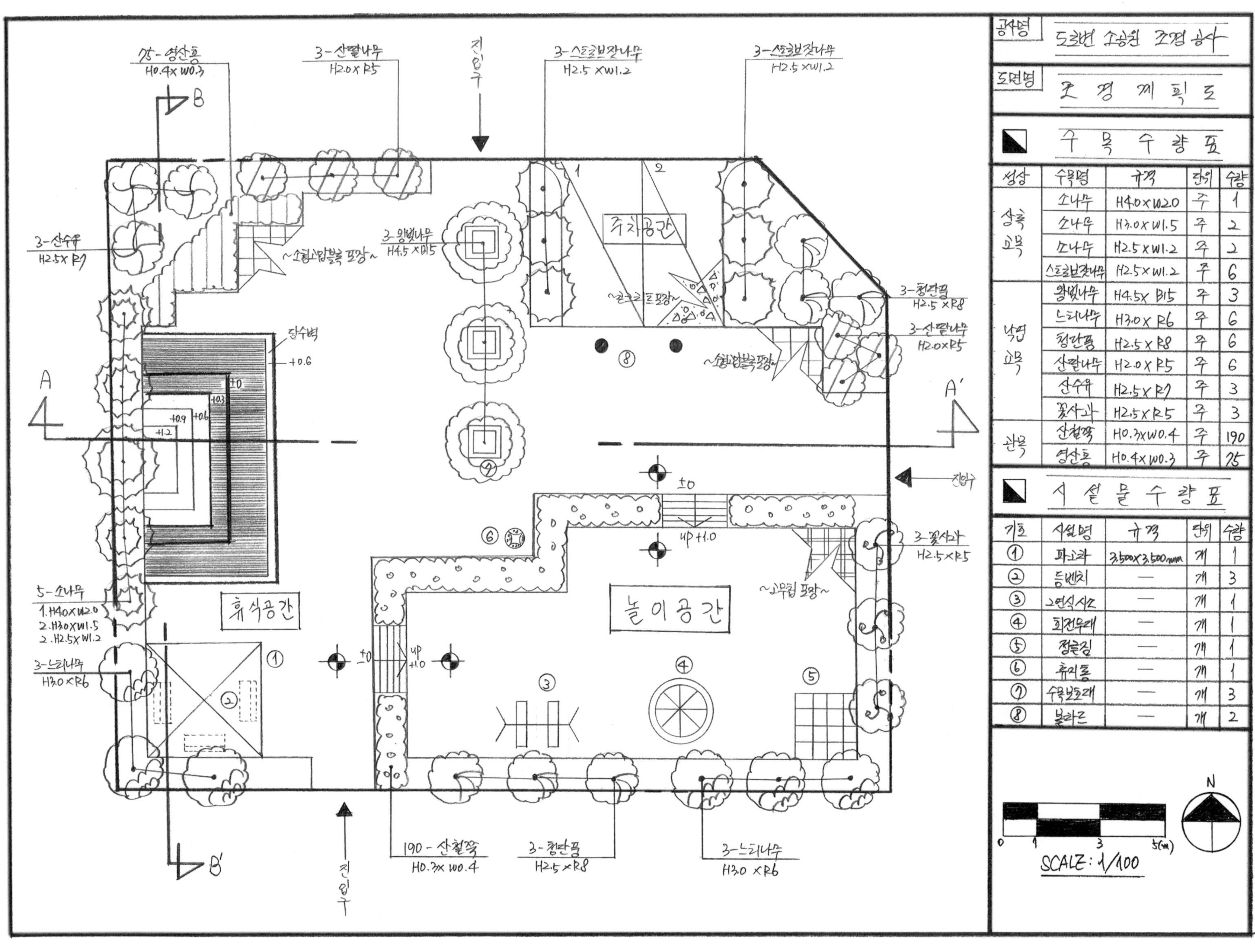

수목수량표

성상	수목명	규격	단위	수량
상록교목	소나무	H4.0×W2.0	주	1
	소나무	H3.0×W1.5	주	2
	소나무	H2.5×W1.2	주	2
	스트로브잣나무	H2.5×W1.2	주	6
낙엽교목	왕벚나무	H4.5×B15	주	3
	느티나무	H3.0×R6	주	6
	청단풍	H2.5×R8	주	6
	산딸나무	H2.0×R5	주	6
	산수유	H2.5×R7	주	3
	꽃사과	H2.5×R5	주	3
관목	산철쭉	H0.3×W0.4	주	190
	영산홍	H0.4×W0.3	주	25

시설물수량표

기호	시설명	규격	단위	수량
①	파고라	3,500×3,500mm	개	1
②	등벤치	—	개	3
③	2연식시소	—	개	1
④	회전무대	—	개	1
⑤	정글짐	—	개	1
⑥	휴지통	—	개	1
⑦	수목보호대	—	개	3
⑧	볼라드	—	개	2

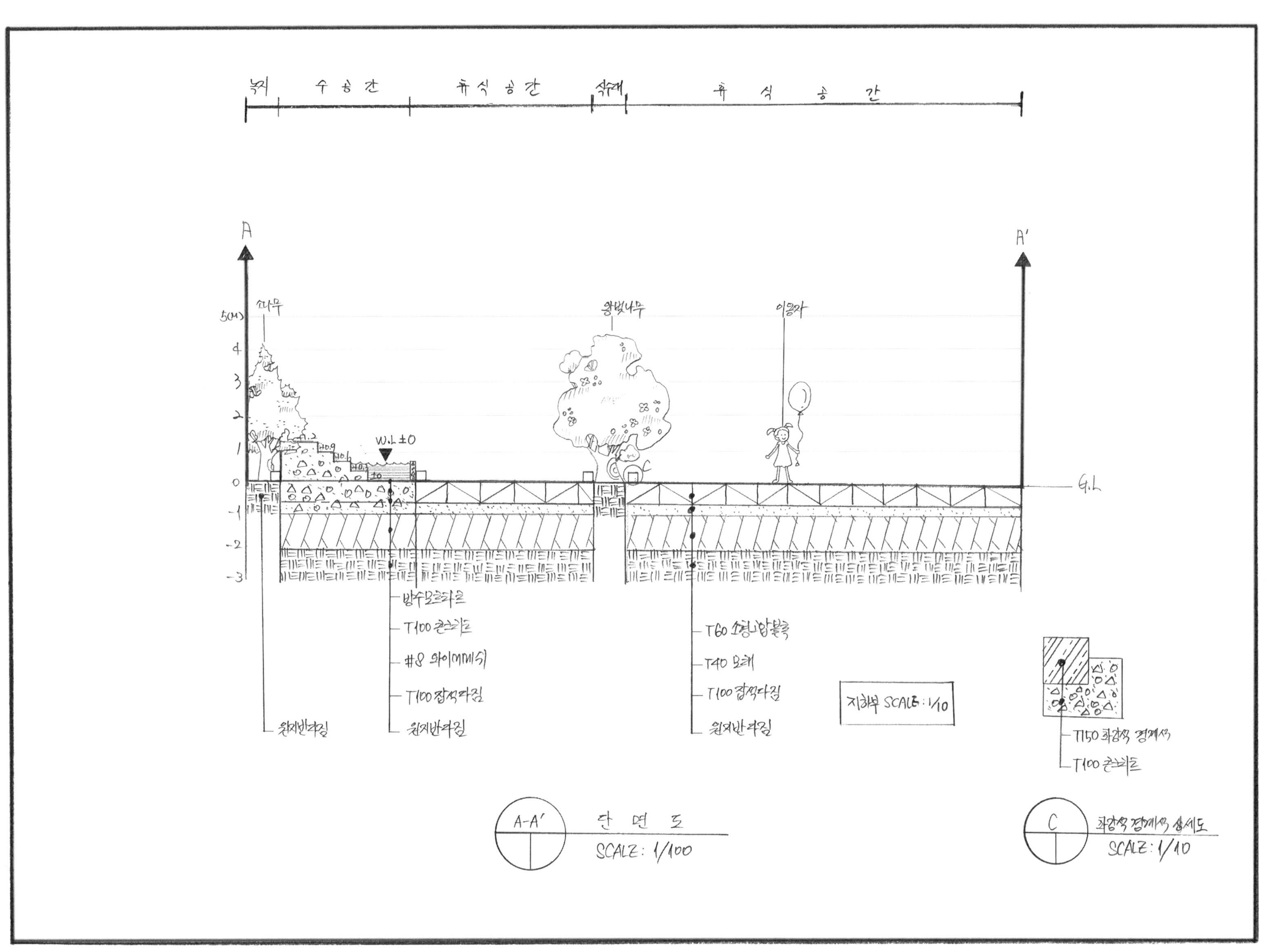

녹지
수공간
휴식공간
식재
휴식공간
A
A'
G.L
W.L ±0
방수모르타르
T100 콘크리트
#8 와이어메쉬
T100 잡석다짐
원지반다짐
원지반다짐
T60 소형고압블록
T40 모래
T100 잡석다짐
원지반다짐
지하부 SCALE : 1/10
T150 화강석 경계석
T100 콘크리트
A-A'
단면도
SCALE : 1/100
C
화강석 경계석 상세도
SCALE : 1/10

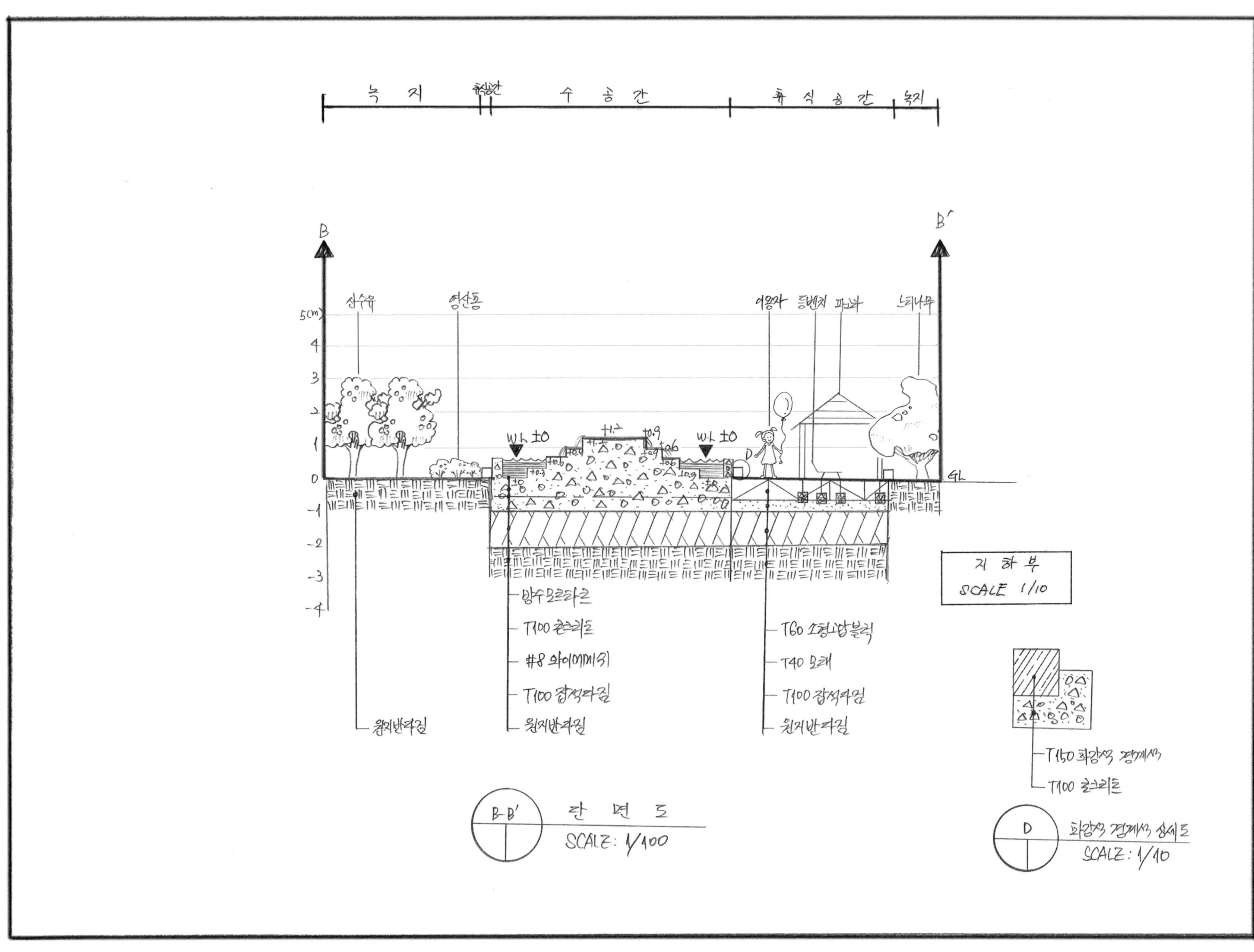
녹 지
휴식공간
수 공 간
휴 식 공 간
녹지
B
B'
산수유
영산홍
여왕자
등벤치
파고라
느티나무
5(m)
4
3
2
1
0
-1
-2
-3
-4
W.L ±0
W.L ±0
+1.2
+0.9
+0.6
GL
방수모르타르
T100 콘크리트
#8 와이어메쉬
T100 잡석다짐
원지반다짐
원지반다짐
T60 소형고압블럭
T40 모래
T100 잡석다짐
원지반다짐
지 하 부
SCALE 1/10
T150 화강석 경계석
T100 콘크리트
B-B'
단 면 도
SCALE: 1/100
D
화강석 경계석 상세도
SCALE: 1/10

11 도로변 소공원(캐스케이드 2)

우리나라 중부지역에 위치한 도로변의 빈 공간에 대한 조경설계를 하고자 한다. 주어진 현황도 및 아래 사항을 참조하여 설계조건에 따라 조경계획도를 작성한다(단, 2점 쇄선 안 부분을 조경설계 대상지로 한다).

요구사항

❶ 식재 평면도를 위주로 한 조경계획도를 축척 1/100로 작성하시오(지급용지－1).

❷ 도면 오른쪽 위에 작업명칭을 작성하시오.

❸ 도면 오른쪽에는 "주요 시설물수량표와 수목(식재)수량표"를 작성하고, 수량표 아래에는 "방위표시와 막대축척"을 그려 넣으시오(단, 전체 대상지의 길이를 고려하여 범례표의 폭을 조정할 수 있다).

❹ 도면 전체적인 안정감을 위하여 "테두리선"을 작성하시오.

❺ 도로변 소공원 부지 내의 B－B′ 단면도를 축척 1/100로 작성하시오(지급용지－2).

❻ 반드시 식재 평면도는 성상, 수목명, 규격, 단위, 수량을 명기하여 작성하시오.

설계조건

❶ 해당 지역은 도로변의 자투리 공간을 이용하여 휴식 및 어린이들이 즐길 수 있는 도로변 소공원의 특성을 고려하여 조경계획도를 작성하시오.

❷ 포장지역을 제외한 곳에는 모두 식재를 계획하시오(단, 녹지공간은 빗금 친 부분이며, 분위기를 고려하여 식재를 한다).

❸ 포장지역은 "소형고압블록, 화강석판석, 투수콘크리트, 콘크리트, 고무칩, 마사토" 등 적당한 재료를 선택하여 재료의 사용이 적합한 장소에 기호로 표현하고, 포장명을 반드시 기입하시오.

❹ "라" 지역은 정적인 휴식공간으로 공원 이용자들의 편안한 휴식을 위한 장퍼걸러(6,000 × 4,000mm)1개와 앉아서 휴식을 즐길 수 있도록 등벤치 2개를 계획하고 설계하시오.

❺ "다" 지역은 놀이공간으로 그 안에 단주식 미끄럼대(H2,800 × L4,200 × W1,000), 회전무대(H1,200 × W2,200), 4연식 철봉(H2,200 × L4,000) 3종을 설치하시오.

❻ "나" 지역은 "가" 연못의 인접지역으로 수목보호대 3개와 동일한 낙엽교목을 식재하며, 평벤치 3개를 설치하시오.

❼ "가" 지역은 연못으로 물이 차 있으며, "나"와 마1" 지역보다 60cm 정도 낮은 위치로 계획하시오.

❽ "마1" 지역은 공간과 공간을 연결하는 연계동선으로 대상지의 설계 성격에 맞게 적절한 포장을 선택하시오.

❾ "마2" 지역은 "마1"과 "나" 지역보다 1m 높은 지역으로 산책로 주변에 등벤치 3개를 설치하고 벤치 주변에 휴지통 2개소를 함께 설치하시오.

❿ "A" 시설은 폭 1m의 장방형 정형식 캐스케이드로 약 9m 정도 흘러가 연못과 합류된다. 3번의 단차로 자연스럽게 연못으로 흘러 들어가며, "마2" 지역과 거의 동일한 높이를 유지하고 있으며, 옹벽을 설치하여 단 차이를 자연스럽게 처리하시오.

⓫ 대상지 내에 식재는 유도식재, 녹음식재, 경관식재, 소나무군식 등의 식재 패턴을 필요한 곳에 배식하고 필요에 따라 수목보호대를 추가로 설치하시오.

⓬ 수목은 아래의 수종 중에서 10가지를 선정하여 골고루 안정적인 배식이 될 수 있도록 계획하고, 인출선을 이용하여 수량, 수종명, 규격을 반드시 기입하시오.

소나무(H4.0×W2.0), 소나무(H3.0×W1.5), 소나무(H2.5×W1.2), 스트로브잣나무(H2.5×W1.2), 스트로브잣나무(H2.0×W1.0), 왕벚나무(H4.5×B15), 버즘나무(H3.5×B8), 느티나무(H3.0×R6), 청단풍(H2.5×R8), 다정큼나무(H1.0×W0.6), 동백나무(H2.5×R8), 중국단풍(H2.5×R5), 굴거리나무(H2.5×W0.6), 자귀나무(H2.5× R6), 태산목(H1.5×W0.5), 먼나무(H2.0×R5), 산딸나무(H2.0×R5), 산수유(H2.5×R7), 꽃사과(H2.5×R5), 수수꽃다리(H1.5×W0.6), 병꽃나무(H1.0×W0.4), 쥐똥나무(H1.0×W0.3), 명자나무(H0.6×W0.4), 산철쭉(H0.3×W0.4), 자산홍(H0.3×W0.4),영산홍(H0.4×W0.3), 조릿대(H0.6×7가지)

⓭ B－B′ 단면도는 경사, 포장재료, 경계선 및 기타 시설물의 기초, 주변의 수목, 중요 시설물, 이용자 등을 단면도상에 반드시 표시하고 높이 차를 한눈에 볼 수 있도록 설계하시오.

현황도

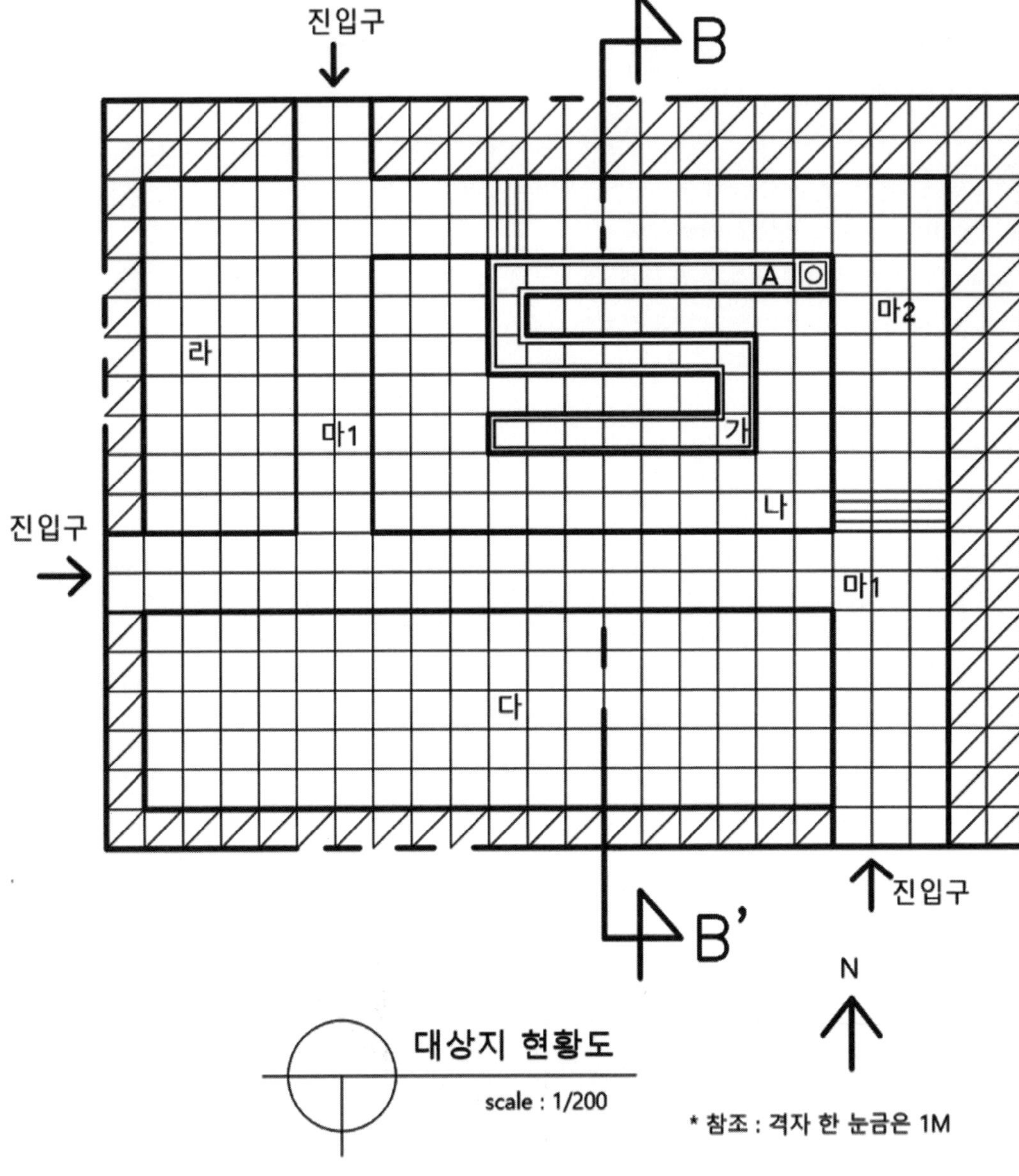

핵심 Point

1. ⑩ "A" 시설은 폭 1m의 장방형 정형식 캐스케이드로 약 9m 정도 흘러가 연못과 합류된다. 3번의 단차로 자연스럽게 연못으로 흘러 들어가며, "마2" 지역과 거의 동일한 높이를 유지하고 있으며, 옹벽을 설치하여 단 차이를 자연스럽게 처리하시오.

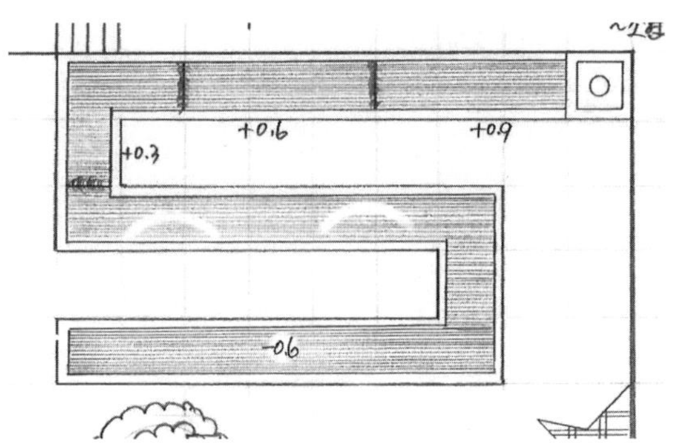

[평면도]

➡ "마2" 지역은 "마1"과 "나" 지역보다 1m 높으며, 총 길이가 9m이므로 3으로 나누어서 단차를 표현해 주면 된다.

1	2	3	4	5	6	7	8	9	수원지
+0.3			+0.6			+0.9			

※ 수원지(물나오는 곳)를 미포함해서 9칸으로 표현한다.

➡ 마지막에서 "가" 지역과 자연스럽게 합류된다.

➡ 단이 나누어지는 부분에는 선을 굵게 그어 흘러내려 가는 것처럼 표현한다.

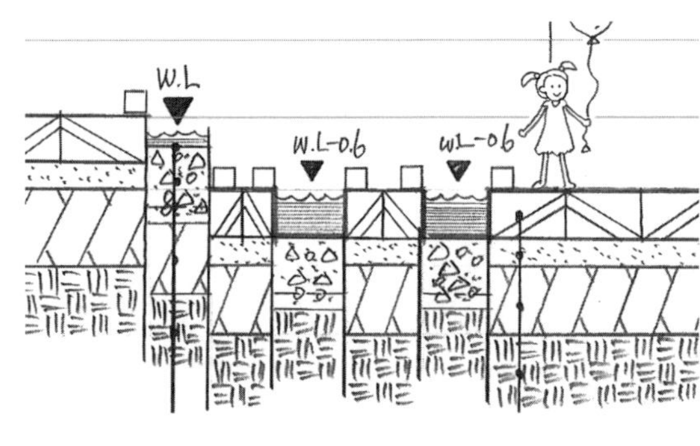

[단면도]

2. 단면선에 걸친 캐스케이드 표현방법

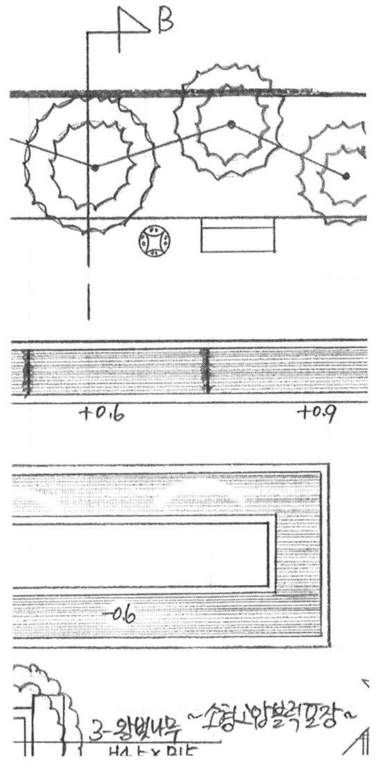

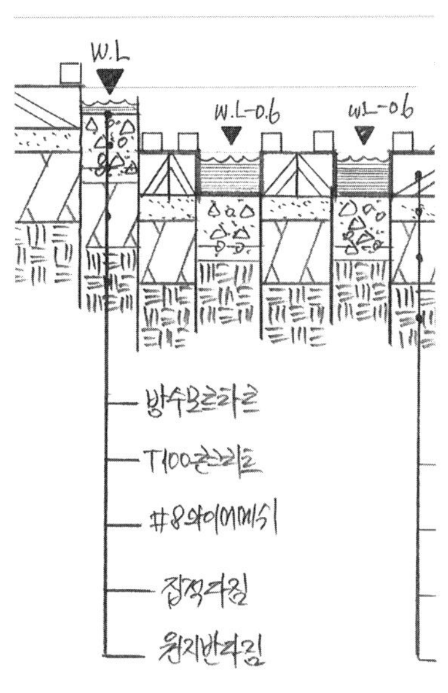

➡ G.L 위치는 +1.0에서 시작된다.

➡ 단차는 +0.6이며, 계류를 통해서 흘러내려가기 때문에 수심 없이 W.L로 표시하면 된다.

MEMO

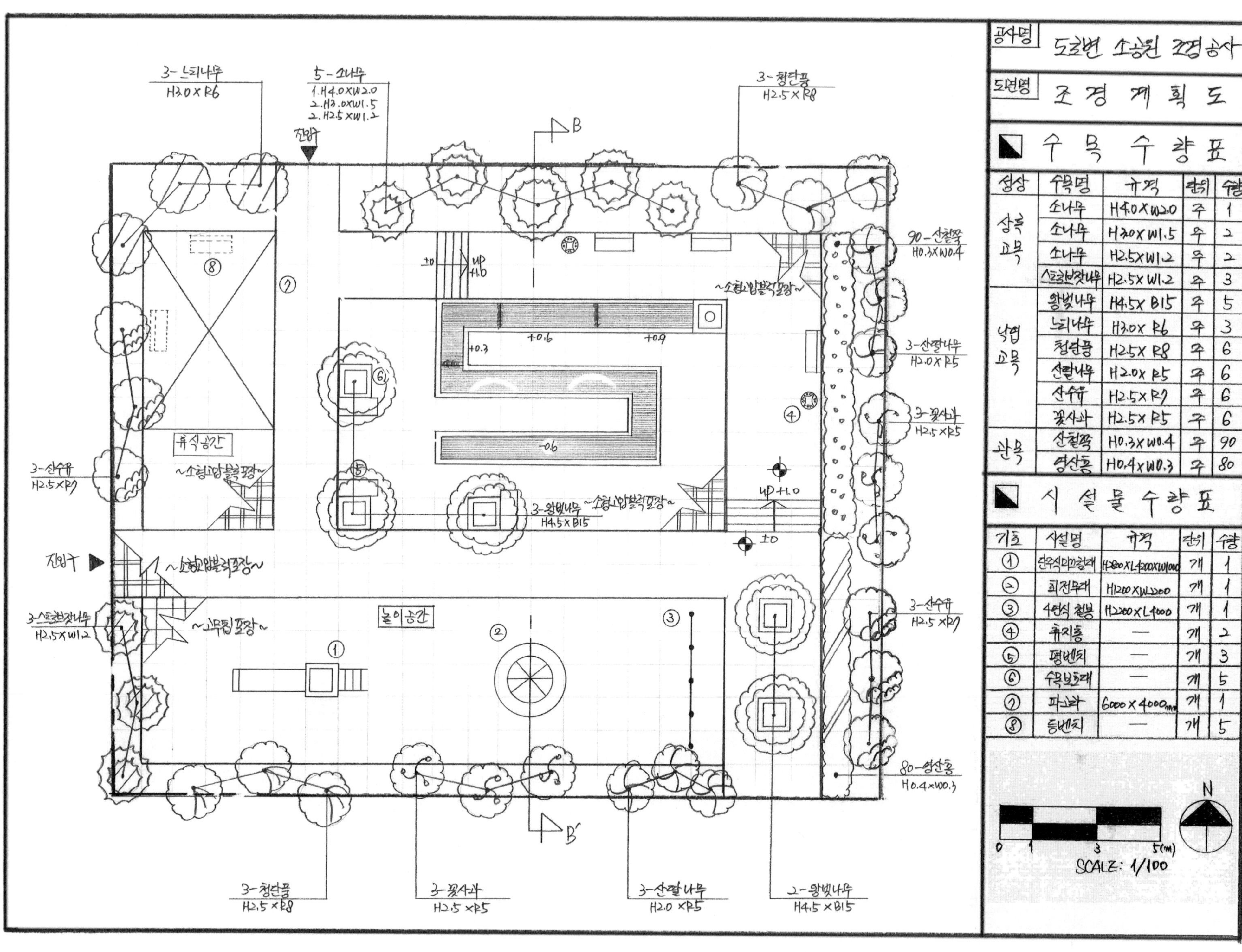

공사명 도로변 소공원 조경공사
도면명 조 경 계 획 도
수 목 수 량 표
성상 수목명 규격 단위 수량
상록교목 소나무 H4.0XW2.0 주 1
소나무 H3.0XW1.5 주 2
소나무 H2.5XW1.2 주 2
스트로브잣나무 H2.5XW1.2 주 3
낙엽교목 왕벚나무 H4.5XB15 주 5
느티나무 H3.0XR6 주 3
청단풍 H2.5XR8 주 6
산딸나무 H2.0XR5 주 6
산수유 H2.5XR7 주 6
꽃사과 H2.5XR5 주 6
관목 산철쭉 H0.3XW0.4 주 90
영산홍 H0.4XW0.3 주 80
시 설 물 수 량 표
기호 시설명 규격 단위 수량
② 회전무대 H1200XW2200 개 1
③ 4연식 철봉 H2200XL4000 개 1
④ 휴지통 — 개 2
⑤ 평벤치 — 개 3
⑥ 수목보호대 — 개 5
⑦ 파고라 6000X4000mm 개 1
⑧ 등벤치 — 개 5
SCALE: 1/100
N
휴식공간
놀이공간
진입구

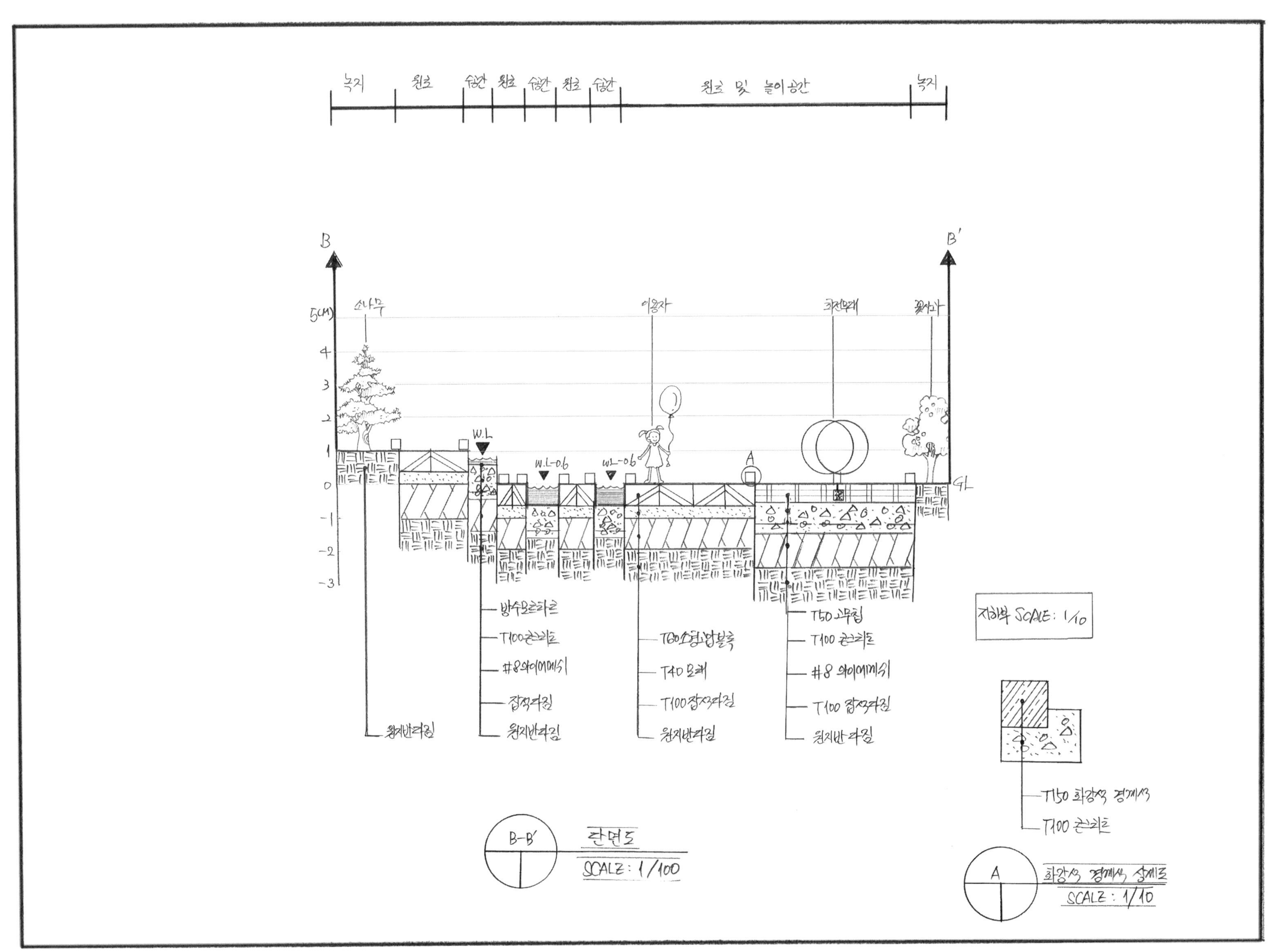

녹지
원로
수공간
원로
수공간
원로
수공간
원로 및 놀이공간
녹지
B
B'
5(M)
4
3
2
1
0
-1
-2
-3
소나무
이용자
회전무대
W.L
W.L-0.6
W.L-0.6
A
GL
방수모르타르
T100콘크리트
#8와이어메쉬
잡석다짐
원지반다짐
원지반다짐
T60소형고압블록
T40모래
T100잡석다짐
원지반다짐
T50고무칩
T100 콘크리트
#8 와이어메쉬
T100 잡석다짐
원지반 다짐
지하부 SCALE: 1/10
T150 화강석 경계석
T100 콘크리트
B-B'
단면도
SCALE: 1/100
A
화강석 경계석 상세도
SCALE: 1/10

12 도로변 소공원(벽천 3)

우리나라 중부지역에 위치한 도로변의 빈 공간에 대한 조경설계를 하고자 한다. 주어진 현황도 및 아래 사항을 참조하여 설계조건에 따라 조경계획도를 작성한다(단, 2점 쇄선 안 부분을 조경설계 대상지로 한다).

요구사항

❶ 식재 평면도를 위주로 한 조경계획도를 축척 1/100로 작성하시오(지급용지－1).
❷ 도면 오른쪽 위에 작업명칭을 작성하시오.
❸ 도면 오른쪽에는 "주요 시설물수량표와 수목(식재)수량표"를 작성하고, 수량표 아래에는"방위표시와 막대축척"을 그려 넣으시오(단, 전체 대상지의 길이를 고려하여 범례표의 폭을 조정할 수 있다).
❹ 도면 전체적인 안정감을 위하여 "테두리선"을 작성하시오.
❺ 도로변 소공원 부지 내의 B－B′ 단면도를 축척 1/100로 작성하시오(지급용지－2).
❻ 반드시 식재 평면도는 성상, 수목명, 규격, 단위, 수량을 명기하여 작성하시오.

설계조건

❶ 해당 지역은 도로변의 자투리 공간을 이용하여 휴식 및 어린이들이 즐길 수 있는 도로변 소공원의 특성을 고려하여 조경계획도를 작성하시오.
❷ 포장지역을 제외한 곳에는 모두 식재를 계획하시오(단, 녹지공간은 빗금 친 부분이며, 분위기를 고려하여 식재를 한다).
❸ 포장지역은 "보도블록, 투수콘크리트, 콘크리트, 고무칩, 마사토" 등 적당한 재료를 선택하여 재료의 사용이 적합한 장소에 기호로 표현하고, 포장명을 반드시 기입하시오.
❹ "가" 지역은 "중앙광장"으로 광장의 성격을 고려하여 설계하시오(단, 수목보호대가 있는 식재장소에는 수고 4.0m 이상의 교목을 식재하시오).
❺ "나" 지역은 수경공간으로 최대 높이 1m의 벽천이 위치하고, 벽천 앞의 수(水)공간은 깊이 60cm로 설계하시오.
❻ "다" 지역은 어린이를 위한 놀이공간으로 계획하고, 그 안에 놀이시설 3종을 계획하고 배치하시오.
❼ "라" 지역은 휴식공간으로 공원 이용자들의 편안한 휴식을 위한 퍼걸러(3,500×3,500mm) 1개와 앉아서 휴식을 즐길 수 있도록 등벤치 1개 이상을 계획하고 설계하시오.
❽ 대상지역으로 진입구에 계단이 위치해 있으며, 대상지 외곽부지보다 높이 차이가 1m 낮은 것으로 보고 설계하시오(단, 평면도상에 점표고를 표시해준다).
❾ 대상지 내에 식재는 유도식재, 녹음식재, 경관식재, 소나무군식 등의 식재 패턴을 필요한 곳에 배식하고 필요에 따라 수목보호대를 추가로 설치하시오.
❿ 수목은 아래의 수종 중에서 10가지를 선정하여 골고루 안정적인 배식이 될 수 있도록 계획하고, 인출선을 이용하여 수량, 수종명, 규격을 반드시 기입하시오.

> 소나무(H4.0×W2.0), 소나무(H3.0×W1.5), 소나무(H2.5×W1.2), 스트로브잣나무(H2.5×W1.2), 스트로브잣나무(H2.0×W1.0), 왕벚나무(H4.5×B15), 버즘나무(H3.5×B8), 느티나무(H3.0×R6), 청단풍(H2.5×R8), 다정큼나무(H1.0×W0.6), 동백나무(H2.5×R8), 중국단풍(H2.5×R5), 굴거리나무(H2.5×W0.6), 자귀나무(H2.5×R6), 태산목(H1.5×W0.5), 먼나무(H2.0×R5), 산딸나무(H2.0×R5), 산수유(H2.5×R7), 꽃사과(H2.5×R5), 수수꽃다리(H1.5×W0.6), 병꽃나무(H1.0×W0.4), 쥐똥나무(H1.0×W0.3), 명자나무(H0.6×W0.4), 산철쭉(H0.3×W0.4), 영산홍(H0.4×W0.3), 조릿대(H0.6×7가지)

⓫ B－B′ 단면도는 경사, 포장재료, 경계선 및 기타 시설물의 기초, 주변의 수목, 중요 시설물, 이용자 등을 단면도상에 반드시 표시하고 높이 차를 한눈에 볼 수 있도록 설계하시오.

현황도

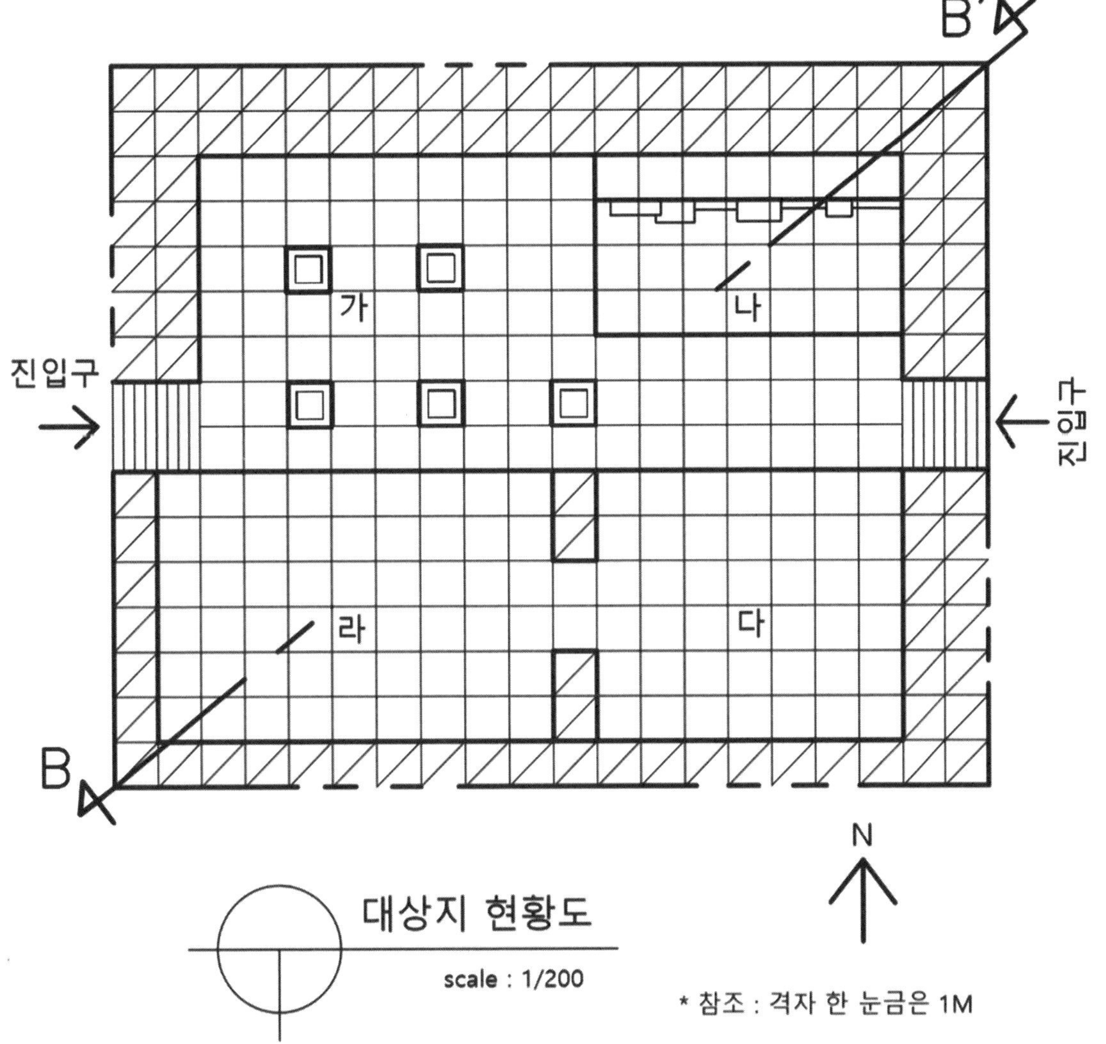

핵심 Point

1. ❽ 대상지역으로 진입구에 계단이 위치해 있으며, 대상지 외곽부지보다 높이 차이가 1m 낮은 것으로 보고 설계하시오(단, 평면도상에 점표고를 표시해준다).

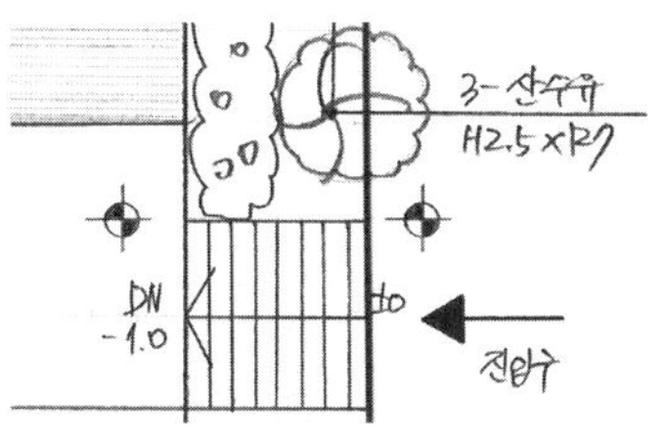

[평면도]

➡ 외곽지역에서 대상지 내로 1m 낮기 때문에 점표고를 DN −1.0이라고 표시한다.

2. ❺ "나" 지역은 수경공간으로 최대 높이 1m의 벽천이 위치하고, 벽천 앞의 수(水)공간은 깊이 60cm로 설계하시오.

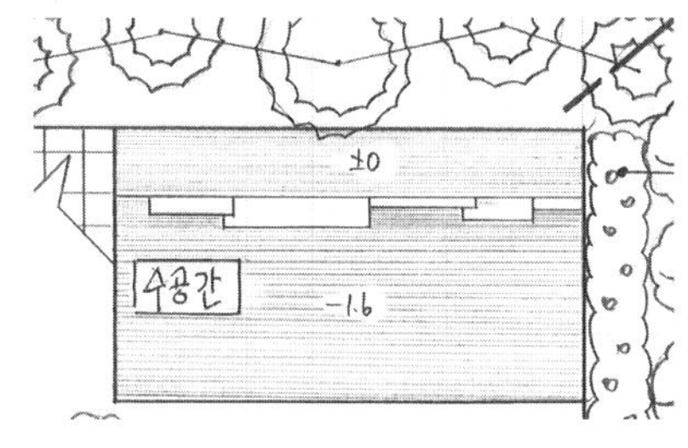

[평면도]

➡ 대상지보다 60cm 낮기 때문에 물결 표시와 함께 점표고를 −1.6으로 표시해준다.

➡ 1m의 벽천이 있다는 것은 대상지(−1.0)에서 1m 높은 것이므로 벽천의 높이는 ±0이 된다.

3. ❽ 대상지역은 진입구에 계단이 위치해 있으며, 대상지 외곽부지보다 높이 차이가 1m 낮은 것으로 보고 설계하시오(단, 평면도상에 점표고를 표시해준다).

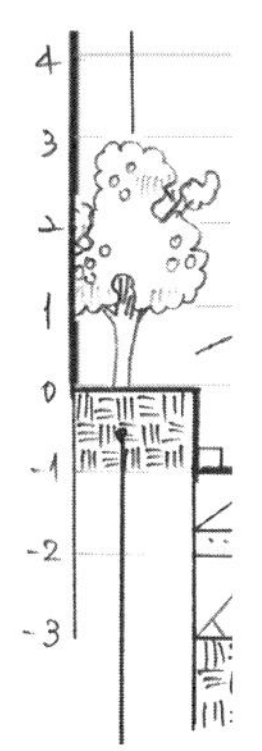

[단면도]

➡ 높이 1m의 적벽돌 구조가 아니기 때문에 단면도에서 원지반다짐 표현만 해준다.

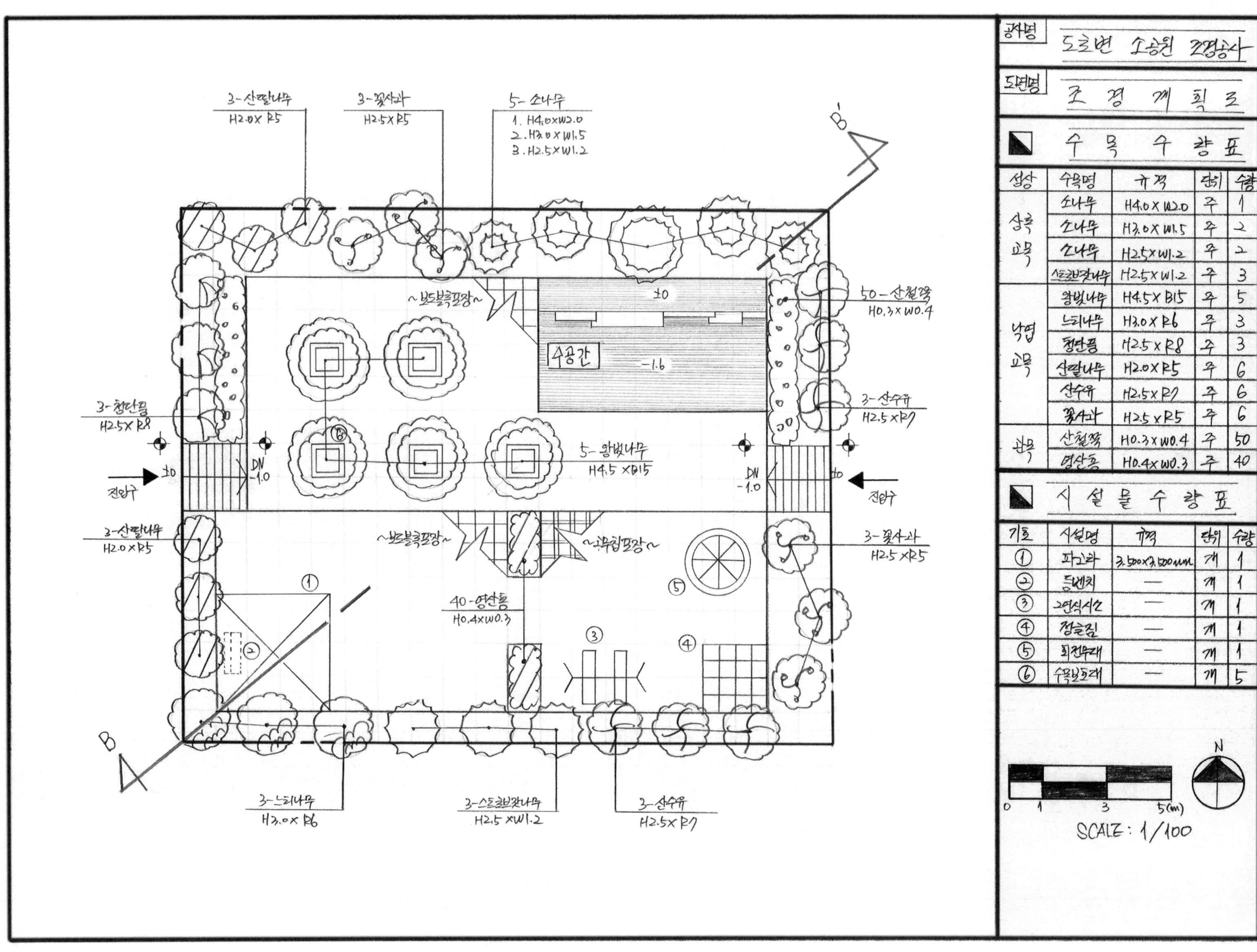
공사명
도로변 소공원 조경공사
도면명
조경계획도
수목수량표
성상 | 수목명 | 규격 | 단위 | 수량
상록교목 | 소나무 | H4.0×W2.0 | 주 | 1
소나무 | H3.0×W1.5 | 주 | 2
소나무 | H2.5×W1.2 | 주 | 2
스트로브잣나무 | H2.5×W1.2 | 주 | 3
낙엽교목 | 왕벚나무 | H4.5×B15 | 주 | 5
느티나무 | H3.0×R6 | 주 | 3
청단풍 | H2.5×R8 | 주 | 3
산딸나무 | H2.0×R5 | 주 | 6
산수유 | H2.5×R7 | 주 | 6
꽃사과 | H2.5×R5 | 주 | 6
관목 | 산철쭉 | H0.3×W0.4 | 주 | 50
영산홍 | H0.4×W0.3 | 주 | 40
시설물수량표
기호 | 시설명 | 규격 | 단위 | 수량
① | 파고라 | 3,500×3,500mm | 개 | 1
② | 등벤치 | — | 개 | 1
③ | 2연식시소 | — | 개 | 1
④ | 정글짐 | — | 개 | 1
⑤ | 회전무대 | — | 개 | 1
⑥ | 수목보호대 | — | 개 | 5
3-산딸나무 H2.0×R5
3-꽃사과 H2.5×R5
5-소나무
1. H4.0×W2.0
2. H3.0×W1.5
3. H2.5×W1.2
50-산철쭉 H0.3×W0.4
~보도블록포장~
수공간
±0
-1.6
3-산수유 H2.5×R7
3-청단풍 H2.5×R8
5-왕벚나무 H4.5×B15
DN -1.0
진입구
3-산딸나무 H2.0×R5
~보도블록포장~
~고무칩포장~
3-꽃사과 H2.5×R5
40-영산홍 H0.4×W0.3
3-느티나무 H3.0×R6
3-스트로브잣나무 H2.5×W1.2
3-산수유 H2.5×R7
B
B'
N
0 1 3 5(m)
SCALE : 1/100

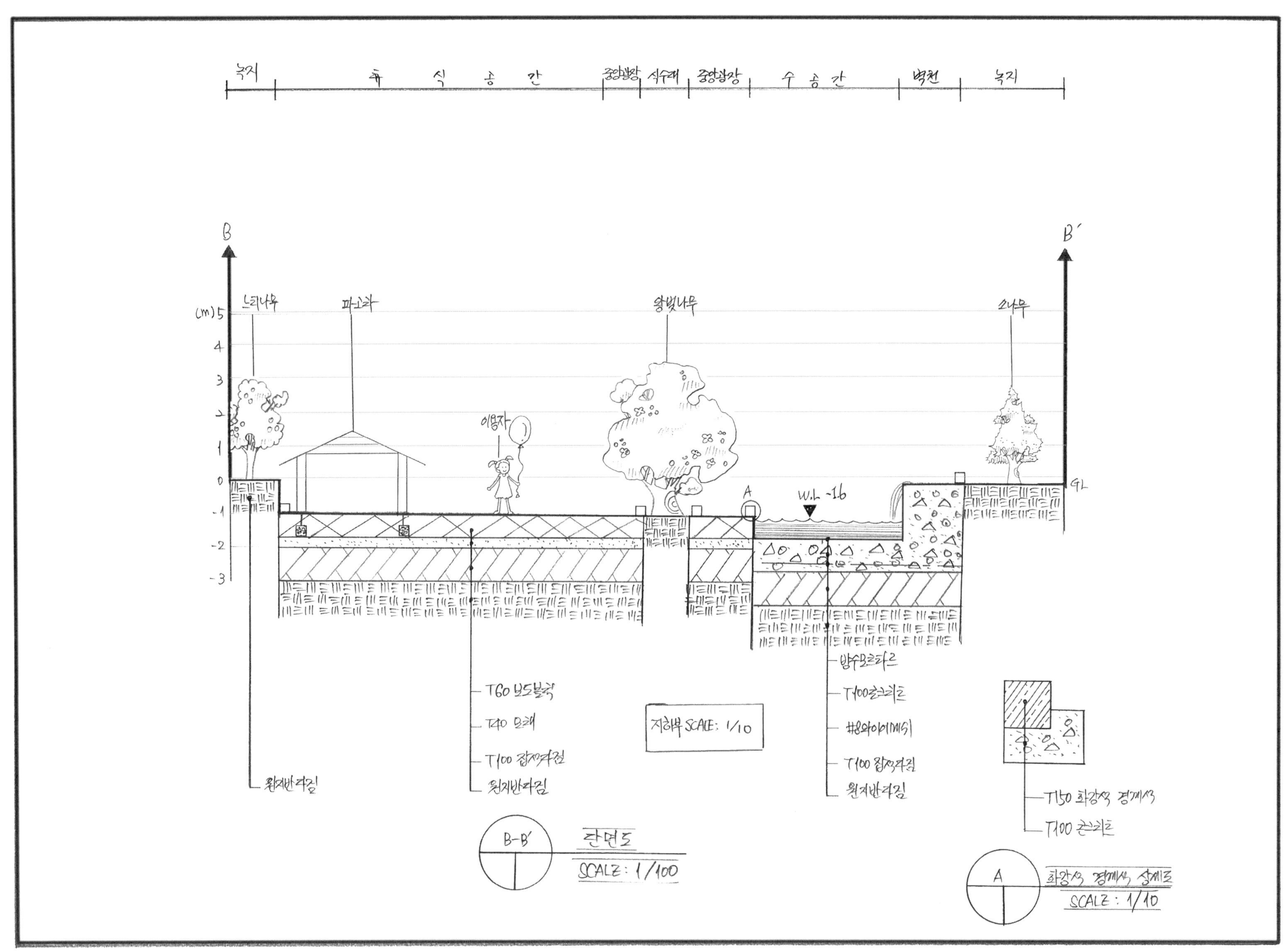
녹지
휴 식 공 간
중앙광장
식수대
중앙광장
수 공 간
벽천
녹지
B
B´
느티나무
파고라
이용자
왕벚나무
소나무
(m) 5
4
3
2
1
0
-1
-2
-3
GL
A
W.L -16
T60 보도블럭
T40 모래
T100 잡석다짐
원지반다짐
원지반다짐
지하부 SCALE: 1/10
방수모르타르
T100콘크리트
#8와이어메쉬
T100 잡석다짐
원지반다짐
T150 화강석 경계석
T100 콘크리트
B-B´
단면도
SCALE: 1/100
A
화강석 경계석 상세도
SCALE: 1/10

13 도로변 소공원(옥상정원)

우리나라 중부지역에 위치한 도로변의 빈 공간에 대한 조경설계를 하고자 한다. 주어진 현황도 및 아래 사항을 참조하여 설계조건에 따라 조경계획도를 작성한다(단, 2점 쇄선 안 부분을 조경설계 대상지로 한다).

요구사항

❶ 식재 평면도를 위주로 한 조경계획도를 축척 1/100로 작성하시오(지급용지 – 1).
❷ 도면 오른쪽 위에 작업명칭을 작성하시오.
❸ 도면 오른쪽에는 "주요 시설물수량표와 수목(식재)수량표"를 작성하고, 수량표 아래에는 "방위표시와 막대축척"을 그려 넣으시오(단, 전체 대상지의 길이를 고려하여 범례표의 폭을 조정할 수 있다).
❹ 도면 전체적인 안정감을 위하여 "테두리선"을 작성하시오.
❺ 도로변 소공원 부지 내의 B – B′ 단면도를 축척 1/100로 작성하시오(지급용지 – 2).
❻ 반드시 식재 평면도는 성상, 수목명, 규격, 단위, 수량을 명기하여 작성하시오.

설계조건

❶ 해당 지역은 옥상정원으로 정원이용자들의 휴식 및 쉼을 즐길 수 있는 정원의 특징을 고려하여 조경계획도를 작성하시오.
❷ 포장지역은 "보도블록, 투수콘크리트, 콘크리트, 고무칩, 마사토" 등 적당한 재료를 선택하여 재료의 사용이 적합한 장소에 기호로 표현하고, 포장명을 반드시 기입하시오.
❸ 시설물은 동선의 흐름 및 방향에 방해하지 않도록 설계하시오.
❹ 옥상정원의 휴게공간에는 휴식을 위한 등벤치(1,600 × 600mm) 2개소, 퍼걸러(3,000 × 3,000mm) 1개와 퍼걸러 아래에 평벤치(1,200 × 500mm) 2개를 설계하시오.
❺ 플랜터는 높이가 다른 2개의 단으로 구성하며, 서쪽 플랜터는 관목으로 식재한다. 각 플랜터의 높이를 평면도에 표시하고, B – B′ 단면도 작성 시 인공식재기반은 다음의 조건을 기준으로 한다.
➡ 배수판 : THK – 30/인공토(배수용) : THK – 100
➡ 인공토(육성용) : 도입수목의 성상에 따른 생존토심을 적용하여 플랜터보다 4~5cm 낮게 설계한다.

> 낮은 플랜터 높이는 0.5m 이하로 하고, 식재토심은 0.3m 이상을 확보한다. 높은 플랜터 높이는 0.8~1.0m로 하고, 식재토심은 0.75m 이상을 확보한다.
> • 낮은 플랜터 : 배수판 THK – 30, 인공토(배수용) THK – 100, 인공토(육성용) T – 300 이상
> • 높은 플랜터 : 배수판 THK – 30, 인공토(배수용) THK – 100, 인공토(육성용) T – 750 이상

❻ 북쪽 녹지대에는 차폐식재를 하고, 전체적으로 아늑하고 볼거리가 있도록 화목류 위주로 식재하시오.
❼ 수목은 규격이 크지 않는 수목을 선택하고, 낮은 플래터에는 관목을 식재하시오.
❽ 설계조건에 제시되어 있는 수목 중 남부지방과 B12(R15) 규격의 수목은 식재하지 마시오.
❾ 관목의 식재기준은 m²당 10주 식재를 적용하고, 열식하는 것을 원칙으로 하시오.
❿ 수목은 아래의 수종 중에서 10가지를 선정하여 골고루 안정적인 배식이 될 수 있도록 계획하고, 인출선을 이용하여 수량, 수종명, 규격을 반드시 기입하시오.

> 스트로브잣나무(H2.0×W1.0), 주목(H2.0×W1.0), 왕벚나무(H4.0×B10), 은목서(H2.0×W1.0), 매화나무(H2.5×R6), 먼나무(H2.0×R5), 배롱나무(H2.5×R6), 중국단풍(H2.5×R5), 아왜나무(H2.0×W1.0), 청단풍(H2.5×R15), 산수유(H2.5×R7), 산딸나무(H2.0×R5), 산철쭉(H0.3×W0.3), 수수꽃다리(H1.5×W0.6), 영산홍(H0.3×W0.3), 회양목(H0.3×W0.3)

⓫ B – B′ 단면도는 경사, 포장재료, 경계선 및 기타 시설물의 기초, 주변의 수목, 중요 시설물, 이용자 등을 단면도상에 반드시 표시하고 높이 차를 한눈에 볼 수 있도록 설계하시오.

현황도

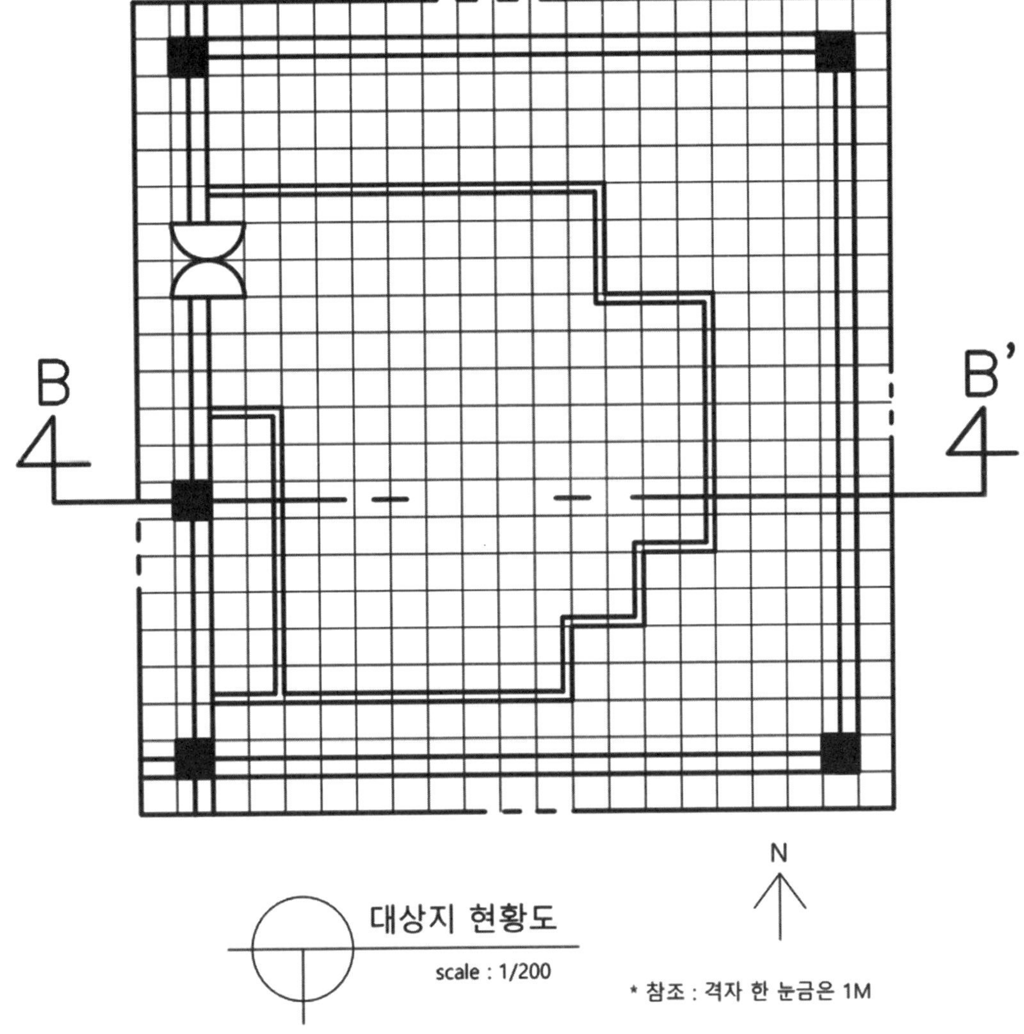

핵심 Point

❺ 플랜터는 높이가 다른 2개의 단으로 구성하며, 서쪽 플랜터는 관목으로 식재한다. 각 플랜터의 높이를 평면도에 표시하고, B－B′ 단면도 작성 시 인공식재기반은 다음의 조건을 기준으로 한다.

➡ 배수판 : THK－30/인공토(배수용) : THK－100

➡ 인공토(육성용) : 도입수목의 성상에 따른 생존토심을 적용하여 플랜터보다 4~5cm 낮게 설계한다.

> 낮은 플랜터 높이는 0.5m 이하로 하고, 식재토심은 0.3m 이상을 확보한다. 높은 플랜터 높이는 0.8~1.0m로 하고, 식재토심은 0.75m 이상을 확보한다.
> • 낮은 플랜터 : 배수판 THK－30, 인공토(배수용) THK－100, 인공토(육성용) T－300 이상
> • 높은 플랜터 : 배수판 THK－30, 인공토(배수용) THK－100, 인공토(육성용) T－600 이상

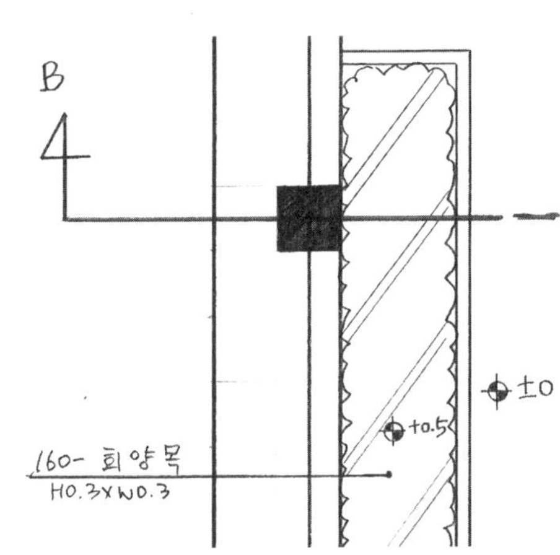

[평면도]

➡ 서쪽지역은 관목으로 산철쭉 식재

➡ 점표고 +0.5 표시

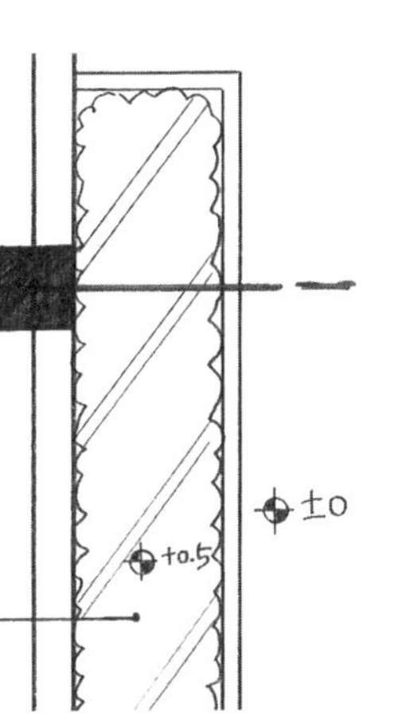

[단면도]

➡ 난간높이는 기준이 없기 때문에 임의로 잡아준다.

➡ 기본높이(T－500)－배수용(T－100)－배수판(T－30)－플랜터보다 5cm 낮게(T－50)＝육성용(T－320)

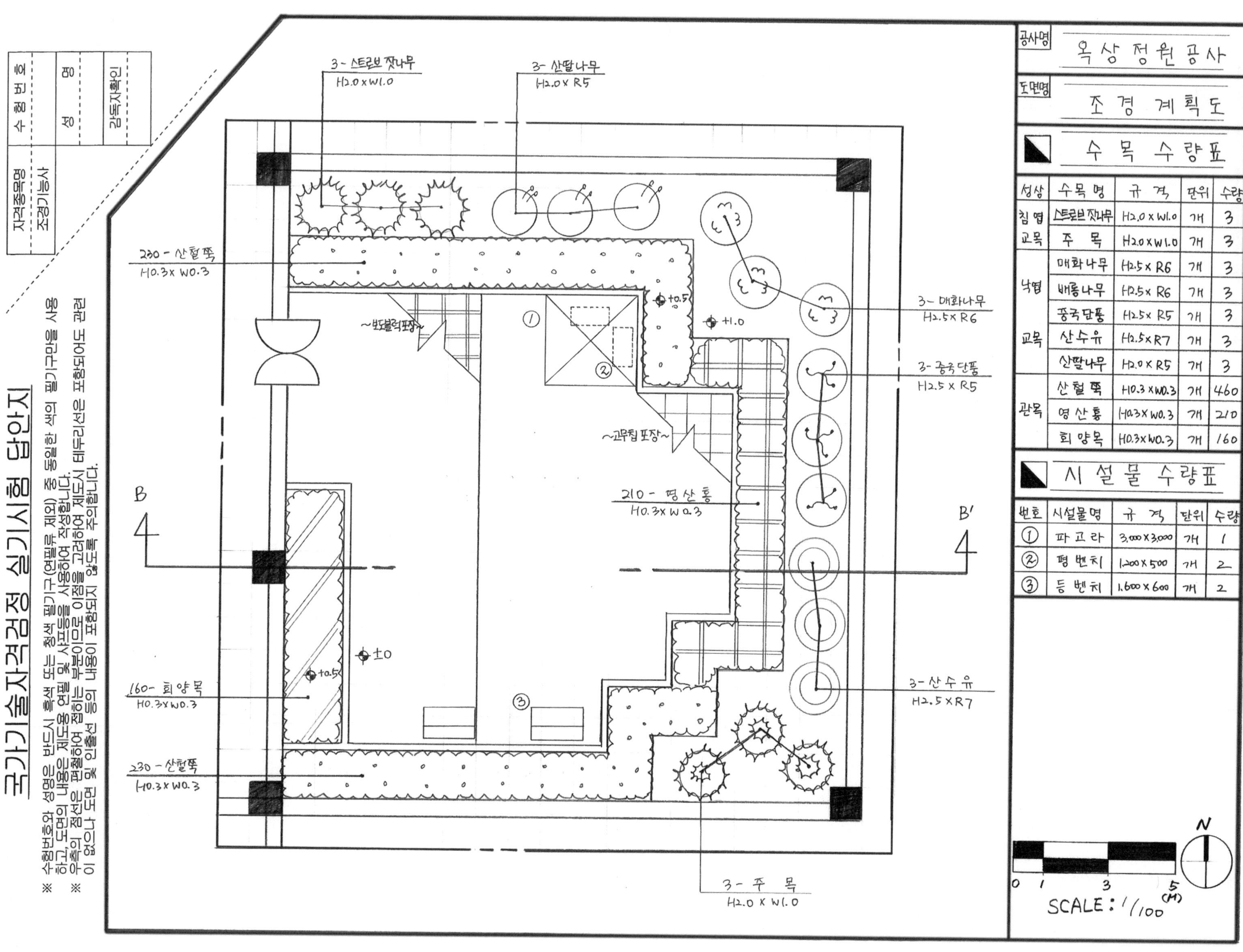
국가기술자격검정 실기시험 답안지
※ 수험번호와 성명은 반드시 흑색 또는 청색 필기구(연필류 제외) 중 동일한 색의 필기구만을 사용하고, 도면의 내용은 제도용 연필 및 샤프등을 사용하여 작성합니다.
※ 우측의 점선은 편철하여 접히는 부분이므로 이점을 고려하여 제도시 테두리선은 포함되어도 관련이 없으나 도면 및 인출선 등의 내용이 포함되지 않도록 주의합니다.
자격종목명
조경기능사
수험번호
성명
감독자확인
3- 스트로브잣나무
H2.0×W1.0
3- 산딸나무
H2.0×R5
230 - 산철쭉
H0.3×W0.3
~보도블럭포장~
① ②
+0.5
+1.0
3- 매화나무
H2.5×R6
3- 중국단풍
H2.5×R5
~고무칩 포장~
210 - 영산홍
H0.3×W0.3
B
B'
±0
+0.5
160- 회양목
H0.3×W0.3
③
230 - 산철쭉
H0.3×W0.3
3- 산수유
H2.5×R7
3- 주목
H2.0×W1.0
공사명
옥상 정원 공사
도면명
조경 계획도
수목 수량표
성상 | 수목명 | 규격 | 단위 | 수량
침엽교목 | 스트로브잣나무 | H2.0×W1.0 | 개 | 3
주목 | H2.0×W1.0 | 개 | 3
낙엽교목 | 매화나무 | H2.5×R6 | 개 | 3
배롱나무 | H2.5×R6 | 개 | 3
중국단풍 | H2.5×R5 | 개 | 3
산수유 | H2.5×R7 | 개 | 3
산딸나무 | H2.0×R5 | 개 | 3
관목 | 산철쭉 | H0.3×W0.3 | 개 | 460
영산홍 | H0.3×W0.3 | 개 | 210
회양목 | H0.3×W0.3 | 개 | 160
시설물 수량표
번호 | 시설물명 | 규격 | 단위 | 수량
① | 파고라 | 3,000×3,000 | 개 | 1
② | 평벤치 | 1,200×500 | 개 | 2
③ | 등벤치 | 1,600×600 | 개 | 2
N
0 1 3 5 (M)
SCALE : 1/100

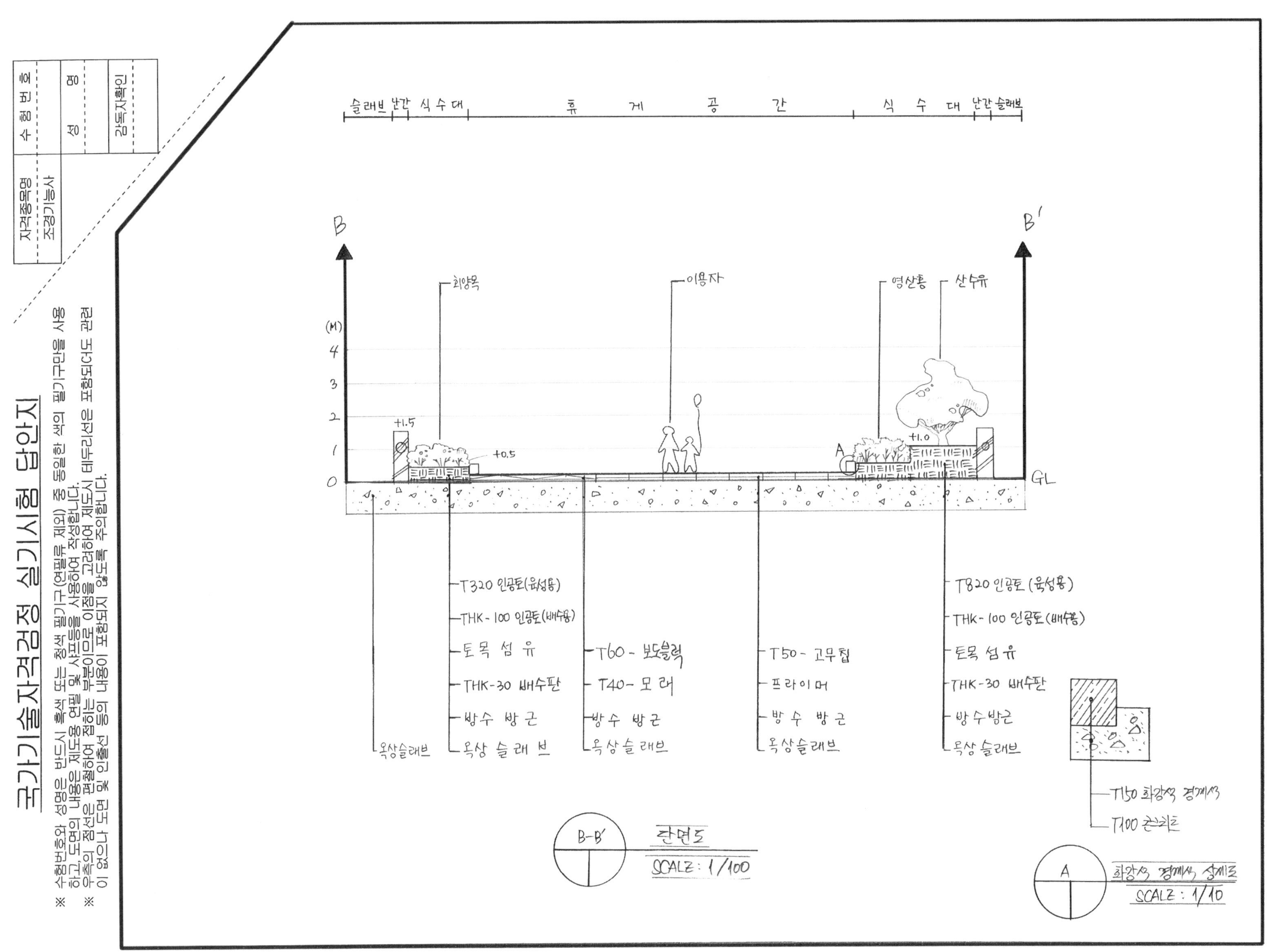

자격종목명
조경기능사
수험번호
성명
감독자확인
국가기술자격검정 실기시험 답안지
※ 수험번호와 성명은 반드시 흑색 또는 청색 필기구(연필류 제외) 중 동일한 색의 필기구만을 사용하고, 도면의 내용은 제도용 연필 및 샤프 등을 사용하여 작성합니다.
※ 우측의 점선은 편철하여 접히는 부분이므로 이점을 고려하여 제도시 테두리선은 포함되어도 관련이 없으나 도면 및 인출선 등의 내용이 포함되지 않도록 주의합니다.
슬래브 난간 식수대 휴게공간 식수대 난간 슬래브
B
B'
회양목
이용자
영산홍
산수유
(M)
4
3
2
1
0
+1.5
+0.5
+1.0
A
GL
T320 인공토(육성용)
THK-100 인공토(배수용)
토목섬유
THK-30 배수판
방수방근
옥상슬래브
옥상슬래브
T60-보도블럭
T40-모르타르
방수방근
옥상슬래브
T50-고무칩
프라이머
방수방근
옥상슬래브
T820 인공토(육성용)
THK-100 인공토(배수용)
토목섬유
THK-30 배수판
방수방근
옥상슬래브
T150 화강석 경계석
T100 콘크리트
B-B'
단면도
SCALE : 1/100
A
화강석 경계석 상세도
SCALE : 1/10

14 도로변 소공원(야외무대 2)

우리나라 중부지역에 위치한 도로변의 빈 공간에 대한 조경설계를 하고자 한다. 주어진 현황도 및 아래 사항을 참조하여 설계조건에 따라 조경계획도를 작성한다(단, 2점 쇄선 안 부분을 조경설계 대상지로 한다).

요구사항

❶ 식재 평면도를 위주로 한 조경계획도를 축척 1/100로 작성하시오(지급용지－1).
❷ 도면 오른쪽 위에 작업명칭을 작성하시오.
❸ 도면 오른쪽에는 "주요 시설물수량표와 수목(식재)수량표"를 작성하고, 수량표 아래에는 "방위표시와 막대축척"을 그려 넣으시오(단, 전체 대상지의 길이를 고려하여 범례표의 폭을 조정할 수 있다).
❹ 도면 전체적인 안정감을 위하여 "테두리선"을 작성하시오.
❺ 도로변 소공원 부지 내의 B－B′ 단면도를 축척 1/100로 작성하시오(지급용지－2).
❻ 반드시 식재 평면도는 성상, 수목명, 규격, 단위, 수량을 명기하여 작성하시오.

설계조건

❶ 해당 지역은 도로변의 자투리 공간을 이용하여 공연 및 어린이들이 즐길 수 있는 도로변 소공원의 특성을 고려하여 조경계획도를 작성하시오.
❷ 포장지역을 제외한 곳에는 모두 식재를 계획하시오(단, 녹지공간은 빗금친 부분이며, 분위기를 고려하여 식재를 한다).
❸ 포장지역은 "소형고압블록, 화강석판석, 콘크리트, 고무칩, 마사토, 투수콘크리트" 등 적당한 재료를 선택하여 재료의 사용이 적합한 장소에 기호로 표현하고, 포장명을 반드시 기입하시오.
❹ "가" 지역은 "마" 지역보다 1m 낮으며 공연이 없는 경우에는 휴게공간으로 설계하시오.
❺ "나" 지역은 "가" 지역보다 60cm 높은 야외무대공간으로 바닥포장 재료는 공연 시 미끄러짐이 없는 것을 선택하시오(단, 녹지대쪽에 가림벽(2.5m)이 있다고 가정하고 설계하시오).
❻ "라" 지역은 어린이 놀이공간으로 "마", "다" 지역보다 1.0m 낮게 계획하고, 그 안에 어린이 놀이시설물을 3종류(회전무대, 3연식 철봉, 정글짐, 2연식 시소 등)를 설치하시오.
❼ "다" 지역은 정적인 휴게공간으로 퍼걸러(3,500×3,500mm) 1개, 등벤치(1,200×500mm) 2개, 휴지통 1개를 계획하고 설계하시오.
❽ "마" 지역은 보행공간으로 각각의 공간을 연계할 수 있으며, 공간별 높이 차이는 식수대(Plant Box)로 처리하였으며, 주 진입구에는 동일한 수종을 3주 식재하고 적합한 장소를 선택하여 평벤치와 휴지통을 추가로 설치하시오.
❾ 대상지 내에 식재는 유도식재, 녹음식재, 경관식재, 소나무군식 등의 식재 패턴을 필요한 곳에 배식하고, 3개의 수목보호대에는 녹음식재를 실시하며, 필요에 따라 수목보호대를 추가로 설치하시오.
❿ 수목은 아래의 수종 중에서 10가지를 선정하여 골고루 안정적인 배식이 될 수 있도록 계획하고, 인출선을 이용하여 수량, 수종명, 규격을 반드시 기입하시오.

> 소나무(H4.0×W2.0), 소나무(H3.0×W1.5), 소나무(H2.5×W1.2), 스트로브잣나무(H2.5×W1.2), 스트로브잣나무(H2.0×W1.0), 왕벚나무(H4.5×B15), 버즘나무(H3.5×B8), 느티나무(H3.0×R6), 청단풍(H2.5×R8), 다정큼나무(H1.0×W0.6), 동백나무(H2.5×R8), 중국단풍(H2.5×R5), 굴거리나무(H2.5×W0.6), 자귀나무(H2.5×R6), 태산목(H1.5×W0.5), 먼나무(H2.0×R5), 산딸나무(H2.0×R5), 산수유(H2.5×R7), 꽃사과(H2.5×R5), 수수꽃다리(H1.5×W0.6), 병꽃나무(H1.0×W0.4), 쥐똥나무(H1.0×W0.3), 명자나무(H0.6×W0.4), 산철쭉(H0.3×W0.4), 영산홍(H0.4×W0.3), 조릿대(H0.6×7가지)

⓫ B－B′ 단면도는 경사, 포장재료, 경계선 및 기타 시설물의 기초, 주변의 수목, 중요 시설물, 이용자 등을 단면도상에 반드시 표시하고 높이 차를 한눈에 볼 수 있도록 설계하시오.

현황도

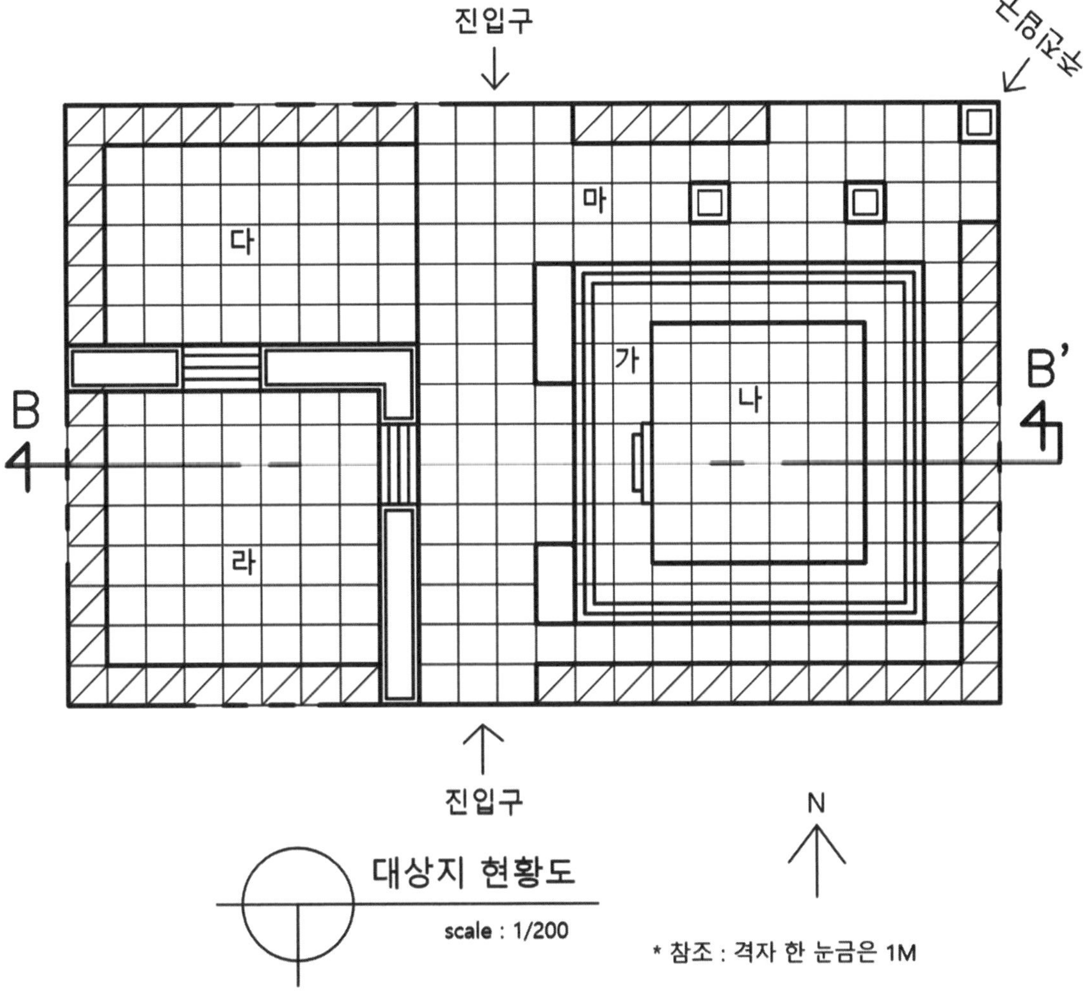

핵심 Point

❺ "나" 지역은 "가" 지역보다 60cm 높은 야외무대공간으로 바닥포장 재료는 공연 시 미끄러짐이 없는 것을 선택하시오(단, 녹지대쪽에 가림벽(2.5m)이 있다고 가정하고 설계하시오).

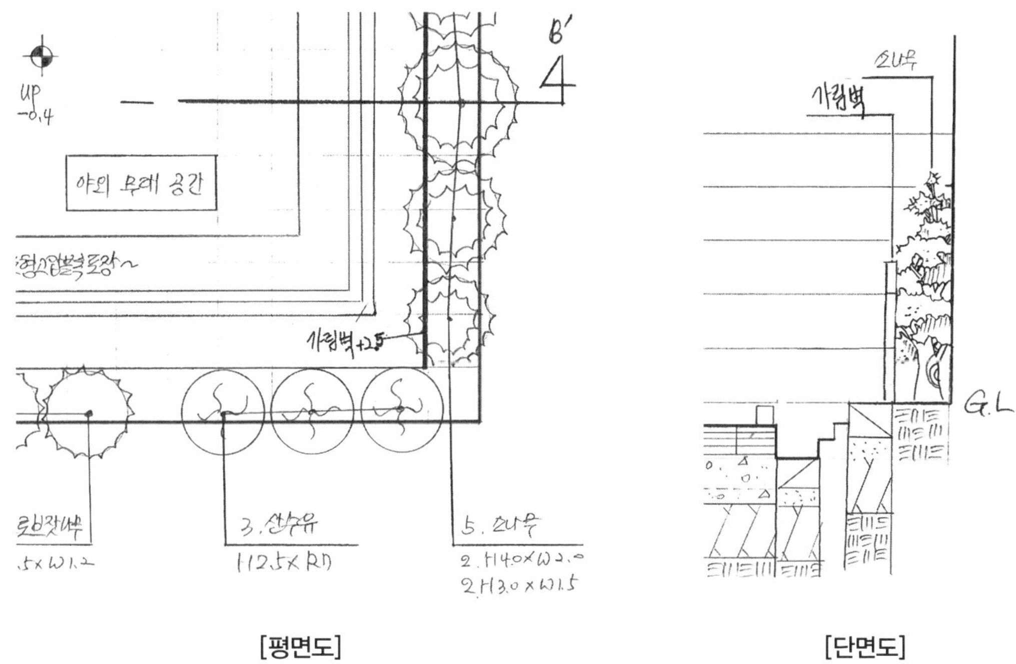

[평면도] [단면도]

➡ 가림벽의 위치는 녹지대쪽에 2.5m 높이로 설계

➡ 녹지대쪽 이라고 했기 때문에 동쪽지역에 가림벽(+2.5) 설치

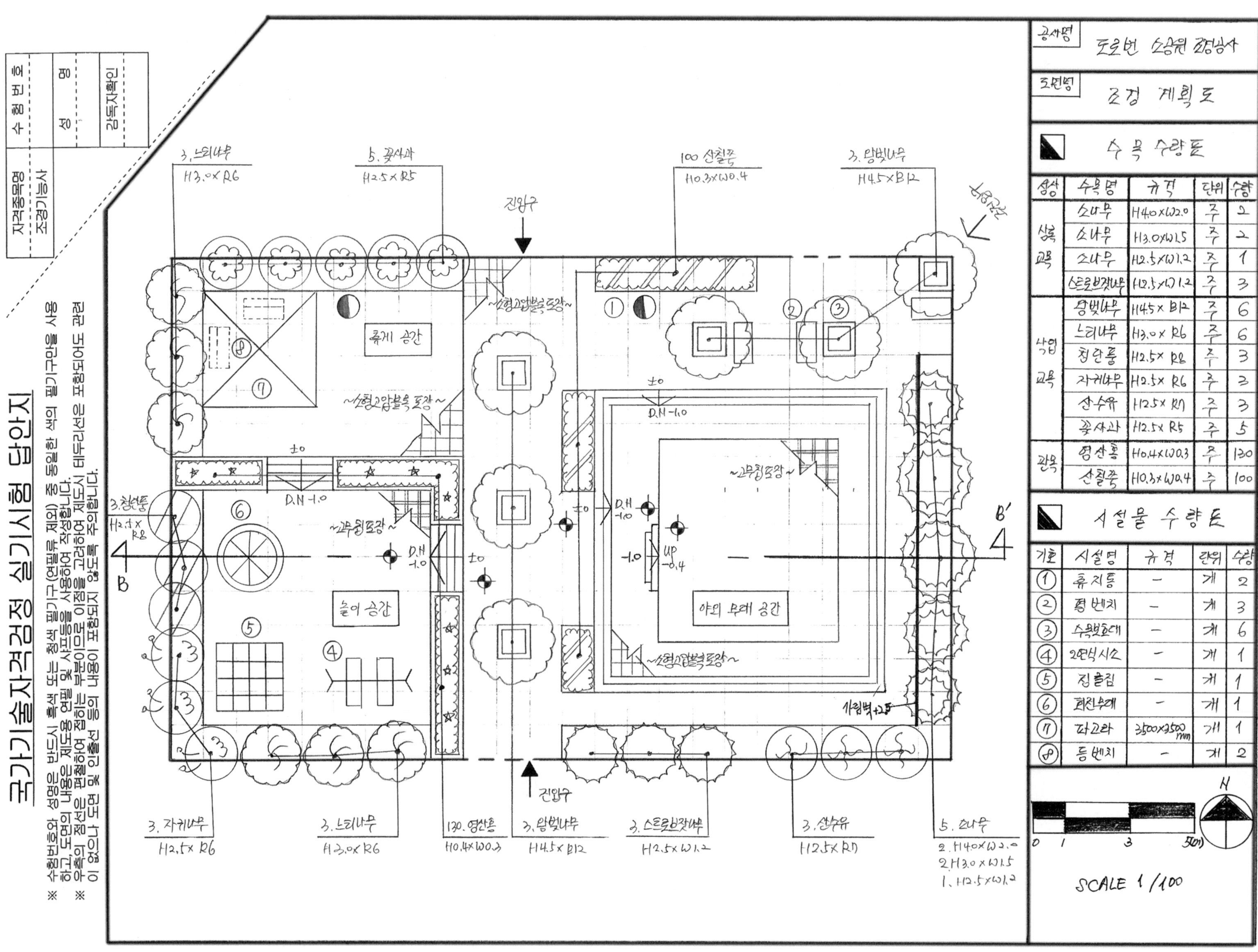
국가기술자격검정 실기시험 답안지
자격종목명
조경기능사
수 험 번 호
성 명
감독자확인
※ 수험번호와 성명은 반드시 흑색 또는 청색 필기구(연필류 제외) 중 동일한 색의 필기구만을 사용하고, 도면의 내용은 제도용 연필 및 샤프 등을 사용하여 작성합니다.
※ 우측의 절선은 편철하는 부분이므로 이 점을 고려하여 제도하시되 테두리선은 포함되어도 관련이 없으나 도면 및 인출선 등의 내용이 포함되지 않도록 주의합니다.
공사명
도로변 소공원 조경공사
도면명
조경 계획도
수목 수량표
시설물 수량표
휴게 공간
놀이 공간
야외 무대 공간
진입구
SCALE 1/100

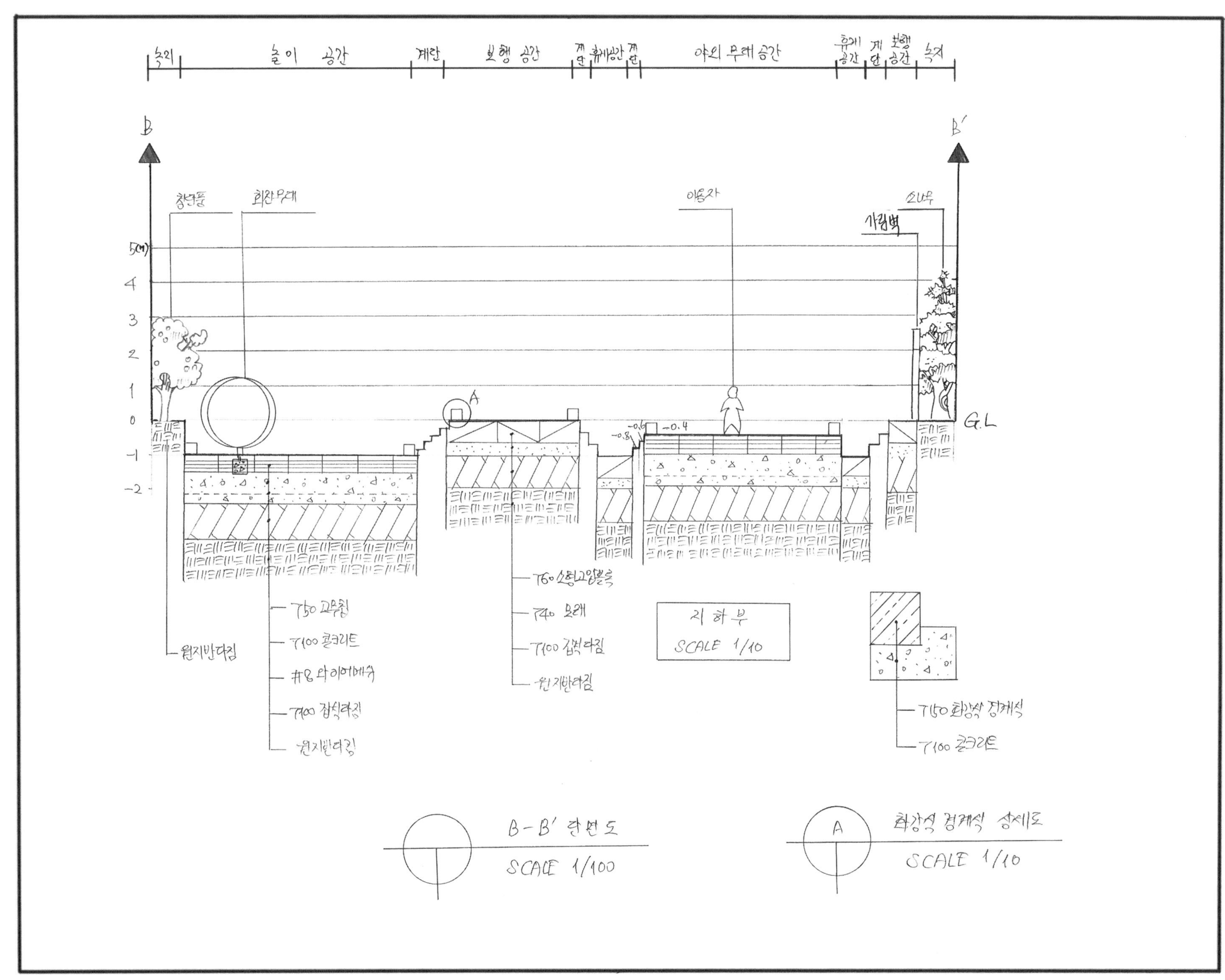
녹지
놀이 공간
계단
보행 공간
계단
휴게공간
계단
야외 무대 공간
휴게공간
계단
보행공간
녹지
B
B'
청단풍
회전무대
이용자
소나무
가림벽
5(m)
4
3
2
1
0
-1
-2
A
G.L
T50 고무칩
T100 콘크리트
#8 와이어메쉬
T100 잡석다짐
원지반다짐
T60 소형고압블록
T40 모래
T100 잡석다짐
원지반다짐
지하부
SCALE 1/10
T150 화강석 경계석
T100 콘크리트
B-B' 단면도
SCALE 1/100
A
화강석 경계석 상세도
SCALE 1/10

15 도로변 소공원(목재데크 2)

우리나라 중부지역에 위치한 도로변의 빈 공간에 대한 조경설계를 하고자 한다. 주어진 현황도 및 아래 사항을 참조하여 설계조건에 따라 조경계획도를 작성한다(단, 2점 쇄선 안 부분을 조경설계 대상지로 한다).

요구사항

❶ 식재 평면도를 위주로 한 조경계획도를 축척 1/100로 작성하시오(지급용지 – 1).
❷ 도면 오른쪽 위에 작업명칭을 작성하시오.
❸ 도면 오른쪽에는 "주요 시설물수량표와 수목(식재)수량표"를 작성하고, 수량표 아래에는 "방위표시와 막대축척"을 그려 넣으시오(단, 전체 대상지의 길이를 고려하여 범례표의 폭을 조정할 수 있다).
❹ 도면 전체적인 안정감을 위하여 "테두리선"을 작성하시오
❺ 도로변 소공원 부지 내의 B – B′ 단면도를 축척 1/100로 작성하시오(지급용지 – 2).
❻ 반드시 식재 평면도는 성상, 수목명, 규격, 단위, 수량을 명기하여 작성하시오.

설계조건

❶ 해당 지역은 도로변의 자투리 공간을 이용하여 휴식 및 어린이들이 즐길 수 있는 도로변 소공원의 특성을 고려하여 조경계획도를 작성하시오.
❷ 포장지역을 제외한 곳에는 모두 식재를 계획하시오(단, 녹지공간은 빗금친 부분이며, 분위기를 고려하여 식재를 한다).
❸ 포장지역은 "점토벽돌, 화강석판석, 콘크리트, 고무칩, 마사토, 투수콘크리트" 등 적당한 재료를 선택하여 재료의 사용이 적합한 장소에 기호로 표현하고, 포장명을 반드시 기입하시오.
❹ "가" 지역은 어린이를 위한 놀이공간으로 계획하고, 그 안에 어린이 놀이시설 2종, 운동시설 1종을 배치하시오.
❺ "나" 지역은 깊이 60cm의 수(水)공간으로 이용자들의 산책을 위한 순환형 목재데크는 1m 높게(폭 1m, 난간높이 1m) 설치하고, 출입구 3곳을 임의로 선정하여 설계하시오.
❻ "다" 지역은 휴게공간으로 생태연못의 경치를 감상할 수 있도록 평상형 셀터(3m × 3m)를 설계하시오.
❼ "라" 지역은 주차공간으로 소형자동차 2대가 1열 주차할 수 있는 공간으로 계획하고 설계하시오.
❽ "마" 지역은 원로 및 광장으로 통행에 지장을 주지 않는 곳에 그늘을 제공하기 위해 수목보호대 3개소, 평벤치(1.2m × 0.5m) 3개소를 설치하시오.
❾ 대상지 내에 식재는 유도식재, 녹음식재, 경관식재, 소나무군식 등의 식재 패턴을 필요한 곳에 배식하시오.
❿ 수목은 아래의 수종 중에서 10가지를 선정하여 골고루 안정적인 배식이 될 수 있도록 계획하고, 인출선을 이용하여 수량, 수종명, 규격을 반드시 기입하시오.

> 소나무(H4.0×W2.0), 소나무(H3.0×W1.5), 소나무(H2.5×W1.2), 스트로브잣나무(H2.5×W1.2), 스트로브잣나무(H2.0×W1.0), 왕벚나무(H4.5×B15), 버즘나무(H3.5×B8), 느티나무(H3.0×R6), 청단풍(H2.5×R8), 다정큼나무(H1.0×W0.6), 동백나무(H2.5×R8), 중국단풍(H2.5×R5), 굴거리나무(H2.5×W0.6), 자귀나무(H2.5×R6), 태산목(H1.5×W0.5), 먼나무(H2.0×R5), 산딸나무(H2.0×R5), 산수유(H2.5×R7), 꽃사과(H2.5×R5), 수수꽃다리(H1.5×W0.6), 병꽃나무(H1.0×W0.4), 쥐똥나무(H1.0×W0.3), 명자나무(H0.6×W0.4), 산철쭉(H0.3×W0.4), 영산홍(H0.4×W0.3), 조릿대(H0.6×7가지)

⓫ B – B′ 단면도는 경사, 포장재료, 경계선 및 기타 시설물의 기초, 주변의 수목, 중요 시설물, 이용자 등을 단면도상에 반드시 표시하고 높이 차를 한눈에 볼 수 있도록 설계하시오.

현황도

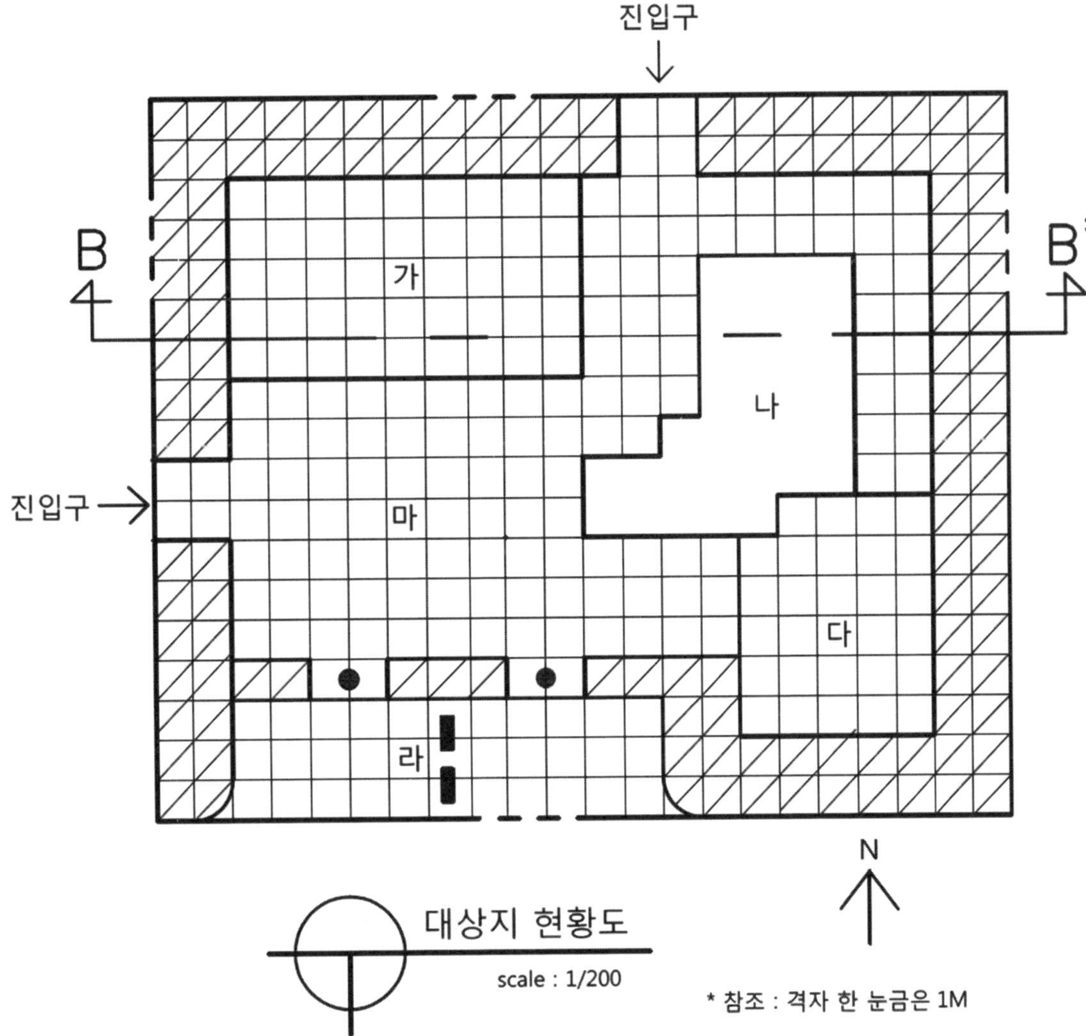

핵심 Point

❺ "나"지역은 깊이 60cm의 수공간으로 이용자들의 산책을 위한 순환형 목재데크는 1m 높게(폭 1m, 난간높이 1m) 설치하고, 출입구 3곳을 임의로 선정하여 설계하시오.

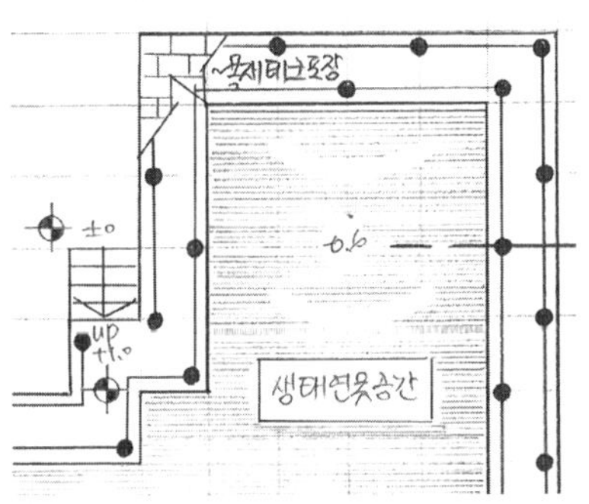

[평면도]

- ➡ '나' 지역 수심은 '마' 지역(±0)보다 60cm 낮기 때문에 점표고는 −0.6으로 한다.
- ➡ "순환형 목재데크" 포장은 "목재데크"로 하며, 출입구는 표현하기 편한 위치에 설계 한다.
- ➡ 난간은 2m 간격으로 원으로 설계한다.

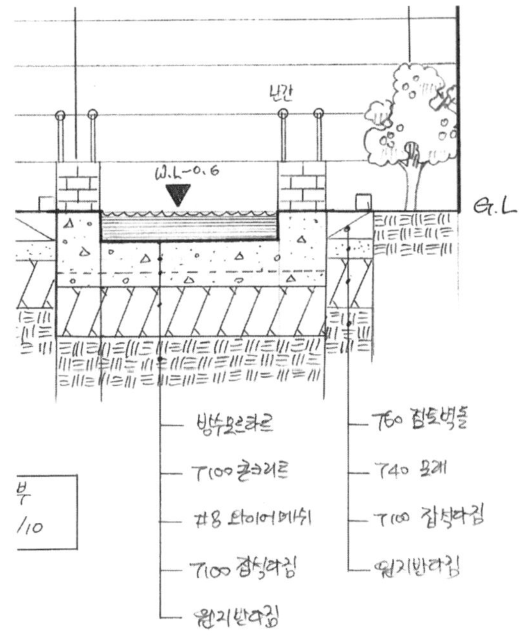

[단면도]

- ➡ 지하부는 수공간에 대한 포장만 한다.
- ➡ 지상부는 목재데크 1m 높은 상태에서 나간을 1m 높게 설계한다.

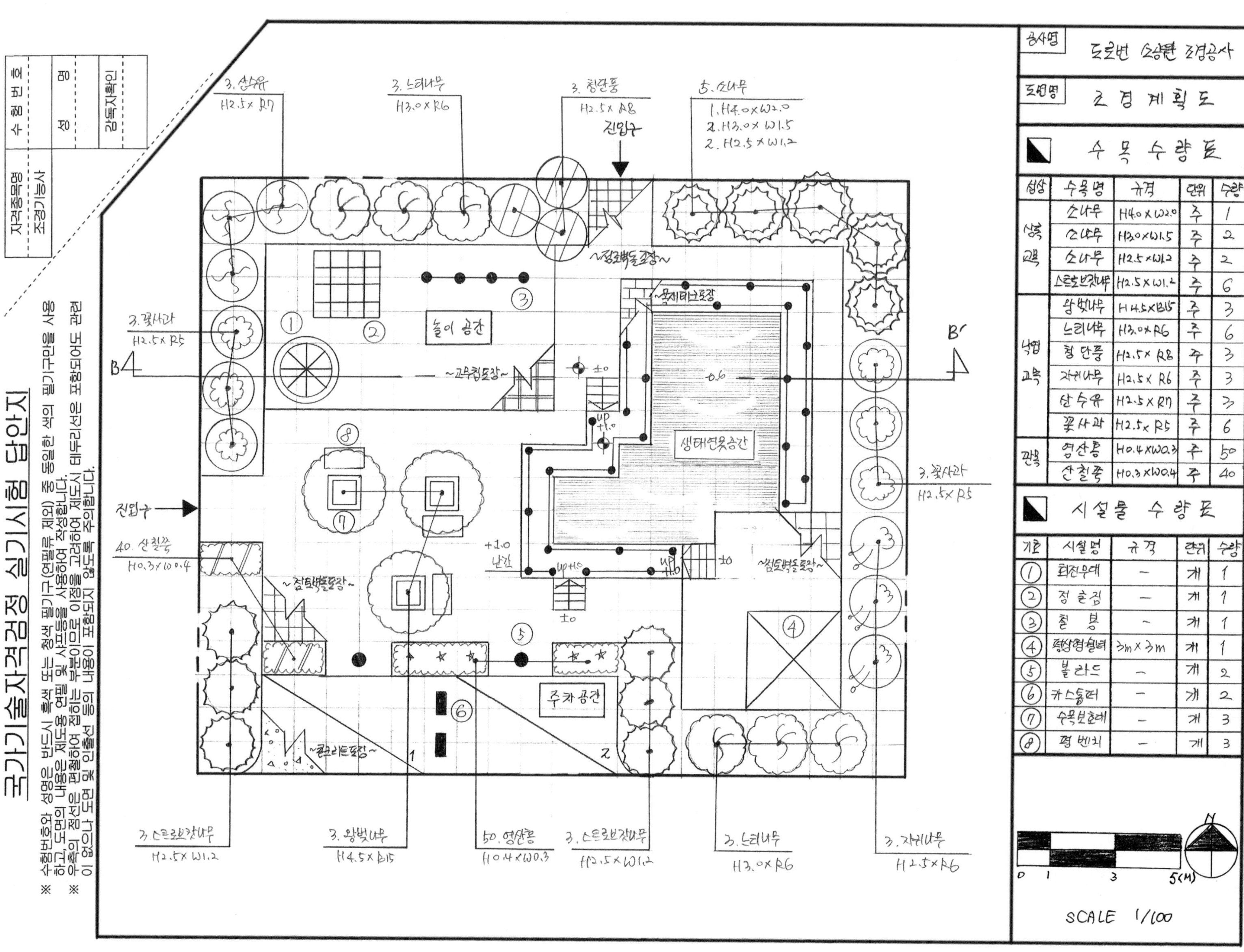

수목 수량표

성상	수목명	규격	단위	수량
상록교목	소나무	H4.0×W2.0	주	1
	소나무	H3.0×W1.5	주	2
	소나무	H2.5×W1.2	주	2
	스트로브잣나무	H2.5×W1.2	주	6
낙엽교목	왕벚나무	H4.5×B15	주	3
	느티나무	H3.0×R6	주	6
	청단풍	H2.5×R8	주	3
	자귀나무	H2.5×R6	주	3
	산수유	H2.5×R7	주	3
	꽃사과	H2.5×R5	주	6
관목	영산홍	H0.4×W0.3	주	50
	산철쭉	H0.3×W0.4	주	40

시설물 수량표

기호	시설명	규격	단위	수량
①	회전무대	–	개	1
②	정글짐	–	개	1
③	철봉	–	개	1
④	평상형쉘터	3m×3m	개	1
⑤	볼라드	–	개	2
⑥	카스토퍼	–	개	2
⑦	수목보호대	–	개	3
⑧	평벤치	–	개	3

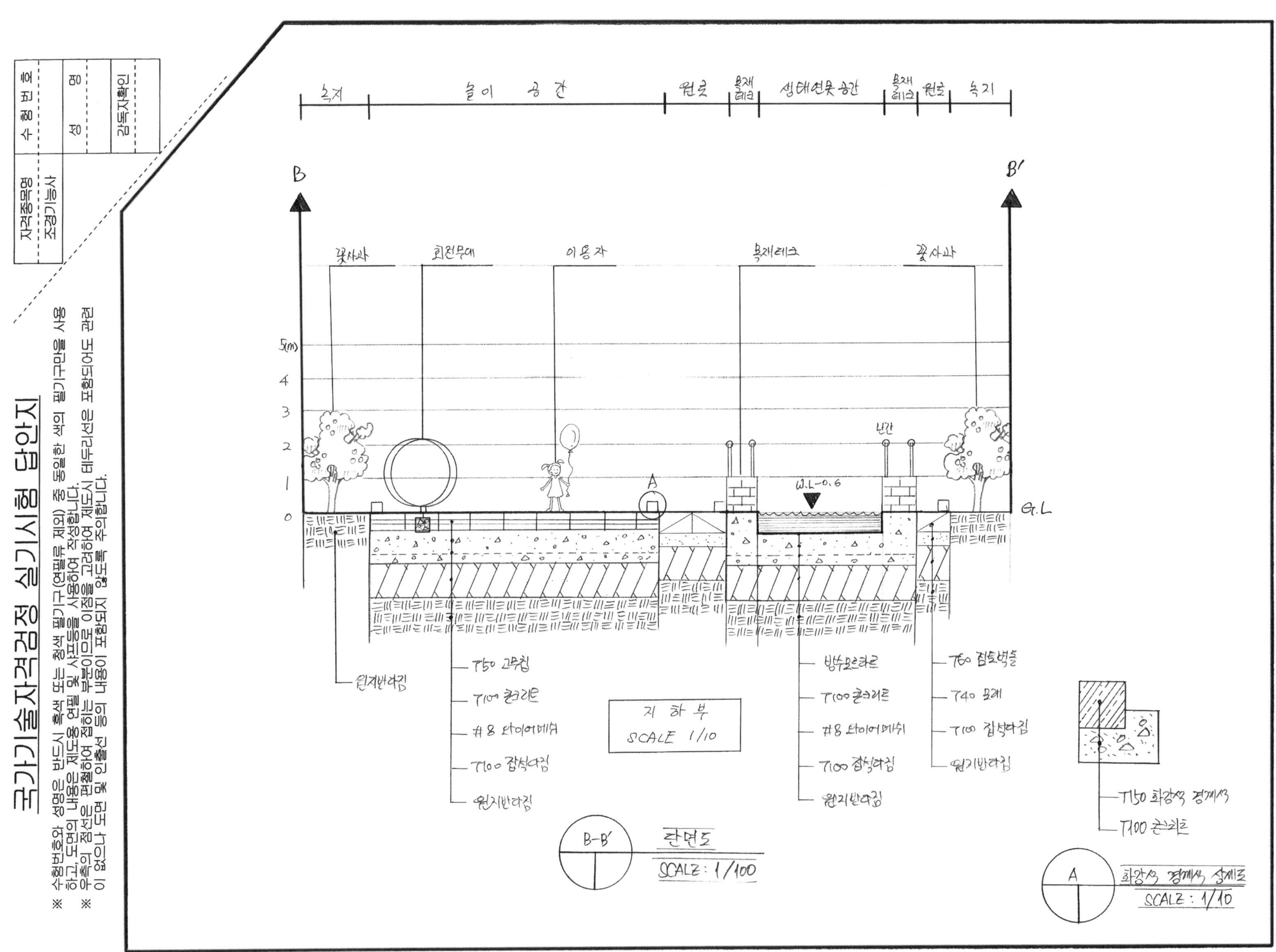
국가기술자격검정 실기시험 답안지
※ 수험번호와 성명은 반드시 흑색 또는 청색 필기구(연필류 제외) 중 동일한 색의 필기구만을 사용하고, 도면의 내용은 제도용 연필 및 샤프 등을 사용하여 작성합니다.
※ 우측의 점선은 편철하여 접히는 부분이므로 이점을 고려하여 제도시 테두리선은 포함되어도 관련이 없으나 도면 및 인출선 등의 내용이 포함되지 않도록 주의합니다.
자격종목명
조경기능사
수험번호
성명
감독자확인
녹지
놀이 공간
원로
목재데크
생태연못공간
목재데크
원로
녹지
B
B'
꽃사과
회전무대
이용자
목재데크
꽃사과
난간
W.L-0.6
G.L
A
원지반다짐
T50 고무칩
T100 콘크리트
#8 와이어메쉬
T100 잡석다짐
원지반다짐
방수몰타르
T100 콘크리트
#8 와이어메쉬
T100 잡석다짐
원지반다짐
T60 점토벽돌
T40 모래
T100 잡석다짐
원지반다짐
지하부
SCALE 1/10
B-B'
단면도
SCALE: 1/100
T150 화강석 경계석
T100 콘크리트
A
화강석 경계석 상세도
SCALE: 1/10

16 도로변 소공원(마운딩, 앉음벽)

우리나라 중부지역에 위치한 도로변의 빈 공간에 대한 조경설계를 하고자 한다. 주어진 현황도 및 아래 사항을 참조하여 설계조건에 따라 조경계획도를 작성한다(단, 2점 쇄선 안 부분을 조경설계 대상지로 한다).

요구사항

❶ 식재 평면도를 위주로 한 조경계획도를 축척 1/100로 작성하시오(지급용지－1).
❷ 도면 오른쪽 위에 작업명칭을 작성하시오.
❸ 도면 오른쪽에는 "주요 시설물수량표와 수목(식재)수량표"를 작성하고, 수량표 아래에는 "방위표시와 막대축척"을 그려 넣으시오(단, 전체 대상지의 길이를 고려하여 범례표의 폭을 조정할 수 있다).
❹ 도면 전체적인 안정감을 위하여 "테두리선"을 작성하시오.
❺ 도로변 소공원 부지 내의 B－B′ 단면도를 축척 1/100로 작성하시오(지급용지－2).
❻ 반드시 식재 평면도는 성상, 수목명, 규격, 단위, 수량을 명기하여 작성하시오.

설계조건

❶ 해당 지역은 도로변의 자투리 공간을 이용하여 휴식 및 어린이들이 즐길 수 있는 도로변 소공원의 특성을 고려하여 조경계획도를 작성하시오.
❷ 포장지역을 제외한 곳에는 모두 식재를 계획하시오(단, 녹지공간은 빗금친 부분이며, 분위기를 고려하여 식재를 한다).
❸ 포장지역은 "소형고압블록, 투수콘크리트, 콘크리트, 고무칩, 마사토" 등 적당한 재료를 선택하여 재료의 사용이 적합한 장소에 기호로 표현하고, 포장명을 반드시 기입하시오.
❹ "가" 지역은 어린이를 위한 놀이공간으로 계획하고 놀이시설 3종(시소, 그네, 미끄럼틀, 철봉, 회전문대)을 배치하시오.
❺ "나" 지역은 휴식공간으로 공원 이용자들의 편안한 휴식을 위한 퍼걸러(4,000 × 4,000mm) 1개와 앉아서 휴식을 즐길 수 있도록 등벤치 3개를 계획하고 설계하시오.
❻ "다" 지역은 등고선 1개당 30cm가 높다(등고선에 반드시 점표고를 표시하시오).
❼ "라" 지역은 동적인 휴식공간으로 높이 1m의 식수대와 높이 60cm의 앉음벽이 있으며, 수목보호대(3개)에 낙엽교목을 동일하게 식재하시오.
❽ "가" 지역은 "나", "라" 지역보다 1m 높으며, 적합한 포장 및 경사부분을 적합하게 처리하시오.
❾ 대상지 내에 식재는 유도식재, 녹음식재, 경관식재, 소나무군식 등의 식재 패턴을 필요한 곳에 배식하고 필요에 따라 수목보호대를 추가로 설치하시오.
❿ 수목은 아래의 수종 중에서 10가지를 선정하여 골고루 안정적인 배식이 될 수 있도록 계획하고, 인출선을 이용하여 수량, 수종명, 규격을 반드시 기입하시오.

> 소나무(H4.0×W2.0), 소나무(H3.0×W1.5), 소나무(H2.5×W1.2), 스트로브잣나무(H2.5×W1.2), 스트로브잣나무(H2.0×W1.0), 왕벚나무(H4.5×B15), 버즘나무(H3.5×B8), 느티나무(H3.0×R6), 청단풍(H2.5×R8), 다정큼나무(H1.0×W0.6), 동백나무(H2.5×R8), 중국단풍(H2.5×R5), 굴거리나무(H2.5×W0.6), 자귀나무(H2.5×R6), 태산목(H1.5×W0.5), 먼나무(H2.0×R5), 산딸나무(H2.0×R5), 산수유(H2.5×R7), 꽃사과(H2.5×R5), 수수꽃다리(H1.5×W0.6), 병꽃나무(H1.0×W0.4), 쥐똥나무(H1.0×W0.3), 명자나무(H0.6×W0.4), 산철쭉(H0.3×W0.4), 영산홍(H0.4×W0.3), 조릿대(H0.6×7가지)

⓫ B－B′ 단면도는 경사, 포장재료, 경계선 및 기타 시설물의 기초, 주변의 수목, 중요 시설물, 이용자 등을 단면도상에 반드시 표시하고 높이 차를 한눈에 볼 수 있도록 설계하시오.

현황도

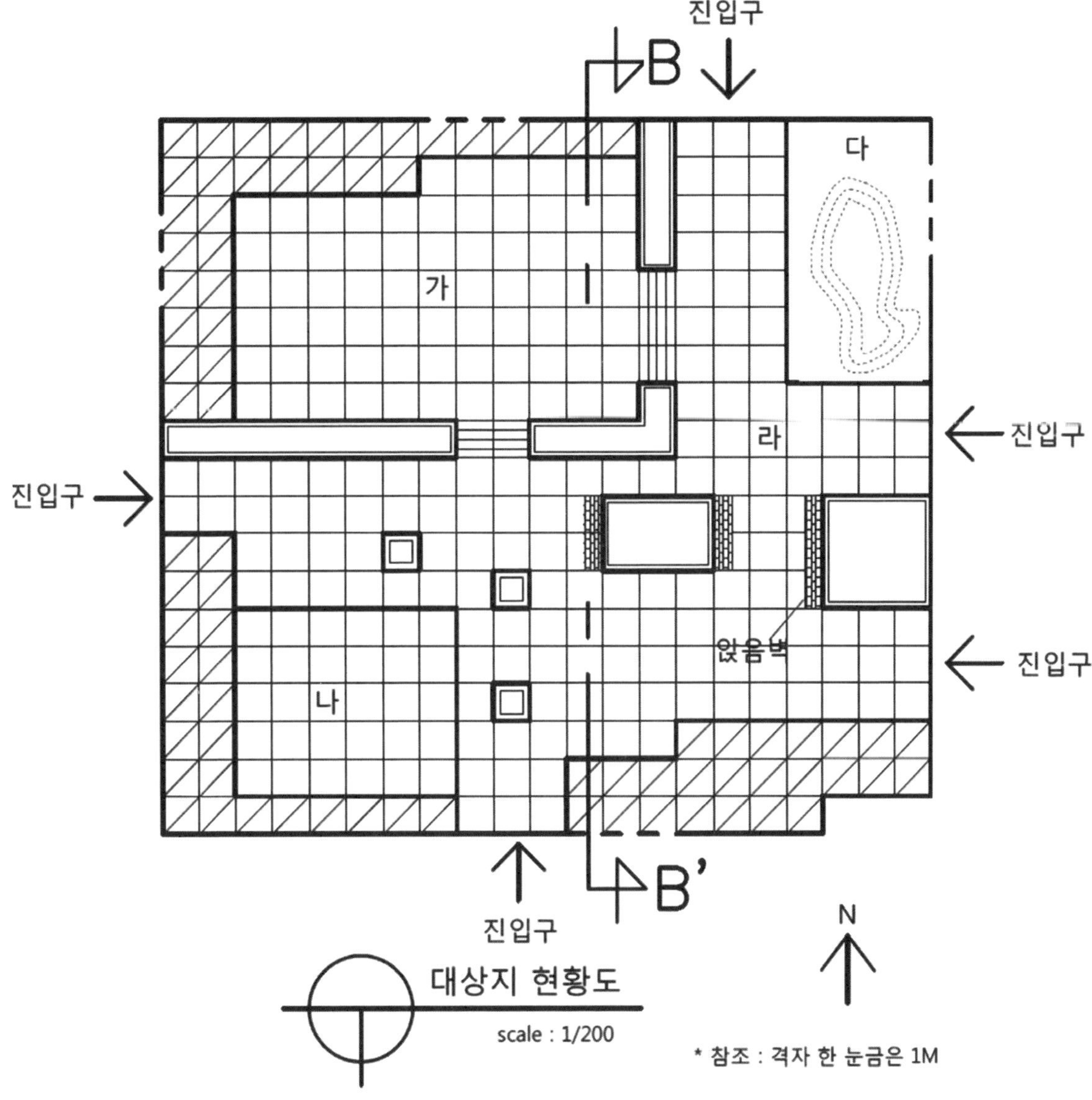

핵심 Point

❼ "라"지역은 동적인 휴식공간으로 높이 1m의 식수대와 높이 60cm의 앉음벽이 있으며, 수목보호대(3개)에 낙엽교목을 동일하게 식재하시오.

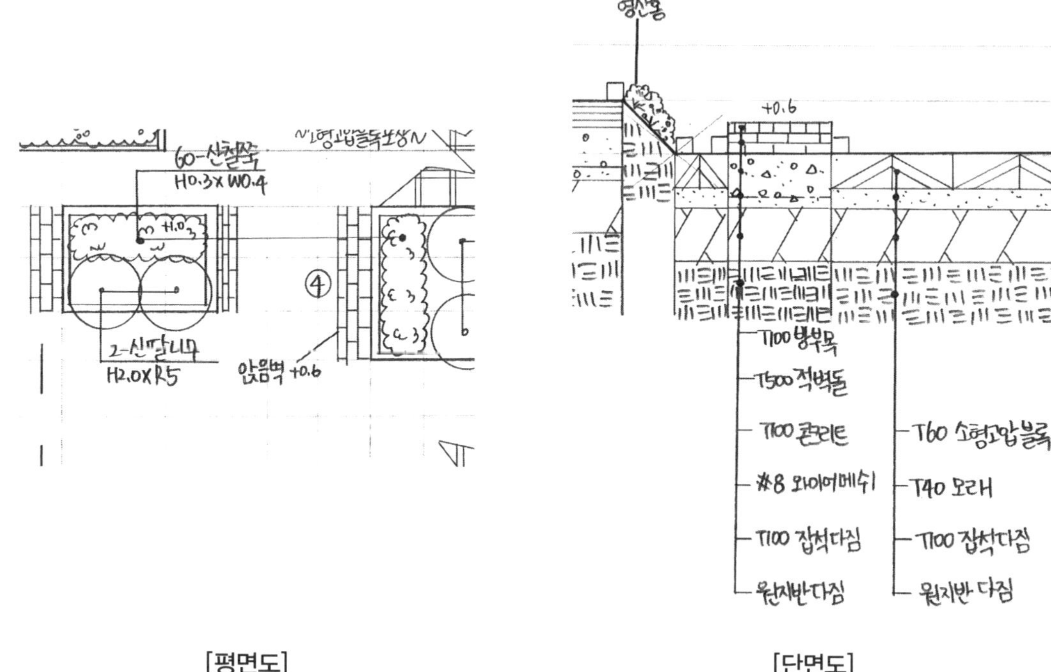

[평면도]

➡ 단면선이 걸친 부분이 앉음벽 부분이기 때문에 평면도에서는 "0.6 앉음벽"이라고 표현한다.

[단면도]

➡ 포장에 대한 특별한 지시사항이 없기 때문에 방부목과 적벽돌을 이용한 포장을 한다.

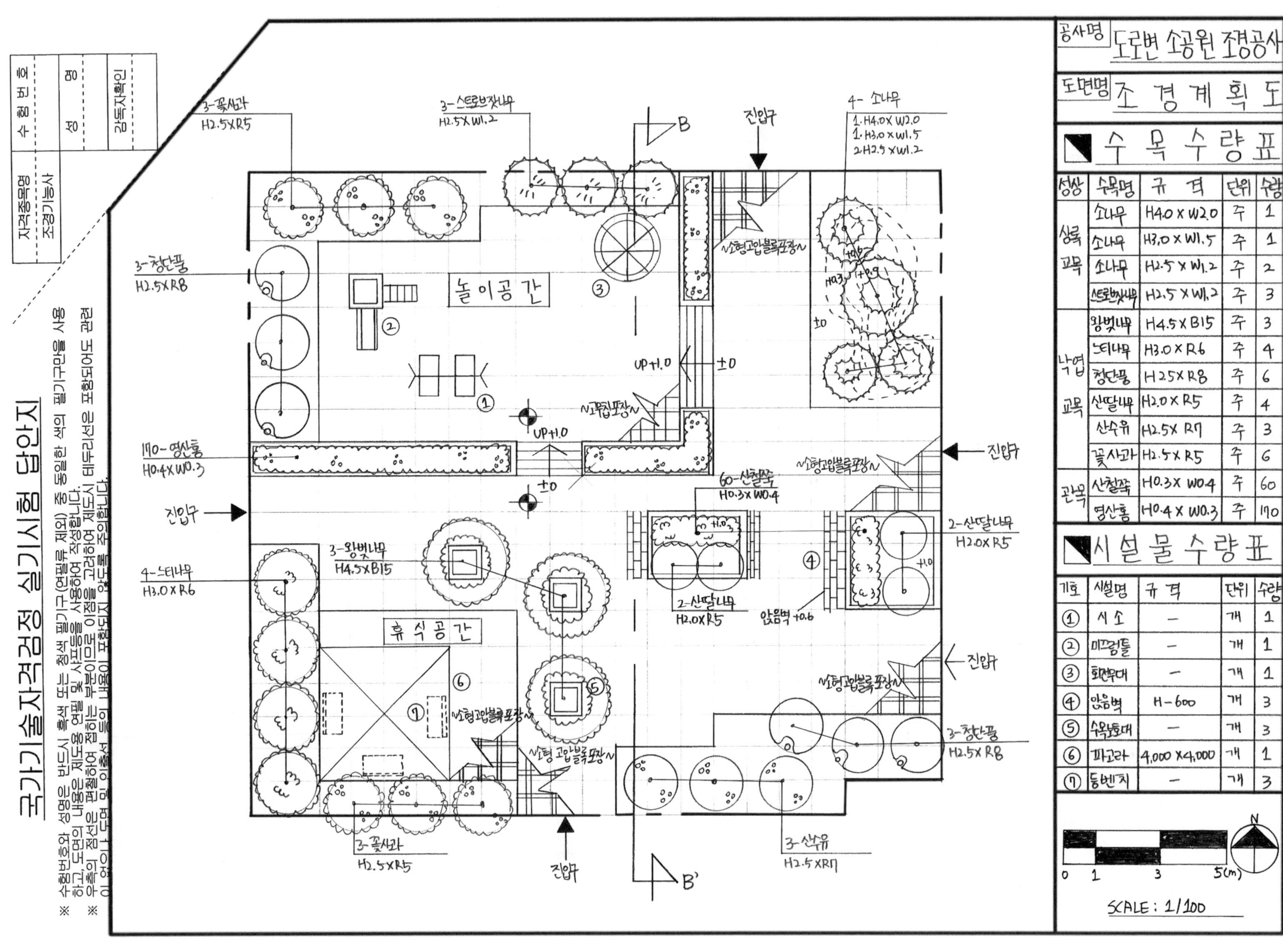

수목수량표

성상	수목명	규격	단위	수량
상록교목	소나무	H4.0 X W2.0	주	1
	소나무	H3.0 X W1.5	주	1
	소나무	H2.5 X W1.2	주	2
	스트로브잣나무	H2.5 X W1.2	주	3
낙엽교목	왕벚나무	H4.5 X B15	주	3
	느티나무	H3.0 X R6	주	4
	청단풍	H2.5 X R8	주	6
	산딸나무	H2.0 X R5	주	4
	산수유	H2.5 X R7	주	3
	꽃사과	H2.5 X R5	주	6
관목	산철쭉	H0.3 X W0.4	주	60
	영산홍	H0.4 X W0.3	주	170

시설물수량표

기호	시설명	규격	단위	수량
①	시소	–	개	1
②	미끄럼틀	–	개	1
③	회전무대	–	개	1
④	앉음벽	H–600	개	3
⑤	수목보호대	–	개	3
⑥	파고라	4,000 X 4,000	개	1
⑦	등벤치	–	개	3

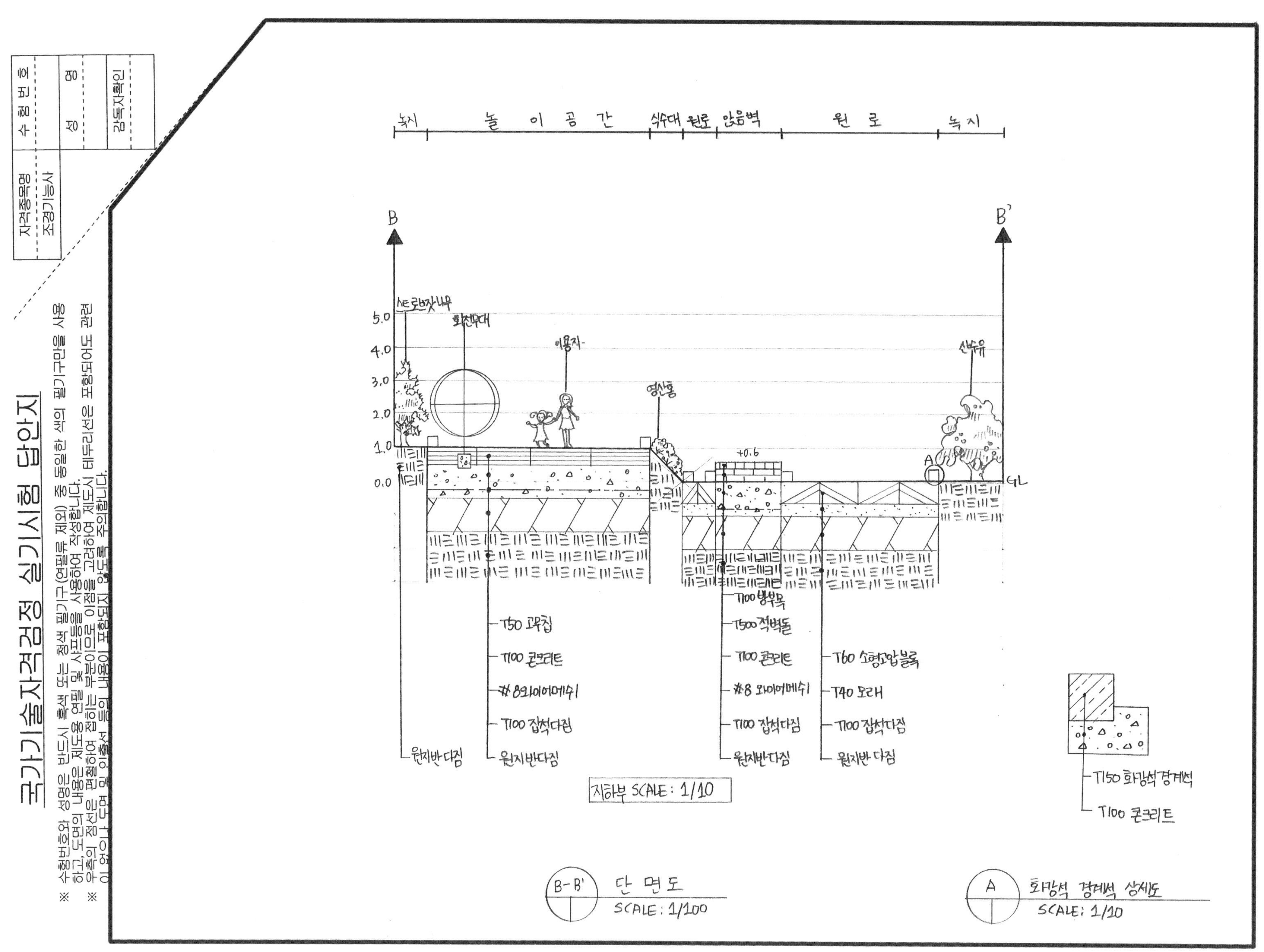

국가기술자격검정 실기시험 답안지
자격종목명
조경기능사
수험번호
성명
감독자확인
※ 수험번호와 성명은 반드시 흑색 또는 청색 필기구(연필류 제외) 중 동일한 색의 필기구만을 사용하고, 도면의 내용은 제도용 연필 및 샤프등을 사용하여 작성합니다.
※ 우측의 점선은 편철하여 접히는 부분이므로 이점을 고려하여 제도시 테두리선은 포함되어도 관련이 없으나 도면 및 이용선 등의 내용이 포함되지 않도록 주의합니다.
녹지
놀이공간
식수대
원로
앉음벽
원로
녹지
B
B'
스트로브잣나무
회전무대
이용자
영산홍
산수유
GL
T50 고무칩
T100 콘크리트
#8와이어메쉬
T100 잡석다짐
원지반다짐
T100 벽돌
T500 적벽돌
T60 소형고압블록
T40 모래
지하부 SCALE : 1/10
T150 화강석경계석
T100 콘크리트
B-B' 단면도 SCALE : 1/100
A 화강석 경계석 상세도 SCALE : 1/10

17 도로변 소공원(계류형 수공간)

우리나라 중부지역에 위치한 도로변의 빈 공간에 대한 조경설계를 하고자 한다. 주어진 현황도 및 아래 사항을 참조하여 설계조건에 따라 조경계획도를 작성한다(단, 2점 쇄선 안 부분을 조경설계 대상지로 한다).

요구사항

❶ 식재 평면도를 위주로 한 조경계획도를 축척 1/100로 작성하시오(지급용지－1).
❷ 도면 오른쪽 위에 작업명칭을 작성하시오.
❸ 도면 오른쪽에는 "주요 시설물수량표와 수목(식재)수량표"를 작성하고, 수량표 아래에는 "방위표시와 막대축척"을 그려 넣으시오(단, 전체 대상지의 길이를 고려하여 범례표의 폭을 조정할 수 있다).
❹ 도면 전체적인 안정감을 위하여 "테두리선"을 작성하시오.
❺ 도로변 소공원 부지 내의 B－B′ 단면도를 축척 1/100로 작성하시오(지급용지－2).
❻ 반드시 식재 평면도는 성상, 수목명, 규격, 단위, 수량을 명기하여 작성하시오.

설계조건

❶ 해당 지역은 도로변의 자투리 공간을 이용하여 휴식 및 어린이들이 즐길 수 있는 도로변 소공원의 특성을 고려하여 조경계획도를 작성하시오.
❷ 포장지역을 제외한 곳에는 모두 식재를 계획하시오(단, 녹지공간은 빗금친 부분이며, 분위기를 고려하여 식재를 한다)
❸ 포장지역은 "점토벽돌, 투수콘크리트, 콘크리트, 고무칩, 마사토" 등 적당한 재료를 선택하여 재료의 사용이 적합한 장소에 기호로 표현하고, 포장명을 반드시 기입하시오.
❹ "가" 지역은 주차공간으로 소형자동차(2,500 × 5,000mm) 2대가 주차할 수 있는 공간으로 계획하고 "카스토퍼"를 설치하시오.
❺ "나" 지역은 휴식공간으로 공원 이용자들의 편안한 휴식을 위한 퍼걸러(3,000 × 3,000mm) 1개와 앉아서 휴식을 즐길 수 있도록 등의자 4개, 공원 안내판 1개를 설치하시오.
❻ "다"와 "마" 지역은 그늘을 제공하기 위해서 수목보호대 6개를 설치하고, "마" 지역에는 조명등 3개를 설치하시오.
❼ "A" 지역은 소형연못으로 계류형이며(실선 1개당) 20cm가 높고 담수용 바닥은 주변지역과 동일한 높이이며, 담수 가이드라인은 전체적으로 주변지역에 비해 60cm 높게 설치하시오.
❽ "라" 지역은 "다"와 "마" 지역보다 1m 낮으며, "B" 지역은 등고선 1개당 20cm 높게 설계하시오.
❾ 대상지 내에 식재는 유도식재, 녹음식재, 경관식재, 소나무군식 등의 식재 패턴을 필요한 곳에 배식하고 필요에 따라 수목보호대를 추가로 설치하시오.
❿ 수목은 아래의 수종 중에서 12가지를 선정하여 골고루 안정적인 배식이 될 수 있도록 계획하고, 인출선을 이용하여 수량, 수종명, 규격을 반드시 기입하시오.

소나무(H4.0×W2.0), 소나무(H3.0×W1.5), 소나무(H2.5×W1.2), 스트로브잣나무(H2.5×W1.2), 스트로브잣나무(H2.0×W1.0), 왕벚나무(H4.5×B15), 버즘나무(H3.5×B8), 느티나무(H3.0×R6), 청단풍(H2.5×R8), 다정큼나무(H1.0×W0.6), 동백나무(H2.5×R8), 중국단풍(H2.5×R5), 굴거리나무(H2.5×W0.6), 자귀나무(H2.5× R6), 태산목(H1.5×W0.5), 먼나무(H2.0×R5), 산딸나무(H2.0×R5), 산수유(H2.5×R7), 꽃사과(H2.5×R5), 수수꽃다리(H1.5×W0.6), 병꽃나무(H1.0×W0.4), 쥐똥나무(H1.0×W0.3), 명자나무(H0.6×W0.4), 산철쭉(H0.3×W0.4), 영산홍(H0.4×W0.3), 조릿대(H0.6×7가지)

⓫ B－B′ 단면도는 경사, 포장재료, 경계선 및 기타 시설물의 기초, 주변의 수목, 중요 시설물, 이용자 등을 단면도상에 반드시 표시하고 높이 차를 한눈에 볼 수 있도록 설계하시오.

현황도

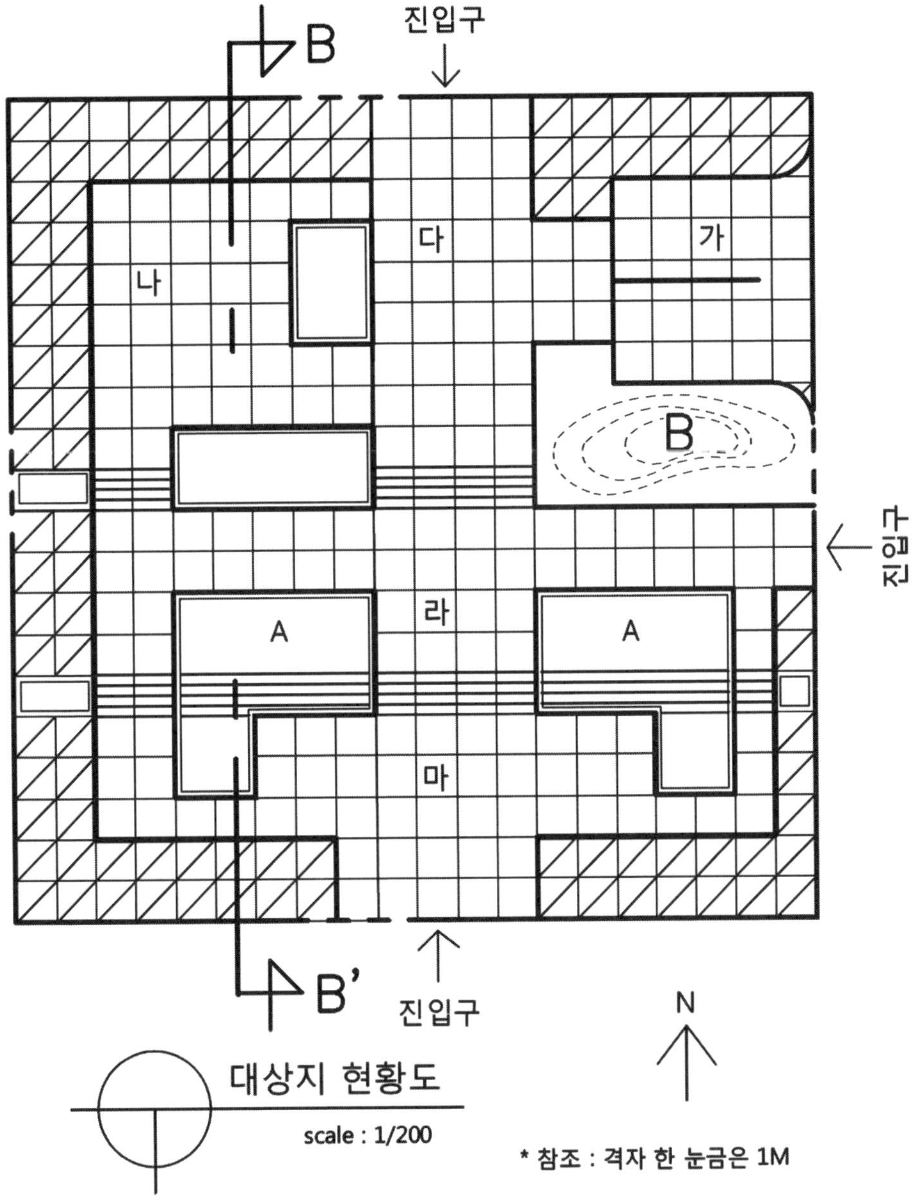

핵심 Point

1. ❽ "라" 지역은 "다"와 "마" 지역보다 1m 낮으며, "B" 지역은 등고선 1개당 20cm 높게 설계한다.

2. ❼ "A" 지역은 소형연못으로 계류형이며 (실선 1개당) 25cm가 높으며, 담수용 바닥은 주변지역과 동일한 높이이며, 담수 가이드라인은 전체적으로 주변지역에 비해 60cm 높게 설치한다.

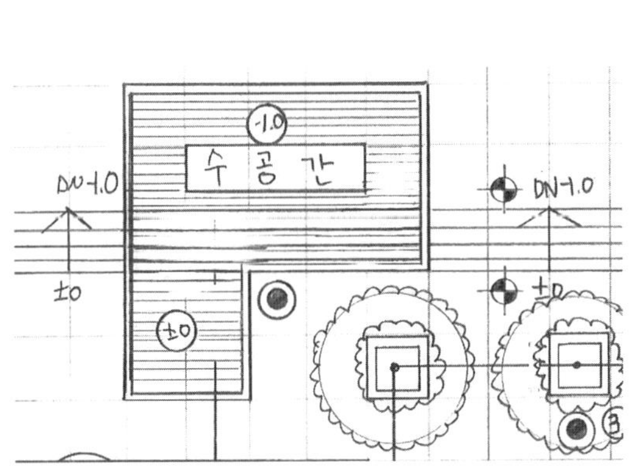

[평면도]

- ➡ "라" 지역은 "다"와 "마" 지역보다 1m 낮기 때문에 ±0으로 기준을 잡아준다.
- ➡ "A" 지역에는 담수 가이드라인이 있기 때문에 담수벽 +0.6으로 점표고를 기입한다.
- ➡ 수심은 "라"와 "마" 지역 높이로 잡아준다.

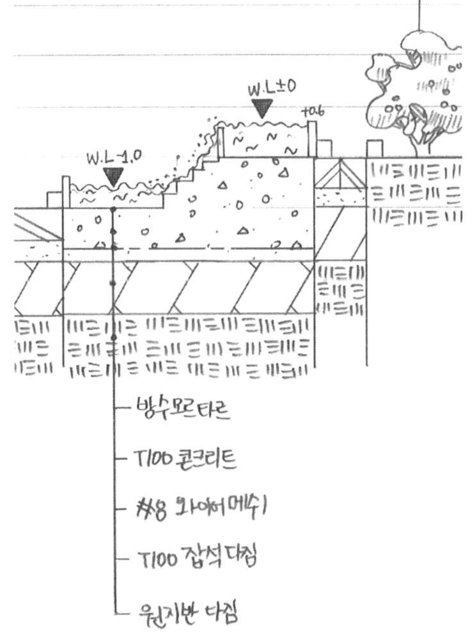

[단면도]

- ➡ 단면도에서는 "라"에서 "마" 지역으로 자연스럽게 흘러 내려갈 수 있도록 표현해 준다.
- ➡ 담수바닥은 "다"와 "마" 지역과 동일하기 때문에 생략한다.

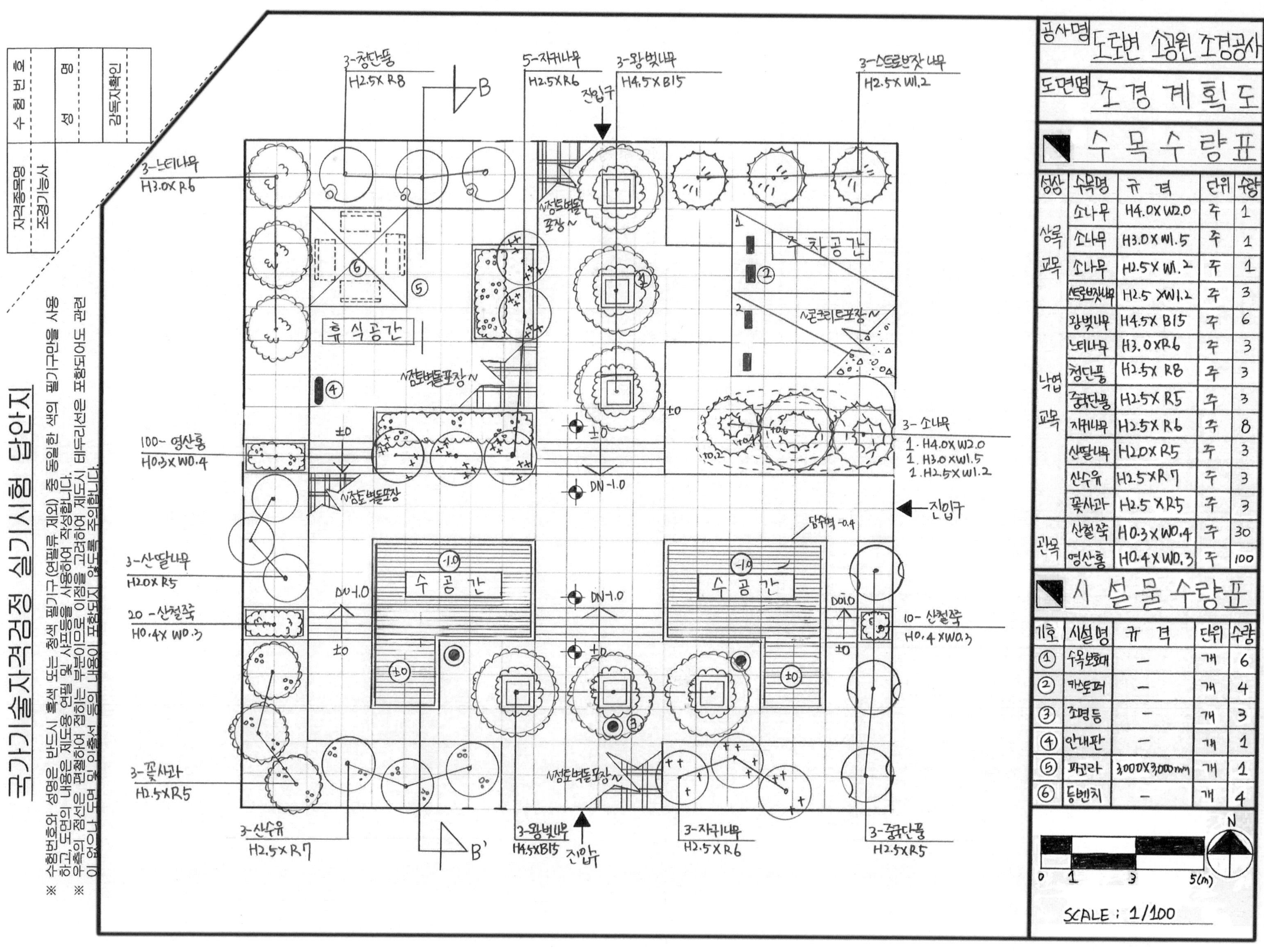

국가기술자격검정 실기시험 답안지
자격종목명 조경기능사
수험번호
성명
감독자확인
공사명 도로변 소공원 조경공사
도면명 조경 계획도
수목수량표
시설물수량표
휴식공간
주차공간
수공간
진입구
SCALE : 1/100

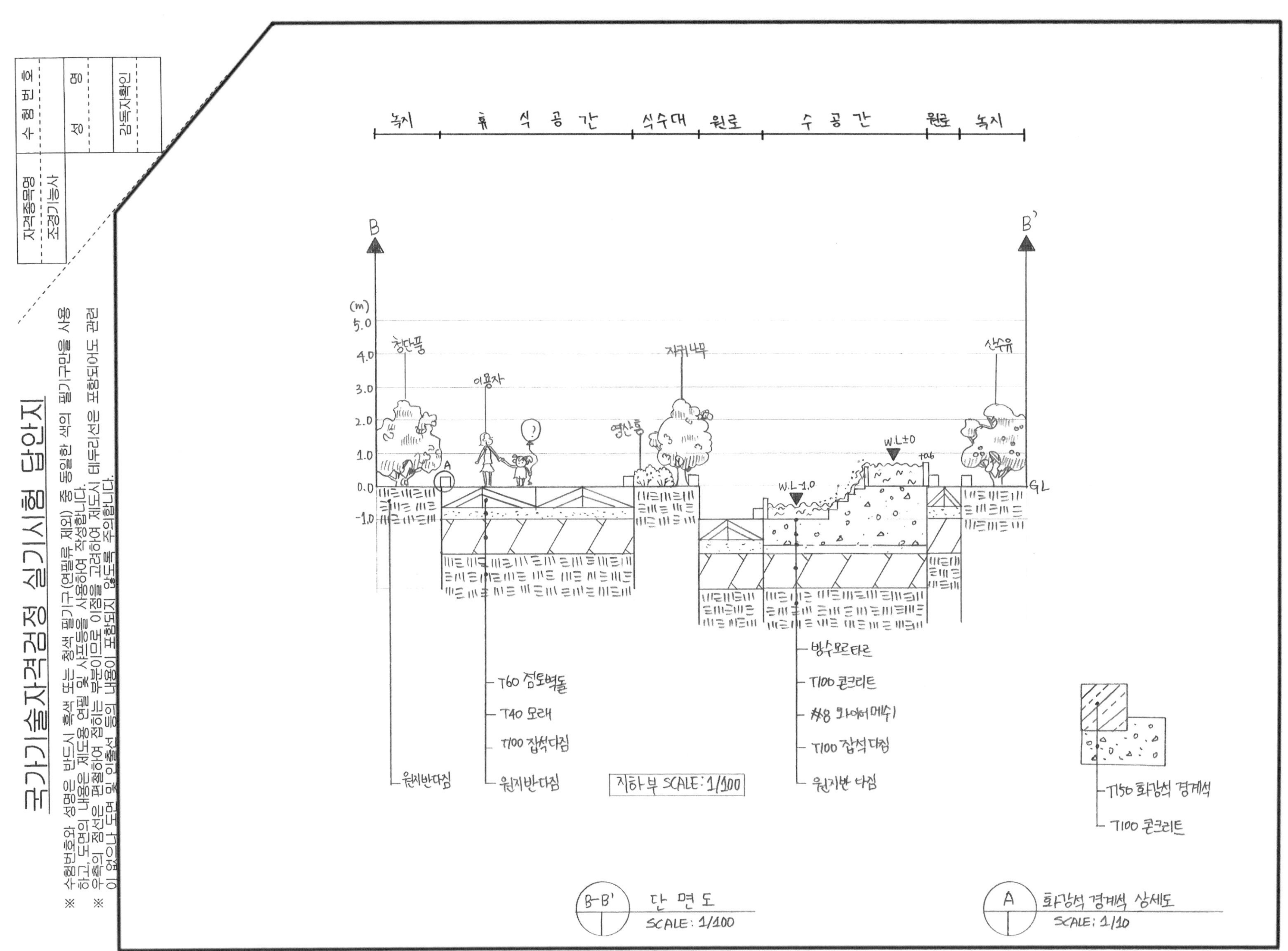

자격종목명
조경기능사
수험번호
성명
감독자확인
국가기술자격검정 실기시험 답안지
※ 수험번호와 성명은 반드시 흑색 또는 청색 필기구(연필류 제외) 중 동일한 색의 필기구만을 사용하고, 도면의 내용은 제도용 연필 및 샤프 등을 사용하여 작성합니다.
※ 우측의 점선은 편철하여 접히는 부분이므로 이점을 고려하여 제도시 테두리선은 포함되어도 관련이 없으나 도면 및 인출선 등의 내용이 포함되지 않도록 주의합니다.
녹지
휴식공간
식수대
원로
수공간
원로
녹지
B
B'
(m)
5.0
4.0
3.0
2.0
1.0
0.0
-1.0
청단풍
이용자
영산홍
자귀나무
산수유
W.L±0
W.L-1.0
GL
A
T60 점토벽돌
T40 모래
T100 잡석다짐
원지반다짐
원지반다짐
지하부 SCALE: 1/100
방수모르타르
T100 콘크리트
#8 와이어메쉬
T100 잡석다짐
원지반 다짐
T150 화강석 경계석
T100 콘크리트
B-B' 단 면 도
SCALE: 1/100
A 화강석 경계석 상세도
SCALE: 1/10

18 도로변 소공원(마운딩, 앉음벽, 장애인용 램프)

우리나라 중부지역에 위치한 도로변의 빈 공간에 대한 조경설계를 하고자 한다. 주어진 현황도 및 아래 사항을 참조하여 설계조건에 따라 조경계획도를 작성한다(단, 2점 쇄선 안 부분을 조경설계 대상지로 한다).

요구사항

❶ 식재 평면도를 위주로 한 조경계획도를 축척 1/100로 작성하시오(지급용지－1).
❷ 도면 오른쪽 위에 작업명칭을 작성하시오.
❸ 도면 오른쪽에는 "주요 시설물 수량표와 수목(식재) 수량표"를 작성하고, 수량표 아래에는 "방위표시와 막대축척"을 그려 넣으시오(단, 전체 대상지의 길이를 고려하여 범례표의 폭을 조정할 수 있다).
❹ 도면 전체적인 안정감을 위하여 "테두리선"을 작성하시오.
❺ 도로변 소공원 부지 내의 B－B′ 단면도를 축척 1/100로 작성하시오(지급용지－2).
❻ 반드시 식재 평면도는 성상, 수목명, 규격, 단위, 수량을 명기하여 작성하시오.

설계조건

❶ 해당 지역은 도로변의 자투리 공간을 이용하여 휴식 및 어린이들이 즐길 수 있는 도로변 소공원의 특성을 고려하여 조경계획도를 작성하시오.
❷ 포장지역을 제외한 곳에는 모두 식재를 계획하시오(단, 녹지공간은 빗금 친 부분이며, 분위기를 고려하여 식재를 한다).
❸ 포장지역은 "점토벽돌, 투수콘크리트, 콘크리트, 고무칩, 마사토" 등 적당한 재료를 선택하여 재료의 사용이 적합한 장소에 기호로 표현하고, 포장명을 반드시 기입하시오.
❹ "가" 지역은 어린이를 위한 놀이공간으로 계획하고 놀이시설 2종, 운동시설 1종(시소, 그네, 미끄럼틀, 철봉, 회전문대)을 배치하시오.
❺ "나" 지역은 휴식공간으로 공원 이용자들의 편안한 휴식을 위한 퍼걸러(3,000 × 3,000mm) 1개와 앉아서 휴식을 즐길 수 있도록 등벤치 3개를 계획하고 설계하시오.
❻ "바" 지역은 등고선 1개당 30cm가 높다. 등고선에 반드시 점표고를 표시하시오.
❼ "라" 지역은 정적인 휴식공간으로 연못, 정자(P) 및 어린이용 도섭지를 설치 운영하고 있으며, "다" 지역보다 높이 차가 1m 낮다. 공간별 높이 차이는 식수대(Plant Box)로 처리하시오.
❽ "마" 지역은 "라" 지역의 표고보다 수심이 1m 정도의 연못이 위치하며, 연못과 연결되는 도섭지의 경우 수심을 30cm 정도로 설치하시오.
❾ "A"는 1m 높이 차를 이용한 장애인용 램프(경사로)이며, 별도로 명시되지 아니한 내용은 수험자의 판단에 의해 설계하시오.
❿ 대상지 내에 식재는 유도식재, 녹음식재, 경관식재, 소나무군식 등의 식재 패턴을 필요한 곳에 배식하고 필요에 따라 수목보호대를 추가로 설치하시오.
⓫ 수목은 아래의 수종 중에서 10가지를 선정하여 골고루 안정적인 배식이 될 수 있도록 계획하고, 인출선을 이용하여 수량, 수종명, 규격을 반드시 기입하시오.

> 소나무(H4.0×W2.0), 소나무(H3.0×W1.5), 소나무(H2.5×W1.2), 스트로브잣나무(H2.5×W1.2), 스트로브 잣나무(H2.0×W1.0), 왕벚나무(H4.5×B15), 버즘나무(H3.5×B8), 느티나무(H3.0×R6), 청단풍(H2.5×R8), 다정큼나무(H1.0×W0.6), 동백나무(H2.5×R8), 중국단풍(H2.5×R5), 굴거리나무(H2.5×W0.6), 자귀나무(H2.5×R6), 태산목(H1.5×W0.5), 먼나무(H2.0×R5), 산딸나무(H2.0×R5), 산수유(H2.5×R7), 꽃사과(H2.5×R5), 수수꽃다리(H1.5×W0.6), 병꽃나무(H1.0×W0.4), 쥐똥나무(H1.0×W0.3), 명자나무(H0.6× W0.4), 산철쭉(H0.3×W0.4), 영산홍(H0.4×W0.3), 조릿대(H0.6×7가지)

⓬ B－B′ 단면도는 경사, 포장재료, 경계선 및 기타 시설물의 기초, 주변의 수목, 중요 시설물, 이용자 등을 단면도상에 반드시 표시하고 높이 차를 한눈에 볼 수 있도록 설계하시오.

현황도

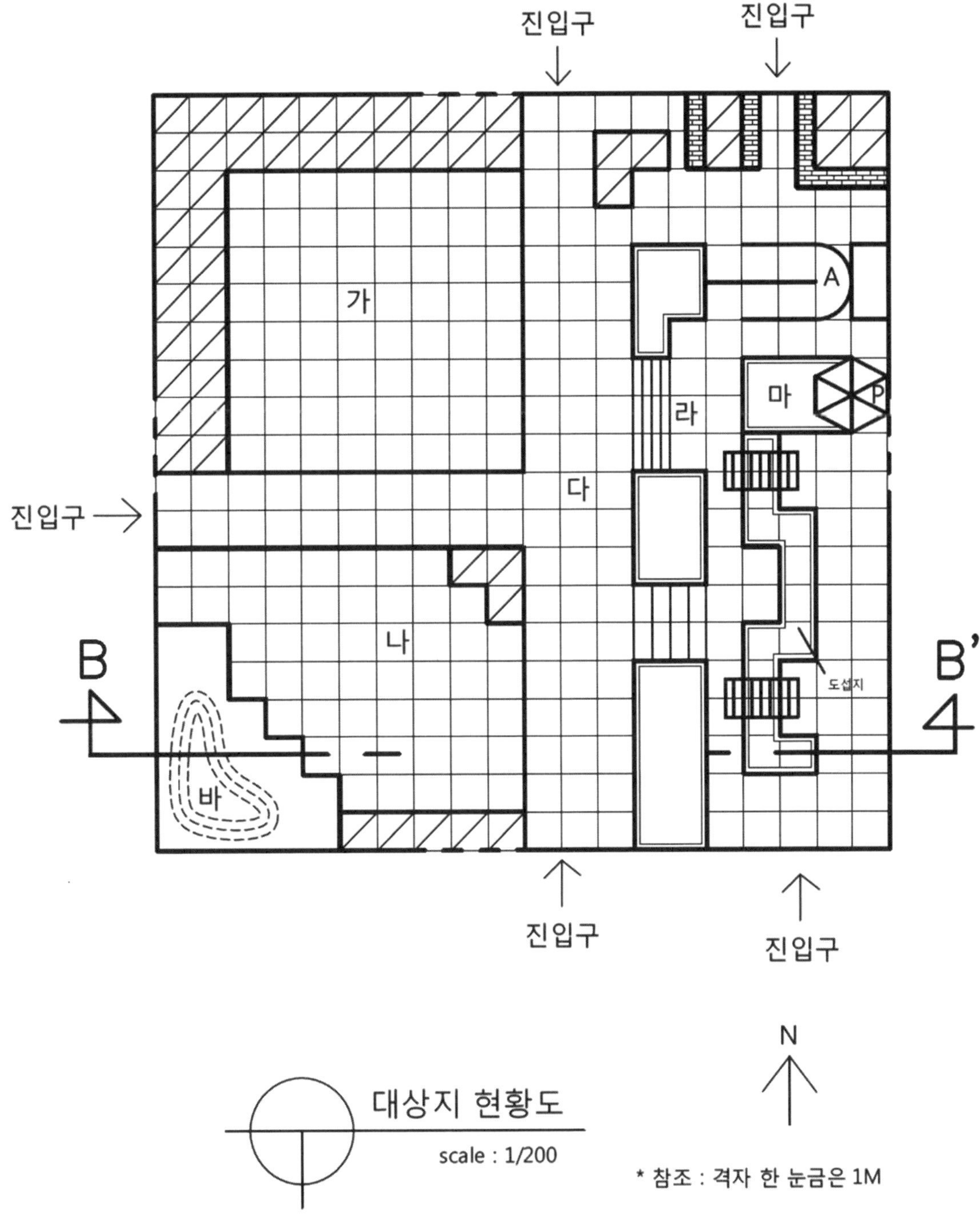

핵심 Point

1. ❼ "라" 지역은 정적인 휴식공간으로 연못, 정자(P) 및 어린이용 도섭지를 설치 운영하고 있으며, "다" 지역보다 높이가 1m 낮다. 공간별 높이 차이는 식수대(Plant Box)로 처리하시오.

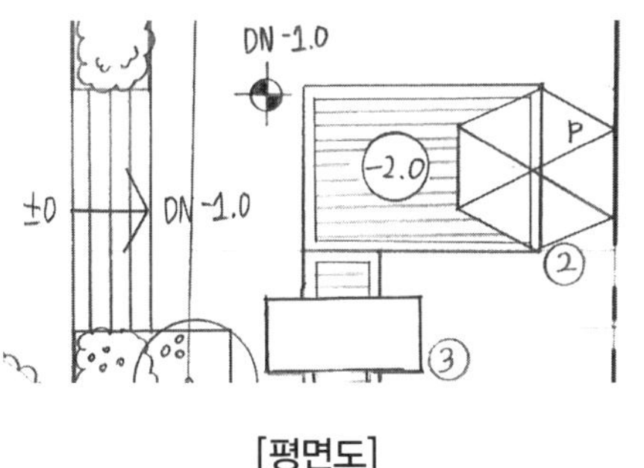

[평면도]

➡ "라" 지역은 "다" 지역보다 1m 낮기 때문에 −1.0으로 기준을 잡아준다.

➡ 식수대(Plant Box)에는 산철쭉으로 식재한다.

2. ❽ "마" 지역은 "라" 지역의 표고보다 수심이 1m 정도 낮은 곳에 연못이 위치하며, 연못과 연결되는 도섭지의 경우 수심을 30cm 정도로 설치하시오.

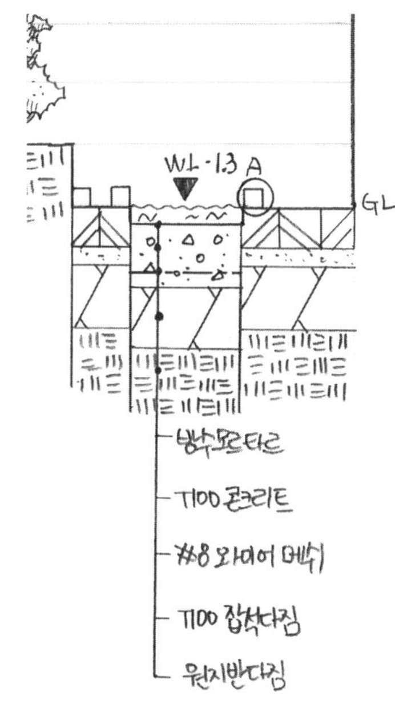

[단면도]

➡ "라" 지역의 점표고는 −1.00이다.

➡ "마" 지역은 "라" 지역의 표고보다 1m 낮기 때문에 점표고는 −2.00이다.

➡ 도섭지의 경우 수심이 30cm 낮기 때문에 점표고는 −1.30이다.

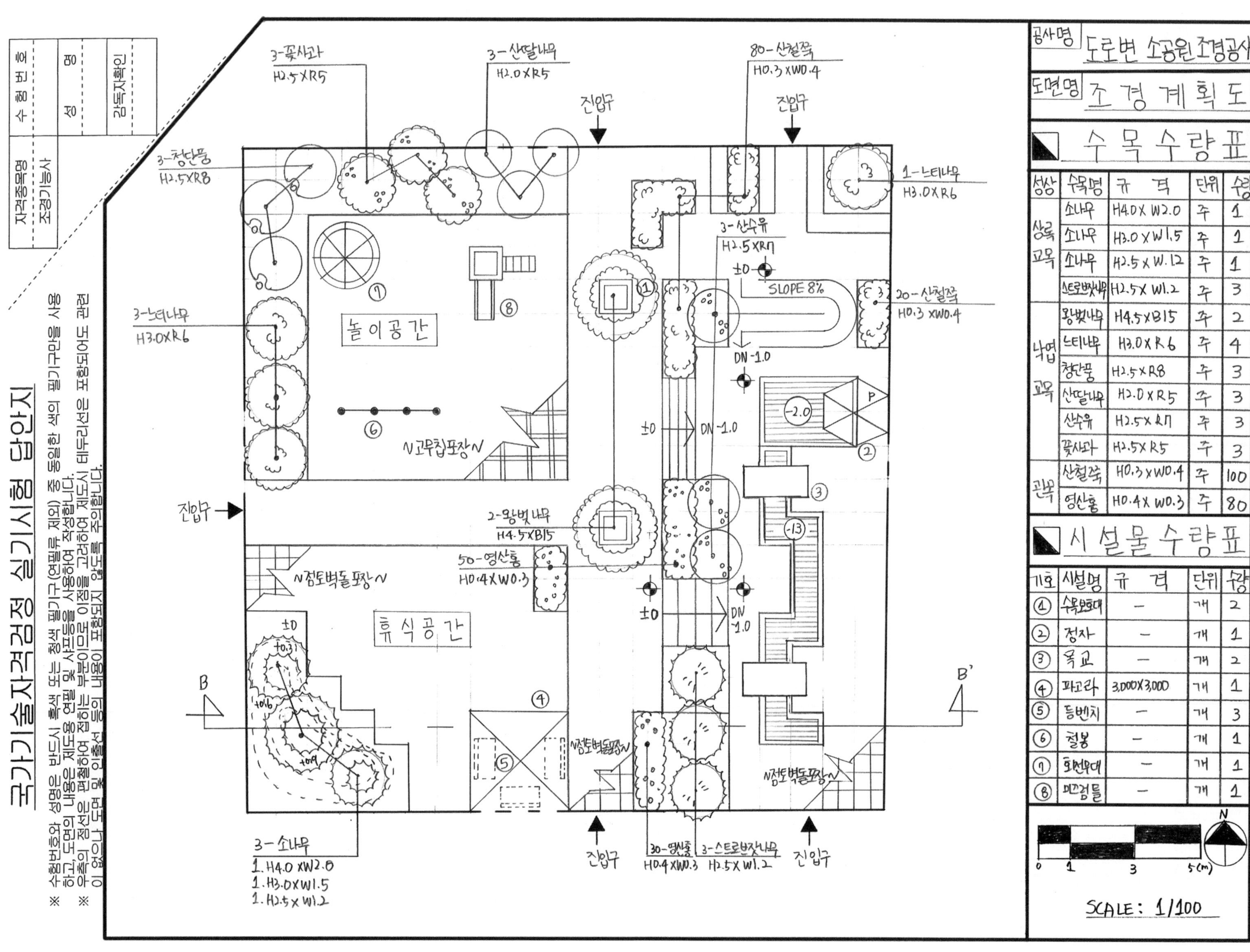

공사명 도로변 소공원조경공사
도면명 조경계획도
수목수량표
성상 | 수목명 | 규격 | 단위 | 수량
상록교목 | 소나무 | H4.0×W2.0 | 주 | 1
소나무 | H3.0×W1.5 | 주 | 1
소나무 | H2.5×W1.2 | 주 | 1
스트로브잣나무 | H2.5×W1.2 | 주 | 3
낙엽교목 | 왕벚나무 | H4.5×B15 | 주 | 2
느티나무 | H3.0×R6 | 주 | 4
청단풍 | H2.5×R8 | 주 | 3
산딸나무 | H2.0×R5 | 주 | 3
산수유 | H2.5×R7 | 주 | 3
꽃사과 | H2.5×R5 | 주 | 3
관목 | 산철쭉 | H0.3×W0.4 | 주 | 100
영산홍 | H0.4×W0.3 | 주 | 80
시설물수량표
기호 | 시설명 | 규격 | 단위 | 수량
① | 수목보호대 | – | 개 | 2
② | 정자 | – | 개 | 1
③ | 목교 | – | 개 | 2
④ | 파고라 | 3,000×3,000 | 개 | 1
⑤ | 등벤치 | – | 개 | 3
⑥ | 철봉 | – | 개 | 1
⑦ | 회전무대 | – | 개 | 1
⑧ | 미끄럼틀 | – | 개 | 1
SCALE : 1/100
놀이공간
휴식공간
진입구
~고무칩포장~
~점토벽돌포장~
SLOPE 8%
3-꽃사과 H2.5×R5
3-산딸나무 H2.0×R5
80-산철쭉 H0.3×W0.4
1-느티나무 H3.0×R6
3-청단풍 H2.5×R8
3-산수유 H2.5×R7
20-산철쭉 H0.3×W0.4
3-느티나무 H3.0×R6
2-왕벚나무 H4.5×B15
50-영산홍 H0.4×W0.3
3-소나무 1. H4.0×W2.0 1. H3.0×W1.5 1. H2.5×W1.2
30-영산홍 H0.4×W0.3
3-스트로브잣나무 H2.5×W1.2
국가기술자격검정 실기시험 답안지

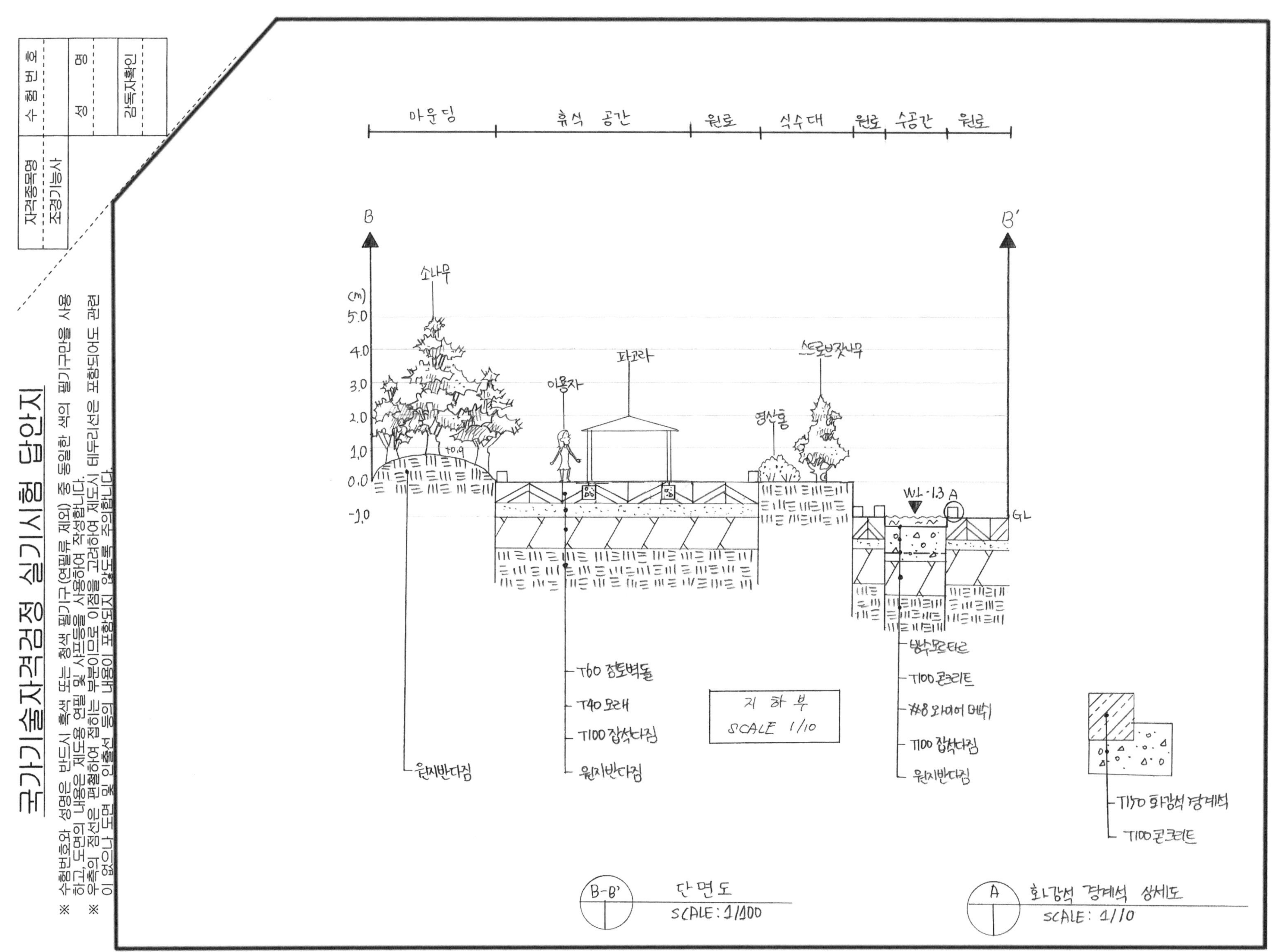

자격종목명 조경기능사
수 험 번 호
성 명
감독자확인
국가기술자격검정 실기시험 답안지
※ 수험번호와 성명은 반드시 흑색 또는 청색 필기구(연필류 제외) 중 동일한 색의 필기구만을 사용하고, 도면의 내용은 제도용 연필 및 샤프 등을 사용하여 작성합니다.
※ 우측의 점선은 편철하여 접히는 부분이므로 이점을 고려하여 제도시 테두리선은 포함되어도 관련이 없으나 도면 및 인출선 등의 내용이 포함되지 않도록 주의합니다.
마운딩
휴식 공간
원로
식수대
원로
수공간
원로
B
B'
(m)
5.0
4.0
3.0
2.0
1.0
0.0
-1.0
소나무
파고라
이용자
스트로브잣나무
영산홍
W.L -1.3
A
GL
원지반다짐
T60 점토벽돌
T40 모래
T100 잡석다짐
원지반다짐
지 하 부
SCALE 1/10
방수모르타르
T100 콘크리트
#8 와이어 메쉬
T100 잡석다짐
원지반다짐
T150 화강석 경계석
T100 콘크리트
B-B'
단면도
SCALE : 1/100
A
화강석 경계석 상세도
SCALE : 1/10

19 도로변 소공원(옥상정원 2)

우리나라 대전지역에 위치한 도로변의 빈 공간에 대한 조경설계를 하고자 한다. 주어진 현황도 및 아래 사항을 참조하여 설계조건에 따라 조경계획도를 작성한다(단, 2점 쇄선 안 부분을 조경설계 대상지로 한다).

요구사항

❶ 식재 평면도를 위주로 한 조경계획도를 축척 1/100로 작성하시오(지급용지－1).

❷ 도면 오른쪽 위에 작업 명칭을 작성하시오.

❸ 도면 오른쪽에는 "주요 시설물 수량표와 수목(식재) 수량표"를 작성하고, 수량표 아래에는 "방위표시와 막대축척"을 그려 넣으시오(단, 전체 대상지의 길이를 고려하여 범례표의 폭을 조정할 수 있다).

❹ 도면 전체적인 안정감을 위하여 "테두리선"을 작성하시오.

❺ 도로변 소공원 부지 내의 B－B′ 단면도를 축척 1/100로 작성하시오(지급용지－2).

❻ 반드시 식재 평면도는 성상, 수목명, 규격, 단위, 수량을 명기하여 작성하시오.

설계조건

❶ 해당 지역은 옥상정원으로 정원이용자들의 휴식 및 쉼을 즐길 수 있는 정원의 특징을 고려하여 조경계획도를 작성하시오.

❷ 포장지역은 "보도블럭, 투수콘크리트, 콘크리트, 고무칩, 마사토" 등을 적당한 재료를 선택하여 재료의 사용이 적합한 장소에 기호로 표현하고, 포장명을 반드시 기입하시오.

❸ 시설물은 동선의 흐름 및 방향에 방해하지 않도록 설계하시오.

❹ "가" 지역은 휴게공간으로 휴식을 위한 셸터(3,000 × 3,000) 1개와 평벤치(1,600 × 600) 2개를 계획한다. 등고선 1개당 20cm 높으며, 그늘시렁에는 수험자판단에 의해 자유롭게 설계하시오.

❺ "나" 지역은 수경공간으로 사각형, 원형 등 담수형 공간이 있으며 지반보다 30cm 낮다. 포장은 조약돌을 이용하며 적절한 위치에 등벤치 4개를 설계하시오.

❻ 플랜터는 높이가 다른 3개의 단으로 구성하며 서쪽 플랜터는 관목으로 식재한다. "다" 지역은 관목으로 식재하며, 각 플랜터의 높이를 평면도에 표시하고, B－B′ 단면도 작성 시 인공식재기반은 다음의 조건을 기준으로 한다.

➡ 배수판 : THK－30/인공토(배수용) : THK－100

➡ 인공토(육성용) : 도입수목의 성상에 따른 생존토심을 적용하여 플랜터보다 4~5cm 낮게 설계한다.

- 1단 플랜터 높이는 0.5m 이하로 하고, 식재토심은 0.3m 이상을 확보한다.
- 2단 플랜터 높이는 자유롭게 확보한다.
- 3단 플랜터 높이는 1.0m 이상으로 하고, 식재토심은 0.8m 이상을 확보한다.
  - 1단 플랜터 : 배수판 THK－30, 인공토(배수용) THK－100, 인공토(육성용) T－300 이상
  - 3단 플랜터 : 배수판 THK－30, 인공토(배수용) THK－100, 인공토(육성용) T－800 이상

❼ 북쪽 녹지대에는 차폐식재를 하고, 전체적으로 아늑하고 볼거리가 있도록 화목류 위주로 식재하시오.

❽ 설계조건에 제시되어 있는 수목 중 남부지방과 B12(R15) 규격의 수목은 식재하지 마시오.

❾ 관목의 식재기준은 m^2당 10주 식재를 적용하고, 열식하는 것을 원칙으로 하시오.

❿ 수목은 아래에 주어진 수종에서 종류가 다른 12가지 이상을 정하여 공간에 부합되는 식재를 계획하며, 인출선을 이용하여 수량, 수종명칭, 규격을 반드시 표기하시오.

개나리(H1.2×5가지), 굴거리나무(H2.5×W1.5), 꽃사과(H2.5×R5), 꽝꽝나무(H0.3×W0.4), 낙상홍(H1.0×W0.4), 낙우송(H4.0×B12), 느티나무(H3.0×R6), 느티나무(H4.5×R20), 다정큼나무(H1.0×W0.5), 대왕참나무(H4.5×R20), 돈나무(H1.5×W1.0), 동백나무(H2.5×R8), 마가목(H3.0×R12), 매화나무(H2.0×R4), 먼나무(H2.0×R5), 명자나무(H0.6×W0.4), 목련(H3.0×R10), 무궁화(H1.0×W0.2), 박태기나무(H1.0×W0.4), 배롱나무(H2.5×R6), 백철쭉(H0.3×W0.3), 백합나무(H4.0×R10), 버즘나무(H3.5×B8), 병꽃나무(H1.0×W0.6), 사철나무(H1.0×W0.3), 산딸나무(H2.0×R6), 산수국(H0.3×W0.4), 산수유(H2.5×R8), 산철쭉(H0.3×W0.3), 서양측백(H1.2×W0.3), 소나무(H3.0 ×W1.5×R10), 소나무(H4.0×W2.0×R15), 소나무(H5.0×W2.5×R20), 소나무(둥근형)(H1.2×W1.5), 수수꽃다리(H2.0×R0.8), 스트로브잣나무(H2.0×W1.0), 아왜나무(H1.5×W0.8), 영산홍(H0.3×W0.3), 왕벚나무(H4.0×B10), 은행나무(H4.0×B10), 이팝나무(H3.5×R12), 자귀나무(H3.5×R12), 자산홍(H0.3×W0.3), 자작나무(H2.5×B5), 조릿대(H0.6×W0.3), 좀작살나무(H1.2×W0.3), 주목(둥근형)(H0.3×W0.3), 주목(선형)(H2.0×W1.0), 중국단풍(2.5×R6), 쥐똥나무(H1.0×W0.3), 청단풍(H2.5×R8), 층층나무(H3.5×R8), 칠엽수(H3.5×R12), 태산목(H1.5×W0.5), 홍단풍(H3.0×R10), 화살나무(H0.6×W0.3), 회양목(H0.3×W0.3), 갈대(8cm), 감국(8cm), 구절초(8cm), 금계국(10cm), 노랑꽃창포(8cm), 맥문동(8cm), 둥굴레(10cm), 부들(8cm), 붓꽃(10cm), 비비추(2~3분얼), 부처꽃(8cm), 수호초(10cm), 옥잠화(2~3분얼), 원추리(2~3분얼), 애기나리(10cm), 잔디(0.3×0.3×0.03), 패랭이꽃(8cm), 해국(8cm), 제비꽃(8cm)

➡ 규격이 다른 소나무 수종은 종류가 다른 수종으로 판단하지 않으며, 12가지에 포함 기재 시 1개 종으로 간주한다.

⓫ B－B′ 단면도는 경사, 포장재료, 경계선 및 기타 시설물의 기초, 주변의 수목, 중요 시설물, 이용자 등을 단면도상에 반드시 표시하고 높이 차를 한눈에 볼 수 있도록 설계하시오.

현황도

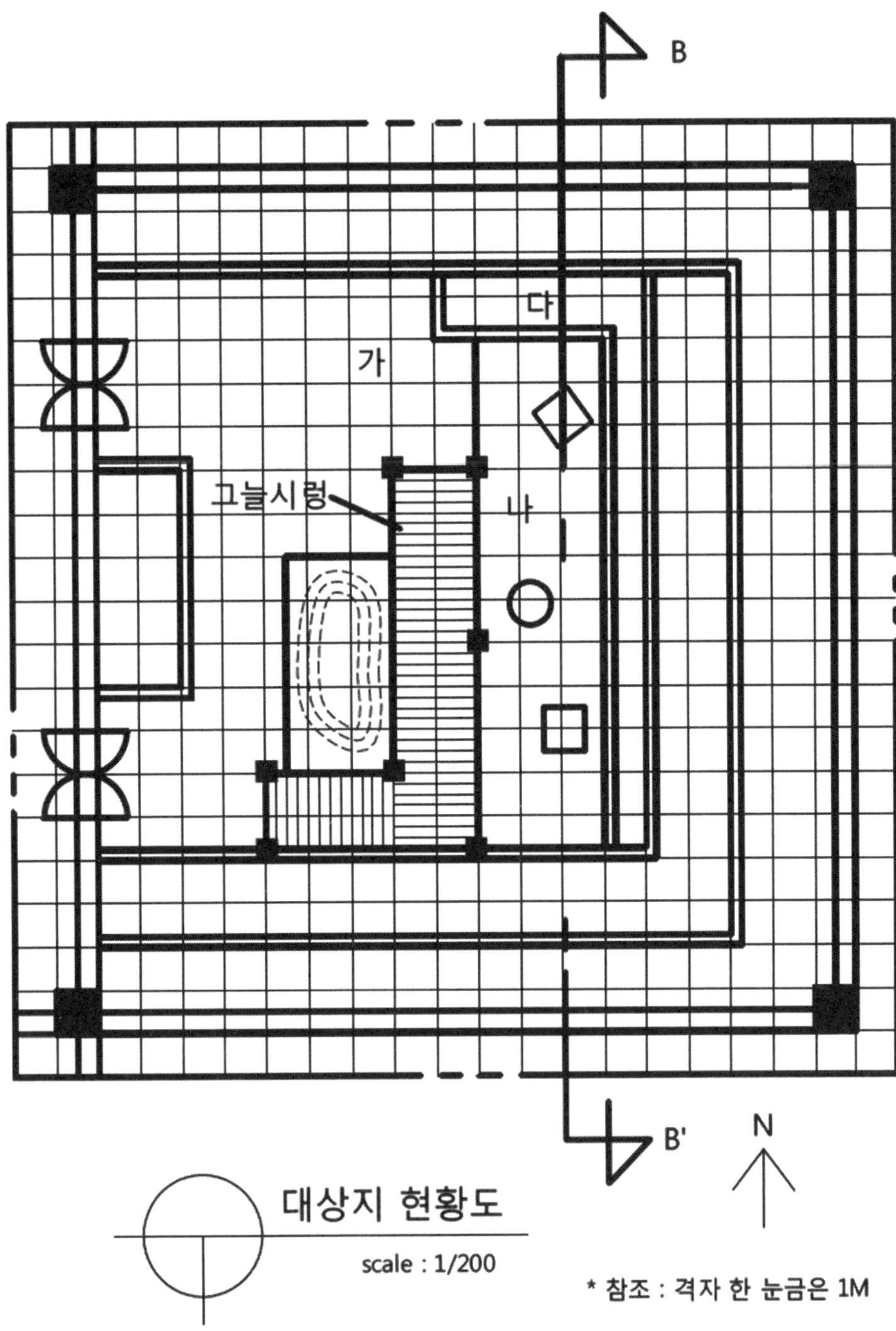

핵심 Point

1. ❺ "나" 지역은 수경공간으로 사각형, 원형 등 담수형 공간이 있으며 지반보다 30cm 낮다. 포장은 조약돌을 이용하며 적절한 위치에 등벤치 4개를 설계하시오.

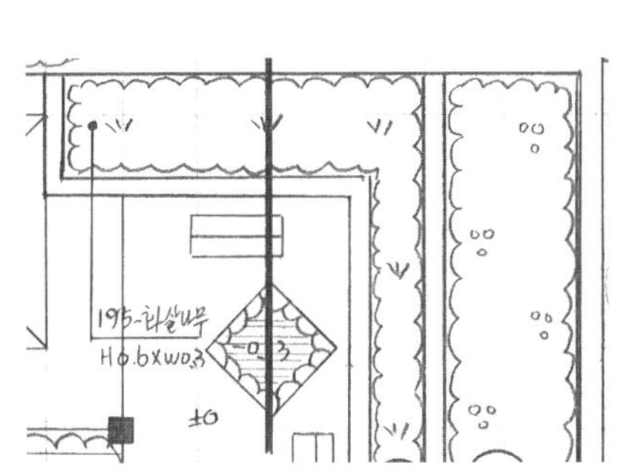

[평면도]

➡ "나" 지역은 수경공간으로 담수형 표현을 하며, 30cm 낮기 때문에 -0.3으로 처리한다.

[단면도]

➡ 기존 단면도 지하부는 Scale 1/10로 했지만 옥상조경 도면은 1/100로 하기 때문에 표현만 해준다.

2. ❹ "가" 지역은 휴게공간으로 휴식을 위한 셸터(3,000 × 3,000) 1개와 평벤치(1,600 × 600) 2개를 계획한다. 등고선 1개당 20cm 높으며, 그늘시렁에는 수험자판단에 의해 자유롭게 설계하시오.

[평면도]

➡ 그늘시렁에는 "등"나무로 길이는 L=2000으로 표현한다.

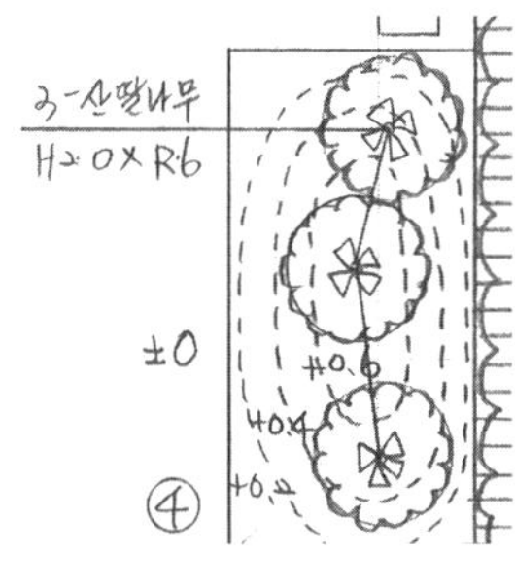

[평면도]

➡ 등고선 1개당 20cm 높기 때문에 최종 높이는 +0.6이 된다.

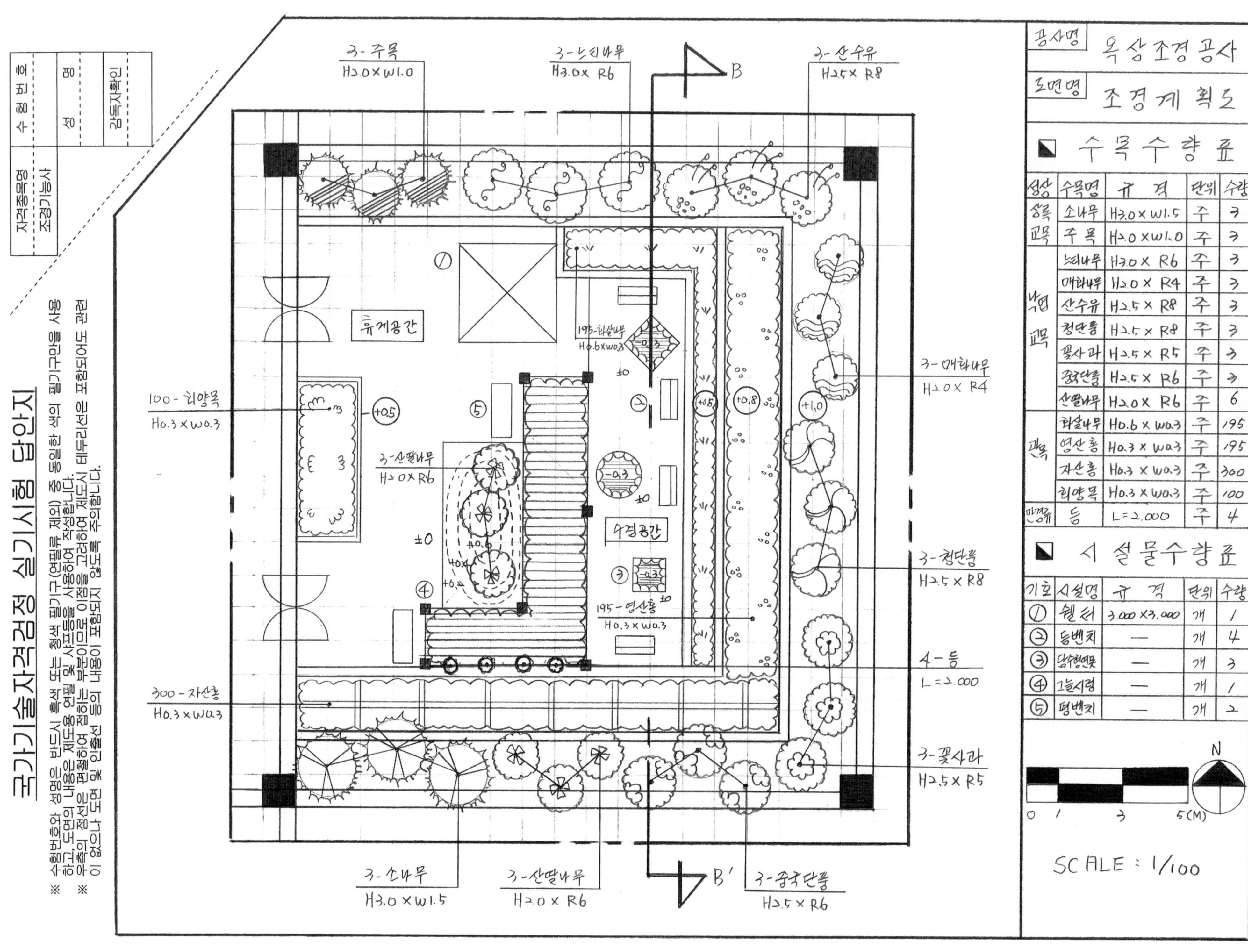

수목수량표

성상	수목명	규격	단위	수량
상록교목	소나무	H3.0×W1.5	주	3
	주목	H2.0×W1.0	주	3
낙엽교목	느티나무	H3.0×R6	주	3
	매화나무	H2.0×R4	주	3
	산수유	H2.5×R8	주	3
	청단풍	H2.5×R8	주	3
	꽃사과	H2.5×R5	주	3
	중국단풍	H2.5×R6	주	3
	산딸나무	H2.0×R6	주	6
관목	회양나무	H0.6×W0.3	주	195
	영산홍	H0.3×W0.3	주	195
	자산홍	H0.3×W0.3	주	300
	회양목	H0.3×W0.3	주	100
만경류	등	L=2.000	주	4

시설물수량표

기호	시설명	규격	단위	수량
①	쉘터	3.000×3.000	개	1
②	등벤치	—	개	4
③	답수형연못	—	개	3
④	그늘시렁	—	개	1
⑤	평벤치	—	개	2

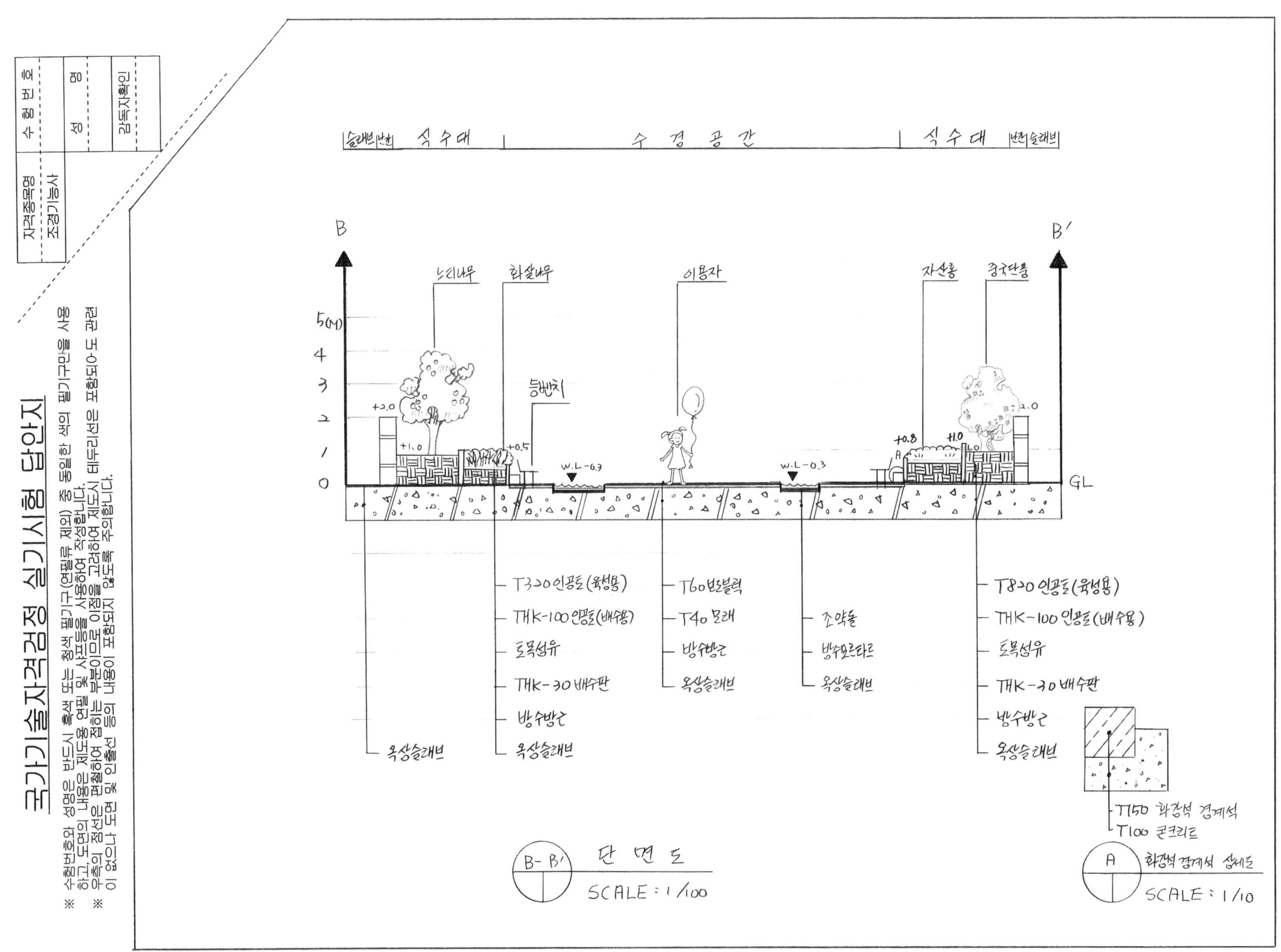
국가기술자격검정 실기시험 답안지
자격종목명
조경기능사
수 험 번 호
성 명
감독자확인
※ 수험번호와 성명은 반드시 흑색 또는 청색 필기구(연필류 제외) 중 동일한 색의 필기구만을 사용하고, 도면의 내용은 제도용 연필 및 샤프등을 사용하여 작성합니다.
※ 우측의 점선은 편철하여 접히는 부분이므로 이점을 고려하여 제도시 테두리선은 포함되어도 관련이 없으나 도면 및 인출선 등의 내용이 포함되지 않도록 주의합니다.
식수대
수 경 공 간
식수대
GL
조약돌
방수몰타르
옥상슬래브
T60보도블럭
T40 모래
방수방근
옥상슬래브
T820 인공토(육성용)
THK-100 인공토(배수용)
토목섬유
THK-30 배수판
방수방근
옥상슬래브
T150 화강석 경계석
T100 콘크리트
B-B' 단 면 도
SCALE : 1/100
A 화강석 경계석 상세도
SCALE : 1/10

20 도로변 소공원(종합놀이시설, 마운딩)

우리나라 대전지역에 위치한 도로변의 빈 공간에 대한 조경설계를 하고자 한다. 주어진 현황도 및 아래 사항을 참조하여 설계조건에 따라 조경계획도를 작성한다(단, 2점 쇄선 안 부분을 조경설계 대상지로 한다).

요구사항

❶ 식재 평면도를 위주로 한 조경계획도를 축척 1/100로 작성하시오(지급용지－1).

❷ 도면 오른쪽 위에 작업 명칭을 작성하시오.

❸ 도면 오른쪽에는 "주요 시설물 수량표와 수목(식재) 수량표"를 작성하고, 수량표 아래에는 "방위표시와 막대축척"을 그려 넣으시오(단, 전체 대상지의 길이를 고려하여 범례표의 폭을 조정할 수 있다).

❹ 도면 전체적인 안정감을 위하여 "테두리선"을 작성하시오.

❺ 도로변 소공원 부지 내의 B－B′ 단면도를 축척 1/100로 작성하시오(지급용지－2).

❻ 반드시 식재 수량표는 성상, 수목명, 규격, 단위, 수량을 명기하여 작성하시오.

설계조건

❶ 해당 지역은 도로변의 자투리 공간을 이용하여 휴식 및 어린이들이 즐길 수 있는 도로변 소공원의 특성을 고려하여 조경계획도를 작성하시오.

❷ 포장지역을 제외한 곳에는 모두 식재를 계획하시오(단, 녹지공간은 빗금 친 부분이며, 분위기를 고려하여 식재를 한다).

❸ 포장지역은 "점토벽돌, 데크, 화강석블럭, 고무칩, 마사토" 등을 적당한 재료를 선택하여 재료의 사용이 적합한 장소에 기호로 표현하고, 포장명을 반드시 기입하시오.

❹ "가" 지역은 대상지 내 어린이를 위한 종합놀이공간으로 계획하시오.

- 대상지는 어린이가 놀 수 있도록 종합놀이시설을 설치하고, 반드시 합당한 포장을 선택하시오.
- 종합놀이시설(H＝2500)로 미끄럼대 3면과 철봉 3연식을 설계하시오.
- 대상지 주변에 수목보호대 5개를 설치하여 적합한 수목을 선정하여 설치하시오.

❺ "가" 지역 주변 녹지는 잔디를 활용한 마운딩 처리로 계획하시오.

❻ "나" 지역은 휴게공간으로 계획하고, 그 안에 퍼걸러(3,500 × 3,500mm) 1개소와 평의자, 등의자, 앉음벽 등 휴게시설 1종을 배치하시오.

❼ "다, 라, 마" 지역은 대상지 내 어린이를 위한 숨은 놀이공간으로 계획하시오.

- 대상지는 어린이 놀이시설물을 임의로 선택할 수 있으며, 반드시 합당한 포장을 선택하시오.
- 정글짐, 그네, 동물형 흔들의자, 징검놀이시설, 시소, 회전무대 등(기타 수험자 임의 설치 가능)
- 공간과 공간 사이의 녹지는 신비로움을 느낄 수 있도록 식재하고, 동선으로 순환할 수 있게 하시오.

❽ 적당한 위치에 차폐식재, 진입구 주변 녹지대에는 소나무 군식, 휴식공간 주변은 녹음수 식재, 놀이공간 주변에는 계절감 있는 식재 등 대상지 내 공간성격에 부합되도록 배식하시오(녹지 내 등고선 1개의 높이는 25cm 정도로 계획에 반영하시오).

❾ 수목은 아래에 주어진 수종에서 종류가 다른 12가지를 정하여 공간에 부합되는 식재를 계획하며, 인출선을 이용하여 수량, 수종명칭, 규격을 반드시 표기하시오.

> 개나리(H1.2×5가지), 굴거리나무(H2.5×W1.5), 꽃사과(H2.5×R5), 꽝꽝나무(H0.3×W0.4), 낙상홍(H1.0×W0.4), 낙우송(H4.0×B12), 느티나무(H3.0×R6), 느티나무(H4.5×R20), 다정큼나무(H1.0×W0.5), 대왕참나무(H4.5×R20), 돈나무(H1.5×W1.0), 동백나무(H2.5×R8), 마가목(H3.0×R12), 매화나무(H2.0×R4), 먼나무(H2.0×R5), 명자나무(H0.6×W0.4), 목련(H3.0×R10), 무궁화(H1.0×W0.2), 박태기나무(H1.0×W0.4), 배롱나무(H2.5×R6), 백철쭉(H0.3×W0.3), 백합나무(H4.0×R10), 버즘나무(H3.5×B8), 병꽃나무(H1.0×W0.6), 사철나무(H1.0×W0.3), 산딸나무(H2.0×R6), 산수국(H0.3×W0.4), 산수유(H2.5×R8), 산철쭉(H0.3×W0.3), 서양측백(H1.2×W0.3), 소나무(H3.0 ×W1.5×R10), 소나무(H4.0×W2.0×R15), 소나무(H5.0×W2.5×R20), 소나무(둥근형)(H1.2×W1.5), 수수꽃다리(H2.0×R0.8), 스트로브잣나무(H2.0×W1.0), 아왜나무(H1.5×W0.8), 영산홍(H0.3×W0.3), 왕벚나무(H4.0×B10), 은행나무(H4.0×B10), 이팝나무(H3.5×R12), 자귀나무(H3.5×R12), 자산홍(H0.3×W0.3), 자작나무(H2.5×B5), 조릿대(H0.6×W0.3), 좀작살나무(H1.2×W0.3), 주목(둥근형)(H0.3×W0.3), 주목(선형)(H2.0×W1.0), 중국단풍(2.5×R6), 쥐똥나무(H1.0×W0.3), 청단풍(H2.5×R8), 층층나무(H3.5×R8), 칠엽수(H3.5×R12), 태산목(H1.5×W0.5), 홍단풍(H3.0×R10), 화살나무(H0.6×W0.3), 회양목(H0.3×W0.3), 갈대(8cm), 감국(8cm), 구절초(8cm), 금계국(10cm), 노랑꽃창포(8cm), 맥문동(8cm), 둥굴레(10cm), 부들(8cm), 붓꽃(10cm), 비비추(2～3분얼), 부처꽃(8cm), 수호초(10cm), 옥잠화(2～3분얼), 원추리(2～3분얼), 애기나리(10cm), 잔디(0.3×0.3×0.03), 패랭이꽃(8cm), 해국(8cm), 제비꽃(8cm)

➡ 규격이 다른 소나무 수종은 종류가 다른 수종으로 판단하지 않으며, 12가지에 포함 기재 시 1개 종으로 간주한다.

❿ B－B′ 단면도는 경사, 포장재료, 경계선 및 기타 시설물의 기초, 주변의 수목, 중요 시설물, 이용자 등을 단면도상에 반드시 표시하고 높이 차를 한눈에 볼 수 있도록 설계하시오.

 현황도

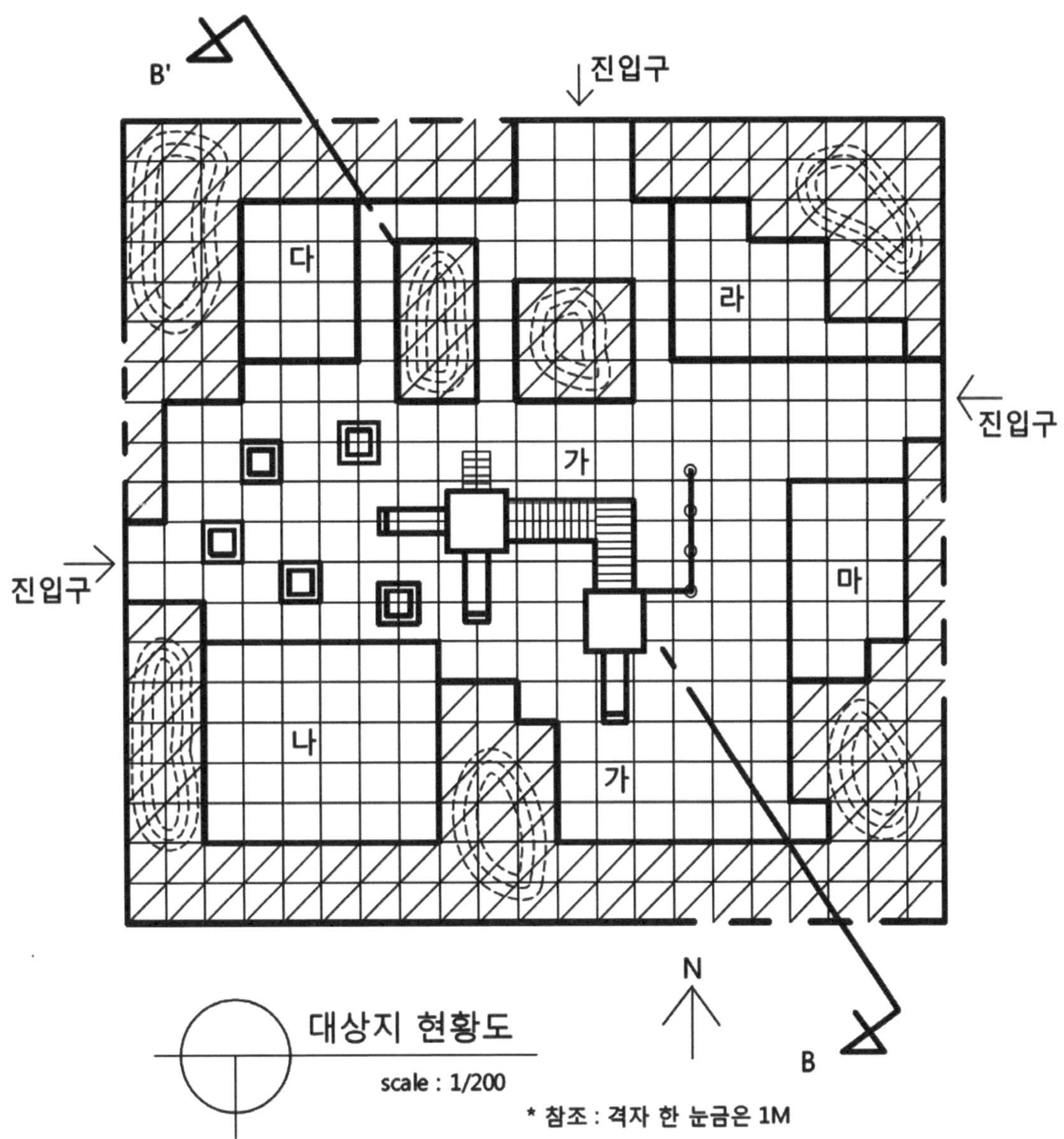

 핵심 Point

1. ❽ 녹지 내 등고선 1개의 높이를 25cm 정도로 계획에 반영하시오.

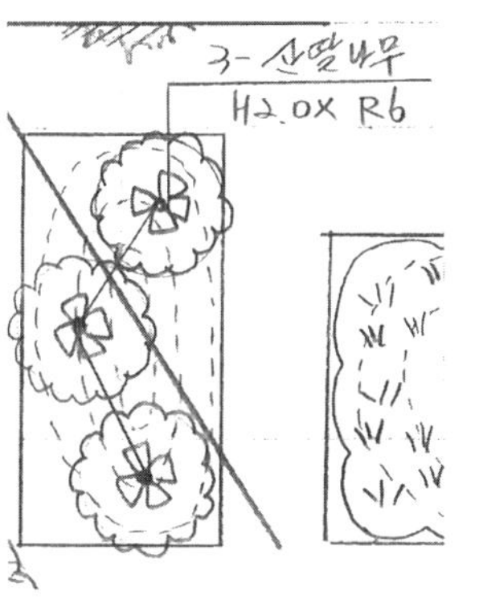

[평면도]

➡ 등고선 1개당 25cm 높기 때문에 최종 높이는 +0.75가 된다.

2. ❹ "4" 지역은 대상지 내 어린이를 위한 놀이공간으로 계획하시오.

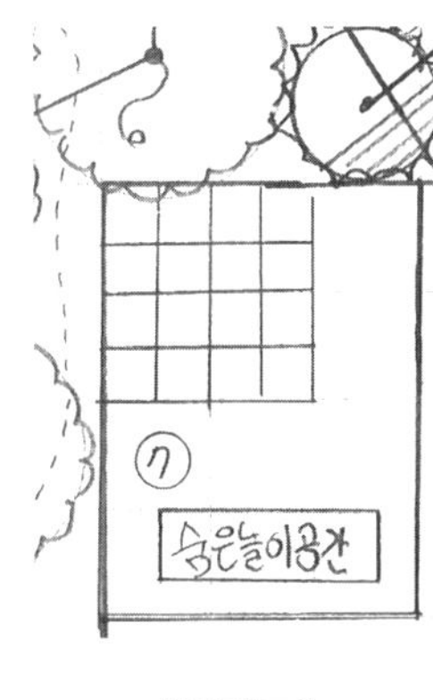

[평면도]

➡ 숨은놀이공간이며, 제시된 시설물 중에서 정글짐을 설계하였으며 포장은 고무칩포장으로 설계한다.

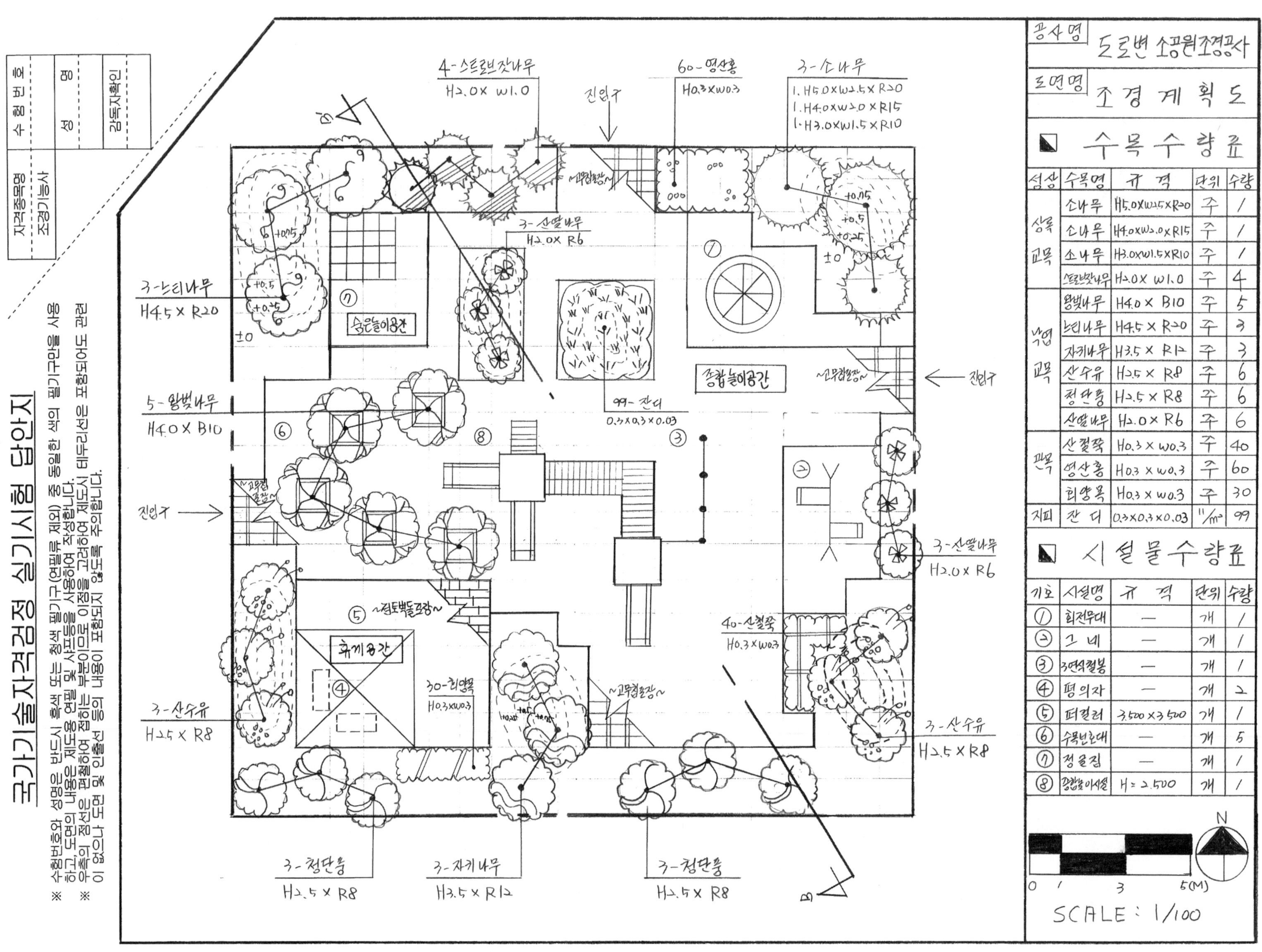
국가기술자격검정 실기시험 답안지
※ 수험번호와 성명은 반드시 흑색 또는 청색 필기구(연필류 제외) 중 동일한 색의 필기구만을 사용하고, 도면의 내용은 제도용 연필 및 샤프 등을 사용하여 작성합니다.
※ 우측의 점선은 편철하여 절취는 부분이므로 이점을 고려하여 제도시 테두리선은 포함되어도 관련이 없으나 도면 및 인출선 등의 내용이 포함되지 않도록 주의합니다.
자격종목명
조경기능사
수험번호
성명
감독자확인
공사명
도로변 소공원조경공사
도면명
조경계획도
수목수량표
성상 | 수목명 | 규격 | 단위 | 수량
상록교목 | 소나무 | H5.0×W2.5×R20 | 주 | 1
소나무 | H4.0×W2.0×R15 | 주 | 1
소나무 | H3.0×W1.5×R10 | 주 | 1
스트로브잣나무 | H2.0×W1.0 | 주 | 4
낙엽교목 | 왕벚나무 | H4.0×B10 | 주 | 5
느티나무 | H4.5×R20 | 주 | 3
자귀나무 | H3.5×R12 | 주 | 3
산수유 | H2.5×R8 | 주 | 6
청단풍 | H2.5×R8 | 주 | 6
산딸나무 | H2.0×R6 | 주 | 6
관목 | 산철쭉 | H0.3×W0.3 | 주 | 40
영산홍 | H0.3×W0.3 | 주 | 60
회양목 | H0.3×W0.3 | 주 | 30
지피 | 잔디 | 0.3×0.3×0.03 | 매/m² | 99
시설물수량표
기호 | 시설명 | 규격 | 단위 | 수량
① | 회전무대 | — | 개 | 1
② | 그네 | — | 개 | 1
③ | 3연식철봉 | — | 개 | 1
④ | 평의자 | — | 개 | 2
⑤ | 퍼걸러 | 3,500×3,500 | 개 | 1
⑥ | 수목보호대 | — | 개 | 5
⑦ | 정글짐 | — | 개 | 1
⑧ | 종합놀이시설 | H=2,500 | 개 | 1
N
0 1 3 5(M)
SCALE : 1/100
4-스트로브잣나무
H2.0×W1.0
60-영산홍
H0.3×W0.3
3-소나무
1.H5.0×W2.5×R20
1.H4.0×W2.0×R15
1.H3.0×W1.5×R10
진입구
3-산딸나무
H2.0×R6
3-느티나무
H4.5×R20
숨은놀이공간
종합놀이공간
99-잔디
0.3×0.3×0.03
5-왕벚나무
H4.0×B10
휴게공간
적토벽돌포장
3-산수유
H2.5×R8
30-회양목
H0.3×W0.3
40-산철쭉
H0.3×W0.3
고무칩포장
3-청단풍
H2.5×R8
3-자귀나무
H3.5×R12

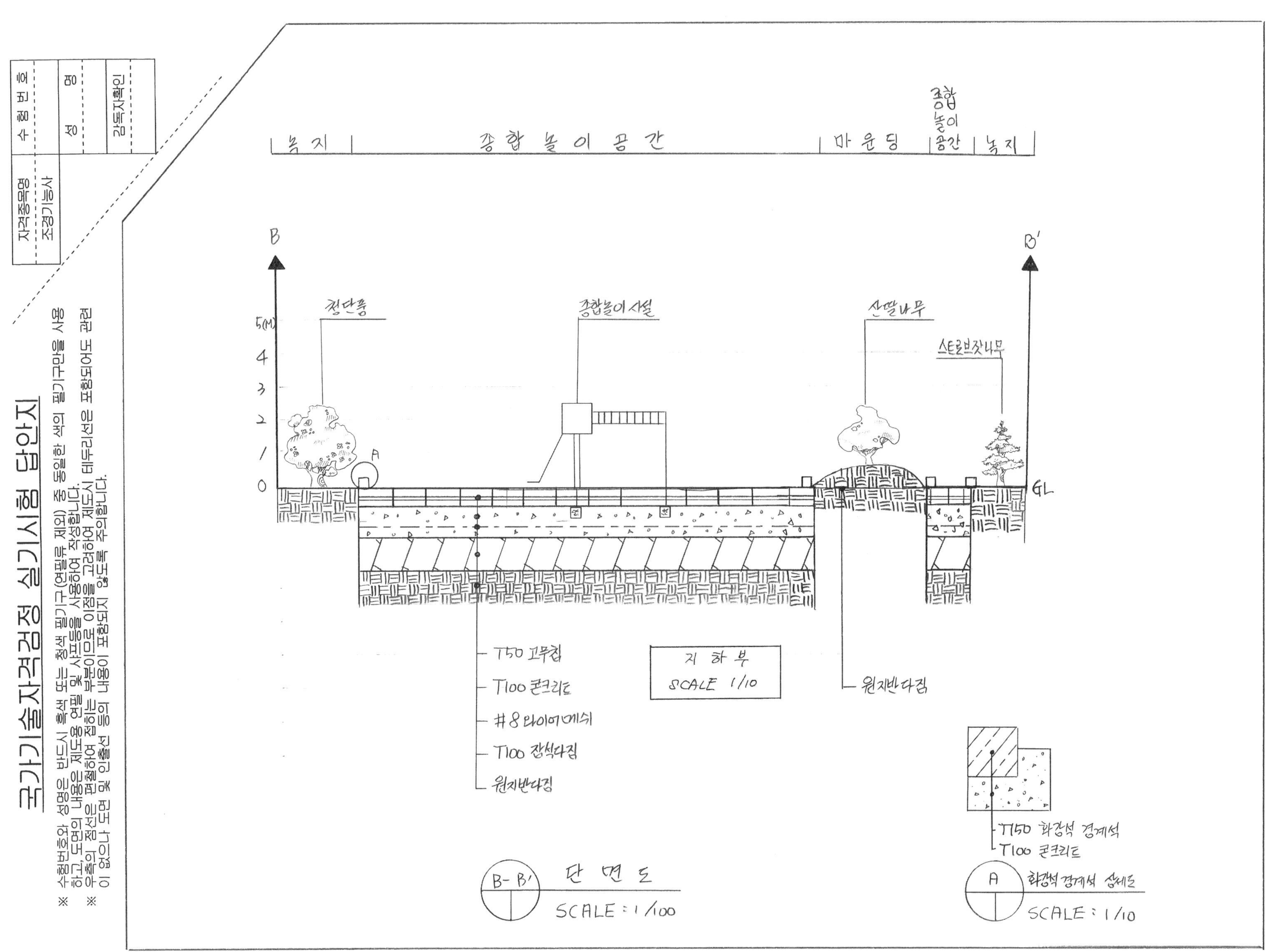
국가기술자격검정 실기시험 답안지
※ 수험번호와 성명은 반드시 흑색 또는 청색 필기구(연필류 제외) 중 동일한 색의 필기구만을 사용하고, 도면의 내용은 제도용 연필 및 샤프 등을 사용하여 작성합니다.
※ 우측의 경계선은 편철하여 접히는 부분이므로 이점을 고려하여 제도시 테두리선은 포함되어도 관련이 없으나 도면 및 인출선 등의 내용이 포함되지 않도록 주의합니다.
자격종목명
조경기능사
수험번호
성명
감독자확인
녹지
종합놀이공간
마운딩
종합놀이공간
녹지
B
B'
청단풍
종합놀이시설
산딸나무
스트로브잣나무
5(M)
4
3
2
1
0
A
GL
T50 고무칩
T100 콘크리트
#8 와이어메쉬
T100 잡석다짐
원지반다짐
지하부
SCALE 1/10
원지반다짐
T150 화강석 경계석
T100 콘크리트
B-B'
단면도
SCALE : 1/100
A
화강석 경계석 상세도
SCALE : 1/10

21 도로변 소공원(야외무대 3)

우리나라 중부지역에 위치한 도로변의 빈 공간에 대해 조경설계를 하고자 한다. 주어진 현황도 및 아래 사항을 참조하여 설계조건에 따라 조경계획도를 작성한다(단, 2점 쇄선 안 부분을 조경설계 대상지로 한다).

요구사항

❶ 식재평면도를 위주로 한 조경계획도를 축척 1/100로 작성하시오(지급용지 – 1).

❷ 도면 오른쪽 위에 작업명칭을 작성하시오.

❸ 도면 오른쪽에는 “주요 시설물 수량표와 수목(식재) 수량표”를 작성하고, 수량표 아래에는 “방위표시와 막대축척”을 그려 넣으시오(단, 전체 대상지의 길이를 고려하여 범례표의 폭을 조정할 수 있다).

❹ 도면의 전체적인 안정감을 위하여 “테두리선”을 작성하시오.

❺ 도로변 소공원 부지 내의 B – B′ 단면도를 축척 1/100로 작성하시오(지급용지 – 2).

❻ 반드시 식재평면도는 성상, 수목명, 규격, 단위, 수량을 명기하여 작성하시오.

설계조건

❶ 해당 지역은 도로변의 자투리 공간을 이용하여 공연 및 어린이들이 즐길 수 있는 도로변 소공원의 특성을 고려하여 조경계획도를 작성한다.

❷ 포장지역을 제외한 곳에는 모두 식재를 계획한다(단, 녹지공간은 빗금친 부분이며, 분위기를 고려하여 식재를 한다).

❸ 포장지역은 “점토벽돌, 화강석블록포장, 콘크리트, 고무칩, 마사토, 투수콘크리트” 등 적당한 재료를 선택하여 재료의 사용이 적합한 장소에 기호로 표현하고, 포장명을 반드시 기입한다.

❹ “가” 지역은 야외무대 공간으로 “나” 지역보다는 1m 높고, 바닥포장 재료는 공연 시 미끄러짐이 없는 것을 선택하시오(단, 녹지대쪽에 가림벽(2.5m)이 설치된 경우 그 높이를 고려하여 계획함).

❺ “나” 지역은 공연과 관람석과의 완충공간으로 공연이 없을 경우 동적인 휴식공간으로 활용하고자 하며, “마” 지역보다 1m 낮게 설계하시오.

❻ “다” 지역은 놀이공간으로 “마” 지역보다 1m 낮게 계획하고, 그 안에 어린이 놀이시설물을 3종류(회전무대, 3연식 철봉, 정글짐, 2연식 시소 등)를 설치하고 녹지 내 등고선은 1개당 25cm로 설계하시오.

❼ “마” 지역은 보행공간으로 각각의 공간을 연계할 수 있으며, 공간별 높이 차이는 식수대(Plant Box)로 처리하였으며, 주진입구에는 동일한 수종을 2주 식재하여 적합한 장소를 선택한 후 평상형 벤치와 휴지통을 추가로 설치하시오.

❽ “라” 지역은 정적인 휴식공간으로 퍼걸러(4,000 × 3,000) 1개와 등받이형 벤치(1,200 × 500) 2개, 휴지통 1개를 설치하시오.

❾ 대상지 내의 식재는 유도식재, 녹음식재, 경관식재, 소나무군식 등의 식재패턴을 필요한 곳에 배식하고, 필요에 따라 수목보호대를 추가로 설치하시오.

❿ 수목은 아래의 수종 중에서 10가지를 선정하여 골고루 안정적인 배식이 될 수 있도록 계획하고, 인출선을 이용하여 수량, 수종명, 규격을 반드시 기입하시오.

> 개나리(H1.2×5가지), 계수나무(H2.5×R6), 구상나무(H1.5×W0.6), 굴거리나무(H2.5×W1.5), 금목서(H2.0×R6), 꽃사과(H2.5×R5), 꽝꽝나무(H0.3×W0.4), 낙상홍(H1.0×W0.4), 낙우송(H4.0×B12), 느티나무(H3.0×R6), 느티나무(H4.5×R20), 다정큼나무(H1.0×W0.5), 대왕참나무(H4.5×R20), 덜꿩나무(HI.0×W0.4), 돈나무(H1.5×W1.0), 동백나무(H2.5×R8), 마가목(H3.0×R12), 매화나무(H2.0×R4), 먼나무(H2.0×R5), 메타세쿼이어(H4.0×B10), 명자나무(H0.6×W0.4), 모과나무(H3.0×R8), 목련(H3.0×R10), 무궁화(H1.0×W0.2), 박태기나무(H1.0×W0.4), 배롱나무(H2.5×R6), 백철쭉(H0.3×W0.3), 백합나무(H4.0×R10), 버즘나무(H3.5×B8), 병꽃나무(H1.0×W0.6), 사철나무(H1.0×W0.3), 산딸나무(H2.0×R6), 산수국(H0.3×W0.4), 산수유(H2.5×R8), 산철쭉(H0.3×W0.3), 서양측백(H1.2×W0.3), 소나무(H3.0×W1.5×R10), 소나무(H4.0×W2.0×R15), 소나무(H5.0×W2.5×R20), 소나무(둥근형)(H1.2×W1.5), 수수꽃다리(H2.0×R0.8), 스트로브잣나무(H2.0×W1.0), 아왜나무(H1.5×W0.8), 영산홍(H0.3×W0.3), 왕벚나무(H4.0×B10), 은행나무(H4.0×B10), 이팝나무(H3.5×R12), 자귀나무(H3.5×R12), 자산홍(H0.3×W0.3), 자작나무(H2.5×B5), 조릿대(H0.6×W0.3), 좀작살나무(H1.2×W0.3), 주목(둥근형)(H0.3×W0.3), 주목(선형)(H2.0×W1.0), 중국단풍(H2.5×R6), 쥐똥나무(H1.0×W0.3), 청단풍(H2.5×R8), 층층나무(H3.5×R8), 칠엽수(H3.5×R12), 태산목(H1.5×W0.5), 홍단풍(H3.0×R10), 화살나무(H0.6×W0.3), 회양목(H0.3×W0.3), 갈대(8cm), 감국(8cm), 구절초(8cm), 금계국(10cm), 노랑꽃창포(8cm), 맥문동(8cm), 벌개미취(8cm), 둥굴레(10cm), 부들(8cm), 붓꽃(10cm), 비비추(2~3분얼), 부처꽃(8cm), 수호초(10cm), 옥잠화(2~3분얼), 원추리(2~3분얼), 애기나리(10cm), 잔디(0.3×0.3×0.30), 패랭이꽃(8cm), 해국(8cm), 제비꽃(8cm), 털부처꽃(8cm)

⓫ B – B′ 단면도는 경사, 포장재료, 경계선 및 기타 시설물의 기초, 주변의 수목, 중요시설물, 이용자 등을 단면도상에 반드시 표시하고 높이 차를 한눈에 볼 수 있도록 설계하시오.

현황도

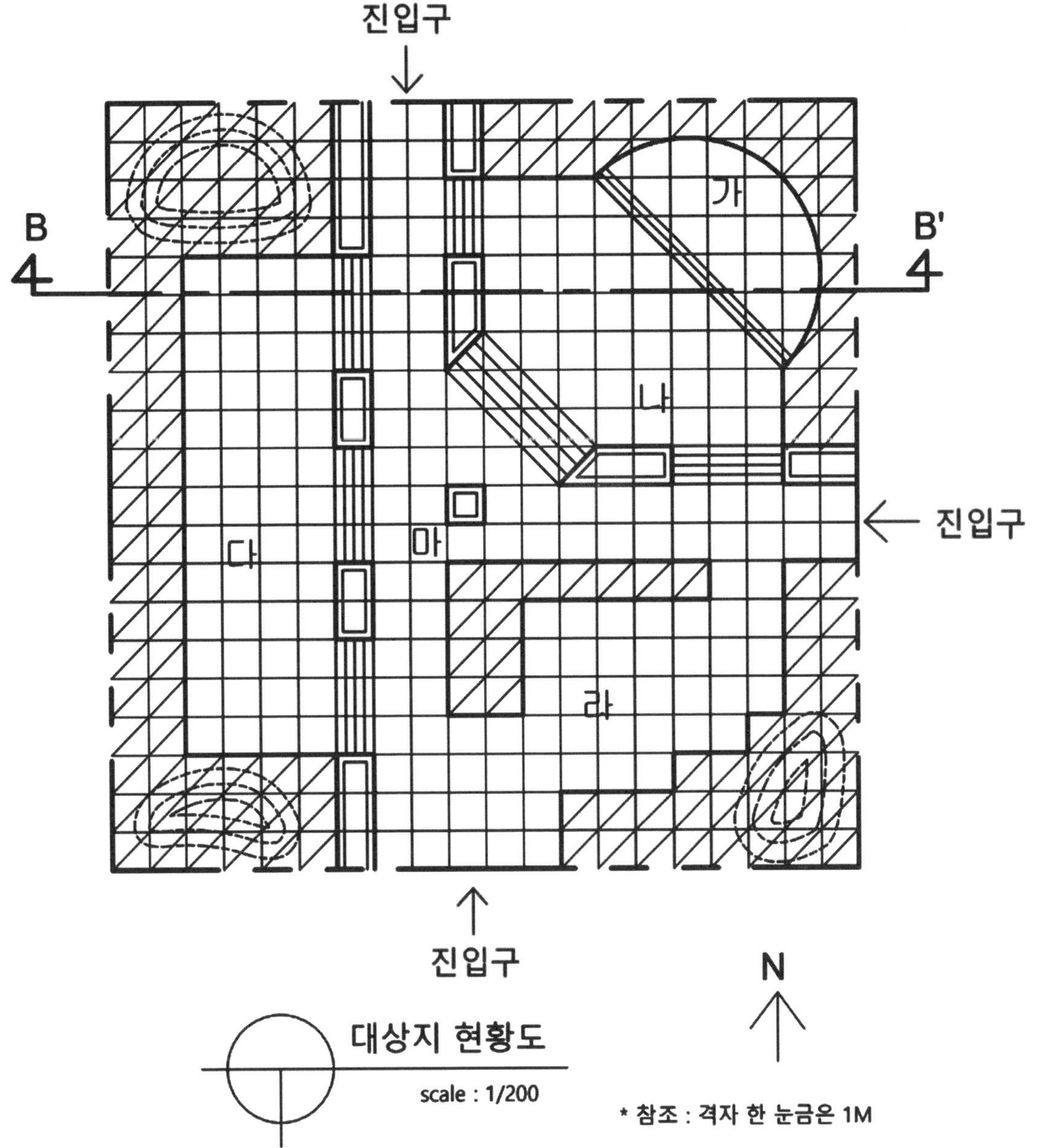

핵심 Point

1. "나" 지역은 공연과 관람석과의 완충공간으로 공연이 없을 경우 동적인 휴식공간으로 활용하고자 하며, "마" 지역보다 1m 낮게 설계하시오.

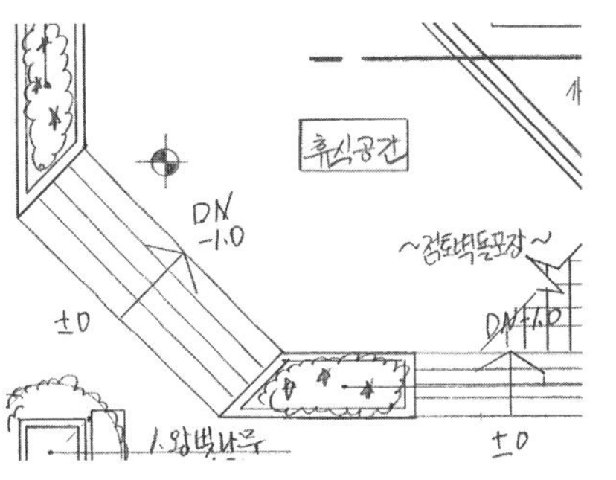

[평면도]

➡ "나" 지역은 "마" 지역보다 1m 낮기 때문에 점표고를 DN -1.0으로 표시한다.("마", "라" 지역은 ±0이다)

2. "가" 지역은 야외무대 공간으로 "나" 지역보다는 1m 높고, 바닥포장 재료는 공연 시 미끄러짐이 없는 것을 선택하시오(단. 녹지대쪽에 가림벽(2.5m)이 설치된 경우 그 높이를 고려하여 계획함).

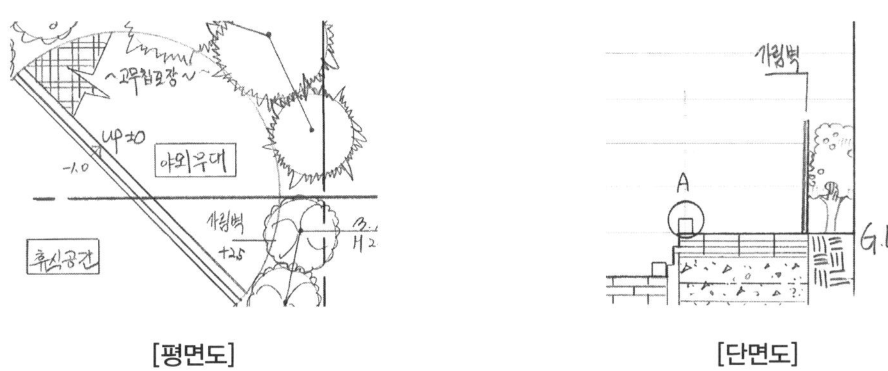

[평면도] [단면도]

➡ "가" 지역은 "나" 지역보다 1m 높기 때문에 점표고를 UP ±0로 표시한다(－1.0에서 1m 올라갔기 때문에 ±0).
➡ 미끄러짐 방지를 위해서 고무칩 또는 화강석판석을 포장한다.
➡ 녹지대에는 4계절 푸른 상록교목을 식재한다.
➡ 가림벽 +2.5 점표고를 표시한다.

3. "다" 지역은 놀이공간으로 "마" 지역보다 1m 낮게 계획하고, 그 안에 어린이 놀이시설물을 3종류(회전무대, 3연식 철봉, 정글짐, 2연식 시소 등)를 설치하고 녹지 내 등고선은 1개당 25cm로 설계하시오.

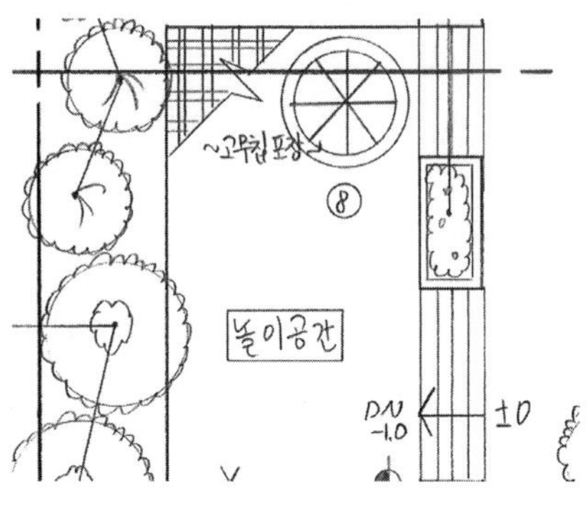

[평면도]

➡ "다" 지역은 "마" 지역보다 1m 낮기 때문에 점표고를 DN −1.0으로 표시한다.

➡ 등고선은 개당 25cm 높기 때문에 "다" 지역의 점표고 −1.0을 기준으로 각 등고선 위치에 −0.75, −0.5, −0.25 점표고를 기입한다.

MEMO

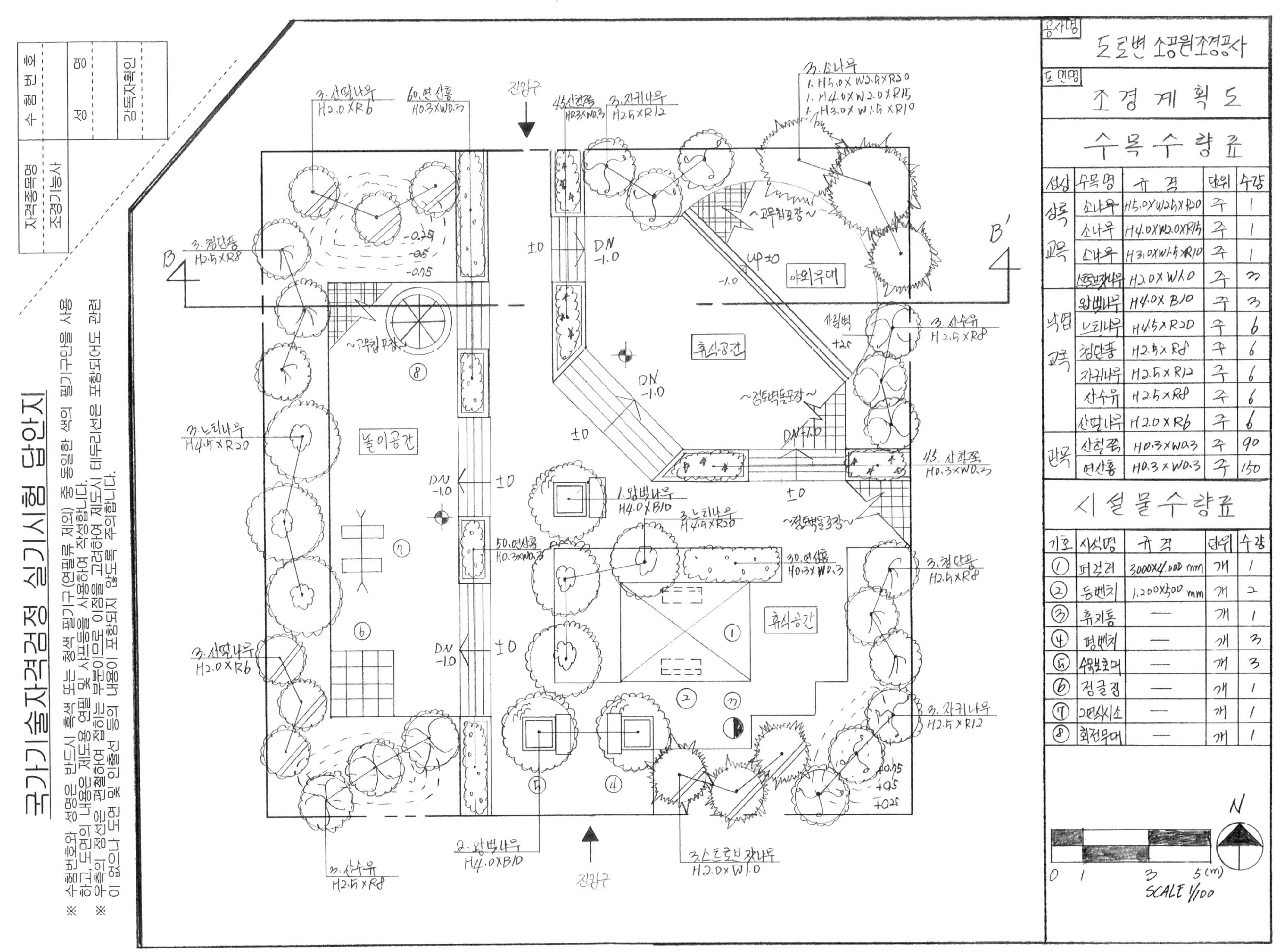
자격종목명
조경기능사
수험번호
성명
감독자확인
국가기술자격검정 실기시험 답안지
※ 수험번호와 성명은 반드시 흑색 또는 청색 필기구(연필류 제외) 중 동일한 색의 필기구만을 사용하고, 도면의 내용은 제도용 연필 및 샤프 등을 사용하여 작성합니다.
※ 우측의 점선은 편철하여 접는 부분이므로 이점을 고려하여 제도시 테두리선은 포함되어도 관련이 없으나 도면 및 인출선 등의 내용이 포함되지 않도록 주의합니다.
공사명
도로변 소공원조경공사
도면명
조경계획도
수목수량표
성상 수목명 규격 단위 수량
상록교목 소나무 H5.0×W2.5×R20 주 1
소나무 H4.0×W2.0×R15 주 1
소나무 H3.0×W1.5×R10 주 1
스트로브잣나무 H2.0×W1.0 주 3
낙엽교목 왕벚나무 H4.0×B10 주 3
느티나무 H4.5×R20 주 6
청단풍 H2.5×R8 주 6
자귀나무 H2.5×R12 주 6
산수유 H2.5×R8 주 6
산딸나무 H2.0×R6 주 6
관목 산철쭉 H0.3×W0.3 주 90
연산홍 H0.3×W0.3 주 150
시설물수량표
기호 시설명 규격 단위 수량
① 퍼걸러 3000×4000mm 개 1
② 등벤치 1200×500mm 개 2
③ 휴지통 — 개 1
④ 평벤치 — 개 3
⑤ 수목보호대 — 개 3
⑥ 정글짐 — 개 1
⑦ 2연식시소 — 개 1
⑧ 회전무대 — 개 1
진입구
놀이공간
휴식공간
야외무대
고무칩포장
점토벽돌포장
사괴석
DN -1.0
UP ±0
±0
B
B'
N
0 1 3 5(m)
SCALE 1/100

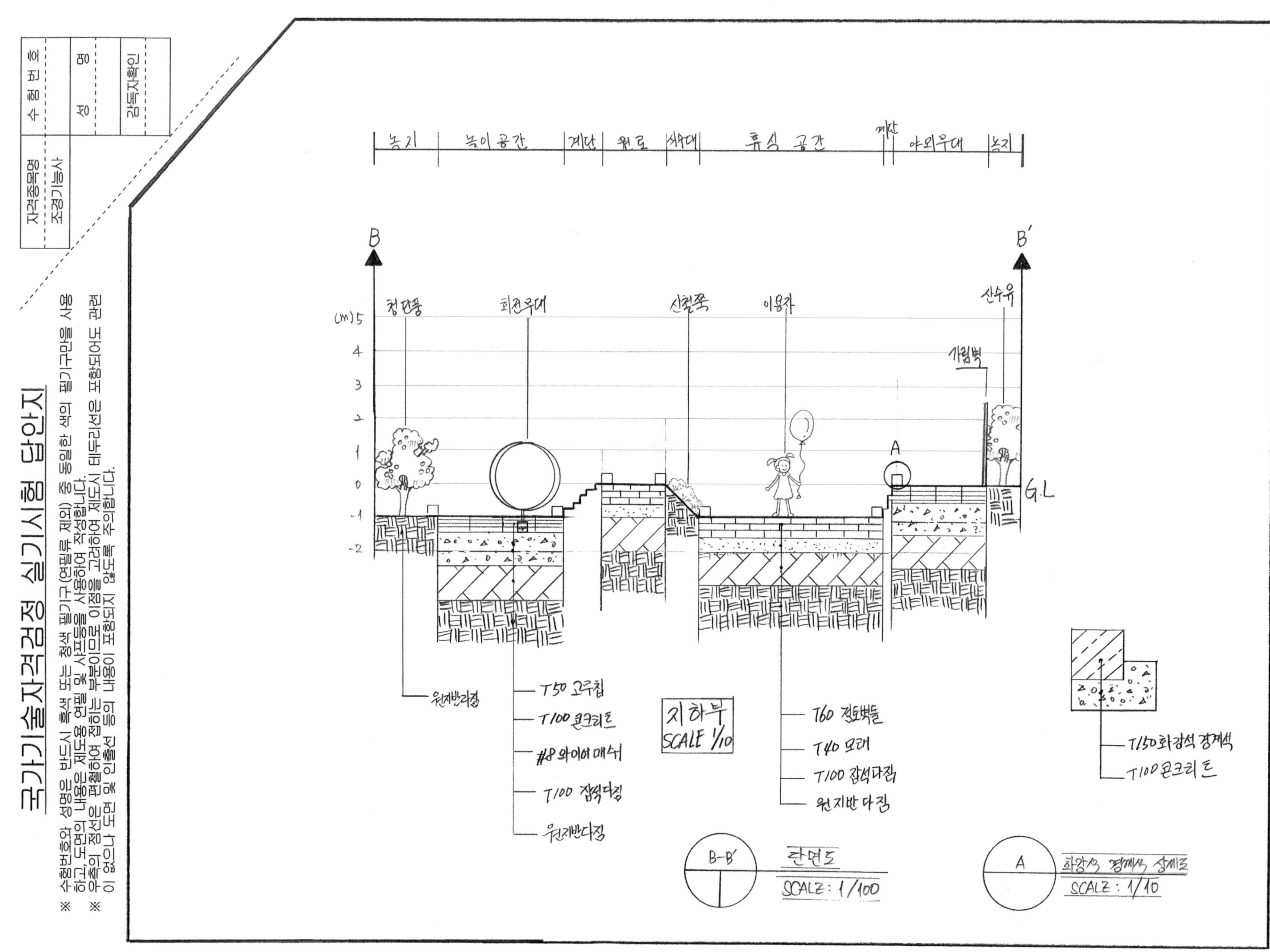
국가기술자격검정 실기시험 답안지
※ 수험번호와 성명은 반드시 흑색 또는 청색 필기구(연필류 제외) 중 동일한 색의 필기구만을 사용하고, 도면의 내용은 제도용 연필 및 샤프 등을 사용하여 작성합니다.
※ 우측의 점선은 편철하여 접히는 부분이므로 이점을 고려하여 제도시 테두리선은 포함되어도 관련이 없으나 도면 및 인출선 등의 내용이 포함되지 않도록 주의합니다.
자격종목명
조경기능사
수험번호
성명
감독자확인
B
B'
G.L
A
지하부
SCALE 1/10
B-B'
단면도
SCALE : 1/100
SCALE : 1/10

22 도로변 소공원(체력단련/치유공간/오솔길)

우리나라 중부지역에 위치한 도로변의 빈 공간에 대해 조경설계를 하고자 한다. 주어진 현황도 및 아래 사항을 참조하여 설계조건에 따라 조경계획도를 작성한다(단, 2점 쇄선 안 부분을 조경설계 대상지로 한다).

요구사항

❶ 식재평면도를 위주로 한 조경계획도를 축척 1/100로 작성하시오(지급용지 – 1).

❷ 도면 오른쪽 위에 작업명칭을 작성하시오.

❸ 도면 오른쪽에는 "주요 시설물 수량표와 수목(식재) 수량표"를 작성하고, 수량표 아래에는 "방위표시와 막대축척"을 그려 넣으시오(단, 전체 대상지의 길이를 고려하여 범례표의 폭을 조정할 수 있다).

❹ 도면의 전체적인 안정감을 위하여 "테두리선"을 작성하시오.

❺ 도로변 소공원 부지 내의 B – B′ 단면도를 축척 1/100로 작성하시오(지급용지 – 2).

❻ 반드시 식재평면도는 성상, 수목명, 규격, 단위, 수량을 명기하여 작성하시오.

설계조건

❶ 해당 지역은 도로변의 자투리 공간을 이용하여 공연 및 어린이들이 즐길 수 있는 도로변 소공원의 특성을 고려하여 조경계획도를 작성한다.

❷ 포장지역을 제외한 곳에는 모두 식재를 계획한다(단, 녹지공간은 빗금친 부분이며, 분위기를 고려하여 식재를 한다).

❸ 포장지역은 "점토벽돌, 화강석블록포장, 콘크리트, 고무칩, 마사토, 투수콘크리트" 등 적당한 재료를 선택하여 재료의 사용이 적합한 장소에 기호로 표현하고, 포장명을 반드시 기입한다.

❹ 대상지역은 진입구에 계단이 위치해 있으며, 대상지 외곽부지보다 높이 차이가 1m 높은 것으로 보고 설계하시오(단, 평면도상에 점표고를 표시해 준다).

❺ "가" 지역은 정적인 휴식공간으로 퍼걸러(3,000 × 3,000) 1개와 등받이형 벤치(1,200 × 500) 2개, 휴지통 1개를 설치하시오.

❻ "나" 지역은 체력단련공간으로 체육관련시설 3종류와 등받이형 벤치(1,200 × 500mm) 2개를 설치하고 녹지 내 등고선은 1개당 30cm로 설계하시오.

❼ "다" 지역은 치유공간으로 등벤치 4개와 향기가 나는 관련수종 7종을 식재하고, 높이 2.5m되는 조명등 2개를 배치하시오.

❽ "라" 지역은 보행공간으로 원형 분수대(2,000 × 2,000) 2개와 수심은 60cm 낮게 위치해 있으며, 높이 2.5m되는 조명등 4개를 배치하시오.

❾ "A"와 "B" 지역을 연결해서 "오솔길"을 폭 1m 너비로 설계하시오.

❿ 대상지 내의 식재는 유도식재, 녹음식재, 경관식재, 소나무군식 등의 식재패턴을 필요한 곳에 배식하고, 필요에 따라 수목보호대를 추가로 설치한다.

⓫ 수목은 아래의 수종 중에서 12가지를 선정하여 골고루 안정적인 배식이 될 수 있도록 계획하고, 인출선을 이용하여 수량, 수종명, 규격을 반드시 기입한다.

> 개나리(H1.2×5가지), 계수나무(H2.5×R6), 구상나무(H1.5×W0.6), 굴거리나무(H2.5×W1.5), 금목서(H2.0×R6), 꽃사과(H2.5×R5), 꽝꽝나무(H0.3×W0.4), 낙상홍(H1.0×W0.4), 낙우송(H4.0×B12), 느티나무(H3.0×R6), 느티나무(H4.5×R20), 다정큼나무(H1.0×W0.5), 대왕참나무(H4.5×R20), 덜꿩나무(HI.0×W0.4), 돈나무(H1.5×W1.0), 동백나무(H2.5×R8), 마가목(H3.0×R12), 매화나무(H2.0×R4), 먼나무(H2.0×R5), 메타세쿼이어(H4.0×B10), 명자나무(H0.6×W0.4), 모과나무(H3.0×R8), 목련(H3.0×R10), 무궁화(H1.0×W0.2), 박태기나무(H1.0×W0.4), 배롱나무(H2.5×R6), 백철쭉(H0.3×W0.3), 백합나무(H4.0×R10), 버즘나무(H3.5×B8), 병꽃나무(H1.0×W0.6), 사철나무(H1.0×W0.3), 산딸나무(H2.0×R6), 산수국(H0.3×W0.4), 산수유(H2.5×R8), 산철쭉(H0.3×W0.3), 서양측백(H1.2×W0.3), 소나무(H3.0×W1.5×R10), 소나무(H4.0×W2.0×R15), 소나무(H5.0×W2.5×R20), 소나무(둥근형)(H1.2×W1.5), 수수꽃다리(H2.0×R0.8), 스트로브잣나무(H2.0×W1.0), 아왜나무(H1.5×W0.8), 영산홍(H0.3×W0.3), 왕벚나무(H4.0×B10), 은행나무(H4.0×B10), 이팝나무(H3.5×R12), 자귀나무(H3.5×R12), 자산홍(H0.3×W0.3), 자작나무(H2.5×B5), 조릿대(H0.6×W0.3), 좀작살나무(H1.2×W0.3), 주목(둥근형)(H0.3×W0.3), 주목(선형)(H2.0×W1.0), 중국단풍(H2.5×R6), 쥐똥나무(H1.0×W0.3), 청단풍(H2.5×R8), 층층나무(H3.5×R8), 칠엽수(H3.5×R12), 태산목(H1.5×W0.5), 홍단풍(H3.0×R10), 화살나무(H0.6×W0.3), 회양목(H0.3×W0.3), 갈대(8cm), 감국(8cm), 구절초(8cm), 금계국(10cm), 노랑꽃창포(8cm), 맥문동(8cm), 벌개미취(8cm), 둥굴레(10cm), 부들(8cm), 붓꽃(10cm), 비비추(2~3분얼), 부처꽃(8cm), 수호초(10cm), 옥잠화(2~3분얼), 원추리(2~3분얼), 애기나리(10cm), 잔디(0.3×0.3×0.30), 패랭이꽃(8cm), 해국(8cm), 제비꽃(8cm), 털부처꽃(8cm), 로즈마리(8cm), 허브(7cm)

⓬ B – B′ 단면도는 경사, 포장재료, 경계선 및 기타 시설물의 기초, 주변의 수목, 중요시설물, 이용자 등을 단면도상에 반드시 표시하고 높이 차를 한눈에 볼 수 있도록 설계하시오.

현황도

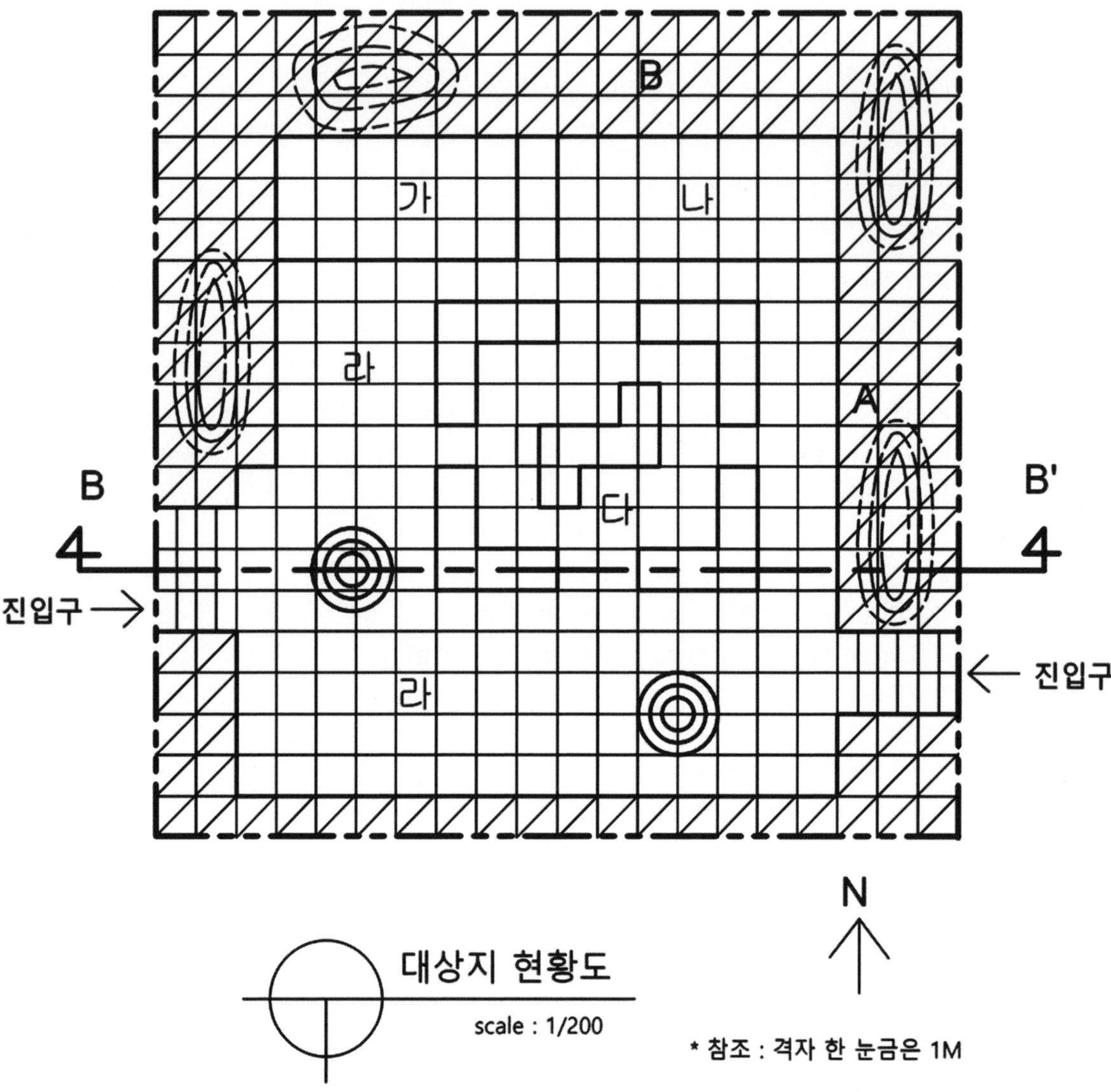

핵심 Point

1. ❻ "나" 지역은 체력단련공간으로 체육관련시설 3종류와 등받이형 벤치(1,200 × 500mm) 2개를 설치하고 녹지 내 등고선은 1개당 30cm로 설계하시오.

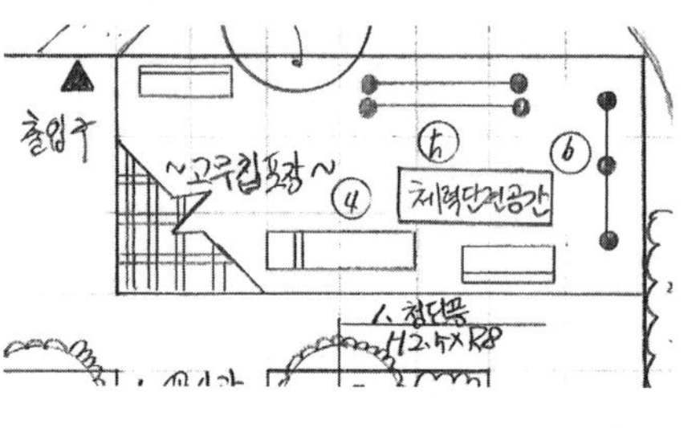

[평면도]

➡ 체육관련시설 3종류로 윗몸일으키기 기구, 평행봉, 철봉 등을 설치한다.
➡ 녹지 내 등고선은 "라" 지역이 +1.00이기 때문에 각 등고선마다 +1.3, +1.6, +1.9 점 표고를 기입한다.

2. ❼ "다" 지역은 치유공간으로 등벤치 4개와 관련 수종 7종을 식재하고, 높이 2.5m되는 조명등 2개를 배치하시오.

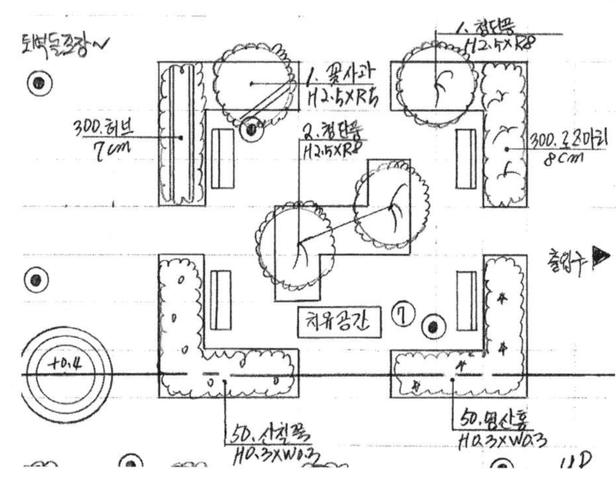

[평면도]

➡ 치유공간에는 로즈마리, 허브, 원추리, 감국, 산수유, 산딸나무 등의 초화류와 교목을 식재한다.

3. "라" 지역은 보행공간으로 원형 분수대(2,000 × 2,000) 2개와 수심은 60cm 낮게 위치해 있으며, 높이 2.5m되는 조명등 4개를 배치하시오.

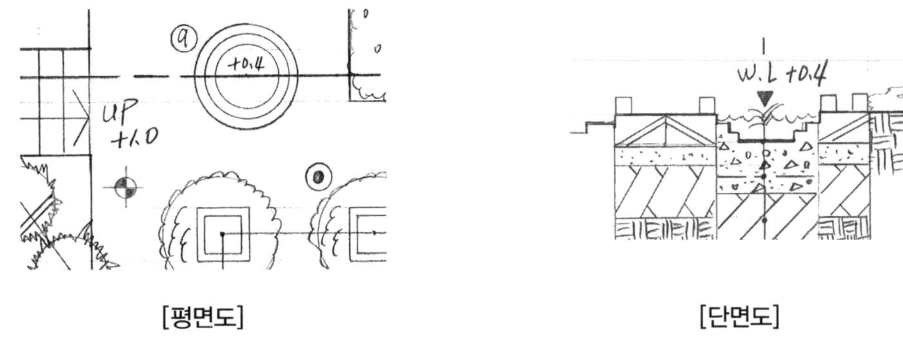

[평면도] [단면도]

➡ "라" 지역에서 60cm 낮기 때문에 원형 분수대 수심은 +0.4가 된다.

4. "A"와 "B" 지역을 연결해서 "오솔길"을 폭 1m 너비로 설계하시오.

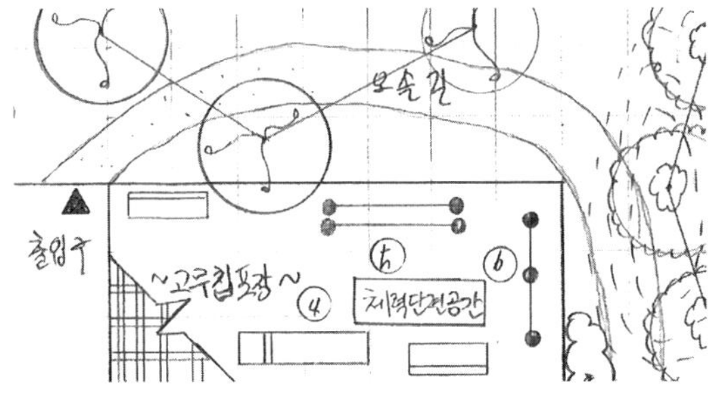

[평면도]

➡ 오솔길 폭을 1m 너비로 자유롭게 표현하고 포장은 마사토포장을 한다.

MEMO

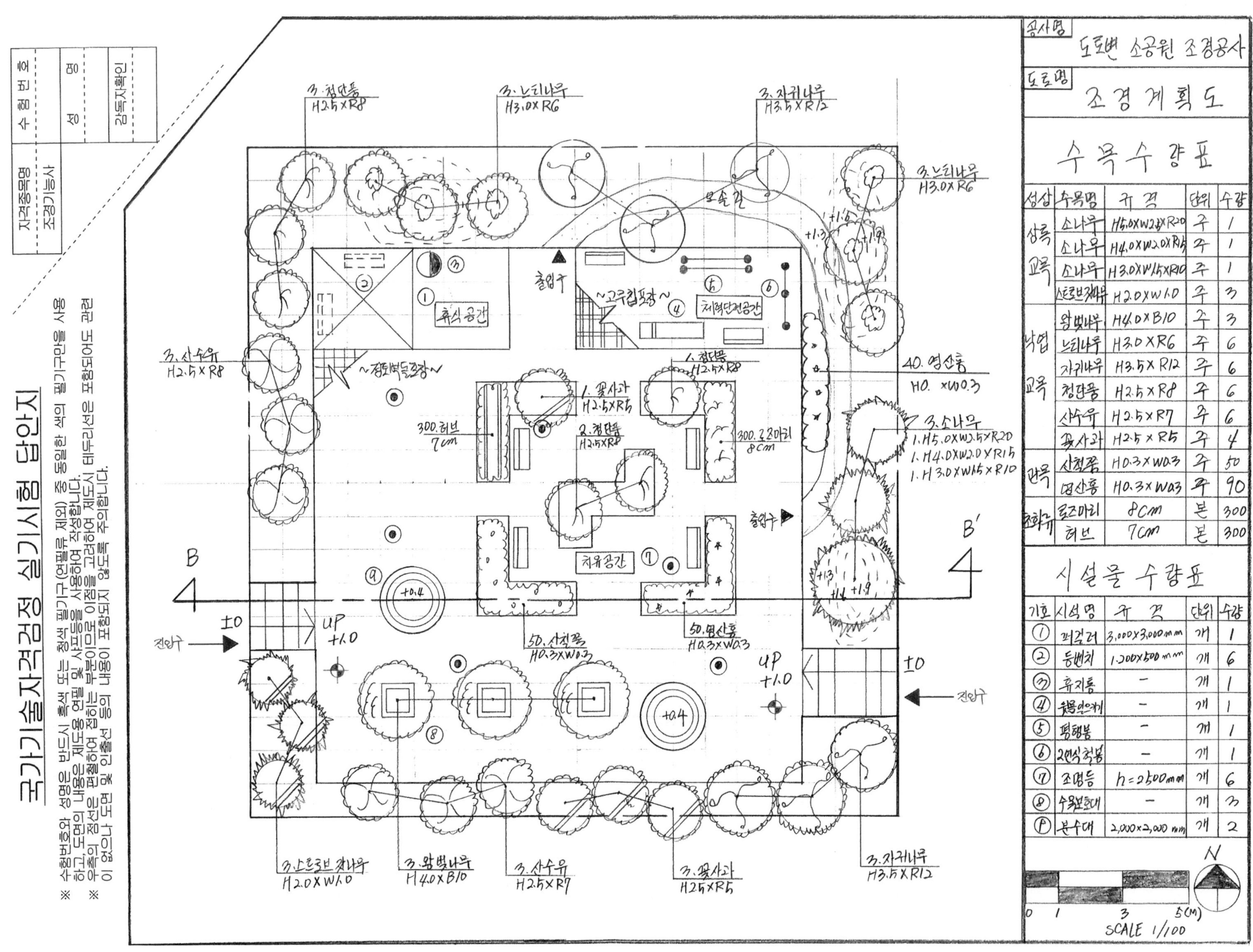

자격종목명
조경기능사
수험번호
성명
감독자확인
국가기술자격검정 실기시험 답안지
※ 수험번호와 성명은 반드시 흑색 또는 청색 필기구(연필류 제외) 중 동일한 색의 필기구만을 사용하고 도면의 내용은 제도용 연필 및 샤프 등을 사용하여 작성합니다.
※ 우측의 점선은 편철하여 철하는 부분이므로 이점을 고려하여 제도시 테두리선은 포함되어도 관련이 없으나 도면 및 인출선 등의 내용이 포함되지 않도록 주의합니다.
공사명
도로변 소공원 조경공사
도면명
조경계획도
수목수량표
성상 | 수목명 | 규격 | 단위 | 수량
상록교목 | 소나무 | H5.0XW2.5XR20 | 주 | 1
소나무 | H4.0XW2.0XR15 | 주 | 1
소나무 | H3.0XW1.5XR10 | 주 | 1
스트로브잣나무 | H2.0XW1.0 | 주 | 3
낙엽교목 | 왕벚나무 | H4.0XB10 | 주 | 3
느티나무 | H3.0XR6 | 주 | 6
자귀나무 | H3.5XR12 | 주 | 6
청단풍 | H2.5XR8 | 주 | 6
산수유 | H2.5XR7 | 주 | 6
꽃사과 | H2.5XR5 | 주 | 4
관목 | 산철쭉 | H0.3XW0.3 | 주 | 50
영산홍 | H0.3XW0.3 | 주 | 90
초화류 | 로즈마리 | 8cm | 본 | 300
허브 | 7cm | 본 | 300
시설물 수량표
기호 | 시설명 | 규격 | 단위 | 수량
① | 퍼걸러 | 3,000X3,000mm | 개 | 1
② | 등벤치 | 1,200X500mm | 개 | 6
③ | 휴지통 | – | 개 | 1
④ | 윗몸일으키기 | – | 개 | 1
⑤ | 평행봉 | – | 개 | 1
⑥ | 2연식철봉 | – | 개 | 1
⑦ | 조명등 | h=2500mm | 개 | 6
⑧ | 수목보호대 | – | 개 | 3
Ⓟ | 분수대 | 2,000X2,000mm | 개 | 2
N
0 1 3 5(M)
SCALE 1/100
3. 청단풍 H2.5XR8
3. 느티나무 H3.0XR6
3. 자귀나무 H3.5XR12
3. 느티나무 H3.0XR6
3. 산수유 H2.5XR8
40. 영산홍 H0.3XW0.3
3. 소나무
1. H5.0XW2.5XR20
1. H4.0XW2.0XR15
1. H3.0XW1.5XR10
1. 꽃사과 H2.5XR5
1. 청단풍 H2.5XR8
2. 청단풍 H2.5XR8
300. 허브 7cm
300. 로즈마리 8cm
50. 산철쭉 H0.3XW0.3
50. 영산홍 H0.3XW0.3
3. 스트로브잣나무 H2.0XW1.0
3. 왕벚나무 H4.0XB10
3. 산수유 H2.5XR7
3. 꽃사과 H2.5XR5
3. 자귀나무 H3.5XR12
휴식공간
체력단련공간
~고무칩포장~
~점토벽돌포장~
휴식공간
출입구
진입구
모술길
UP +1.0
±0
+0.4
B
B'

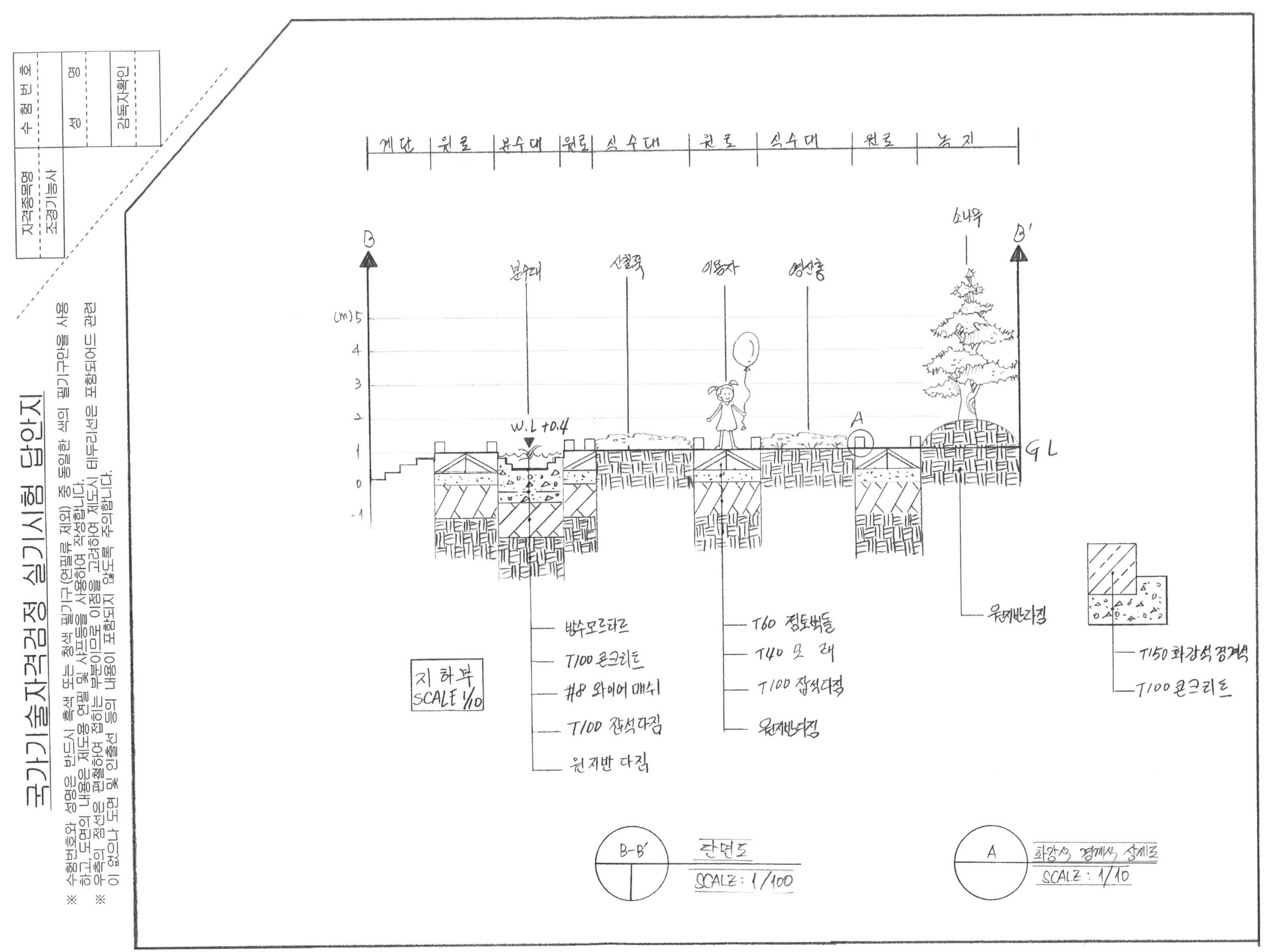

국가기술자격검정 실기시험 답안지
자격종목명
조경기능사
수험번호
성명
감독자확인
※ 수험번호와 성명은 반드시 흑색 또는 청색 필기구(연필류 제외) 중 동일한 색의 필기구만을 사용하고, 도면의 내용은 제도용 연필 및 샤프 등을 사용하여 작성합니다.
※ 우측의 점선은 편철하여 접히는 부분이므로 이점을 고려하여 제도시 테두리선은 포함되어도 관련이 없으나 도면 및 인출선 등의 내용이 포함되지 않도록 주의합니다.
계단
원로
분수대
원로
식수대
원로
식수대
원로
녹지
B
B'
분수대
산철쭉
이용자
영산홍
소나무
(m)5
4
3
2
1
0
-1
W.L +0.4
A
GL
방수모르타르
T100 콘크리트
#8 와이어 매쉬
T100 잡석다짐
원지반 다짐
T60 점토벽돌
T40 모래
T100 잡석다짐
원지반다짐
원지반다짐
T150 화강석 경계석
T100 콘크리트
지하부
SCALE 1/10
B-B'
단면도
SCALE : 1/100
A
화강석 경계석 상세도
SCALE : 1/10

23 도로변 소공원(계단형 분수/도섭지/연못)

우리나라 중부지역에 위치한 도로변의 빈 공간에 대해 조경설계를 하고자 한다. 주어진 현황도 및 아래 사항을 참조하여 설계조건에 따라 조경계획도를 작성한다(단, 2점 쇄선 안 부분을 조경설계 대상지로 한다).

요구사항

❶ 식재평면도를 위주로 한 조경계획도를 축척 1/100로 작성하시오(지급용지 – 1).

❷ 도면 오른쪽 위에 작업명칭을 작성하시오.

❸ 도면 오른쪽에는 "주요 시설물 수량표와 수목(식재) 수량표"를 작성하고, 수량표 아래에는 "방위표시와 막대축척"을 그려 넣으시오(단, 전체 대상지의 길이를 고려하여 범례표의 폭을 조정할 수 있다).

❹ 도면의 전체적인 안정감을 위하여 "테두리선"을 작성하시오.

❺ 도로변 소공원 부지 내의 B – B′ 단면도를 축척 1/100로 작성하시오(지급용지 – 2).

❻ 반드시 식재평면도는 성상, 수목명, 규격, 단위, 수량을 명기하여 작성하시오.

설계조건

❶ 해당 지역은 도로변의 자투리 공간을 이용하여 공연 및 어린이들이 즐길 수 있는 도로변 소공원의 특성을 고려하여 조경계획도를 작성한다.

❷ 포장지역을 제외한 곳에는 모두 식재를 계획한다(단, 녹지공간은 빗금친 부분이며, 분위기를 고려하여 식재를 한다).

❸ 포장지역은 "점토벽돌, 화강석블록포장, 콘크리트, 고무칩, 마사토, 투수콘크리트" 등 적당한 재료를 선택하여 재료의 사용이 적합한 장소에 기호로 표현하고, 포장명을 반드시 기입한다.

❹ "가" 지역은 어린이 놀이공간으로 그 안에 회전무대(H1,200 × W2,300), 4연식 철봉(H2,300 × L4,000), 단주식 미끄럼대(H2,700 × L4,200 × W1,000) 3종을 배치하시오

❺ "다" 지역은 휴식공간으로 "나" 지역보다 1m 높은 지역으로 계단 하나당 20cm 높게 설계하고 퍼걸러(3,000 × 3,000) 1개와 등받이형 벤치(1,200 × 500) 2개, 휴지통 1개, 안내판 1개를 설치하시오(등고선 1개당 20cm 높게 설계하고 반드시 점표고를 표시하시오).

❻ "바" 지역은 계단형 분수대로 1m에 위치하고 실선 1개당 30cm가 높으며 "마" 지역은 수공간으로 "라" 지역의 표고보다 수심이 60cm 정도의 연못이 위치하며, 수공간과 연결되는 도섭지의 경우 수심을 30cm 정도로 설치하시오(담수벽의 높이는 1m로 한다).

❼ "나", "라" 지역은 중심광장 및 보행공간으로 각각의 공간을 연계할 수 있으며(수험자 판단에 의해서), 공간별 높이 차이는 식수대(Plant Box)로 처리하였으며, 녹음을 부여하기 위해 수목보호대 6개소에 적합한 수종을 식재하고 높이 2.5m되는 조명등 3개를 배치하시오.

❽ 대상지 내의 식재는 유도식재, 녹음식재, 경관식재, 소나무군식 등의 식재패턴을 필요한 곳에 배식하고, 필요에 따라 수목보호대를 추가로 설치한다.

❾ 수목은 아래의 수종 중에서 12가지를 선정하여 골고루 안정적인 배식이 될 수 있도록 계획하고, 인출선을 이용하여 수량, 수종명, 규격을 반드시 기입한다.

개나리(H1.2×5가지), 계수나무(H2.5×R6), 구상나무(H1.5×W0.6), 굴거리나무(H2.5×W1.5), 금목서(H2.0×R6), 꽃사과(H2.5×R5), 꽝꽝나무(H0.3×W0.4), 낙상홍(H1.0×W0.4), 낙우송(H4.0×B12), 느티나무(H3.0×R6), 느티나무(H4.5×R20), 다정큼나무(H1.0×W0.5), 대왕참나무(H4.5×R20), 덜꿩나무(HI.0×W0.4), 돈나무(H1.5×W1.0), 동백나무(H2.5×R8), 마가목(H3.0×R12), 매화나무(H2.0×R4), 먼나무(H2.0×R5), 메타세쿼이어(H4.0×B10), 명자나무(H0.6×W0.4), 모과나무(H3.0×R8), 목련(H3.0×R10), 무궁화(H1.0×W0.2), 박태기나무(H1.0×W0.4), 배롱나무(H2.5×R6), 백철쭉(H0.3×W0.3), 백합나무(H4.0×R10), 버즘나무(H3.5×B8), 병꽃나무(H1.0×W0.6), 사철나무(H1.0×W0.3), 산딸나무(H2.0×R6), 산수국(H0.3×W0.4), 산수유(H2.5×R8), 산철쭉(H0.3×W0.3), 서양측백(H1.2×W0.3), 소나무(H3.0×W1.5×R10), 소나무(H4.0×W2.0×R15), 소나무(H5.0×W2.5×R20), 소나무(둥근형)(H1.2×W1.5), 수수꽃다리(H2.0×R0.8), 스트로브잣나무(H2.0×W1.0), 아왜나무(H1.5×W0.8), 영산홍(H0.3×W0.3), 왕벚나무(H4.0×B10), 은행나무(H4.0×B10), 이팝나무(H3.5×R12), 자귀나무(H3.5×R12), 자산홍(H0.3×W0.3), 자작나무(H2.5×B5), 조릿대(H0.6×W0.3), 좀작살나무(H1.2×W0.3), 주목(둥근형)(H0.3×W0.3), 주목(선형)(H2.0×W1.0), 중국단풍(H2.5×R6), 쥐똥나무(H1.0×W0.3), 청단풍(H2.5×R8), 층층나무(H3.5×R8), 칠엽수(H3.5×R12), 태산목(H1.5×W0.5), 홍단풍(H3.0×R10), 화살나무(H0.6×W0.3), 회양목(H0.3×W0.3), 갈대(8cm), 감국(8cm), 구절초(8cm), 금계국(10cm), 노랑꽃창포(8cm), 맥문동(8cm), 벌개미취(8cm), 둥굴레(10cm), 부들(8cm), 붓꽃(10cm), 비비추(2~3분얼), 부처꽃(8cm), 수호초(10cm), 옥잠화(2~3분얼), 원추리(2~3분얼), 애기나리(10cm), 잔디(0.3×0.3×0.30), 패랭이꽃(8cm), 해국(8cm), 제비꽃(8cm), 털부처꽃(8cm)

❿ B – B′ 단면도는 경사, 포장재료, 경계선 및 기타 시설물의 기초, 주변의 수목, 중요시설물, 이용자 등을 단면도상에 반드시 표시하고 높이 차를 한눈에 볼 수 있도록 설계하시오.

현황도

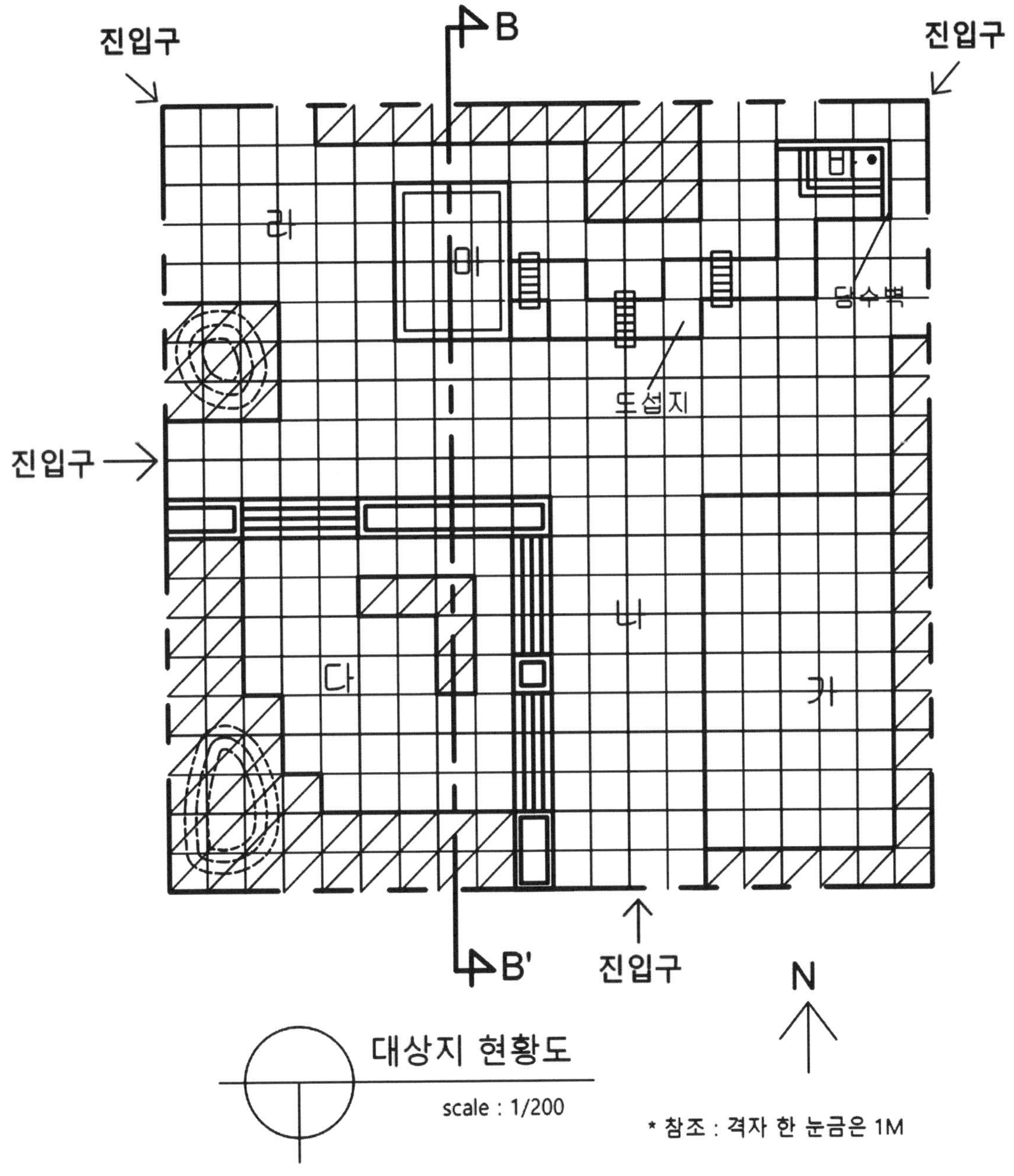

 핵심 Point

1. "바" 지역은 계단형 분수대로 1m에 위치하고 실선 1개당 30cm가 높으며 "마" 지역은 수공간으로 "라" 지역의 표고보다 수심이 60cm 정도의 연못이 위치하며, 수공간과 연결되는 도섭지의 경우 수심을 30cm 정도로 설치하시오(담수벽의 높이는 1m로 한다).

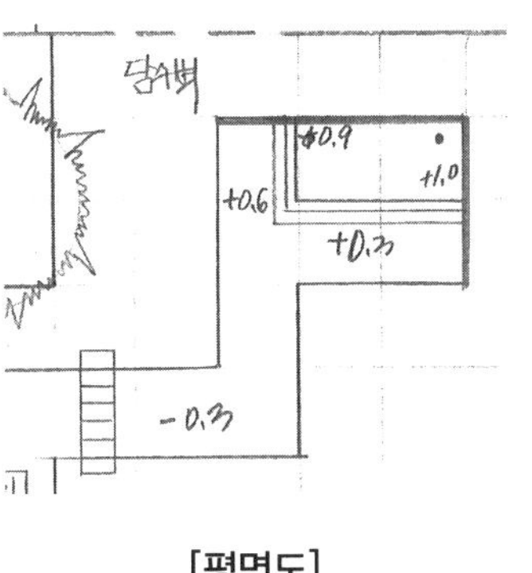

[평면도]

➡ "바" 지역의 최종 높이는 +1.00이고, 실선 1개당 30cm 높기 때문에 점표고는 +0.3, +0.6, +0.9로 기입한다.

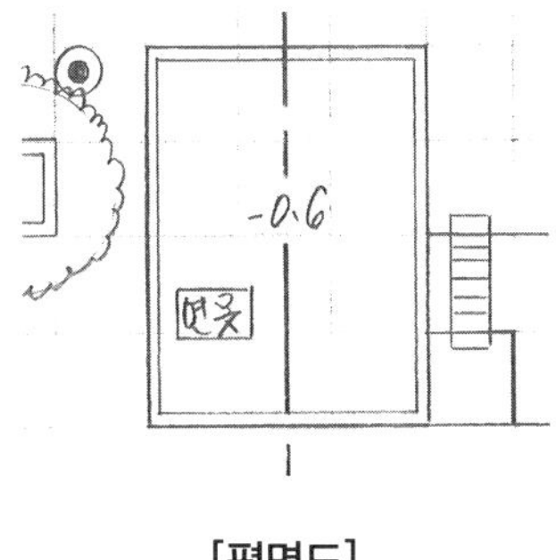

[평면도]

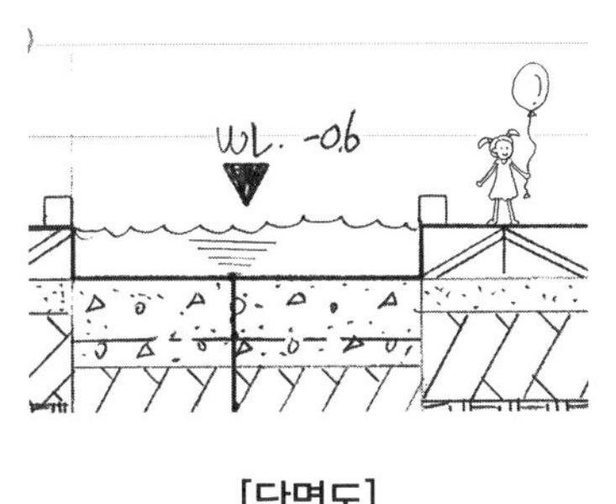

[단면도]

➡ "마" 지역은 수공간으로 "라" 지역보다 60cm 낮기 때문에 점표고는 −0.60이다.

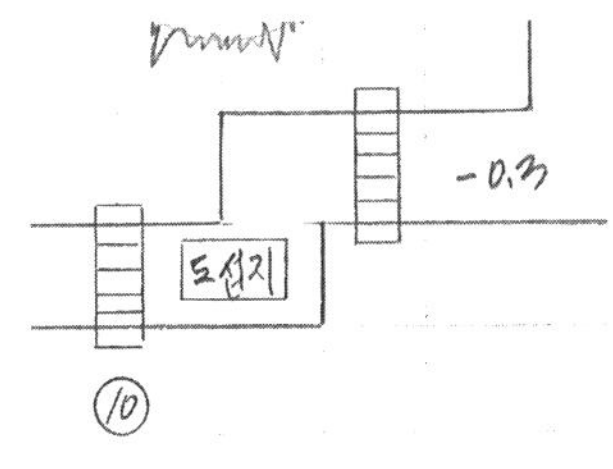

[평면도]

➡ 도섭지의 경우 수심이 30cm 낮기 때문에 점표고는 −0.30이다.

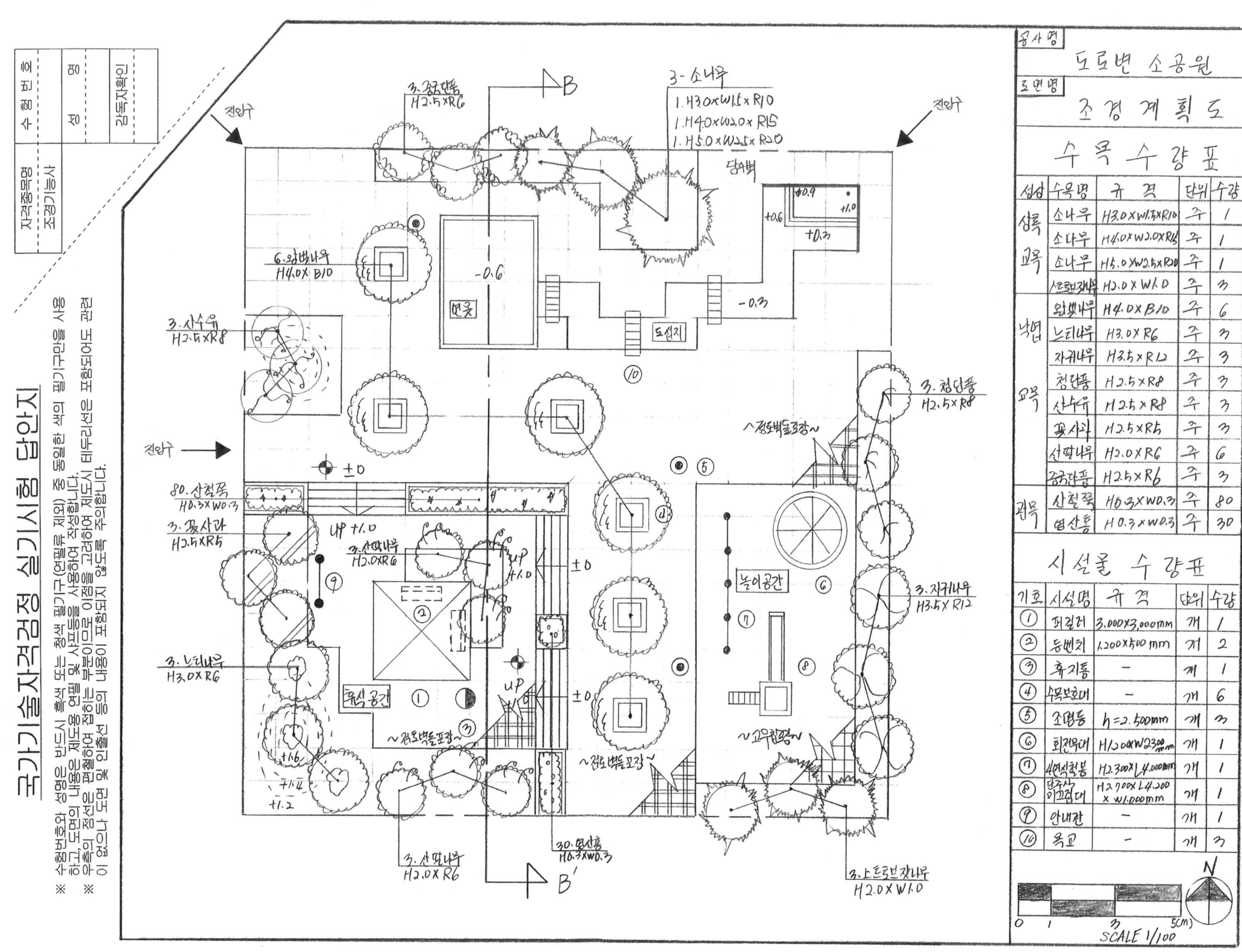
국가기술자격검정 실기시험 답안지
자격종목명 | 조경기능사
수험번호
성명
감독자확인
※ 수험번호와 성명은 반드시 흑색 또는 청색 필기구(연필류 제외) 중 동일한 색의 필기구만을 사용하고, 도면의 내용은 제도용 연필 및 샤프등을 사용하여 작성합니다.
※ 우측의 점선은 편철하여 접히는 부분이므로 이점을 고려하여 제도시 테두리선은 포함되어도 관련이 없으나 도면 및 인출선 등의 내용이 포함되지 않도록 주의합니다.
공사명
도로변 소공원
도면명
조경계획도
수목수량표
시설물 수량표
SCALE 1/100

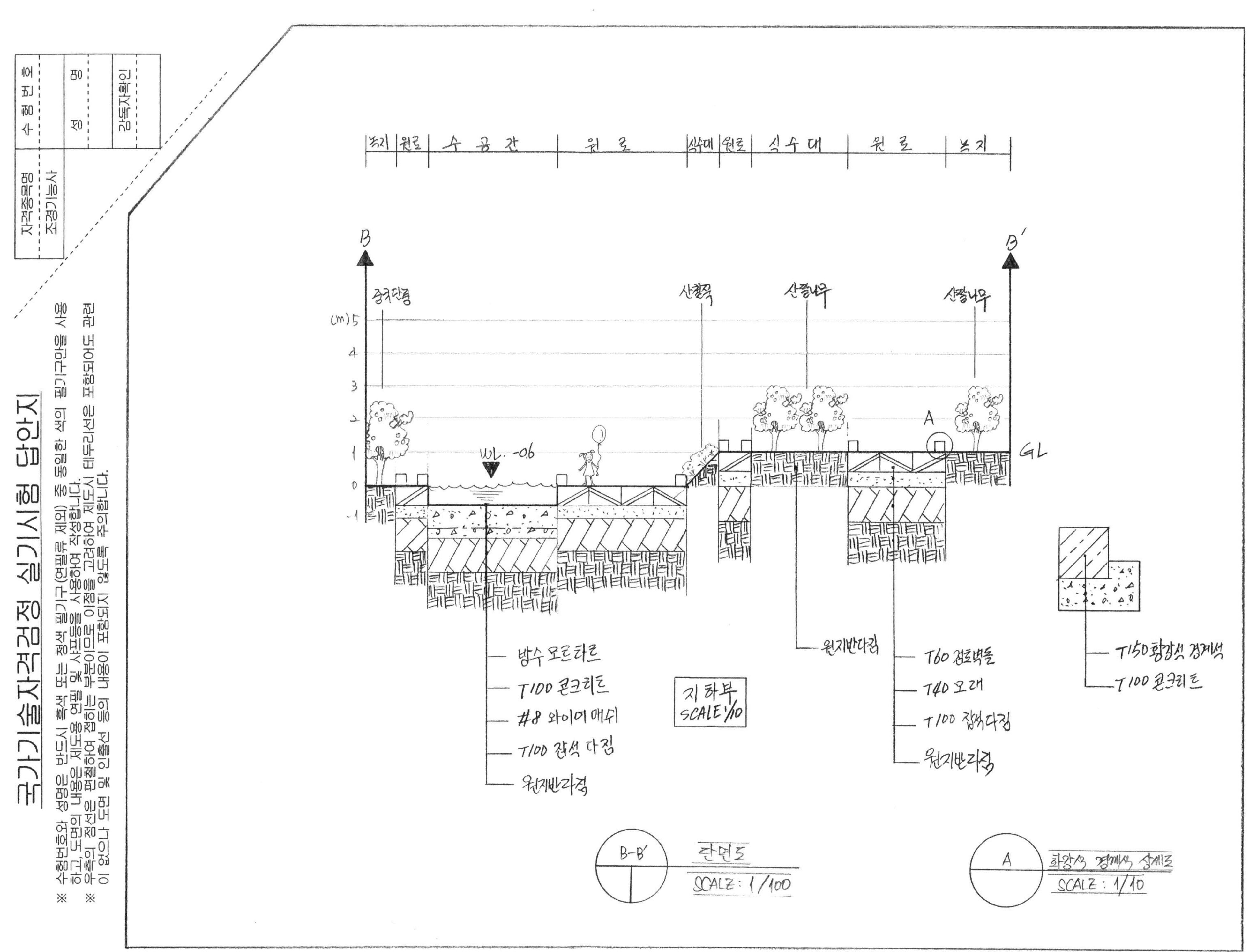
국가기술자격검정 실기시험 답안지
※ 수험번호와 성명은 반드시 흑색 또는 청색 필기구(연필류 제외) 중 동일한 색의 필기구만을 사용하고, 도면의 내용은 제도용 연필 및 샤프 등을 사용하여 작성합니다.
※ 우측의 점선은 편철하여 접히는 부분이므로 이점을 고려하여 제도시 테두리선은 포함되어도 관련이 없으나 도면 및 인출선 등의 내용이 포함되지 않도록 주의합니다.
자격종목명
조경기능사
수험번호
성명
감독자확인
녹지
원로
수공간
원로
식수대
원로
식수대
원로
녹지
B
B'
GL
W.L. -0.6
A
방수 모르타르
T100 콘크리트
#8 와이어 매쉬
T100 잡석 다짐
원지반다짐
원지반다짐
T60 점토벽돌
T40 모래
T100 잡석다짐
원지반다짐
T150 화강석 경계석
T100 콘크리트
지하부 SCALE 1/10
B-B'
단면도
SCALE : 1/100
A
화강석 경계석 상세도
SCALE : 1/10

24 도로변 소공원(그물망, 미끄럼대)

우리나라 중부지역에 위치한 도로변의 빈 공간에 대해 조경설계를 하고자 한다. 주어진 현황도 및 아래 사항을 참조하여 설계조건에 따라 조경계획도를 작성한다(단, 2점 쇄선 안 부분을 조경설계 대상지로 한다).

요구사항

❶ 식재평면도를 위주로 한 조경계획도를 축척 1/100로 작성하시오(지급용지－1).

❷ 도면 오른쪽 위에 작업명칭을 작성하시오.

❸ 도면 오른쪽에는 "주요 시설물 수량표와 수목(식재) 수량표"를 작성하고, 수량표 아래에는 "방위표시와 막대축척"을 그려 넣으시오(단, 전체 대상지의 길이를 고려하여 범례표의 폭을 조정할 수 있다).

❹ 도면의 전체적인 안정감을 위하여 "테두리선"을 작성하시오.

❺ 도로변 소공원 부지 내의 B′－B 단면도를 축척 1/100로 작성하시오(지급용지－2).

❻ 반드시 식재평면도는 성상, 수목명, 규격, 단위, 수량을 명기하여 작성하시오.

설계조건

❶ 해당 지역은 도로변의 자투리 공간을 이용하여 공연 및 어린이들이 즐길 수 있는 도로변 소공원의 특성을 고려하여 조경계획도를 작성하시오.

❷ 포장지역을 제외한 곳에는 모두 식재를 계획하시오(단, 녹지공간은 빗금 친 부분이며, 분위기를 고려하여 식재를 한다).

❸ 포장지역은 "점토벽돌, 화강석블록포장, 콘크리트, 고무칩, 마사토, 투수콘크리트" 등 적당한 재료를 선택하여 재료의 사용이 적합한 장소에 기호로 표현하고, 포장명을 반드시 기입하시오.

❹ "가" 지역은 휴식공간으로 공원 이용자들의 편안한 휴식을 위한 퍼걸러(4,000 × 4,000mm) 1개와 평벤치, 등벤치, 앉음벽 중 2종을 배치하시오.

❺ "나" 지역은 대상지 내 어린이를 위한 종합놀이공간으로 계획하고 수목보호대(5개)에 적합한 수목을 선정하여 설치하시오.

❻ "나" 지역은 "라" 지역보다 1m 낮게 설계하고, 공간별 높이 차이는 식수대(Plant Box)로 처리하며, "E"는 미끄럼대, "F"는 그물망으로 자연스럽게 처리하시오.

❼ "다" 지역은 어린이를 위한 공간으로 설계하시오.

- 원형 바닥분수를 지름 3,000mm로 중심으로 갈수록 낮아지게 설계하시오.
- 모래 놀이터를 3,000 × 3,000mm로 설계하시오.
- 음수대를 설치하시오.

❽ 등고선당 간격은 30cm이며, 마운딩 중 1곳은 반드시 소나무군식을 하고, 사계절의 경관을 볼 수 있는 수목으로 식재하시오.

❾ 대상지 내 식재는 유도식재, 녹음식재, 경관식재, 소나무군식 등의 식재 패턴을 필요한 곳에 배식하고, 필요에 따라 수목보호대를 추가로 설치하시오.

❿ 수목은 아래의 수종 중에서 12가지를 선정하여 골고루 안정적인 배식이 될 수 있도록 계획하고, 인출선을 이용하여 수량, 수종명, 규격을 반드시 기입하시오.

> 개나리(H1.2×5가지), 계수나무(H2.5×R6), 구상나무(H1.5×W0.6), 굴거리나무(H2.5×W1.5), 금목서(H2.0×R6), 꽃사과(H2.5×R5), 꽝꽝나무(H0.3×W0.4), 낙상홍(H1.0×W0.4), 낙우송(H4.0×B12), 느티나무(H3.0×R6), 느티나무(H4.5×R20), 다정큼나무(H1.0×W0.5), 대왕참나무(H4.5×R20), 덜꿩나무(HI.0×W0.4), 돈나무(H1.5×W1.0), 동백나무(H2.5×R8), 마가목(H3.0×R12), 매화나무(H2.0×R4), 먼나무(H2.0×R5), 메타세쿼이어(H4.0×B10), 명자나무(H0.6×W0.4), 모과나무(H3.0×R8), 목련(H3.0×R10), 무궁화(H1.0×W0.2), 박태기나무(H1.0×W0.4), 배롱나무(H2.5×R6), 백철쭉(H0.3×W0.3), 백합나무(H4.0×R10), 버즘나무(H3.5×B8), 병꽃나무(H1.0×W0.6), 사철나무(H1.0×W0.3), 산딸나무(H2.0×R6), 산수국(H0.3×W0.4), 산수유(H2.5×R8), 산철쭉(H0.3×W0.3), 서양측백(H1.2×W0.3), 소나무(H3.0×W1.5×R10), 소나무(H4.0×W2.0×R15), 소나무(H5.0×W2.5×R20), 소나무(둥근형)(H1.2×W1.5), 수수꽃다리(H2.0×R0.8), 스트로브잣나무(H2.0×W1.0), 아왜나무(H1.5×W0.8), 영산홍(H0.3×W0.3), 왕벚나무(H4.0×B10), 은행나무(H4.0×B10), 이팝나무(H3.5×R12), 자귀나무(H3.5×R12), 자산홍(H0.3×W0.3), 자작나무(H2.5×B5), 조릿대(H0.6×W0.3), 좀작살나무(H1.2×W0.3), 주목(둥근형)(H0.3×W0.3), 주목(선형)(H2.0×W1.0), 중국단풍(H2.5×R6), 쥐똥나무(H1.0×W0.3), 청단풍(H2.5×R8), 층층나무(H3.5×R8), 칠엽수(H3.5×R12), 태산목(H1.5×W0.5), 홍단풍(H3.0×R10), 화살나무(H0.6×W0.3), 회양목(H0.3×W0.3), 갈대(8cm), 감국(8cm), 구절초(8cm), 금계국(10cm), 노랑꽃창포(8cm), 맥문동(8cm), 벌개미취(8cm), 둥굴레(10cm), 부들(8cm), 붓꽃(10cm), 비비추(2~3분얼), 부처꽃(8cm), 수호초(10cm), 옥잠화(2~3분얼), 원추리(2~3분얼), 애기나리(10cm), 잔디(0.3×0.3×0.30), 패랭이꽃(8cm), 해국(8cm), 제비꽃(8cm), 털부처꽃(8cm)

⓫ B－B′ 단면도는 경사, 포장재료, 경계선 및 기타 시설물의 기초, 주변의 수목, 중요 시설물, 이용자 등을 단면도상에 반드시 표시하고 높이 차를 한눈에 볼 수 있도록 설계하시오.

현황도

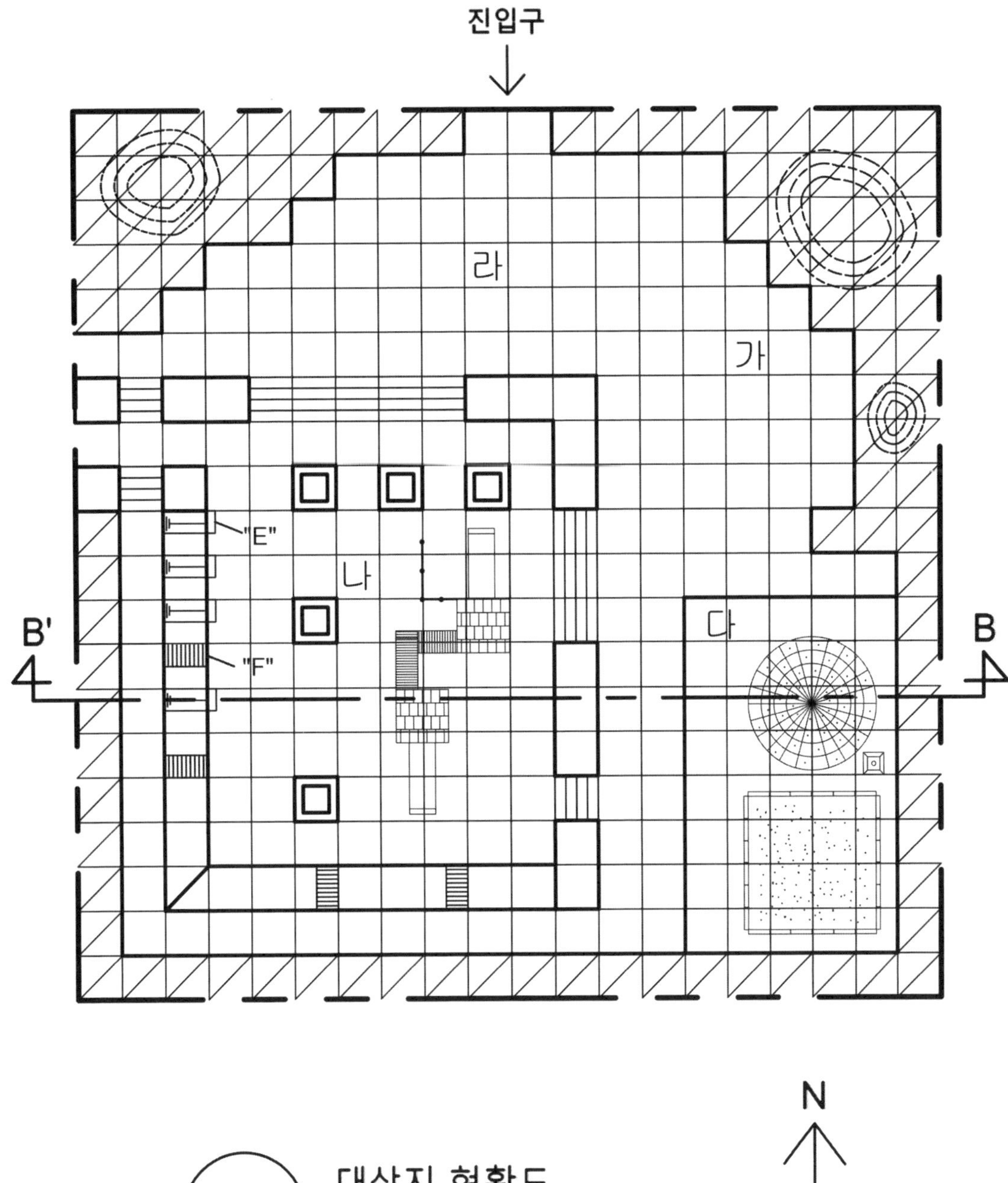

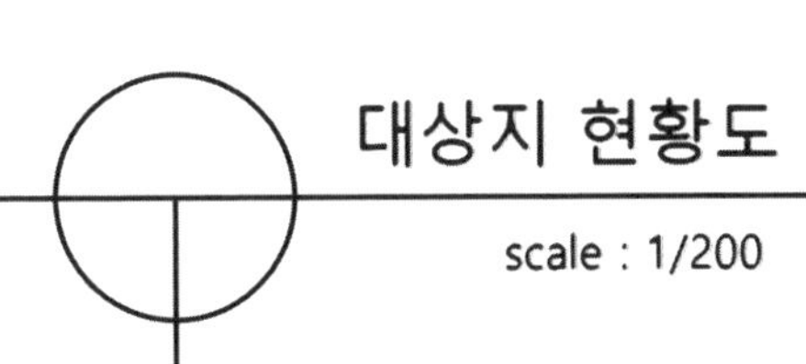

* 참조 : 격자 한 눈금은 1M

핵심 Point

1. ❻ "나" 지역은 "라" 지역보다 1m 낮게 설계하고, 공간별 높이 차이는 식수대(Plant Box)로 처리하며, "E"는 미끄럼대, "F"는 그물망으로 자연스럽게 처리하시오.

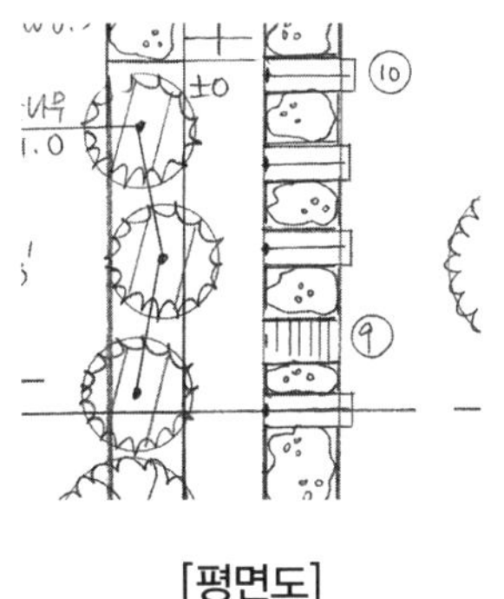

[평면도]

➡ 평면도에서는 미끄럼대, 그물망은 표현만 해준다.
➡ 경사 차이는 관목으로 처리한다.

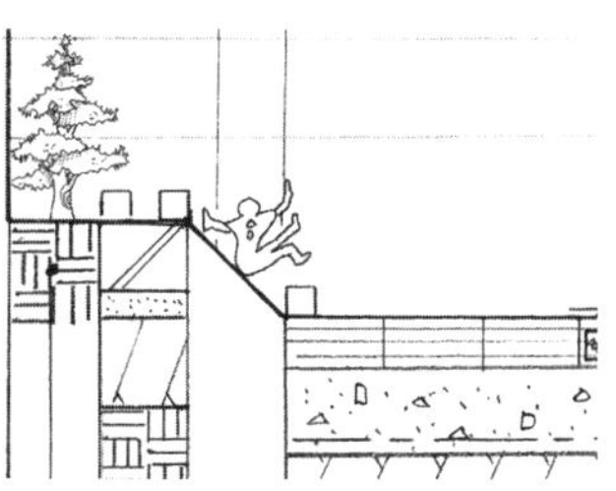

[단면도]

➡ 단면도에서는 미끄럼대를 이용한 표현만 해주고 특별히 포장에 대한 내용이 없기 때문에 생략한다.

2. ❺ "다" 지역은 어린이를 위한 공간으로 설계하시오.
   - 원형 바닥분수를 지름 3,000mm로 중심으로 갈수록 낮아지게 설계하시오.
   - 모래 놀이터를 3,000 × 3,000mm로 설계하시오.
   - 음수대를 설치하시오.

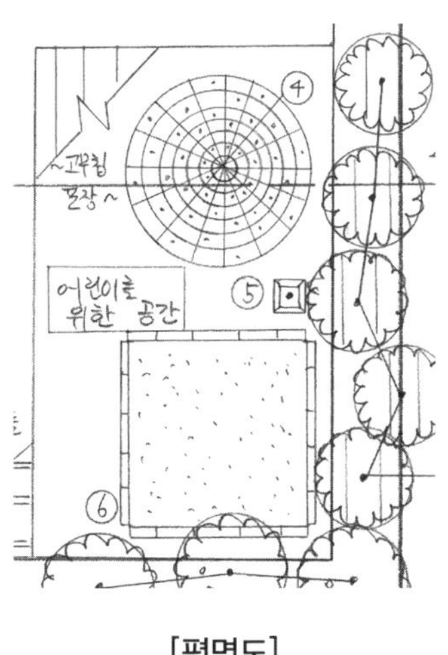

[평면도]

➡ 포장은 고무칩으로 한다.
➡ 바닥분수는 수심이 없기 때문에 평면도에서는 표현하지 않는다(수심을 표현하고 싶으면 알아서 넣어 준다).
➡ 모래 놀이터는 따로 깊이가 없기 때문에 표현만 한다.

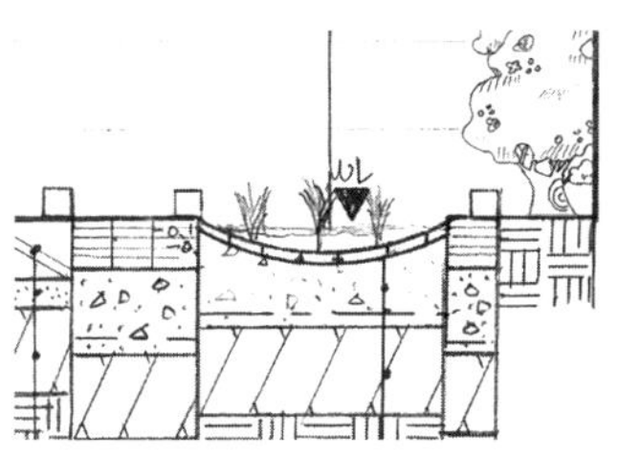

[단면도]

➡ 바닥분수 수심은 정해져 있지 않기 때문에 W.L만 표시한다.

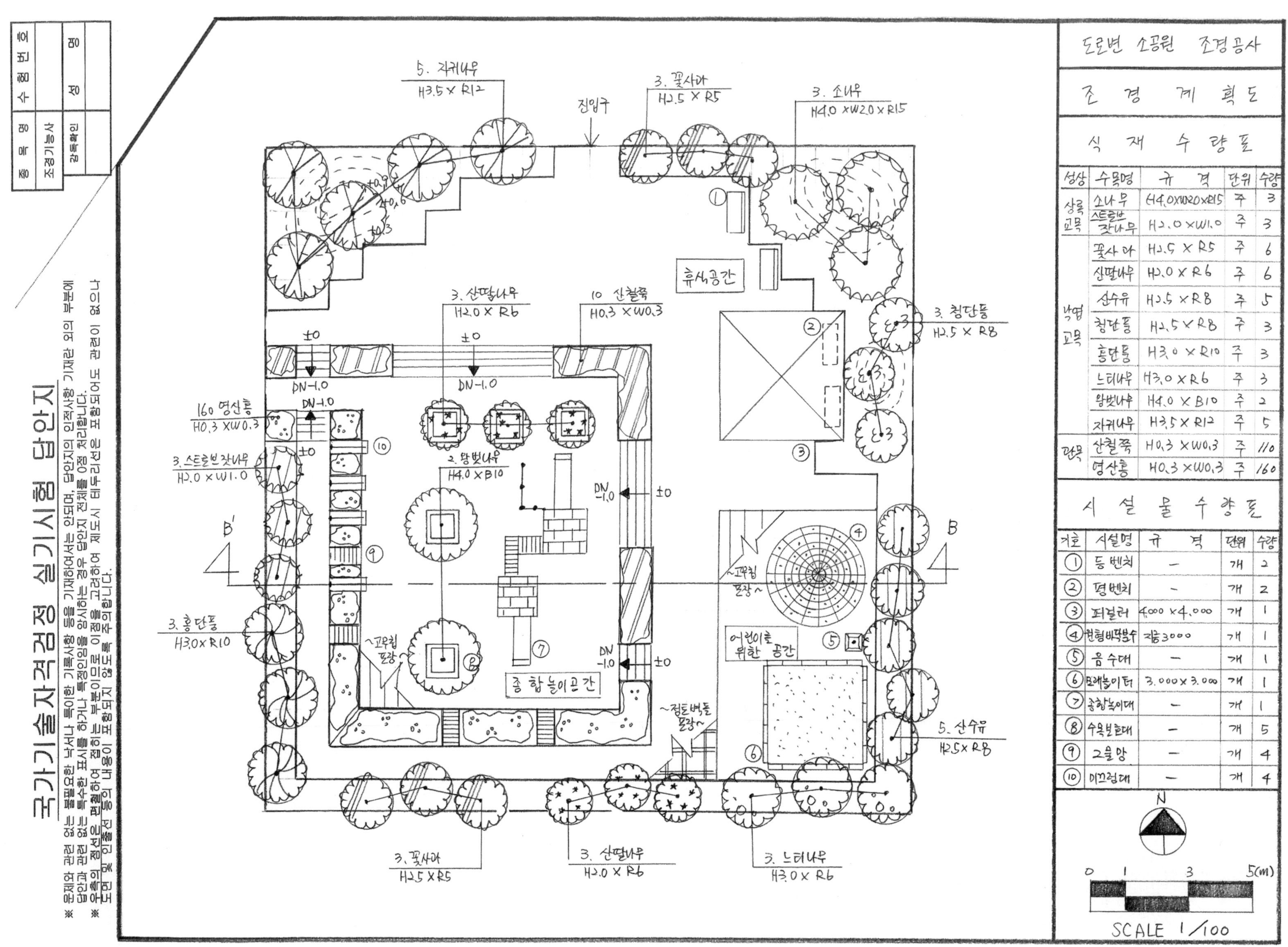
종목명
조경기능사
감독확인
수험번호
성명
국가기술자격검정 실기시험 답안지
※ 문제와 관련 없는 불필요한 낙서나 특이한 기록사항 등을 기재하여서는 안되며, 답안지의 인적사항 기재란 외의 부분에 답안과 관련 없는 특수한 표시를 하거나 특정인임을 암시하는 경우 답안지 전체를 0점 처리합니다.
※ 우측의 점선은 편철하여 접히는 부분이므로 이점을 고려하여 제도시 테두리선은 포함되어도 관련이 없으나 도면 및 인출선 등의 내용이 포함되지 않도록 주의합니다.
5. 자귀나무 H3.5×R12
진입구
3. 꽃사과 H2.5×R5
3. 소나무 H4.0×W2.0×R15
±0.9
±0.6
±0.3
휴식공간
3. 산딸나무 H2.0×R6
10 산철쭉 H0.3×W0.3
3. 청단풍 H2.5×R8
±0
DN-1.0
160 영산홍 H0.3×W0.3
3. 스트로브잣나무 H2.0×W1.0
2. 왕벚나무 H4.0×B10
B'
B
3. 홍단풍 H3.0×R10
~고무칩 포장~
어린이를 위한 공간
종합놀이공간
~점토벽돌 포장~
5. 산수유 H2.5×R8
3. 꽃사과 H2.5×R5
3. 산딸나무 H2.0×R6
3. 느티나무 H3.0×R6
도로변 소공원 조경공사
조경계획도
식재수량표
성상 | 수목명 | 규격 | 단위 | 수량
상록교목 | 소나무 | H4.0×W2.0×R15 | 주 | 3
상록교목 | 스트로브잣나무 | H2.0×W1.0 | 주 | 3
낙엽교목 | 꽃사과 | H2.5×R5 | 주 | 6
낙엽교목 | 산딸나무 | H2.0×R6 | 주 | 6
낙엽교목 | 산수유 | H2.5×R8 | 주 | 5
낙엽교목 | 청단풍 | H2.5×R8 | 주 | 3
낙엽교목 | 홍단풍 | H3.0×R10 | 주 | 3
낙엽교목 | 느티나무 | H3.0×R6 | 주 | 3
낙엽교목 | 왕벚나무 | H4.0×B10 | 주 | 2
낙엽교목 | 자귀나무 | H3.5×R12 | 주 | 5
관목 | 산철쭉 | H0.3×W0.3 | 주 | 110
관목 | 영산홍 | H0.3×W0.3 | 주 | 160
시설물수량표
기호 | 시설명 | 규격 | 단위 | 수량
① | 등벤치 | – | 개 | 2
② | 평벤치 | – | 개 | 2
③ | 퍼걸러 | 4,000×4,000 | 개 | 1
④ | 원형바닥분수 | 지름3000 | 개 | 1
⑤ | 음수대 | – | 개 | 1
⑥ | 모래놀이터 | 3,000×3,000 | 개 | 1
⑦ | 종합놀이대 | – | 개 | 1
⑧ | 수목보호대 | – | 개 | 5
⑨ | 그늘막 | – | 개 | 4
⑩ | 미끄럼대 | – | 개 | 4
N
0 1 3 5(m)
SCALE 1/100

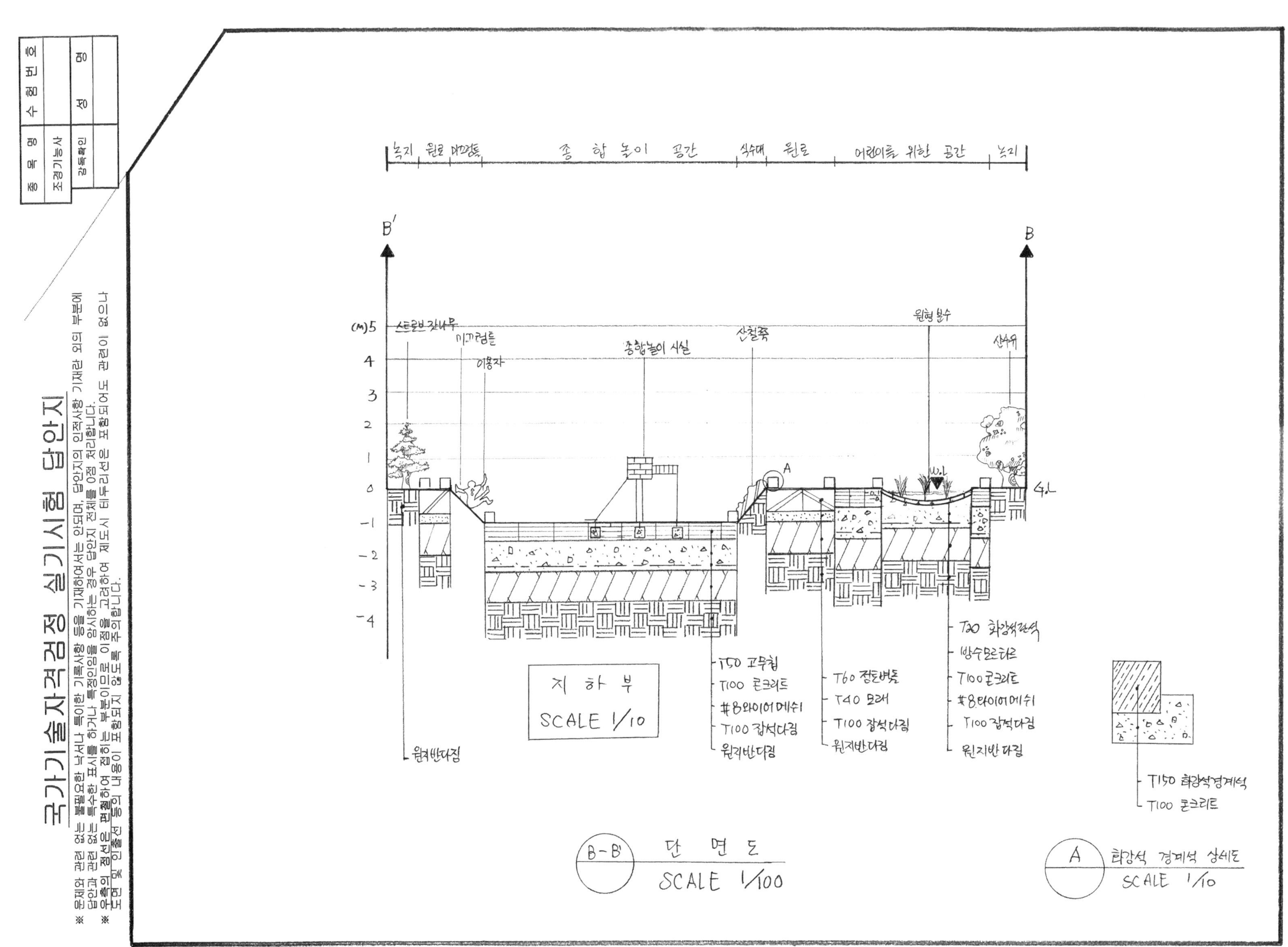

국가기술자격검정 실기시험 답안지
종목명
조경기능사
수험번호
성명
감독확인
녹지
원로
종합놀이공간
식수대
어린이를 위한 공간
B'
B
A
G.L
지하부
SCALE 1/10
B-B'
단면도
SCALE 1/100
A
화강석 경계석 상세도
SCALE 1/10
T150 고무칩
T100 콘크리트
#8와이어메쉬
T100 잡석다짐
원지반다짐
T60 점토벽돌
T40 모래
T100 잡석다짐
원지반다짐
T100 콘크리트
#8와이어메쉬
T100 잡석다짐
원지반다짐
T150 화강석경계석
T100 콘크리트

25 도로변 소공원(옥상정원 3)

우리나라 중부지역에 위치한 도로변의 빈 공간에 대해 조경설계를 하고자 한다. 주어진 현황도 및 아래 사항을 참조하여 설계조건에 따라 조경계획도를 작성한다(단, 2점 쇄선 안 부분을 조경설계 대상지로 한다).

요구사항

❶ 식재평면도를 위주로 한 조경계획도를 축척 1/100로 작성하시오(지급용지 – 1).
❷ 도면 오른쪽 위에 작업명칭을 작성하시오.
❸ 도면 오른쪽에는 "주요 시설물 수량표와 수목(식재) 수량표"를 작성하고, 수량표 아래에는 "방위표시와 막대축척"을 그려 넣으시오(단, 전체 대상지의 길이를 고려하여 범례표의 폭을 조정할 수 있다).
❹ 도면의 전체적인 안정감을 위하여 "테두리선"을 작성하시오.
❺ 도로변 소공원 부지 내의 B – B′ 단면도를 축척 1/100로 작성하시오(지급용지 – 2).
❻ 반드시 식재평면도는 성상, 수목명, 규격, 단위, 수량을 명기하여 작성하시오.

설계조건

❶ 해당 지역은 옥상정원으로 정원이용자들의 휴식 및 쉼을 즐길 수 있는 정원의 특징을 고려하여 조경계획도를 작성하시오.
❷ 포장지역은 "소형 고압블록, 투수콘크리트, 콘크리트, 고무칩, 마사토" 등 적당한 재료를 선택하여 재료의 사용이 적합한 장소에 기호로 표현하고, 포장명을 반드시 기입하시오.
❸ 시설물은 동선의 흐름 및 방향을 방해하지 않도록 설계하시오.
❹ "가" 지역은 휴식공간으로 그늘시렁(4m × 2m × H – 2m) 1개와 등벤치(1,600 × 400mm) 2개를 설계하시오(단, 그늘시렁 아래에는 식재하지 않는다).
❺ "나" 지역은 수경공간으로(연못 1 × 1m 3개, 0.5 × 0.5m 3개) 지반보다 20cm 낮게 하고, 포장은 조약돌을 이용하여 설계하시오.
❻ "다" 지역은 목재데크 공간으로 이동식 테이블(2,000 × 700mm) 1개, 등벤치(1,600 × 400mm) 2개를 설계하시오.
❼ "라" 지역은 "가" 지역보다 1m 높은 지역이며, 연못의 수심은 30cm 낮고 조형물은 1m 높게 위치해 있다. 적당한 곳에 조명등 5개를 설치하시오.
❽ "마" 지역은 등고선 1개당 20cm 높게 설계하시오.
❾ 플랜터는 높이가 다른 4개의 단으로 구성하며, 각 플랜터의 높이를 평면도에 표시하고, B – B′ 단면도 작성 시 인공식재기반은 다음의 조건을 기준으로 하시오.

➡ 배수판 : THK – 30 / 인공토(배수용) : THK – 100
➡ 인공토(육성용) : 도입수목의 성상에 따른 생존토심을 적용하여 플랜터보다 4~5cm 낮게 설계한다.

- 1단 플랜터 높이는 0.3m 이하로 한다.
- 2단 플랜터 높이는 0.6m 이하로 하고, 식재토심은 0.4m 이상을 확보한다.
- 3단 플랜터 높이는 1.0m 이하로 하고, 식재토심은 0.8m 이상을 확보한다.
- 4단 플랜터 높이는 1.5m 이상으로 하고, 식재토심은 1.2m 이하로 한다.
  – 2단 플랜터 : 배수판 THK – 30, 인공토(배수용) THK – 100, 인공토(육성용) T – 400 이상
  – 4단 플랜터 : 배수판 THK – 30, 인공토(배수용) THK – 300, 인공토(육성용) T – 1,200 이하

❿ 설계조건에 제시되어 있는 수목 중 남부지방과 B12(R15) 규격의 수목은 식재하지 않는다.
⓫ 수목은 아래에 주어진 수종에서 종류가 다른 10가지를 정하여 공간에 부합되게 교목 30주, 관목 1,000주 이상의 식재를 계획하며, 인출선을 이용하여 수량, 수종명, 규격을 반드시 기입하시오.

> 개나리(H1.2×5가지), 굴거리나무(H2.5×W1.5), 꽃사과(H2.5×R5), 꽝꽝나무(H0.3×W0.4), 낙상홍(H1.0×W0.4), 낙우송(H4.0×B12), 느티나무(H3.0×R6), 느티나무(H4.5×R20), 다정큼나무(H1.0×W0.5), 대왕참나무(H4.5×R20), 돈나무(H1.5×W1.0), 동백나무(H2.5×R8), 마가목(H3.0×R12), 매화나무(H2.0×R4), 먼나무(H2.0×R5), 명자나무(H0.6×W0.4), 목련(H3.0×R10), 무궁화(H1.0×W0.2), 박태기나무(H1.0×W0.4), 배롱나무(H2.5×R6), 백철쭉(H0.3×W0.3), 백합나무(H4.0×R10), 버즘나무(H3.5×B8), 병꽃나무(H1.0×W0.6), 사철나무(H1.0×W0.3), 산딸나무(H2.0×R6), 산수국(H0.3×W0.4), 산수유(H2.5×R8), 산철쭉(H0.3×W0.3), 서양측백(H1.2×W0.3), 소나무(H3.0×W1.5×R10), 소나무(H4.0×W2.0×R15), 소나무(H5.0×W2.5×R20), 소나무(둥근형)(H1.2×W1.5), 수수꽃다리(H2.0×R0.8), 스트로브잣나무(H2.0×W1.0), 아왜나무(H1.5×W0.8), 영산홍(H0.3×W0.3), 왕벚나무(H4.0×B10), 은행나무(H4.0×B10), 이팝나무(H3.5×R12), 자귀나무(H3.5×R12), 자산홍(H0.3×W0.3), 자작나무(H2.5×B5), 조릿대(H0.6×W0.3), 좀작살나무(H1.2×W0.3), 주목(둥근형)(H0.3×W0.3), 주목(선형)(H2.0×W1.0), 중국단풍(2.5×R6), 쥐똥나무(H1.0×W0.3), 청단풍(H2.5×R8), 층층나무(H3.5×R8), 칠엽수(H3.5×R12), 태산목(H1.5×W0.5), 홍단풍(H3.0×R10), 화살나무(H0.6×W0.3), 회양목(H0.3×W0.3), 갈대(8cm), 감국(8cm), 구절초(8cm), 금계국(10cm), 노랑꽃창포(8cm), 맥문동(8cm), 둥굴레(10cm), 부들(8cm), 붓꽃(10cm), 비비추(2~3분얼), 부처꽃(8cm), 수호초(10cm), 옥잠화(2~3분얼), 원추리(2~3분얼), 애기나리(10cm), 잔디(0.3×0.3×0.03), 패랭이꽃(8cm), 해국(8cm), 제비꽃(8cm)

➡ 규격이 다른 소나무 수종은 종류가 다른 수종으로 판단하지 않으며, 10가지에 포함 기재 시 1개 종으로 간주한다.

⓬ B – B′ 단면도는 경사, 포장재료, 경계선 및 기타 시설물의 기초, 주변의 수목, 중요 시설물, 이용자 등을 단면도상에 반드시 표시하고 높이 차를 한눈에 볼 수 있도록 설계하시오.

현황도

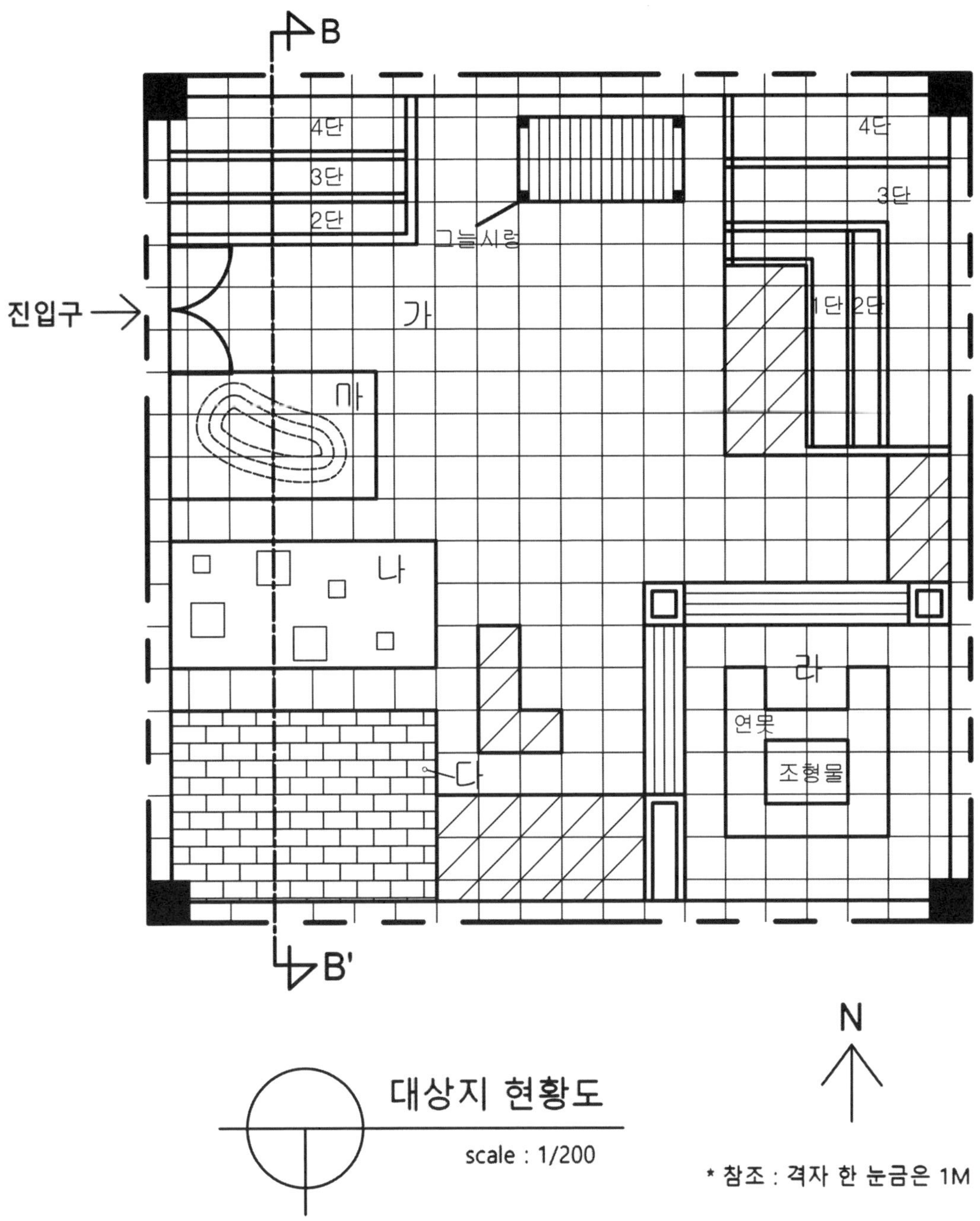

핵심 Point

1. ❺ "나" 지역은 수경공간으로(연못 1×1m 3개, 0.5×0.5m 3개) 지반보다 20cm 낮게 하고, 포장은 조약돌을 이용하여 설계하시오.

➡ 131페이지 해설 참조

2. ❼ "라" 지역은 수공간으로 "가" 지역보다 1m 높은 지역이며, 연못의 수심은 30cm 낮고 조형물은 1m 높게 위치해 있다. 적당한 곳에 조명등 5개를 설치하시오.

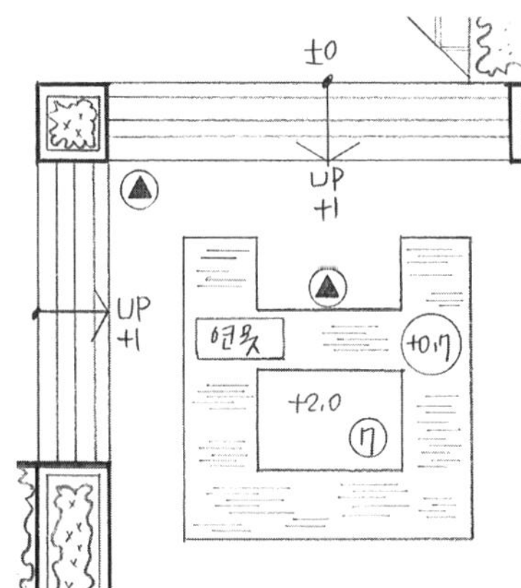

[평면도]

➡ "라" 지역은 "가" 지역보다 1m 높기 때문에 +1.0으로 표시한다

➡ 연못의 수심은 30cm 낮기 때문에 +1.0으로 표시한다.

➡ 조형물은 1m 높게 위치해 있다. 즉, +1.0에서 올렸기 때문에 최종 높이는 +2.0이 된다.

➡ 조형물을 중심으로 연못의 상하로 단면선을 그어서 연습을 해보자.

3. ⓫ 수목은 아래에 주어진 수종에서 종류가 다른 10가지를 정하여 공간에 부합되게 교목 30주, 관목 1,000주 이상의 식재를 계획하며, 인출선을 이용하여 수량, 수종명, 규격을 반드시 기입하시오.

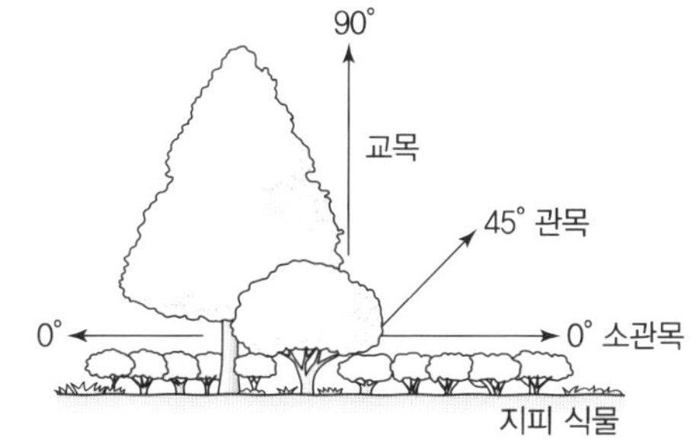

[교목 아래 관목 식재]

➡ 이번 문제는 관목을 1,000주 이상 식재를 해야 한다. 공간이 없기 때문에 난감할 수 있지만 이렇게 생각하자. 교목 아래에 관목을 식재할 수 있기 때문에 1,000주 이상이 가능하다.

4. ❾ 플랜터는 높이가 다른 4개의 단으로 구성하며, 각 플랜터의 높이를 평면도에 표시하고, B−B′ 단면도 작성 시 인공식재기반은 다음의 조건을 기준으로 하시오.

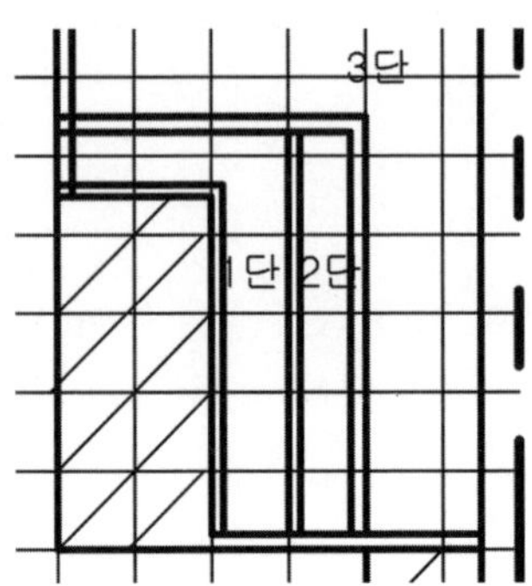

➡ 130페이지 옥상정원(2) 참조

➡ 1단부터 4단까지 높이 차이는 있지만 빗금친 지역은 없다. 약간 문제가 있는 도면이다. 혹시 이와 같은 위치의 단면선이 시험에 출제될 경우 식재토심을 약간 높게 잡아줘서 관목을 식재하도록 한다.

MEMO

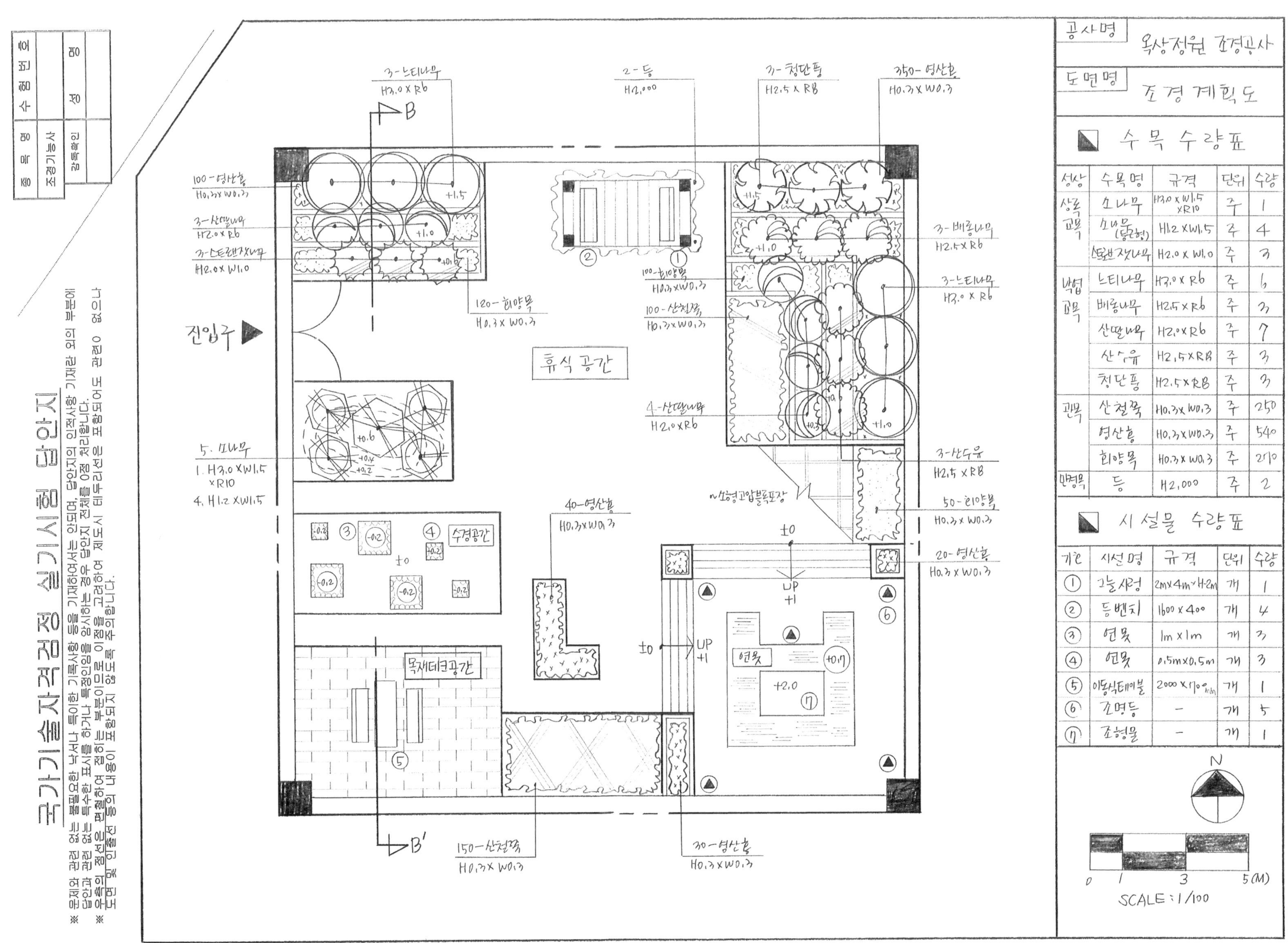

국가기술자격검정 실기시험 답안지
공사명 옥상정원 조경공사
도면명 조경계획도
수목 수량표
시설물 수량표
휴식 공간
수경공간
목재데크공간
진입구
SCALE : 1/100

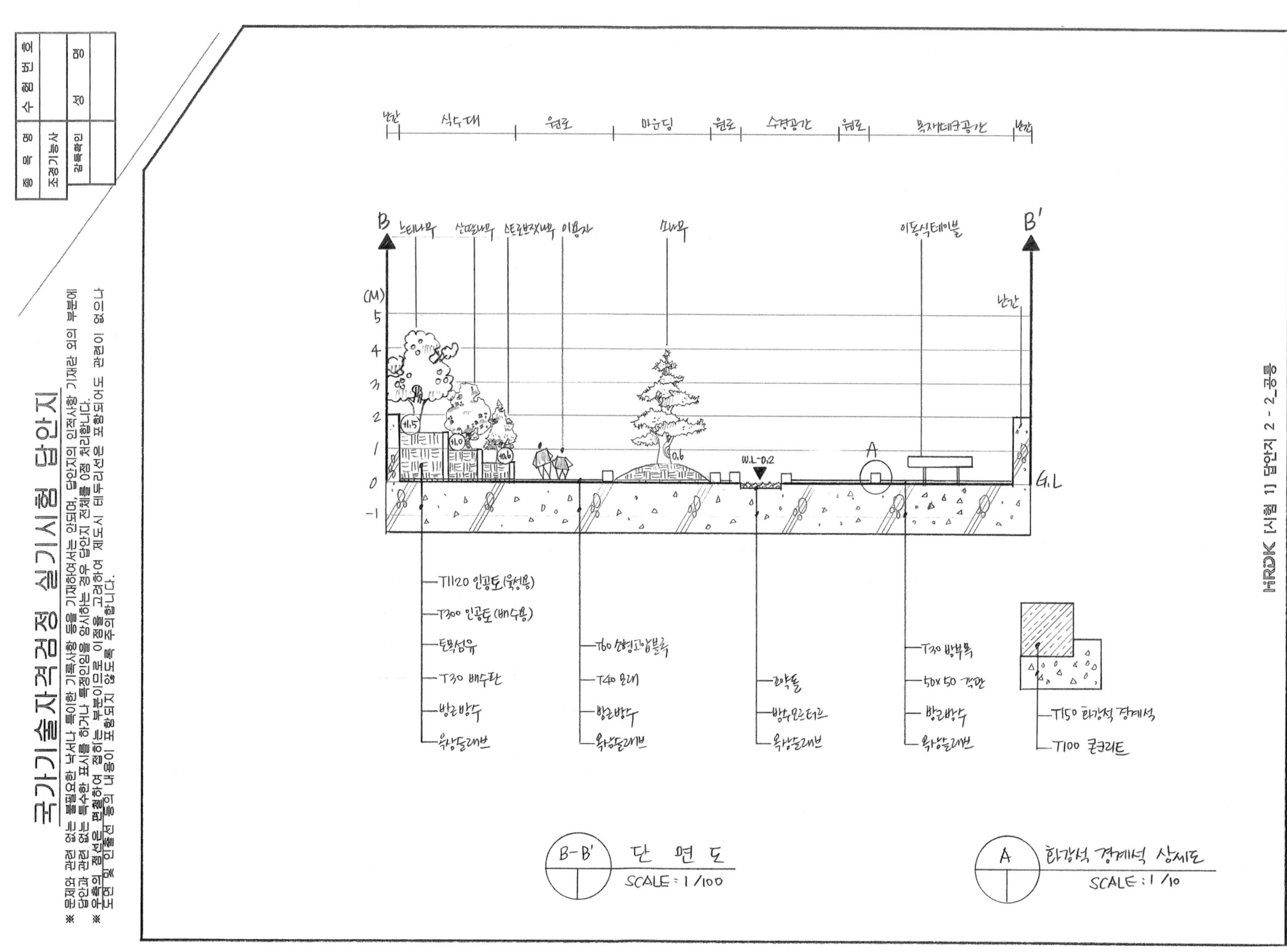

종목명
조경기능사
수험번호
성명
감독확인
국가기술자격검정 실기시험 답안지
※ 문제와 관련 없는 불필요한 낙서나 특이한 기록사항 등을 기재하여서는 안되며, 답안지의 인적사항 기재란 외의 부분에 답안과 관련 없는 특수한 표시를 하거나 특정인임을 암시하는 경우 답안지 전체를 0점 처리합니다.
※ 우측의 절선은 편철하여 철하는 부분이므로 이 점을 고려하여 제도시 테두리선은 포함되어도 관련이 없으나 도면 및 인출선 등의 내용이 포함되지 않도록 주의합니다.
HRDK [시험 1] 답안지 2 - 2_공통
난간
식수대
원로
마운딩
원로
수경공간
원로
목재데크공간
난간
B
B'
느티나무
산딸나무
스트로브잣나무
이용자
소나무
이동식테이블
난간
(M)
G.L
W.L-0.2
A
T1120 인공토(육성용)
T300 인공토(배수용)
토목섬유
T30 배수판
방근방수
옥상슬래브
T60 소형고압블록
T40 모래
방근방수
옥상슬래브
자갈
방수몰탈
옥상슬래브
T30 방부목
50x50 각관
방근방수
옥상슬래브
T150 화강석 경계석
T100 콘크리트
B-B' 단면도
SCALE : 1/100
A 화강석 경계석 상세도
SCALE : 1/10

26 도로변 소공원(텃밭)

우리나라 중부지역에 위치한 도로변의 빈 공간에 대한 조경설계를 하고자 한다. 주어진 현황도 및 아래 사항을 참조하여 설계조건에 따라 조경계획도를 작성한다(단, 2점 쇄선 안 부분을 조경설계 대상지로 한다).

요구사항

❶ 식재평면도를 위주로 한 조경계획도를 축척 1/100로 작성하시오(지급용지－1).

❷ 도면 오른쪽 위에 작업명칭을 작성하시오.

❸ 도면 오른쪽에는 "주요 시설물 수량표와 수목(식재) 수량표"를 작성하고, 수량표 아래에는 "방위표시와 막대축척"을 그려 넣으시오(단, 전체 대상지의 길이를 고려하여 범례표의 폭을 조정할 수 있다).

❹ 도면의 전체적인 안정감을 위하여 "테두리선"을 작성하시오.

❺ 도로변 소공원 부지 내의 B－B′ 단면도를 축척 1/100로 작성하시오(지급용지－2).

❻ 반드시 식재 수량표는 성상, 수목명, 규격, 단위, 수량을 명기하여 작성하시오.

설계조건

❶ 해당 지역은 도로변의 자투리 공간을 이용하여 공연 및 어린이들이 즐길 수 있는 도로변 소공원의 특성을 고려하여 조경계획도를 작성하시오.

❷ 포장지역을 제외한 곳에는 모두 식재를 계획하시오(단, 녹지공간은 빗금친 부분이며, 분위기를 고려하여 식재를 한다).

❸ 포장지역은 "점토벽돌, 화강석블럭포장, 콘크리트, 고무칩, 마사토, 투수콘크리트" 등 적당한 재료를 선택하여 재료의 사용이 적합한 장소에 기호로 표현하고, 포장명을 반드시 기입하시오.

❹ "가" 지역은 휴식공간으로 "나" 지역보다 1m 높게 설계하고, 공간별 높이 차이는 식수대(Plant Box)로 처리하며, 공원 이용자들의 편안한 휴식을 위한 파고라(3,000×3,000) 1개와 평벤치 2개, 휴지통 1개, 조명등 2개를 배치하시오.

❺ "나" 지역은 진입 및 각 공간을 원활하게 연결시킬 수 있도록 계획하고, 보행흐름에 지장이 없도록 수목보호대 3개, 휴지통 1개, 조명등 2개를 배치하시오.

❻ "다" 지역은 대상지 내 어린이를 위한 종합놀이공간으로 계획하고, 추가로 모래 놀이터(3,000×3,000) 1개와 등벤치 2개, 조명등 1개를 배치하시오.

❼ "C" 지역은 화계공간으로 단차는 "가" 지역을 기준으로 1단은 0.5m, 2단은 1.0m 높게(단, 유실수 3종) 계획하시오.

❽ "라" 지역은 텃밭으로 수험자가 임의로 작물 3가지를 심으며, "A" 공간은 초화원(식물은 수험자가 임의로 지정한다)을 계획하시오.

❾ 등고선당 간격은 30cm이며, 마운딩 중 1곳은 반드시 소나무 군식을 하고, 4계절의 경관을 볼 수 있는 수목으로 식재하시오.

❿ 대상지 내에 식재는 유도식재, 녹음식재, 경관식재, 소나무군식 등의 식재 패턴을 필요한 곳에 배식하고, 필요에 따라 수목보호대를 추가로 설치하시오.

⓫ 수목은 아래의 수종 중에서 12가지를 정하여 공간에 부합되게 교목 30주, 관목 1,000주 이상의 식재를 계획하고, 인출선을 이용하여 수량, 수종명, 규격을 반드시 기입하시오.

> 개나리(H1.2×5가시), 섀수나무(H2.5×R6), 구상나무(H1.5×W0.6), 굴거리나무(H2.5×W1.5), 금목서(H2.0×R6), 꽃사과(H2.5×R5), 꽝꽝나무(HO.3×W0.4), 낙상홍(H1.0×W0.4), 낙우송(H4.0×B12), 느티나무(H3.0×R6), 느티나무(H4.5×R20), 다정큼나무(H1.0×W0.5), 대왕참나무(H4.5×R20), 덜꿩나무(HI.0×WO.4), 돈나무(H1.5×W1.0), 동백나무(H2.5×R8), 마가목(H3.0×R12), 매화나무(H2.0×R4), 먼나무(H2.0×R5), 메타세쿼이아(H4.0×B10), 명자나무(HO.6×W0.4), 모과나무(H3.0×R8), 목련(H3.0×R10), 무궁화(H1.0×W0.2), 박태기나무(H1.0×W0.4), 배롱나무(H2.5×R6), 백철쭉(HO.3×WO.3), 백합나무(H4.0×R10), 버즘나무(H3.5×B8), 병꽃나무(H1.0×WO.6), 사철나무(H1.O×WO.3), 산딸나무(H2.0×R6), 산수국(H0.3×WO.4), 산수유(H2.5×R8), 산철쭉(HO.3×W0.3), 서양측백(H1.2×W0.3), 소나무(H3.0×W1.5×R10), 소나무(H4.0×W2.0×R15), 소나무(H5.0×W2.5×R20), 매실나무(H2.5×R6), 소나무(둥근형)(H1.2×W1.5), 수수꽃다리(H2.0×R0.8), 스트로브잣나무(H2.0×W1.0), 아왜나무(H1.5×WO.8), 영산홍(H0.3×W0.3), 왕벚나무(H4.0×B10), 은행나무(H4.0×B10), 이팝나무(H3.5×R12), 자귀나무(H3.5×R12), 보리수나무(H2.0×W1.0), 감나무(H2.0×R4), 자산홍(HO.3×W0.3), 자작나무(H2.5×B5), 조릿대(HD.6×WO.3), 좀작살나무(H1.2×W0.3), 주목(둥근형)(H0.3×WO.3), 주목(선형)(H2.0×W1.0), 중국단풍(2.5×R6), 쥐똥나무(H1.O×W0.3), 청단풍(H2.5×R8), 층층나무(H3.5×R8), 칠엽수(H3.5×R12), 태산목(H1.5×WO.5), 홍단풍(H3.0×R10), 화살나무(HO.6×W0.3), 회양목(H0.3×W0.3), 갈대(8cm), 감국(8cm), 구절초(8cm), 금계국(10cm), 노랑꽃창포(8cm), 맥문동(8cm), 벌개이취(8cm), 둥굴레(10cm), 부들(8cm), 붓꽃(10cm), 비비추(2~3분얼), 부처꽃(8cm), 수호초(10cm), 옥잠화(2~3분얼), 원추리(2~3분얼), 애기나리(10cm), 진디(0.3.×0.3×0.30), 패랭이꽃(8cm), 해국(8cm), 제비꽃(8cm), 털부처꽃(8cm)

➡ 규격이 다른 소나무 수종은 종류가 다른 수종으로 판단하지 않으며, 12가지에 포함 기재 시 1개 종으로 간주한다.

⓬ B－B′ 단면도는 경사, 포장재료, 경계선, 및 기타 시설물의 기초, 주변의 수목, 중요 시설물, 이용자 등을 단면도상에 반드시 표시하고 높이 차를 한눈에 볼 수 있도록 설계하시오.

현황도

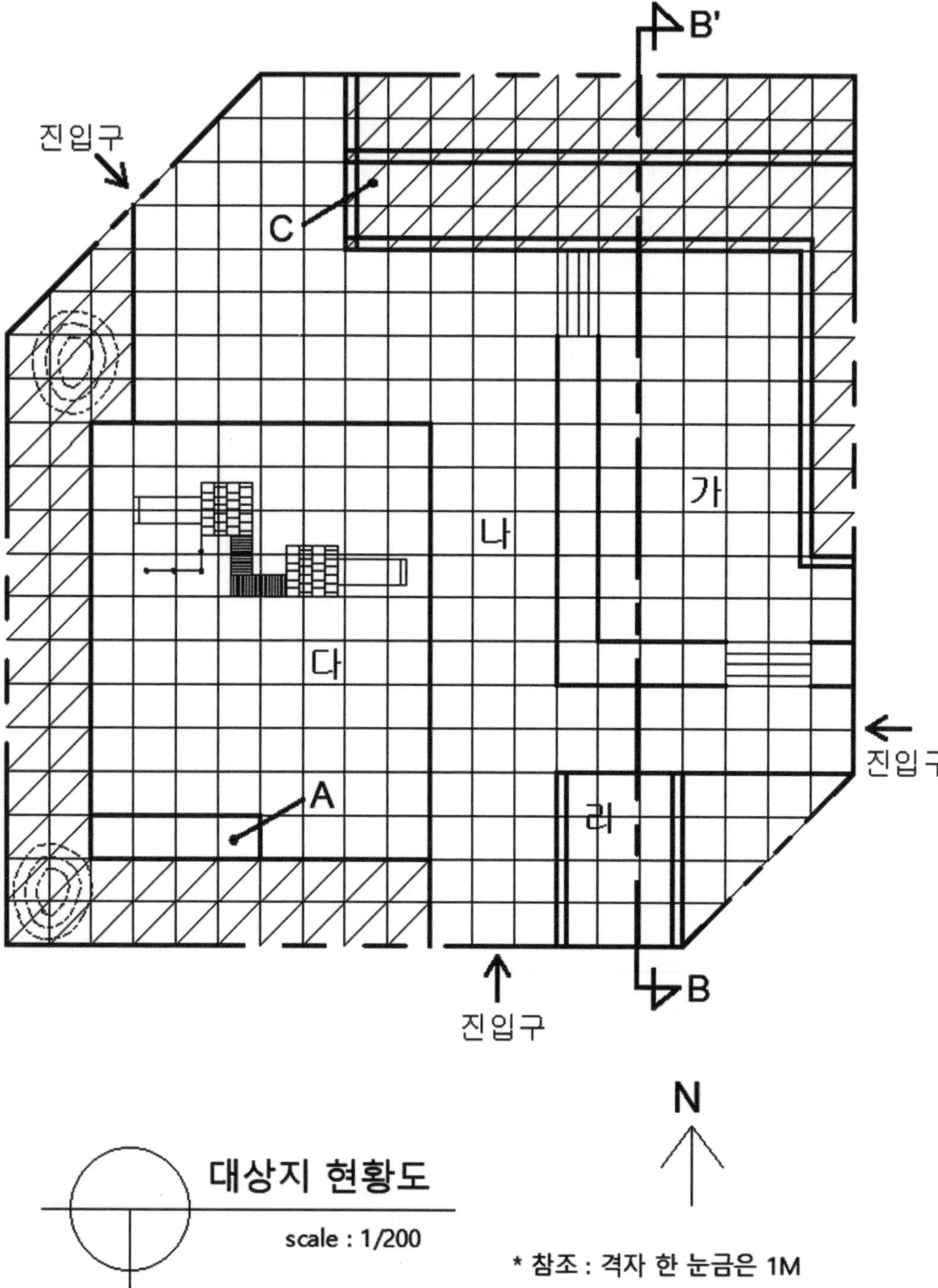

핵심 Point

1. ❼ "C" 지역은 화계공간으로 단차는 "가" 지역을 기준으로 1단은 0.5m, 2단은 1.0m 높게(단, 유실수 3종) 계획하시오

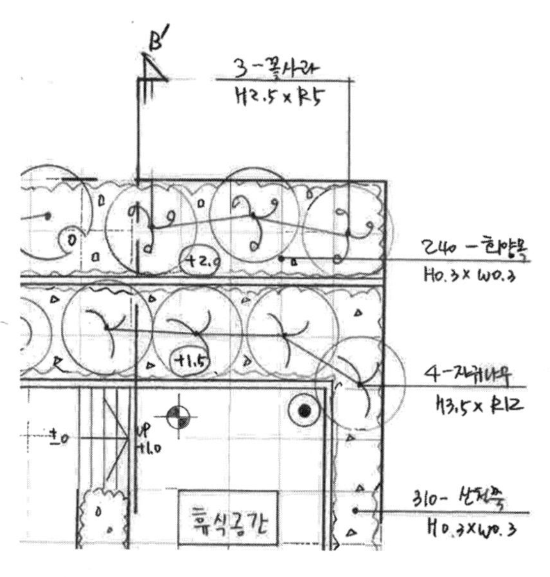

[평면도]

➡ "가" 지역은 "나" 지역보다 1m 높으므로 +1.0으로 기준을 잡는다.

➡ "C" 지역은 "가" 지역을 기준으로 1단은 0.5m 높여서 +1.5이 되고, 2단은 1.0 높여서 +2.0이 된다.

2. ❽ "라" 지역은 텃밭으로 수험자가 임의로 작물 3가지를 심으며, "A" 공간은 초화원(식물은 수험자가 임의로 지정한다)을 계획하시오.

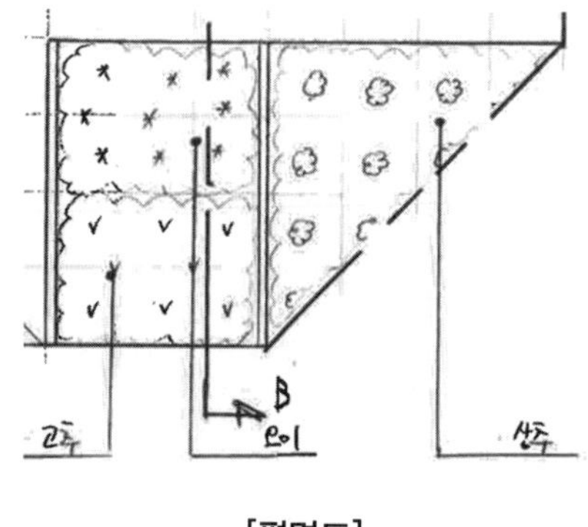

[평면도]

➡ "라" 지역은 텃밭이므로 수험자가 임의로 작물(고추, 오이, 상추)을 식재하고, 규격과 수량이 없으므로 표제란에 기입은 생략한다.

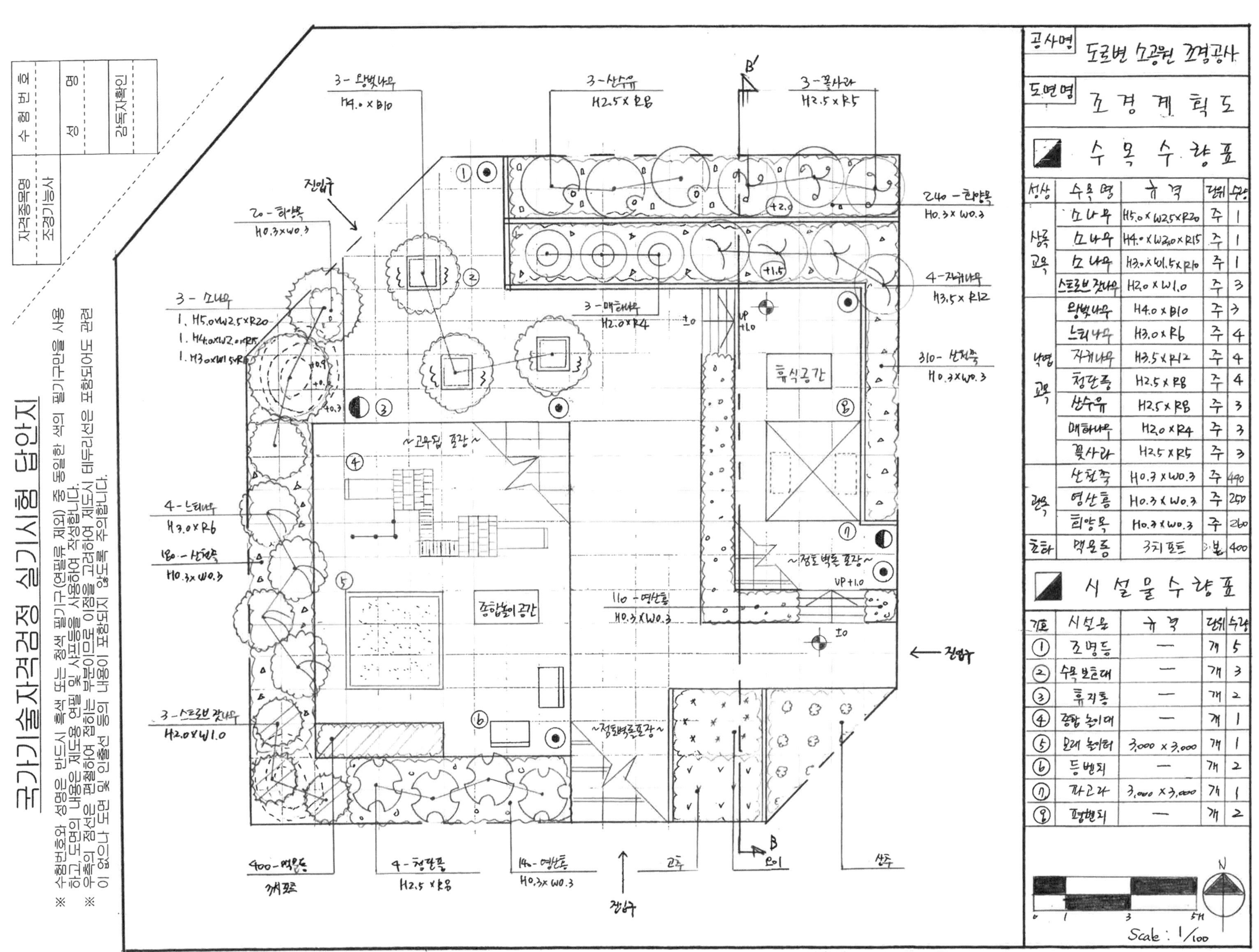

국가기술자격검정 실기시험 답안지
자격종목명 조경기능사
수험번호
성명
감독자확인
※ 수험번호와 성명은 반드시 흑색 또는 청색 필기구(연필류 제외) 중 동일한 색의 필기구만을 사용하고, 도면의 내용은 제도용 연필 및 샤프 등을 사용하여 작성합니다.
※ 우측의 정선은 편철하여 접히는 부분이므로 이점을 고려하여 제도시 테두리선은 포함되어도 관련이 없으나 도면 및 인출선 등의 내용이 포함되지 않도록 주의합니다.
공사명 도로변 소공원 조경공사
도면명 조경계획도
수목수량표
성상 | 수목명 | 규격 | 단위 | 수량
상록교목 | 소나무 | H5.0×W2.5×R20 | 주 | 1
소나무 | H4.0×W2.0×R15 | 주 | 1
소나무 | H3.0×W1.5×R10 | 주 | 1
스트로브잣나무 | H2.0×W1.0 | 주 | 3
낙엽교목 | 왕벚나무 | H4.0×B10 | 주 | 3
느티나무 | H3.0×R6 | 주 | 4
자귀나무 | H3.5×R12 | 주 | 4
청단풍 | H2.5×R8 | 주 | 4
산수유 | H2.5×R8 | 주 | 3
매화나무 | H2.0×R4 | 주 | 3
꽃사과 | H2.5×R5 | 주 | 3
관목 | 산철쭉 | H0.3×W0.3 | 주 | 490
영산홍 | H0.3×W0.3 | 주 | 250
회양목 | H0.3×W0.3 | 주 | 260
초화 | 맥문동 | 3치포트 | 본 | 400
시설물수량표
기호 | 시설물 | 규격 | 단위 | 수량
① | 조명등 | — | 개 | 5
② | 수목보호대 | — | 개 | 3
③ | 휴지통 | — | 개 | 2
④ | 종합놀이대 | — | 개 | 1
⑤ | 모래놀이터 | 3,000×3,000 | 개 | 1
⑥ | 등벤치 | — | 개 | 2
⑦ | 파고라 | 3,000×3,000 | 개 | 1
⑧ | 평벤치 | — | 개 | 2
Scale : 1/100
N
3-왕벚나무 H4.0×B10
3-산수유 H2.5×R8
3-꽃사과 H2.5×R5
240-회양목 H0.3×W0.3
4-자귀나무 H3.5×R12
310-산철쭉 H0.3×W0.3
3-매화나무 H2.0×R4
20-회양목 H0.3×W0.3
3-소나무
1. H5.0×W2.5×R20
1. H4.0×W2.0×R15
1. H3.0×W1.5×R10
4-느티나무 H3.0×R6
180-산철쭉 H0.3×W0.3
3-스트로브잣나무 H2.0×W1.0
400-맥문동 3치포트
4-청단풍 H2.5×R8
140-영산홍 H0.3×W0.3
110-영산홍 H0.3×W0.3
진입구
휴식공간
종합놀이공간
~고무칩 포장~
~점토벽돌 포장~
UP +1.0
고주
산주
B
B'

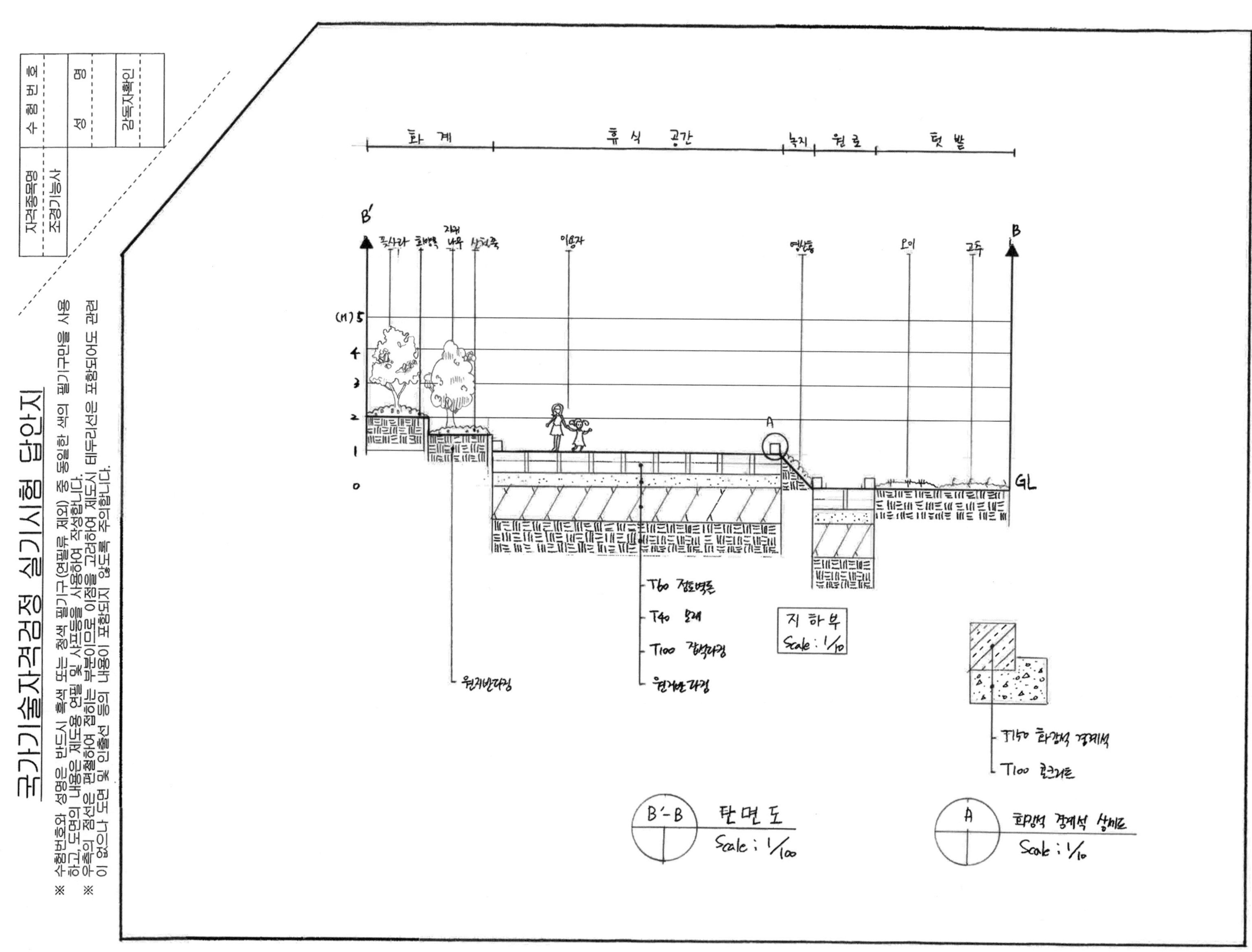
국가기술자격검정 실기시험 답안지
※ 수험번호와 성명은 반드시 흑색 또는 청색 필기구(연필류 제외) 중 동일한 색의 필기구만을 사용하고, 도면의 내용은 제도용 연필 및 샤프 등을 사용하여 작성합니다.
※ 우측의 점선은 편철하여 접히는 부분이므로 이점을 고려하여 제도시 테두리선은 포함되어도 관련이 없으나 도면 및 인출선 등의 내용이 포함되지 않도록 주의합니다.
자격종목명
조경기능사
수험번호
성명
감독자확인
화계
휴식 공간
녹지
원로
텃밭
B'
B
GL
T60 점토벽돌
T40 모래
T100 잡석다짐
원지반다짐
지하부
Scale : 1/10
T150 화강석 경계석
T100 콘크리트
B'-B
단면도
Scale : 1/100
A
화강석 경계석 상세도
Scale : 1/10

27 도로변 소공원(생태연못)

우리나라 대전지역에 위치한 도로변의 빈 공간에 대한 조경설계를 하고자 한다. 주어진 현황도 및 아래 사항을 참조하여 설계조건에 따라 조경계획도를 작성한다(단, 2점 쇄선 안 부분을 조경설계 대상지로 한다).

요구사항

❶ 식재평면도를 위주로 한 조경계획도를 축척 1/100로 작성하시오(지급용지 – 1).
❷ 도면 오른쪽 위에 작업명칭을 작성하시오.
❸ 도면 오른쪽에는 "주요 시설물 수량표와 수목(식재) 수량표"를 작성하고, 수량표 아래에는 "방위표시와 막대축척"을 그려 넣으시오(단, 전체 대상지의 길이를 고려하여 범례표의 폭을 조정할 수 있다).
❹ 도면의 전체적인 안정감을 위하여 "테두리선"을 작성하시오.
❺ 도로변 소공원 부지 내의 A – A′ 단면도를 축척 1/100로 작성하시오(지급용지 – 2).
❻ 반드시 식재 수량표는 성상, 수목명, 규격, 단위, 수량을 명기하여 작성하시오.

설계조건

❶ 해당 지역은 도로변의 자투리 공간을 이용하여 휴식 및 어린이들이 즐길 수 있는 도로변 소공원의 특성을 고려하여 조경계획도를 작성하시오.
❷ 포장지역을 제외한 곳에는 모두 식재를 계획하시오(단, 녹지공간은 빗금친 부분이며, 분위기를 고려하여 식재를 한다).
❸ 포장지역은 "소형고압블럭, 데크, 화강석블럭, 고무칩, 마사토" 등을 적당한 재료를 선택하여 재료의 사용이 적합한 장소에 기호로 표현하고, 포장명을 반드시 기입하시오.
❹ "가" 지역은 휴게공간으로 계획하고, 그 안에 파고라(3,000×3,000mm) 1개와 평벤치 2개, 휴지통 1개를 배치하시오.
❺ "나" 지역은 대상지 내 어린이를 위한 종합놀이공간으로 계획하시오.

- 대상지는 어린이가 놀 수 있도록 조합놀이시설을 설치하고, 반드시 합당한 포장을 선택하시오.
- 조합놀이시설(H=2,500)로 미끄럼대 3면과 철봉 3연식을 설계하시오.

❻ "다" 지역은 주진입구로서 보행에 지장이 없도록 수목보호대 2개와 등벤치 2개를 배치하시오.
❼ "마" 지역은 "나" 지역보다 1m 높으며, 높이차는 플랜터, 석축, 계단으로 설계하시오.
❽ "라" 지역은 생태연못으로 수심 100cm이며, 목재데크(폭 1m, 난간높이 1m) 설계하시오.
❾ 마운딩 지역은 등고선 1개당 30cm가 높다. 등고선에 반드시 점표고를 표시하시오.
❿ 적당한 위치에 차폐식재, 진입구 주변 녹지대에는 소나무 군식, 휴식공간 주변은 녹음수 식재, 놀이공간 주변에는 계절감 있는 식재 등 대상지 내 공간성격에 부합되도록 배식하시오.
⓫ 수목은 아래 수종 중에서 12가지를 정하여 공간에 부합되게 교목 30주, 관목 1,000주 이상의 식재를 계획하고, 인출선을 이용하여 수량, 수종명칭, 규격을 반드시 표기하시오.

개나리(H1.2×5가지), 계수나무(H2.5×R6), 구상나무(H1.5×W0.6), 굴거리나무(H2.5×W1.5), 금목서(H2.0×R6), 꽃사과(H2.5×R5), 꽝꽝나무(HO.3×W0.4), 낙상홍(H1.0×W0.4), 낙우송(H4.0×B12), 느티나무(H3.0×R6), 느티나무(H4.5×R20), 다정큼나무(H1.0×W0.5), 대왕참나무(H4.5×R20) 덜꿩나무(HI.0×WO.4), 돈나무(H1.5×W1.0), 동백나무(H2.5×R8), 마가목(H3.0×R12), 매화나무(H2.0×R4), 먼나무(H2.0×R5), 메타세쿼이아(H4.0×B10), 명자나무(HO.6×W0.4), 모과나무(H3.0×R8), 목련(H3.0×R10), 무궁화(H1.0×W0.2), 박태기나무(H1.0×W0.4), 배롱나무(H2.5×R6), 백철쭉(HO.3×WO.3), 백합나무(H4.0×R10), 버즘나무(H3.5×B8), 병꽃나무(H1.0×WO.6), 사철나무(H1.O×WO.3), 산딸나무(H2.0×R6), 산수국(H0.3×WO.4), 산수유(H2.5×R8), 산철쭉(HO.3×W0.3), 서양측백(H1.2×W0.3), 소나무(H3.0×W1.5×R10), 소나무(H4.0×W2.0×R15), 소나무(H5.0×W2.5×R20), 소나무(둥근형)(H1.2×W1.5), 수수꽃다리(H2.0×R0.8), 스트로브잣나무(H2.0×W1.0), 아왜나무(H1.5×WO.8), 영산홍(H0.3×W0.3), 왕벚나무(H4.0×B10), 은행나무(H4.0×B10), 이팝나무(H3.5×R12), 자귀나무(H3.5×R12), 자산홍(HO.3×W0.3), 자작나무(H2.5×B5), 조릿대(HD.6×WO.3), 좀작살나무(H1.2×W0.3), 주목(둥근형)(H0.3×WO.3), 주목(선형)(H2.0×W1.0), 중국단풍(2.5×R6), 쥐똥나무(H1.O×W0.3), 청단풍(H2.5×R8), 층층나무(H3.5×R8), 칠엽수(H3.5×R12), 태산목(H1.5×WO.5), 홍단풍(H3.0×R10), 화살나무(HO.6×W0.3), 회양목(H0.3×W0.3), 갈대(8cm), 감국(8cm), 구절초(8cm), 금계국(10cm), 노랑꽃창포(8cm), 맥문동(8cm), 벌개이취(8cm), 둥굴레(10cm), 부들(8cm), 붓꽃(10cm), 비비추(2~3분얼), 부처꽃(8cm), 수호초(10cm), 옥잠화(2~3분얼), 원추리(2~3분얼), 애기나리(10cm), 진디(0.3×0.3×0.30), 패랭이꽃(8cm), 해국(8cm), 제비꽃(8cm), 털부처꽃(8cm)

➡ 규격이 다른 소나무 수종은 종류가 다른 수종으로 판단하지 않으며, 12가지에 포함 기재 시 1개 종으로 간주한다.

⓬ A – A′ 단면도는 경사, 포장재료, 경계선, 및 기타 시설물의 기초, 주변의 수목, 중요 시설물, 이용자 등을 단면도상에 반드시 표시하고 높이 차를 한눈에 볼 수 있도록 설계하시오.

현황도

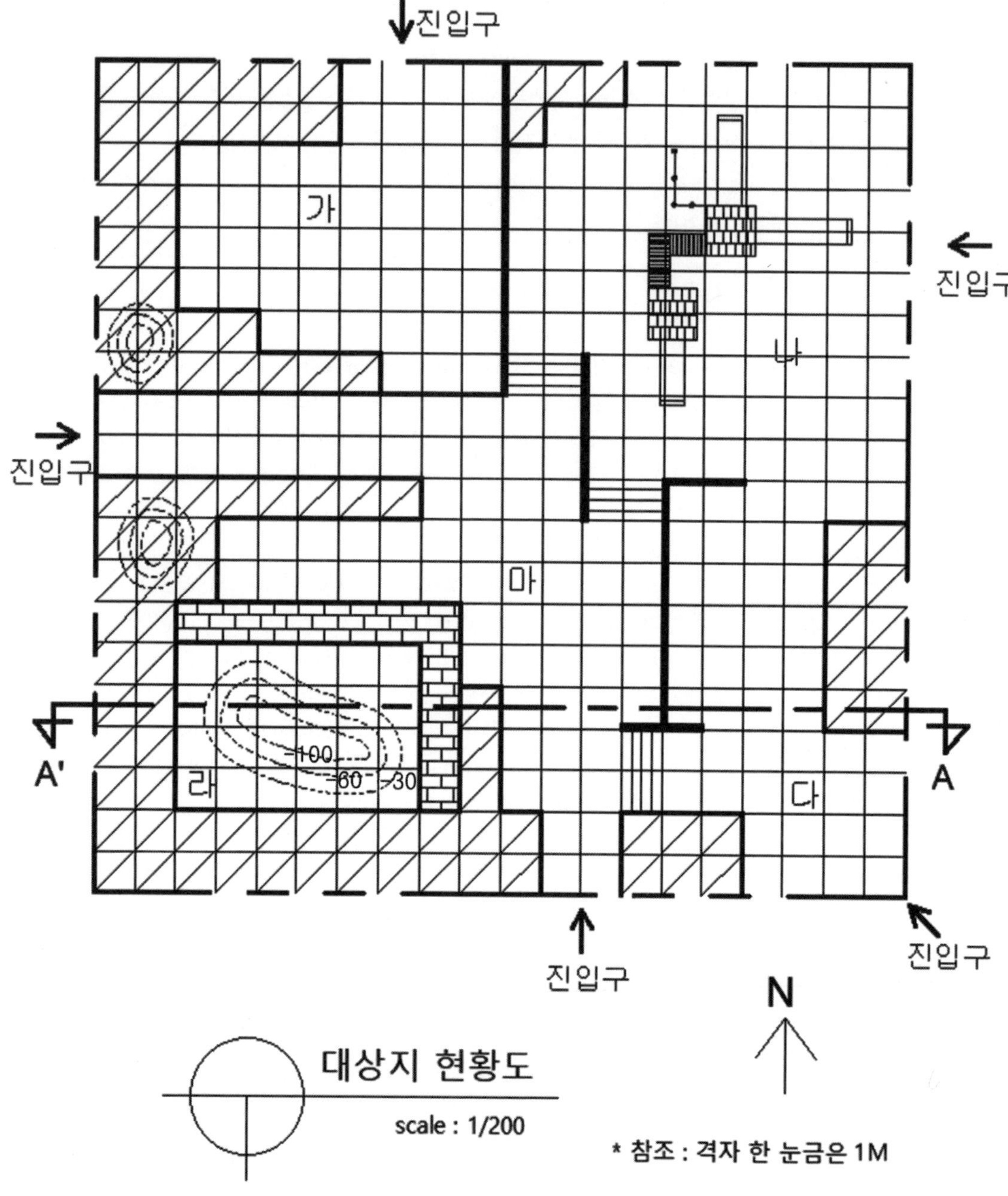

핵심 Point

1. ❽ "라" 지역은 생태연못으로 수심 100cm이며, 목재데크(폭 1m, 난간높이 1m) 설계하시오

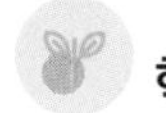

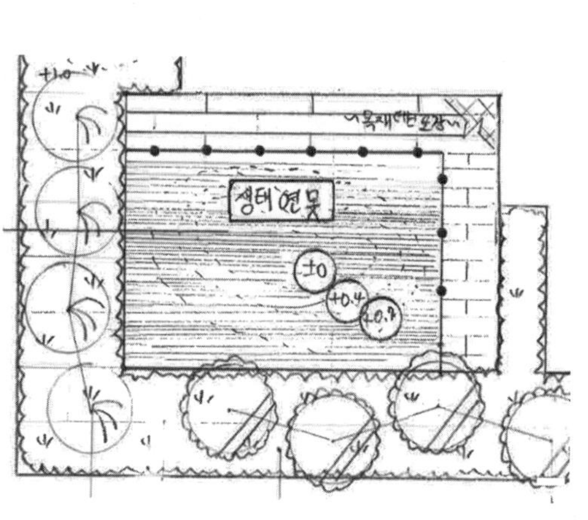

[평면도]

➡ "라" 지역은 +1.00이고, 수심까지 내려가는 점표고는 −30, −60, −100cm 순이다.

➡ 역으로 계산해서 +0.7, +0.4, ±0이 되도록 점표고를 기입한다.

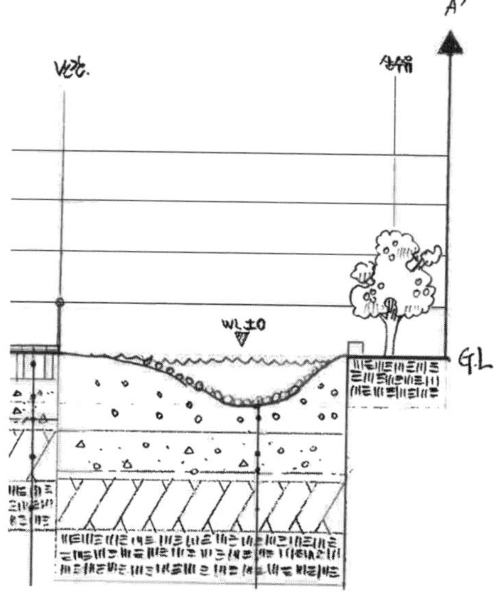

[단면도]

➡ W.L 표시와 함께 수심깊이 [±0]을 기입한다.

➡ 생태연못을 생각해서 바닥은 자연석으로 설계해도 무관하다.

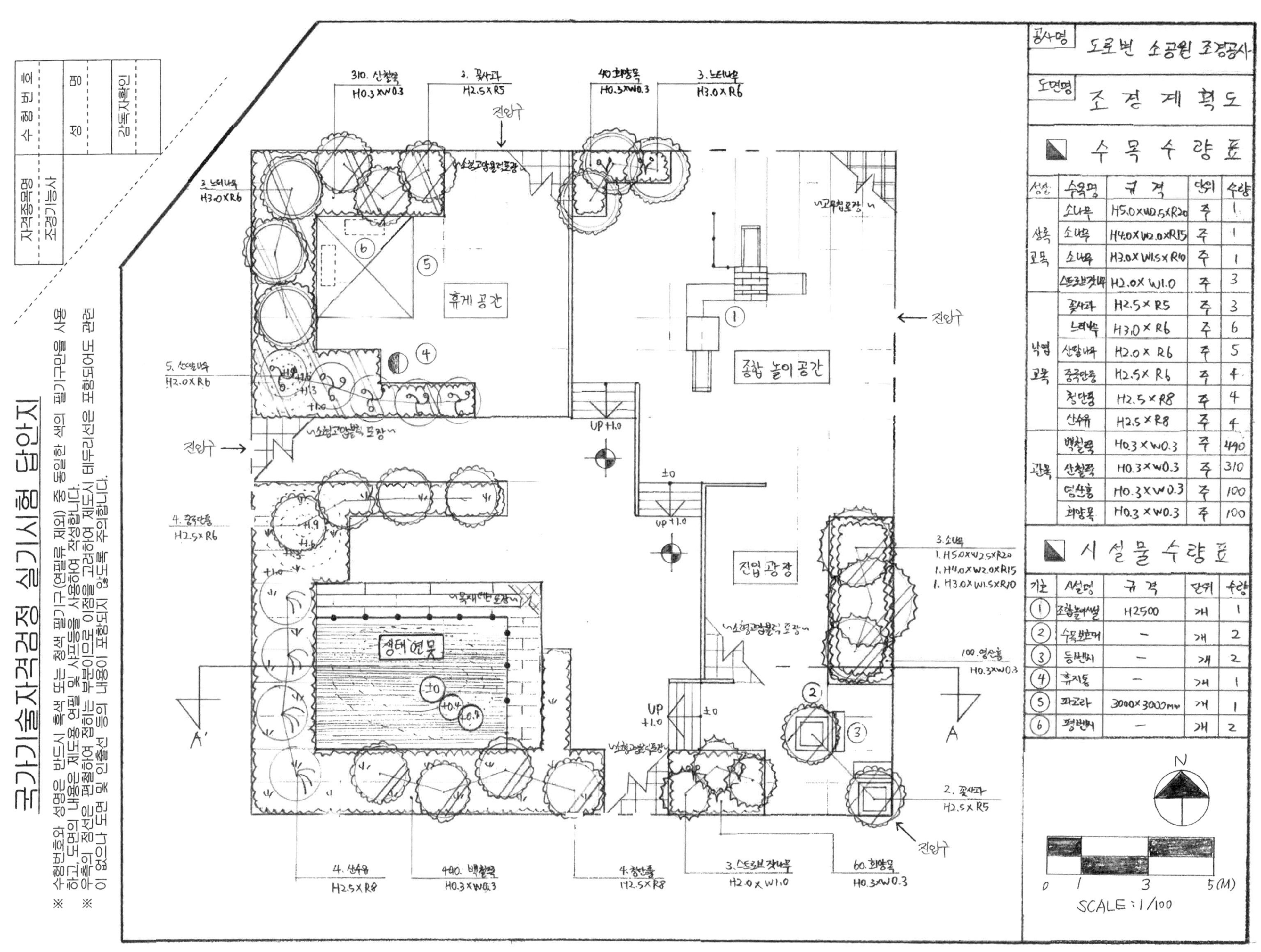
자격종목명 조경기능사
수험번호
성명
감독자확인
국가기술자격검정 실기시험 답안지
※ 수험번호와 성명은 반드시 흑색 또는 청색 필기구(연필류 제외) 중 동일한 색의 필기구만을 사용하고, 도면의 내용은 제도용 연필 및 샤프등을 사용하여 작성합니다.
※ 우측의 점선은 편철하여 접히는 부분이므로 이 점을 고려하여 제도시 테두리선은 포함되어도 관련이 없으나 도면 및 인출선 등의 내용이 포함되지 않도록 주의합니다.
공사명 도로변 소공원 조경공사
도면명 조경계획도
수목수량표
성상 | 수목명 | 규격 | 단위 | 수량
상록교목 | 소나무 | H5.0×W2.5×R20 | 주 | 1
소나무 | H4.0×W2.0×R15 | 주 | 1
소나무 | H3.0×W1.5×R10 | 주 | 1
스트로브잣나무 | H2.0×W1.0 | 주 | 3
낙엽교목 | 꽃사과 | H2.5×R5 | 주 | 3
느티나무 | H3.0×R6 | 주 | 6
산딸나무 | H2.0×R6 | 주 | 5
중국단풍 | H2.5×R6 | 주 | 4
청단풍 | H2.5×R8 | 주 | 4
산수유 | H2.5×R8 | 주 | 4
관목 | 백철쭉 | H0.3×W0.3 | 주 | 490
산철쭉 | H0.3×W0.3 | 주 | 310
영산홍 | H0.3×W0.3 | 주 | 100
회양목 | H0.3×W0.3 | 주 | 100
시설물수량표
기호 | 시설명 | 규격 | 단위 | 수량
① | 조합놀이시설 | H2500 | 개 | 1
② | 수목보호대 | – | 개 | 2
③ | 등벤치 | – | 개 | 2
④ | 휴지통 | – | 개 | 1
⑤ | 파고라 | 3000×3000mm | 개 | 1
⑥ | 평벤치 | – | 개 | 2
N
0 1 3 5(M)
SCALE : 1/100
휴게공간
종합놀이공간
진입광장
생태연못
진입구
UP +1.0
±0
310. 산철쭉 H0.3×W0.3
3. 꽃사과 H2.5×R5
40. 회양목 H0.3×W0.3
3. 느티나무 H3.0×R6
5. 산딸나무 H2.0×R6
4. 중국단풍 H2.5×R6
4. 산수유 H2.5×R8
490. 백철쭉 H0.3×W0.3
4. 청단풍 H2.5×R8
3. 스트로브잣나무 H2.0×W1.0
60. 회양목 H0.3×W0.3
2. 꽃사과 H2.5×R5
100. 영산홍 H0.3×W0.3
3. 소나무 1. H5.0×W2.5×R20 1. H4.0×W2.0×R15 1. H3.0×W1.5×R10
소형고압블럭포장
고무칩포장
목재데크포장
A
A'

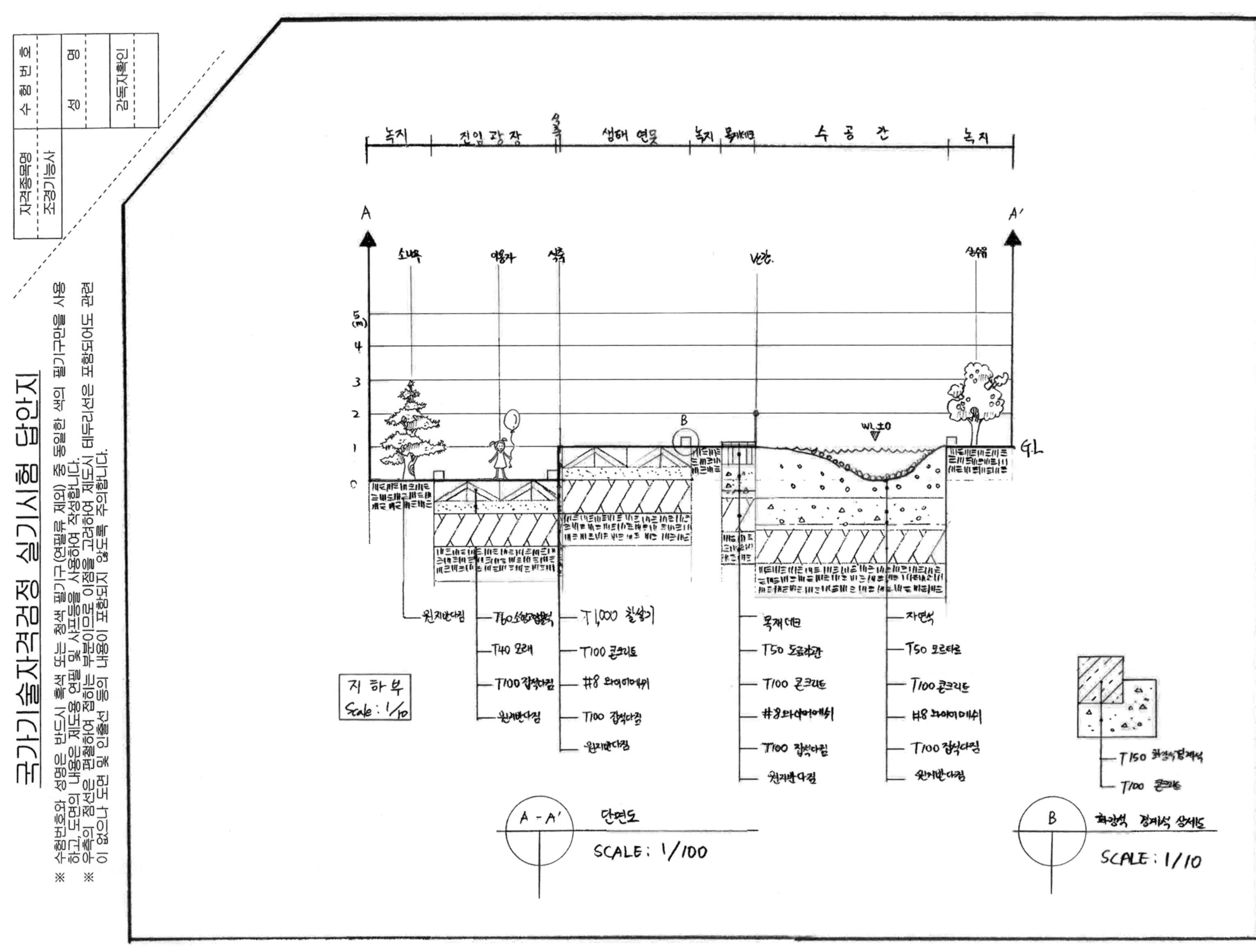
자격종목명
조경기능사
수험번호
성명
감독자확인
국가기술자격검정 실기시험 답안지
※ 수험번호와 성명은 반드시 흑색 또는 청색 필기구(연필류 제외) 중 동일한 색의 필기구만을 사용하고, 도면의 내용은 제도용 연필 및 샤프 등을 사용하여 작성합니다.
※ 우측의 점선은 편철하여 접히는 부분이므로 이점을 고려하여 제도시 테두리선은 포함되어도 관련이 없으나 도면 및 인출선 등의 내용이 포함되지 않도록 주의합니다.
녹지
진입광장
녹지
수공간
A
A'
G.L
지하부
Scale : 1/10
A - A'
단면도
SCALE : 1/100
B
SCALE : 1/10

28 야영장

우리나라 대전지역에 위치한 야영장의 빈 공간에 대한 조경설계를 하고자 한다. 주어진 현황도 및 아래 사항을 참조하여 설계조건에 따라 조경계획도를 작성한다(단, 2점 쇄선 안 부분을 조경설계 대상지로 한다).

요구사항

❶ 식재평면도를 위주로 한 조경계획도를 축척 1/100로 작성하시오(지급용지 – 1).

❷ 도면 오른쪽 위에 작업명칭을 작성하시오.

❸ 도면 오른쪽에는 "주요 시설물 수량표와 수목(식재) 수량표"를 작성하고, 수량표 아래에는 "방위표시와 막대축척"을 그려 넣으시오(단, 전체 대상지의 길이를 고려하여 범례표의 폭을 조정할 수 있다).

❹ 도면의 전체적인 안정감을 위하여 "테두리선"을 작성하시오.

❺ 도로변 소공원 부지 내의 B – B′ 단면도를 축척 1/100로 작성하시오(지급용지 – 2).

❻ 반드시 식재 평면도는 성상, 수목명, 규격, 단위, 수량을 명기하여 작성하시오.

설계조건

❶ 해당 지역은 도심 외곽에 위치한 야영장이다. 이용자들이 여가와 쉼을 즐길 수 있도록 조경계획도를 작성하시오.

❷ 포장지역을 제외한 곳에는 모두 식재를 계획하시오(단, 녹지공간은 빗금 친 부분이며, 분위기를 고려하여 식재를 한다).

❸ 포장지역은 "소형고압블럭, 데크, 화강석블럭, 고무칩, 마사토" 등 적당한 재료를 선택하여 재료의 사용이 적합한 장소에 기호로 표현하고, 포장명을 반드시 기입하시오.

❹ "가" 지역은 주차공간으로 소형자동차(2,500×4,000) 2대가 주차할 수 있는 공간으로 계획하고 설계하시오.

❺ "나" 지역은 관리사무소공간으로 관리사무실(3,000×3,000) 1개와 분리수거함 4개를 배치하시오.

❻ 등고선당 간격은 30cm이며, 마운딩 중 1곳은 반드시 소나무 군식을 하고, 4계절의 경관을 볼 수 있는 수목으로 식재하시오.

❼ "라" 지역은 어린이를 위한 놀이공간으로 계획하고, 그 안에 놀이시설 3종을 계획하고 배치하시오.

❽ "마" 지역은 재활용공간으로 수도시설 및 "재활용 분리수거함"을 설계하시오.

❾ A, B, C 지역은 야영공간으로 합당한 포장을 선택하고, "다" 지역은 잔디식재 공간으로 배치하시오(휴지통, 가로등, 평벤치 등은 필요한 곳에 배치).

❿ 대상지 내에 식재는 유도식재, 녹음식재, 경관식재, 소나무 군식 등의 식재 패턴을 필요한 곳에 배식하고, 필요에 따라 수목보호대를 추가로 설치하시오.

⓫ 수목은 아래의 수종 중에서 12가지를 선정하여 골고루 안정적인 배식이 될 수 있도록 계획하고, 인출선을 이용하여 수량, 수종명, 규격을 반드시 기입하시오.

> 개나리(H1.2×5가지), 계수나무(H2.5×R6), 구상나무(H1.5×W0.6), 굴거리나무(H2.5×W1.5), 금목서(H2.0×R6), 꽃사과(H2.5×R5), 꽝꽝나무(HO.3×W0.4), 낙상홍(H1.0×W0.4), 낙우송(H4.0×B12), 느티나무(H3.0×R6), 느티나무(H4.5×R20), 다정큼나무(H1.0×W0.5), 대왕참나무(H4.5×R20) 덜꿩나무(HI.0×WO.4), 돈나무(H1.5×W1.0), 동백나무(H2.5×R8), 마가목(H3.0×R12), 매화나무(H2.0×R4), 먼나무(H2.0×R5), 메타세쿼이아(H4.0×B10), 명자나무(HO.6×W0.4), 모과나무(H3.0×R8), 목련(H3.0×R10), 무궁화(H1.0×W0.2), 박태기나무(H1.0×W0.4), 배롱나무(H2.5×R6), 백철쭉(HO.3×WO.3), 백합나무(H4.0×R10), 버즘나무(H3.5×B8), 병꽃나무(H1.0×WO.6), 사철나무(H1.O×WO.3), 산딸나무(H2.0×R6), 산수국(H0.3×WO.4), 산수유(H2.5×R8), 산철쭉(HO.3×W0.3), 서양측백(H1.2×W0.3), 소나무(H3.0×W1.5×R10), 소나무(H4.0×W2.0×R15), 소나무(H5.0×W2.5×R20), 매실나무(H2.5×R6), 소나무(둥근형)(H1.2×W1.5), 수수꽃다리(H2.0×R0.8), 스트로브잣나무(H2.0×W1.0), 아왜나무(H1.5×WO.8), 영산홍(H0.3×W0.3), 왕벚나무(H4.0×B10), 은행나무(H4.0×B10), 이팝나무(H3.5×R12), 자귀나무(H3.5×R12), 보리수나무(H2.0×W1.0), 감나무(H2.0×R4), 자산홍(HO.3×W0.3), 자작나무(H2.5×B5), 조릿대(HD.6×WO.3), 좀작살나무(H1.2×W0.3), 주목(둥근형)(H0.3×WO.3), 주목(선형)(H2.0×W1.0), 중국단풍(2.5×R6), 쥐똥나무(H1.O×W0.3), 청단풍(H2.5×R8), 층층나무(H3.5×R8), 칠엽수(H3.5×R12), 태산목(H1.5×WO.5), 홍단풍(H3.0×R10), 화살나무(HO.6×W0.3), 회양목(H0.3 ×W0.3), 갈대(8cm), 감국(8cm), 구절초(8cm), 금계국(10cm), 노랑꽃창포(8cm), 맥문동(8cm), 벌개이취(8cm), 둥굴레(10cm), 부들(8cm), 붓꽃(10cm), 비비추(2~3분얼), 부처꽃(8cm), 수호초(10cm), 옥잠화(2~3분얼), 원추리(2~3분얼), 애기나리(10cm), 잔디(0.3×0.3×0.30), 패랭이꽃(8cm), 해국(8cm), 제비꽃(8cm), 털부처꽃(8cm)

➡ 규격이 다른 소나무 수종은 종류가 다른 수종으로 판단하지 않으며, 12가지에 포함 기재 시 1개 종으로 간주한다.

⓬ B – B′ 단면도는 경사, 포장재료, 경계선 및 기타 시설물의 기초, 주변의 수목, 중요 시설물, 이용자 등을 단면도상에 반드시 표시하고 높이 차를 한눈에 볼 수 있도록 설계하시오.

현황도

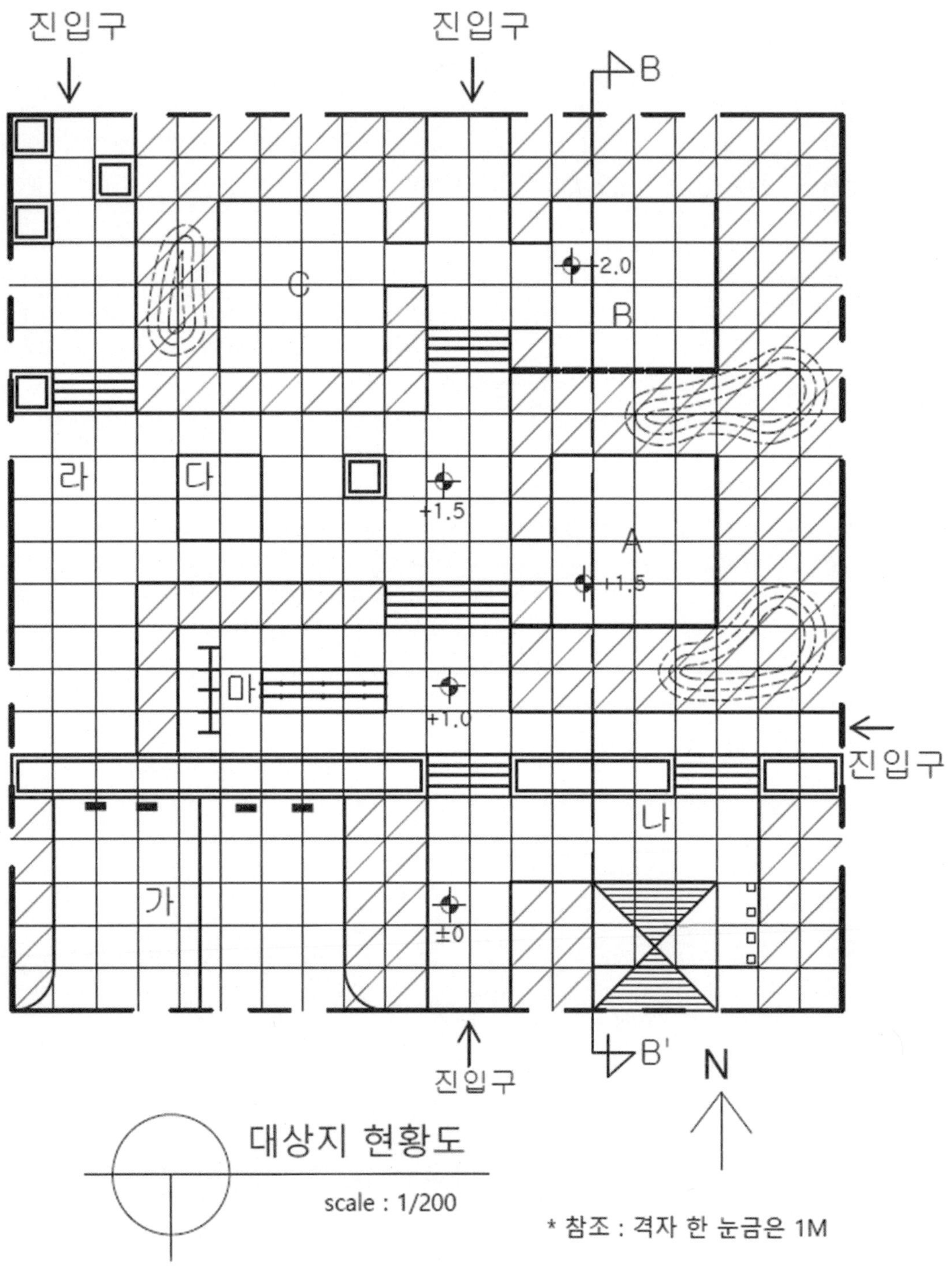

핵심 Point

1. 단차를 설계조건에 제시한 것이 아니라 현황도에 점표고로 알려주고 있다.

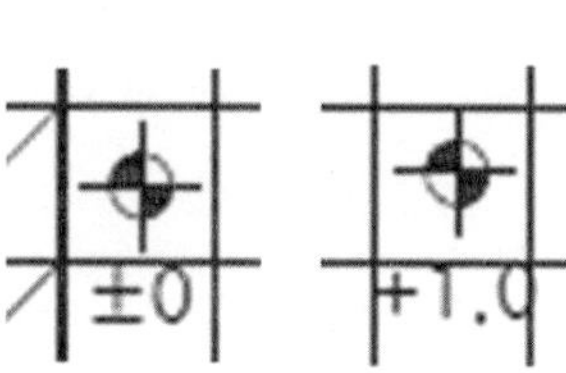

[현황도]

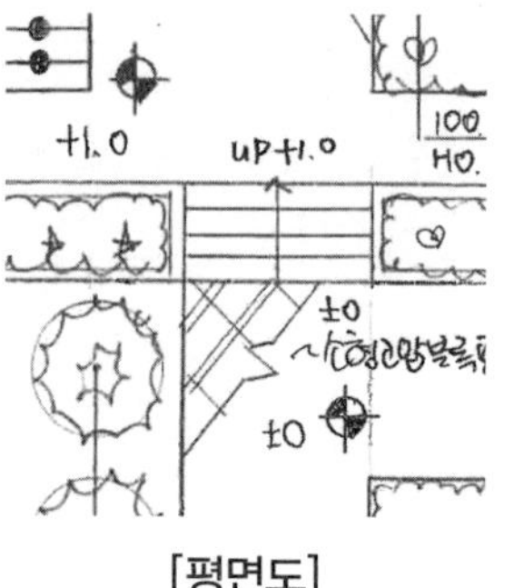

[평면도]

➡ "나" 지역부터 B 지역까지 계단에 단차를 기입한다.

2. ❻ 등고선당 간격은 30cm이며, 마운딩 중 1곳은 반드시 소나무 군식을 하고, 4계절의 경관을 볼 수 있는 수목으로 식재하시오.

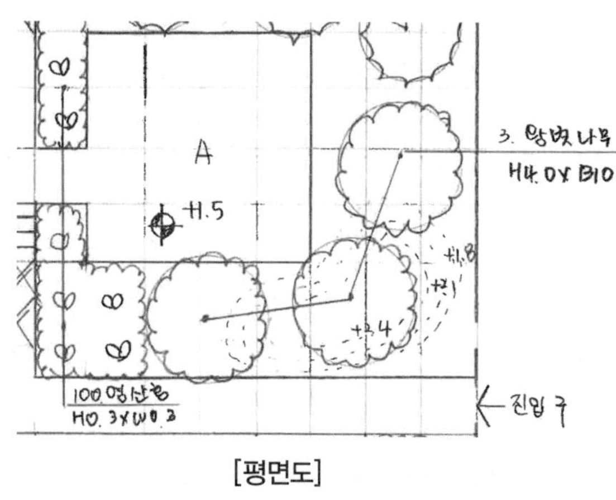

[평면도]

➡ 등고선당 30cm 높기 때문에 A, B, C 지역에 단차를 확인하여 점표고를 기입해 준다.

3. ❽ "마" 지역은 재활용공간으로 수도시설 및 "재활용 분리수거함"을 설계하시오.

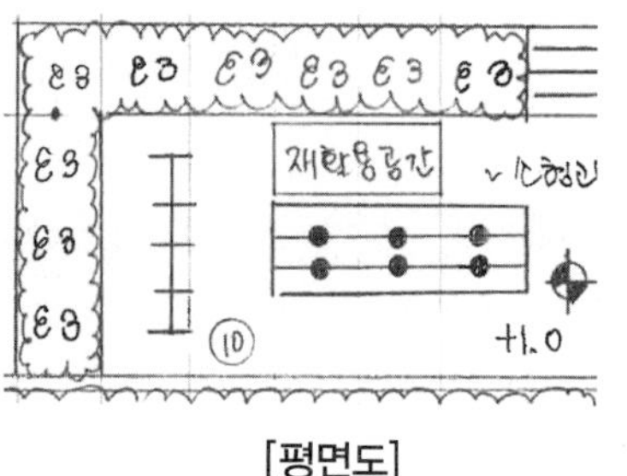

[평면도]

➡ 현황도에 그려진 수도시설과 재활용 분리수거함을 평면도에 그대로 그려주면 된다.

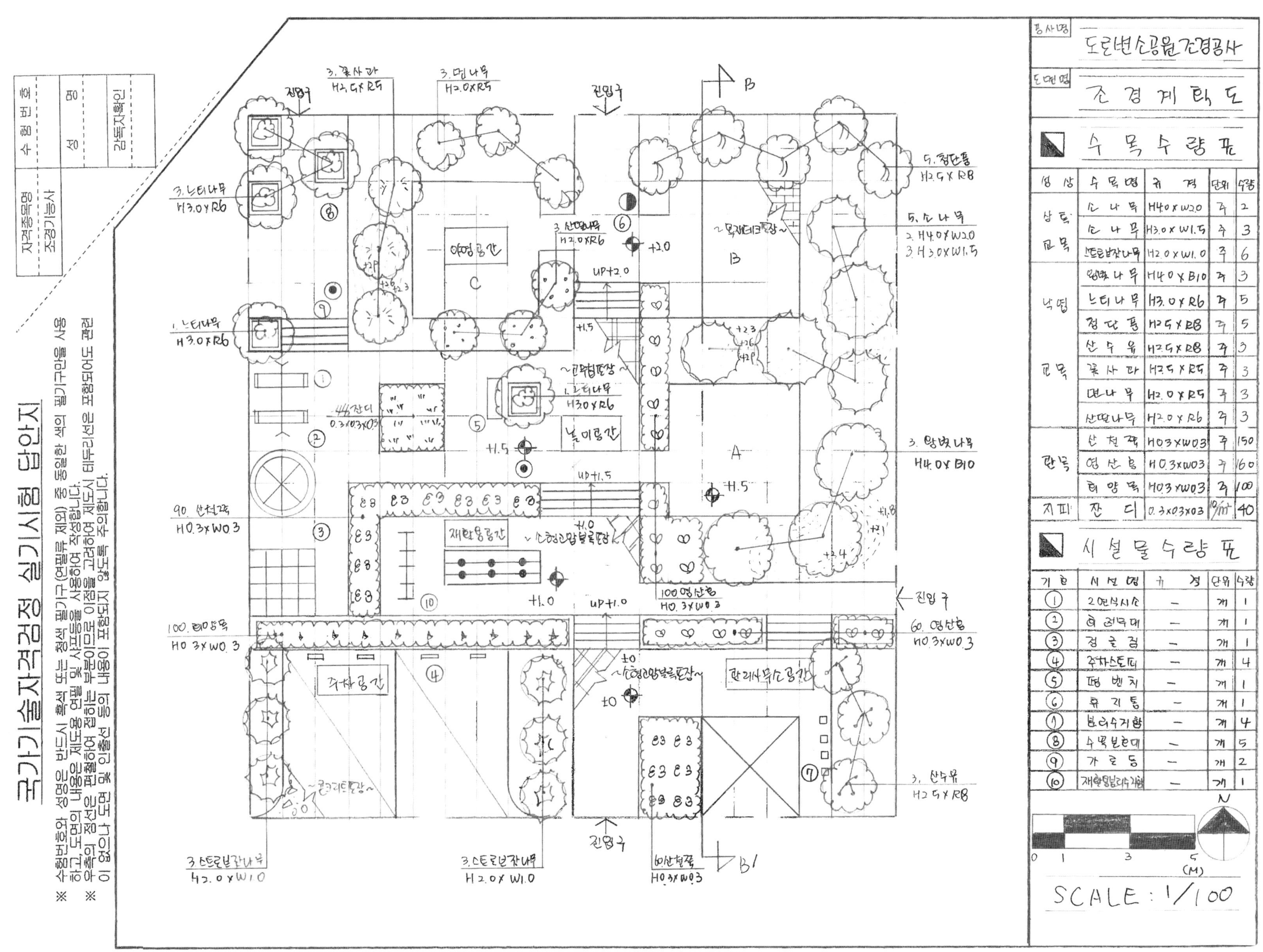

수목수량표

성상	수목명	규격	단위	수량
상록교목	소나무	H4.0xW2.0	주	2
	소나무	H3.0xW1.5	주	3
	스트로브잣나무	H2.0xW1.0	주	6
낙엽교목	왕벚나무	H4.0xB10	주	3
	느티나무	H3.0xR6	주	5
	청단풍	H2.5xR8	주	5
	산수유	H2.5xR8	주	3
	꽃사과	H2.5xR5	주	3
	먼나무	H2.0xR5	주	3
	산딸나무	H2.0xR6	주	3
관목	산철쭉	H0.3xW0.3	주	150
	영산홍	H0.3xW0.3	주	160
	회양목	H0.3xW0.3	주	100
지피	잔디	0.3x0.3x0.03	10/m²	40

시설물수량표

기호	시설명	규격	단위	수량
①	2연식시소	–	개	1
②	미끄럼대	–	개	1
③	정글짐	–	개	1
④	주차스토퍼	–	개	4
⑤	평벤치	–	개	1
⑥	휴지통	–	개	1
⑦	분리수거함	–	개	4
⑧	수목보호대	–	개	5
⑨	가로등	–	개	2
⑩	재활용분리수거함	–	개	1

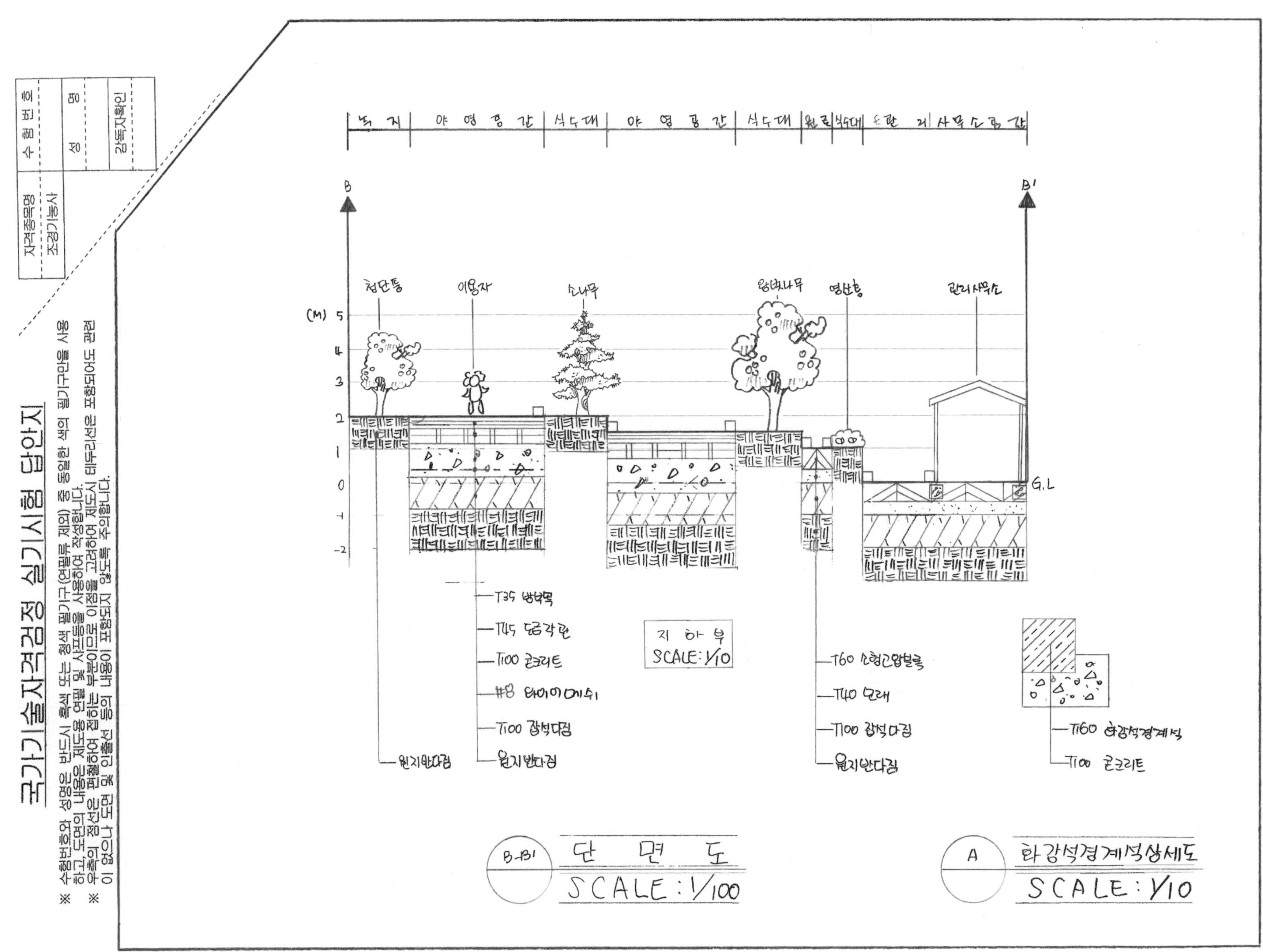

MEMO

MEMO

[재미있게 읽는 꽃 이름의 유래]

- 감국 : 꽃잎을 씹으면 단맛이 난다고 하여 유래된 이름이다.
- 구절초 : 오월 단오에는 5마디이던 줄기가 음력 9월 9일이 되면 9마디가 되고 약의 효과가 가장 좋아서 유래된 이름이다.
- 금낭화 : 심장 모양을 한 꽃이 마치 비단주머니처럼 생겨서 유래된 이름이다.
- 기린초 : 기린초의 잎 모양이 옛날 중국 전설에 나오는 상상의 동물 기린(麒麟)의 뿔처럼 생겼다 하여 유래된 이름이다.
- 개구리자리 : 개구리가 많이 있는 물가에서 많이 발견된다 하여 유래된 이름이다.
- 개나리 : 나리꽃과 비슷하게 생겼지만 나리꽃보다는 작고 예쁘지 않아서 유래된 이름이다.
- 괭이밥 : 고양이가 소화가 잘 되지 않을 때 혹은 탈이 났을 때 이 풀을 뜯어 먹는다고 하여 유래된 이름이다.
- 까마중 : 까만 열매가 많이 열리는데 이 모양이 스님의 머리와 비슷하다 하여 유래된 이름이다.
- 노루오줌 : 풀의 뿌리에서 누린내가 난다는 설 혹은 노루가 물 마시러 오는 곳에 많이 핀다 하여 유래된 이름이다.
- 돈나무(염좌) : 나무의 줄기와 뿌리에서 나는 냄새 때문이라는 설과 혹은 열매에서 분비되는 끈끈하고 달콤한 액체를 먹기 위해 곤충들이 날아와 지저분하게 된 나무를 보고 똥나무라고 부르다 돈나무가 되었다는 설이 있다.
- 동국(황어자) : 첫눈이 올 때까지 핀다 하여 유래된 이름이다.
- 무궁화 : 꽃이 7월부터 10월까지 100여 일간 계속 피어 생긴 이름이다.
- 물푸레나무 : 눈병에 신통하며, 나무껍질을 벗겨 물에 담그면 물을 푸르게 물들이는 특징이 있어 유래된 이름이다.
- 범부채 : 자라는 잎이 부채꼴을 이루고, 꽃의 반점이 호랑이 가죽을 닮았다 하여 유래된 이름이다.
- 봄까치꽃(큰개불알풀) : 봄을 가장 먼저 알려주는 까치와 같다 하여 유래된 이름이다.
- 산부추 : 산에서 자라고, 잎을 비벼서 향기를 맡으면 부추향이 나서 유래된 이름이다.
- 술패랭이꽃 : 꽃잎이 술처럼 갈라지는 패랭이꽃이라 하여 유래된 이름이다.
- 생강나무 : 줄기나 잎에 상처를 내면 진한 냄새가 나는데, 마치 생강냄새 같다 하여 유래된 이름이다.
- 옥잠화 : 꽃봉오리가 마치 달에서 내려온 선녀가 꽂고 있던 옥비녀(玉簪)를 닮았다고 하여 유래된 이름이다.
- 용담 : 뿌리의 쓴맛이 용의 용담(쓸개)만큼 쓰다고 하여 유래된 이름이다.
- 이팝나무 : "이팝"이 "쌀밥"의 방언으로, 꽃이 피는 모양이 쌀밥과 같다하여 유래된 이름이다.
- 질경이 : 생명력이 질기다 하여 유래된 이름이다.
- 현호색(玄胡索)- "현(玄)"은 검은색 뿌리, 호(胡)는 중국의 북쪽지방이 생산지라는 의미, 색(索)은 새싹이 돋아날 때 매듭 모양이라 하여 유래된 이름이다.
- 홀아비꽃대 : 하나의 꽃대가 홀로 외롭게 피어난다는 의미에서 유래된 이름이다.

부록 4

01장 식물재료

우리나라에는 약 1,000여 종에 이르는 수목이 자생하고 있으며, 외국에서 도입된 수종 또한 상당수 있다. 그러나 모든 수목이 조경 수목이 될 수 있는 것은 아니며, 목적이나 기능, 환경에 알맞아야 한다.

01 조경수목

1 조경수목의 분류

(1) 식물의 성상에 따른 분류

① 나무 고유의 모양에 따른 분류

나무가 성숙했을 때 높이나 나무 고유의 모양에 따라 교목, 관목, 덩굴식물로 구분한다.

구 분	주요 수목명
교목	소나무, 주목, 전나무, 잣나무, 향나무, 동백나무, 은행나무, 자작나무, 밤나무, 느티나무, 모과나무, 왕벚나무, 배롱나무, 산수유 등
관목	미선나무, 옥향, 회양목, 사철나무, 팔손이, 모란, 명자나무, 조팝나무, 낙상홍, 진달래, 철쭉, 쥐똥나무, 개나리, 무궁화, 탱자나무, 수수꽃다리 등
덩굴식물	능소화, 등나무, 담쟁이덩굴, 으름덩굴, 포도나무, 인동덩굴, 머루, 송악, 오미자 등

② 잎의 모양에 따른 분류

- 침엽수 : 잎 모양이 바늘처럼 뾰족하며, 꽃이 피지만 꽃 밑에 씨방이 형성되지 않는 겉씨식물(나자식물)로 잎이 좁다.

구 분	주요 수목명
침엽수	소나무, 곰솔(해송), 잣나무, 전나무, 구상나무, 비자나무, 편백, 화백, 측백, 낙우송, 메타세쿼이아 등

구 분	주요 수목명
2엽속생	소나무, 곰솔(해송), 흑송, 방크스소나무, 반송
3엽속생	백송, 리기다소나무, 리기테다소나무, 대왕송
5엽속생	섬잣나무, 잣나무, 스트로브잣나무

[침엽수 잎]

- 활엽수 : 속씨식물(피자식물)로 잎이 넓다.

구 분	주요 수목명
활엽수	태산목, 먼나무, 굴거리나무, 호두나무, 서어나무, 상수리나무, 느티나무, 칠엽수, 자작나무, 왕벚나무, 가중나무 등

③ 잎의 생태상에 따른 분류

- 상록수 : 사계절 내내 잎이 푸른 나무이다.
- 낙엽수 : 낙엽이 지는 계절(가을)에 일제히 잎을 떨구는 나무이다.

구 분	주요 수목명
상록수	소나무, 전나무, 주목, 백송, 사철나무, 동백나무, 회양목, 독일가문비 등
낙엽수	낙엽송, 은행나무, 칠엽수, 산수유, 메타세쿼이아, 층층나무, 백목련 등

[소나무]

[은행나무]

(2) 관상면으로 본 분류

① 꽃이 아름다운 나무

• 계절에 따른 분류

구 분	주요 수목명
봄꽃	진달래, 동백나무, 명자나무, 목련, 영춘화, 박태기나무, 철쭉, 조팝나무, 산사나무, 매화나무, 개나리, 산수유, 수수꽃다리, 배나무, 등나무 등
여름꽃	배롱나무, 협죽도, 자귀나무, 석류나무, 능소화, 치자나무, 마가목, 산딸나무, 층층나무, 수국, 무궁화, 백합나무 등
가을꽃	무궁화, 부용, 협죽도, 금목서, 은목서 등
겨울꽃	팔손이나무, 비파나무 등

[능소화]

[산수유]

[협죽도]

• 색상에 따른 분류

구 분	주요 수목명
백색 꽃	매화나무, 조팝나무, 팥배나무, 산딸나무, 마가목, 노각나무, 백목련, 탱자나무, 돈나무, 태산목, 치자나무, 백당나무, 호랑가시나무, 팔손이나무, 함박꽃나무, 층층나무, 광나무, 때죽나무, 살구나무 등
붉은색 꽃	박태기나무, 배롱나무, 동백나무, 모란, 자귀나무, 능소화, 석류나무, 무궁화, 부용, 명자나무 등
노란색 꽃	고로쇠나무, 풍년화, 산수유, 매자나무, 개나리, 백합(튤립)나무, 황매화, 죽도화, 이나무, 생강나무, 골담초, 영춘화 등
자주색 꽃	박태기나무, 수국, 오동나무, 수수꽃다리, 등나무, 무궁화, 좀작살나무 등
주황색 꽃	능소화

• 계절별 개화시기에 따른 분류

개화기	주요 수목명
2월	매화나무(백색, 붉은색), 풍년화(노란색), 동백나무(붉은색), 영춘화(노란색)
3월	매화나무, 생강나무(노란색), 개나리(노란색), 산수유(노란색), 조팝나무(흰색), 미선나무(흰색)
4월	호랑가시나무(백색), 벚나무(흰색), 꽃아그배나무(담홍색), 백목련(백색), 박태기나무(자주색), 이팝나무(백색), 등나무(자주색)
5월	이팝나무(흰색), 귀룽나무(백색), 때죽나무(백색), 산딸나무(백색), 일본목련(백색), 고광나무(백색), 병꽃나무(붉은색), 쥐똥나무(백색), 다정큼나무(백색), 인동덩굴(노란색), 산사나무(백색)
6월	수국(자주색), 아왜나무(백색), 태산목(백색), 치자나무(백색)
7월	노각나무(백색), 배롱나무(적색, 백색), 자귀나무(담홍색), 무궁화(흰색, 보라색), 능소화(주황색)
8월	배롱나무, 싸리나무(자주색), 무궁화(자주색, 백색)
9월	배롱나무, 싸리나무
10월	금목서(노란색), 은목서(백색)
11월	팔손이(백색), 비파(노란색)

② 열매가 아름다운 나무 : 피라칸타, 낙상홍, 사철나무, 탱자나무, 주목, 석류나무, 감탕나무, 생강나무, 오미자, 대추나무, 산수유, 마가목, 살구나무, 팥배나무, 꽃사과나무, 돈나무, 꽝꽝나무, 쥐똥나무, 굴거리나무, 은행나무, 모과나무 등

③ 잎이 아름다운 나무 : 주목, 식나무, 벽오동, 단풍나무류, 계수나무, 은행나무, 측백나무, 대나무, 호랑가시나무, 낙우송, 소나무류, 위성류, 칠엽수, 금목서, 팔손이나무 등

④ 단풍이 아름다운 나무

구 분	주요 수목명
홍색계	단풍나무류(고로쇠나무 제외), 화살나무, 붉나무, 감나무, 당단풍나무, 복자기나무, 산딸나무, 매자나무, 참빗살나무, 남천, 배롱나무, 흰말채나무 등
황색 및 갈색계	은행나무, 벽오동, 버드나무류, 느티나무, 계수나무, 낙우송, 메타세쿼이아, 고로쇠나무, 참느릅나무, 때죽나무, 석류나무, 칠엽수, 갈참나무, 백합, 졸참나무, 모감주나무, 버즘나무 등

⑤ 수피가 아름다운 나무

구 분	주요 수목명
백색계	백송, 분비나무, 자작나무, 동백나무, 층층나무, 버즘나무, 노각나무(회 백색) 등
갈색계	해송, 편백, 철쭉류, 모과나무(회갈색) 등
청록색	식나무, 벽오동나무, 탱자나무, 죽도화, 벽오동나무 등
적갈색	소나무, 주목, 삼나무, 섬잣나무, 흰말채나무, 배롱나무, 모과나무 등

2 조경수목의 특성

(1) **수형** : 나무 전체의 생김새는 수관(樹冠)과 수간(樹幹)에 의해 이루어진다.

① 수관 : 가지와 잎이 뭉쳐서 이루어진 부분으로 가지의 생김새에 따라 형태가 만들어진다.

② 수간 : 나무의 줄기를 말하며 수간의 생김새나 갈라진 수에 따라 전체 수형에 영향을 끼친다.

수 형	주요 수목명
원추형	낙우송, 삼나무, 전나무, 메타세쿼이아, 독일가문비, 주목, 히말라야시더, 낙엽송(일본잎갈나무) 등
우산형	편백, 화백, 반송, 층층나무, 왕벚나무, 매화나무, 복숭아나무 등
구 형	졸참나무, 가시나무, 녹나무, 수수꽃다리, 화살나무, 회화나무 등
난 형	백합나무, 측백나무, 동백나무, 태산목, 계수나무, 목련, 버즘나무, 박태기나무 등
원주형	포플러류, 무궁화, 부용 등
배상형	느티나무, 가중나무, 단풍나무, 배롱나무, 산수유, 자귀나무, 석류나무 등
능수형	능수버들, 용버들, 수양벚나무, 실화백 등
만경형	능소화, 담쟁이덩굴, 등나무, 으름덩굴, 인동덩굴, 송악, 줄사철나무 등
포복형	눈향나무, 눈잣나무 등

(2) **조경수목의 규격**

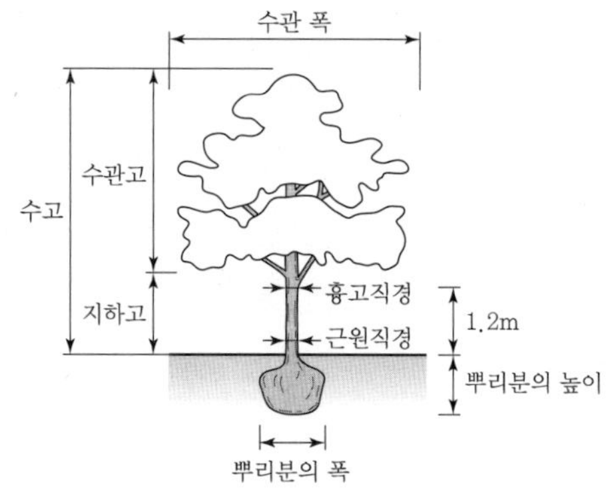

수 형	기 호	주요 수목명
교목	H×W	일반적인 상록수(향나무, 사철나무, 측백나무 등)
	H×R	소나무, 감나무, 꽃사과나무, 느티나무, 대추나무, 매화나무, 모감주나무, 산딸나무, 이팝나무, 층층나무, 회화나무, 후박나무, 능소화, 참나무류, 모과나무, 배롱나무, 목련, 산수유, 자귀나무, 단풍나무 등 대부분의 교목류(소나무, 곰솔, 무궁화는 H×W×R로 표시하기도 한다)
	H×B	가중나무, 계수나무, 낙우송, 메타세쿼이아, 벽오동, 수양버들, 벚나무, 은단풍, 칠엽수, 현사시나무, 은행나무, 자작나무, 층층나무, 플라타너스, 백합(튤립)나무 등
관목	H×W	일반 관목
	H×R	노박덩굴, 능소화
	H×W×L	눈향나무
	H×가지의 수	개나리, 덩굴장미
만경목	H×R	등나무

3 조경수목의 환경

식물의 생육에는 여러 가지 환경조건이 필요하고 기온, 강수량, 바람 등의 기후인자와 토양의 이화학적 성질에 많은 영향을 받는다.

(1) 기온

① 우리나라에서 식물의 천연분포를 결정짓는 가장 중요한 인자는 기후이며, 그중에서도 온도 조건이 식물의 천연분포를 결정하고 있다.

산림대		주요 수목명
난대(상록활엽수)		녹나무, 동백나무, 사철나무, 가시나무류, 후피향나무, 식나무, 구실잣밤나무, 멀구슬나무 등
온대(낙엽활엽수)	남부	곰솔, 대나무류, 서어나무, 팽나무, 굴피나무, 사철나무, 단풍나무 등
	중부	신갈나무, 졸참나무, 향나무, 전나무, 밤나무, 때죽나무, 소나무 등
	북부	박달나무, 신갈나무, 사시나무, 전나무, 잣나무, 거제수나무 등
한대(침엽수)		잣나무, 전나무, 주목, 가문비나무, 잎갈나무 등

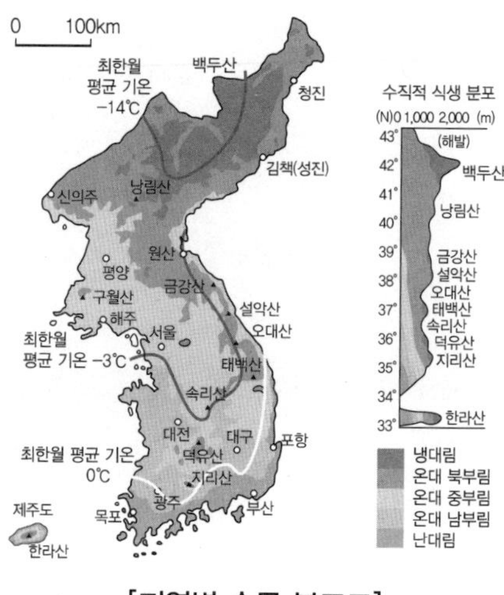

[지역별 수목 분포도]

02 지피식물

1 지피식물의 분류

(1) 지피식물의 특징

① 지표면을 낮게 피복해 주는 키가 작은 식물을 말한다.

② 잔디, 맥문동, 덩굴식물류, 초본류 등 지표면을 피복하기 위해 사용하는 식물이다.

(2) 지피식물의 조건

① 지표면을 치밀하게 피복해야 한다.

② 키가 작고 다년생이며 부드러워야 한다.

③ 번식력이 왕성하고 생장이 비교적 빨라야 한다.

④ 내답압(踏壓)성이 크고 환경조건에 대한 적응성이 넓어야 한다.

⑤ 병해충에 대한 저항성이 크고 관리가 용이해야 한다.

맥문동]

[잔디]

03 초화류

1 초화류의 개념

(1) 풀 종류인 화초 또는 그 꽃을 말한다.

(2) 조경에서는 일반원예에서 취급하지 않는 야생초류와 수생초류 중에서 관상가치가 높은 것을 초화류에 포함하여 이용하고 있다.

(3) 초화류는 경관조성 재료로 사용되며, 공원, 도로변, 학교, 공장, 주택단지에 이르기까지 화단을 조성하여 아름다움이나 색채로서의 효과가 크다.

2 초화류의 분류

분 류	구 분	주요 식물명
한해살이 초화류 (1, 2년생 초화)	봄뿌림	맨드라미, 샐비어, 마리골드, 나팔꽃, 코스모스, 과꽃, 봉숭아, 채송화, 분꽃, 백일홍 등
	가을뿌림	팬지, 피튜니아, 금잔화, 금어초, 패랭이꽃, 안개초 등
여러해살이 초화류 (다년생 초화)		국화, 베고니아, 아스파라거스 카네이션, 부용, 꽃창포, 제라늄, 도라지꽃, 옥잠화 등
알뿌리 초화류 (구근 초화류)	봄심기	달리아, 칸나, 아마릴리스, 글라디올러스 등
	가을심기	히아신스, 아네모네, 튤립, 수선화, 백합(나리), 아이리스, 크로커스 등
수생초류		수련, 연꽃, 붕어마름, 창포류, 마름 등

[샐비어]

[채송화]

[팬지]

[수선화]

02장 조경기능사 수목감별 표준수종

2020. 01. 15(수) 개정

순서	수목명	순서	수목명	순서	수목명	순서	수목명	순서	수목명
1	가막살나무	26	단풍나무	51	백송	76	신나무	101	칠엽수
2	가시나무	27	담쟁이덩굴	52	버드나무	77	아까시나무	102	태산목
3	갈참나무	28	당매자나무	53	벽오동	78	앵도나무	103	탱자나무
4	감나무	29	대추나무	54	병꽃나무	79	오동나무	104	백합나무
5	감탕나무	30	독일가문비	55	보리수나무	80	왕벚나무	105	팔손이
6	개나리	31	돈나무	56	복사나무	81	은행나무	106	팔배나무
7	개비자나무	32	동백나무	57	복자기	82	이팝나무	107	팽나무
8	개오동	33	등	58	붉가시나무	83	인동덩굴	108	풍년화
9	계수나무	34	때죽나무	59	사철나무	84	일본목련	109	피나무
10	골담초	35	떡갈나무	60	산딸나무	85	자귀나무	110	피라칸타
11	곰솔	36	마가목	61	산벚나무	86	자작나무	111	해당화
12	광나무	37	말채나무	62	산사나무	87	작살나무	112	향나무
13	구상나무	38	매화(실)나무	63	산수유	88	잣나무	113	호두나무
14	금목서	39	먼나무	64	산철쭉	89	전나무	114	호랑가시나무
15	금송	40	메타세쿼이아	65	살구나무	90	조릿대	115	화살나무
16	금식나무	41	모감주나무	66	상수리나무	91	졸참나무	116	회양목
17	꽝꽝나무	42	모과나무	67	생강나무	92	주목	117	회화나무
18	낙상홍	43	무궁화	68	서어나무	93	중국단풍	118	후박나무
19	남천	44	물푸레나무	69	석류나무	94	쥐똥나무	119	흰말채나무
20	노각나무	45	미선나무	70	소나무	95	진달래	120	히어리
21	노랑말채나무	46	박태기나무	71	수국	96	쪽동백나무	[삭제] 카이즈카향나무, 꽃사과나무	
22	녹나무	47	반송	72	수수꽃다리	97	참느릅나무		
23	눈향나무	48	배롱나무	73	쉬땅나무	98	철쭉	[추가] 스트로브잣나무, 풍년화, 오동나무	
24	느티나무	49	백당나무	74	스트로브잣나무	99	측백나무		
25	능소화	50	백목련	75	신갈나무	100	층층나무		

※ 해당 표준목록 범위와 명칭 기준을 준수, 해당 120수종 범위에서 출제, 수험자 답안 작성 시 해당 수목명으로 작성하여야만 정답으로 인정

1 가막살나무

개화 시기	5월	잎 크기	6~11cm	꽃 색	흰색
꽃 크기	5~6mm	열매 시기	9~11월	열매 색	붉은색

2 가시나무

개화 시기	4~5월	잎 크기	7~12×2~3cm	수피 색	회흑색
나무 크기	15~20m	열매 시기	10월	열매 색	갈색

3 갈참나무

개화 시기	5월	잎 크기	5~30×3~19cm	꽃 색	–
꽃 크기	–	열매 시기	9월~10월	열매 색	갈색

4 감나무

개화 시기	5~6월	잎 크기	7~17×4~10cm	꽃 색	담황색
꽃 크기	15~18mm	열매 시기	10월	열매 색	황적색

5 감탕나무

개화 시기	5월	잎 크기	6~11×6.5~10.6cm	꽃 색	황록색
꽃 크기	5~6mm	열매 시기	8~9월	열매 색	붉은색

6 개나리

개화 시기	3~4월	잎 크기	3~12×3cm	꽃 색	노란색
꽃 크기	1.5~2.5cm	열매 시기	9월	열매 색	갈색

7 개비자나무(관목)

개화 시기	3~4월	잎 크기	37~40×3~4mm	꽃 색	–
꽃 크기	5mm	열매 시기	8~9월	열매 색	적색

8 개오동

개화 시기	6월	잎 크기	10~25cm	꽃 색	황백색
꽃 크기	25mm	열매 시기	9~10월	열매 색	암갈색

9 계수나무

개화 시기	5월	잎 크기	3~7.5m	꽃 색	연한 홍색
꽃 크기	–	열매 시기	8월	열매 색	암자갈색

10 골담초

개화 시기	5월	잎 크기	1~3cm	꽃 색	노란색
꽃 크기	2.5~3mm	열매 시기	9월	열매 색	–

11 곰솔

개화 시기	5월	잎 크기	9~14cm×1.5mm	꽃 색	자줏빛 갈색
꽃 크기	1.5cm	열매 시기	9월	열매 색	녹갈색

흑색(해송)

12 광나무

개화 시기	7~8월	잎 크기	3~10×1.5~4.5cm	꽃 색	흰색
꽃 크기	5~12×5~12cm	열매 시기	9월	열매 색	검정색

13 구상나무

개화 시기	5~6월	잎 크기	9~14×2.1~2.4mm	꽃 색	다양하다.
꽃 크기	1~1.8cm	열매 시기	9월	열매 색	녹갈색, 자갈색

※ 구상나무의 꽃은 노란색, 분홍색, 자주색 등으로 다양하다.

14 금목서

개화 시기	9~10월	잎 크기	7~12×2.5~4cm	꽃 색	등황색
꽃 크기	7~10mm	열매 시기	10월	열매 색	암자색

15 금송

개화 시기	3월	잎 크기	너비 3mm	수피 색	붉은 갈색
꽃 크기	–	열매 시기	10월	수형	원뿔형

16 금식나무

개화 시기	3~4월	잎 크기	5~20×2~10cm	꽃 색	자주색
꽃 크기	8mm	열매 시기	10월	열매 색	적색

17 꽝꽝나무

개화 시기	5~6월	잎 크기	1.5~3cm×6~20mm	꽃 색	흰색
꽃 크기	–	열매 시기	9월 말~11월 중순	열매 색	검정색

18 낙상홍

개화 시기	6월	잎 크기	4~8×3~4cm	꽃 색	연한 자줏빛
꽃 크기	3~4mm	열매 시기	10월	열매 색	붉은색

19 남천

개화 시기	6~7월	잎 크기	–	꽃 색	흰색
꽃 크기	–	열매 시기	10월	열매 색	붉은색

20 노각나무

개화 시기	6월 말~8월 초	잎 크기	4~10×2~5cm	꽃 색	–
꽃 크기	–	열매 시기	9월 말~10월 중순	열매 색	황적색

21 노랑말채나무

개화 시기	5~6월	잎 크기	5~10×3~4cm	꽃 색	흰색
꽃 크기	–	열매 시기	9~10월	열매 색	흰색

22 녹나무

개화 시기	5월	잎 크기	6~10×3~6cm	꽃 색	흰색에서 노란색
꽃 크기	4.5mm	열매 시기	10~11월	열매 색	검은색

23 눈향나무

개화 시기	4~5월	잎 크기	1.5~3×1.1~1.5mm	꽃 색	–
꽃 크기	2mm	열매 시기	10월	열매 색	흑자색

24 느티나무

개화 시기	4~5월	잎 크기	2~7×1~2.5cm	꽃 색	노란색
꽃 크기	3mm	열매 시기	10월	열매 색	검붉은색

25 능소화

개화 시기	8~9월	잎 크기	3~6cm	꽃 색	황적색
꽃 크기	6~8mm	열매 시기	10월	열매 색	–

26 단풍나무

개화 시기	5월	잎 크기	5~7×6~8cm	꽃 색	–
꽃 크기		열매 시기	10월	열매 색	–

※ 원형에 가깝지만 5~9 갈래로 갈라지며, 열매는 시과로 길이 1cm 정도로, 털이 없으며 날개는 긴 타원형이다.

27 담쟁이덩굴

개화 시기	5월	잎 크기	4~10×10~20cm	꽃 색	황록색
꽃 크기	–	열매 시기	8~10월	열매 색	검정색

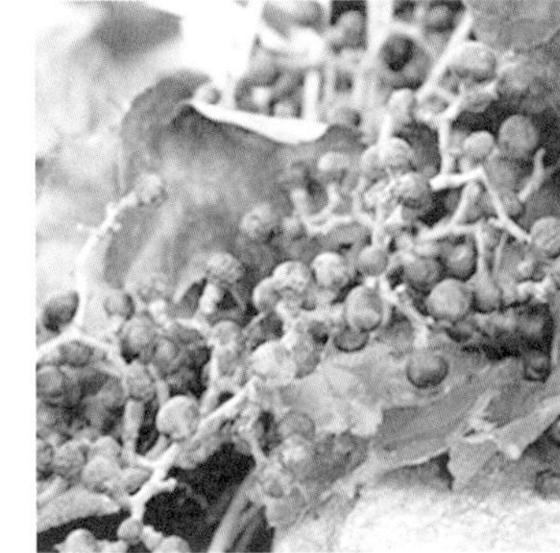

28 당매자나무

개화 시기	4~5월	잎 크기	2~4cm	꽃 색	황색
꽃 크기	–	열매 시기	9월	열매 색	붉은색

29 대추나무

개화 시기	5~7월	잎 크기	2~6×1~2.5cm	꽃 색	황록색
꽃 크기	5~6mm	열매 시기	9~10월	열매 색	암갈색

30 독일가문비

개화 시기	5~6월	잎 크기	15.9~26.3×0.8~1.3mm	꽃 색	자홍색, 황갈색
꽃 크기	5mm	열매 시기	10월	열매 색	갈색

31 돈나무

개화 시기	5~6월	잎 크기	4~10×2~4cm	꽃 색	백색
꽃 크기	–	열매 시기	10월	열매 색	연한 녹색

32 동백나무

개화 시기	1~3월	잎 크기	5~12×3~7cm	꽃 색	적색
꽃 크기	–	열매 시기	9~10월	열매 색	녹색바탕에 붉은색

33 등

개화 시기	5월	잎 크기	4~8cm	꽃 색	연한 자주색
꽃 크기	–	열매 시기	9월	열매 색	적색

34 때죽나무

개화 시기	5~6월	잎 크기	2~8×2~4cm	꽃 색	흰색
꽃 크기	1.5~3.5cm	열매 시기	9월	열매 색	회백색

35 떡갈나무

개화 시기	5월	잎 크기	5~42×3.5~27cm	꽃 색	수꽃은 녹색
꽃 크기	–	열매 시기	10월	열매 색	갈색

36 마가목

개화 시기	5월	잎 크기	2.5×8cm	꽃 색	흰색
꽃 크기	8~10mm	열매 시기	9~10월	열매 색	붉은색

37 말채나무

개화 시기	6월	잎 크기	5~14cm	꽃 색	흰색
꽃 크기	7~8cm	열매 시기	9~10월	열매 색	검은색

38 매화(실)나무

개화 시기	4월	잎 크기	4~10cm	꽃 색	흰색
꽃 크기	2.5cm	열매 시기	6~7월	열매 색	황록색

39 먼나무

개화 시기	5~6월	잎 크기	4~11×3~4cm	꽃 색	흰색
꽃 크기	4mm	열매 시기	10월	열매 색	붉은색

40 메타세쿼이아

개화 시기	2~3월	잎 크기	6.7~28.2×0.6~1.6cm	꽃 색	수꽃은 노란색
꽃 크기	4.3~7.3mm	열매 시기	10~11월	열매 색	갈색

41 모감주나무

개화 시기	6~7월	잎 크기	3~10×3~5cm	꽃 색	황색
꽃 크기	1cm	열매 시기	9~10월	열매 색	검정색

42 모과나무

개화 시기	4월	잎 크기	2.5~3cm	꽃 색	연한 분홍색
꽃 크기	–	열매 시기	9~10월	열매 색	황색

43 무궁화

개화 시기	8~9월	잎 크기	–	꽃 색	분홍색
꽃 크기	6~10cm	열매 시기	10월	열매 색	갈색

44 물푸레나무

개화 시기	4~5월	잎 크기	6~15×3~7cm	꽃 색	–
꽃 크기	5mm	열매 시기	9월	열매 색	–

45 미선나무

개화 시기	3~4월	잎 크기	3~8×0.5~3cm	꽃 색	흰색
꽃 크기	3~4mm	열매 시기	9월	열매 색	–

46 박태기나무

개화 시기	4월	잎 크기	6~11cm	꽃 색	자주색
꽃 크기	1.2~1.8cm	열매 시기	8~9월	열매 색	황록색

47 반송

개화 시기	5월	잎 크기	8~14cm×5mm	꽃 색	타원형 갈색
꽃 크기	–	열매 시기	9~10월	열매 색	검은 갈색

48 배롱나무

개화 시기	8~9월	잎 크기	2.5~7cm	꽃 색	분홍색
꽃 크기	10~20cm	열매 시기	10월	열매 색	갈색

49 백당나무

개화 시기	5~6월	잎 크기	4~12cm	꽃 색	흰색
꽃 크기	3cm	열매 시기	9월	열매 색	붉은색

50 백목련

개화 시기	3~4월	잎 크기	10~15cm	꽃 색	흰색
꽃 크기	–	열매 시기	9월	열매 색	주황색

51 백송

개화 시기	4~5월	잎 크기	43.2~77.9×1~1.5.0mm	꽃 색	–
꽃 크기	6.6~12.3mm	열매 시기	10월	열매 색	흑갈색

52 버드나무

개화 시기	4월	잎 크기	5~12×7~20cm	꽃 색	어두운 자주색
꽃 크기	1~2cm	열매 시기	5월	열매 색	–

53 벽오동

개화 시기	6~7월	잎 크기	16~25×16~25cm	꽃 색	담황색
꽃 크기	–	열매 시기	10월	줄기 색	푸른색

54 병꽃나무

개화 시기	4월	잎 크기	1~7×35cm	꽃 색	적색
꽃 크기	–	열매 시기	9~10월	열매 특징	삭과로 잔털이 있다.

55 보리수나무

개화 시기	5~6월	잎 크기	3~7×1~3cm	꽃 색	노란색
꽃 크기	-	열매 시기	7~9월	열매 색	붉은색

56 복사나무

개화 시기	4~5월	잎 크기	8~15×15~35cm	꽃 색	흰색 또는 분홍색
꽃 크기	2.5~3.3cm	열매 시기	7~9월	열매 색	등황색

57 복자기

개화 시기	5월	잎 크기	7~8×5cm	수피 색	흰색
가지	붉은색	열매 시기	9~10월	열매 색	회백색

58 붉가시나무

개화 시기	3~4월	잎 크기	37~40×3~4cm	꽃 색	수꽃은 갈황색
꽃 크기	5mm	열매 시기	10월	열매 색	적색

59 사철나무

개화 시기	6~7월	잎 크기	3~7×3~4cm	꽃 색	황백색
꽃 크기	7mm	열매 시기	10월	열매 색	붉은색

60 산딸나무

개화 시기	6월	잎 크기	5~12×3.5~7cm	꽃 색	흰색
꽃 크기	3~9×2~3cm	열매 시기	10월	열매 색	붉은색

61 산벚나무

개화 시기	4~5월	잎 크기	8~12×4~7cm	꽃 색	흰색
꽃 크기	25~40mm	열매 시기	6~8월	열매 색	검은 보라색

62 산사나무

개화 시기	4~5월	잎 크기	5~10×4~6cm	꽃 색	흰색
꽃 크기	1.8cm	열매 시기	9~10월	열매 색	붉은색

63 산수유

개화 시기	3~4월	잎 크기	4~12×205~6cm	꽃 색	노란색
꽃 크기	4~5mm	열매 시기	8월	열매 색	붉은색

64 산철쭉

개화 시기	4~5월	잎 크기	3~8×1~3cm	꽃 색	연한 자주색
꽃 크기	5~6cm	열매 시기	9월	열매 색	갈색

65 살구나무

개화 시기	4월	잎 크기	6~8×4~7cm	꽃 색	홍색
꽃 크기	25~35mm	열매 시기	7월	열매 색	황색

66 상수리나무

개화 시기	3~4월	잎 크기	37~40×3~4cm	꽃 색	–
꽃 크기	5mm	열매 시기	10월	열매 색	적색

67 생강나무

개화 시기	3~5월	잎 크기	5~15×4~13cm	꽃 색	노란색
꽃 크기	–	열매 시기	9~10월	열매 색	검은색

68 서어나무

개화 시기	4~5월	잎 크기	4~6×2~3cm	꽃 색	–
꽃 크기	–	열매 시기	10월	열매 색	–

※ 특징 : 가지에 털이 없고 열매의 비늘잎 양쪽에 톱니가 있다.

69 석류나무

개화 시기	5~7월	잎 크기	2~8cm	꽃 색	붉은 색
꽃 크기	2~5cm	열매 시기	9~10월	열매 색	황색 또는 황홍색

70 소나무

개화 시기	5월	잎 크기	40~106×0.5~1.3mm	꽃 색	–
꽃 크기	–	열매 시기	9~10월	열매 색	황갈색

71 수국

개화 시기	6~7월	잎 크기	7~15×5~10cm	꽃 색	다양하다.
꽃 크기	10~15cm	열매 시기	–	열매 색	–

※ 수국의 꽃 색은 자주색, 파란색, 붉은색, 흰색 등으로 다양하다.

72 수수꽃다리

개화 시기	4월	잎 크기	5~12cm	꽃 색	자주색
꽃 크기	2cm	열매 시기	9~10월	열매	타원형 삭과

73 쉬땅나무

개화 시기	6~7월	잎 크기	6~10×1.5~2cm	꽃 색	흰색
꽃 크기	5~6mm	열매 시기	9~10월	열매	쪽꼬투리 열매

74 스트로브잣나무

개화 시기	4월	잎 크기	6~14cm	높이	25~50m
구과 길이	8~20cm	열매 시기	9월	열매 색	자갈색

75 신갈나무

개화 시기	4~5월	잎 크기	7~20cm	겨울눈	붉은 갈색
수피 색	회갈색, 암회색	열매 시기	9월	열매 색	갈색

76 신나무

개화 시기	5월	잎 크기	4~8×3~6cm	꽃 색	–
꽃 크기	–	열매 시기	8~10월	열매 색	–

77 아까시나무

개화 시기	5~6월	잎 크기	2.5~4.5cm	꽃 색	–
꽃 크기	15~20mm	열매 시기	9월	열매 색	흑갈색

78 앵도나무

개화 시기	4월	잎 크기	5~7×3~4cm	꽃 색	–
꽃 크기	–	열매 시기	6월	열매 색	붉은색

79 오동나무

개화 시기	5~6월	잎 크기	15~23×3~4cm	꽃 색	자주색
꽃 크기	–	열매 시기	10월	열매	달걀 모양으로 끝이 뾰족

80 왕벚나무

개화 시기	4~5월	잎 크기	6~12cm	꽃 색	흰색 또는 홍색
꽃 크기	3cm 안팎	열매 시기	6~7월	열매 색	흑자색

81 은행나무

개화 시기	3~4월	잎 크기	37~40×3~4cm	꽃 색	수꽃은 연노란색
꽃 크기	5mm	열매 시기	10월	열매 색	적색

82 이팝나무

개화 시기	5~6월	잎 크기	3~5×2.5~6cm	꽃 색	흰색
꽃 크기	–	열매 시기	9~10월	열매 색	짙은 검은색

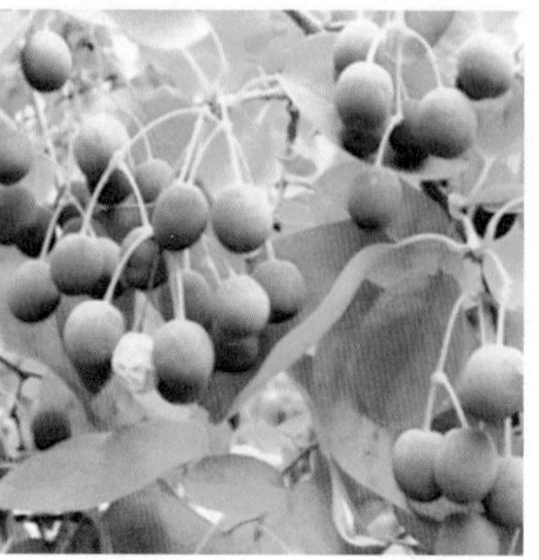

83 인동덩굴

개화 시기	6~7월	잎 크기	3~8×1~4cm	꽃 색	흰색에서 노란색
꽃 크기	–	열매 시기	9~10월	열매 색	검은색

84 일본목련

개화 시기	5월	잎 크기	20~40×13~25cm	꽃 색	흰색
꽃 크기	15cm	열매 시기	10월	열매 색	홍자색

85 자귀나무

개화 시기	6~7월	잎 크기	6~15×2.5~4mm	꽃 색	연분홍색
꽃 크기	수술, 3cm	열매 시기	9~10월	열매 색	붉은 갈색

86 자작나무

개화 시기	4~5월	잎 크기	5~7×4~6cm	꽃 색	–
수피 색	흰색	열매 시기	9~10월	잎 모양	삼각형 난형, 끝이 매우 뾰족

87 작살나무

개화 시기	8월	잎 크기	3～12×2.5～5cm	꽃 색	연한 자주색
꽃 크기	1.5～3cm	열매 시기	10월	열매 색	보라색

88 잣나무

개화 시기	5월	잎 크기	56.5～134.7×0.7～1.5mm	꽃 색	수꽃은 붉은 자주색
꽃 크기	붉은 갈색	열매 시기	10월	열매 색	갈색

89 전나무

개화 시기	4월	잎 크기	17.3～39×1.6～2.3mm	꽃 색	황록색
꽃 크기	15mm	열매 시기	10월	열매 색	갈색

90 조릿대

개화 시기	4월	잎 크기	10～25cm	꽃 색	자주색
높이	1～2m	열매 시기	5～6월	꽃 크기	6mm

91 졸참나무

개화 시기	4~5월	잎 크기	2~10×1.5~7cm	꽃 색	–
꽃 크기	–	열매 시기	9~10월	열매 색	갈색

※ 특징 : 잎 뒷면이 희며, 타원형의 도토리가 달린다.

92 주목

개화 시기	4월	잎 크기	7~21.2×1.7~3.3mm	꽃 색	수꽃 : 갈색/암꽃 : 녹색
꽃 크기	3.5mm	열매 시기	8~9월	열매 색	붉은색

93 중국단풍

개화 시기	4월	잎 색	표면 : 녹색/뒷면 : 회백색	꽃 색	연한 노란색
꽃 크기	2mm	열매 시기	8~10월	열매 색	–

94 쥐똥나무

개화 시기	5~6월	잎 크기	2~6cm	꽃 색	백색
꽃 크기	7~10mm	열매 시기	10월	열매 색	검은색

95 진달래

개화 시기	3~4월	잎 크기	4~7×1.5~2.5cm	꽃 색	분홍색
꽃 크기	3~4.5cm	열매 시기	11월	열매 색	붉은 노란색

96 쪽동백나무

개화 시기	5~6월	잎 크기	7~20×8~20cm	꽃 색	흰색
꽃 크기	2cm	열매 시기	9월	열매 색	–

97 참느릅나무

개화 시기	9월	잎 크기	3~5×1.5~2.5cm	꽃 색	황갈색
꽃 크기	–	열매 시기	9~11월	열매 색	담갈색

98 철쭉

개화 시기	4~6월	잎 크기	5~8×3~6cm	꽃 색	붉은 자주색
꽃 크기	5~8cm	열매 시기	10~11월	열매 색	붉은 갈색

99 측백나무

개화 시기	4월	잎 크기	1.6~2.8×1.3~2.3mm	꽃 색	–
꽃 크기	–	열매 시기	9월	열매 색	–

100 층층나무

개화 시기	5월	잎 크기	5~12×3~8cm	꽃 색	흰색
꽃 크기	5~12cm	열매 시기	8~10월	열매 색	검은색

101 칠엽수

개화 시기	6월	잎 크기	30~12cm	꽃 색	붉홍 반점이 있는 흰색
꽃 크기	15×20cm	열매 시기	10월	열매 색	황갈색

102 태산목

개화 시기	5~6월	잎 크기	3~6cm	꽃 색	흰색
꽃 크기	15~20cm	열매 시기	9~10월	열매 색	황색

103 탱자나무

개화 시기	5~6월	잎 크기	3~6cm	꽃 색	흰색
꽃 크기	–	열매 시기	9~10월	열매 색	황색

104 백합나무

개화 시기	5~6월	잎 크기	15cm	꽃 색	녹색을 띤 노란색
꽃 크기	6cm	열매 시기	9~10월	열매 색	갈색

105 팔손이

개화 시기	10~11월	잎 크기	20~40cm	꽃 색	흰색
꽃 크기	5~8cm	열매 시기	5월	열매 색	검은색

106 팥배나무

개화 시기	5~6월	잎 크기	5~10cm	꽃 색	흰색
꽃 크기	1cm	열매 시기	9~10월	열매 색	붉은색

107 팽나무

개화 시기	5월	잎 크기	4~11×3~5cm	꽃 색	-
꽃 크기	-	열매 시기	10월	열매 색	붉은색이 강한 노란색

108 풍년화

개화 시기	3~4월	잎 크기	4~24×3~8cm	꽃 색	노란색, 자주색
꽃 크기	-	열매 시기	10~11월	열매 색	검은색

109 피나무

개화 시기	5~7월	잎 크기	3~9×3~7cm	수피 색	흰색
꽃 크기	15mm	열매 시기	8~9월	열매 색	갈색

110 피라칸타

개화 시기	5~6월	잎 크기	5~6×5~10mm	꽃 색	흰색
꽃 크기	4~5mm	열매 시기	9~10월	열매 색	황적색

111 해당화

개화 시기	5~7월	잎 크기	2~5cm	꽃 색	홍자색
꽃 크기	6~9cm	열매 시기	7~8월	열매 색	적색

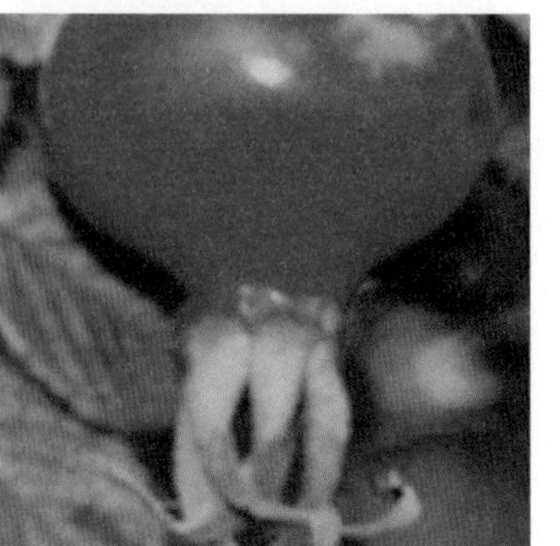

112 향나무

개화 시기	3~4월	잎 크기	37~40×3~4cm	꽃 색	수꽃은 황색
꽃 크기	5mm	열매 시기	9~10월	열매 색	적색

113 호두나무

개화 시기	5월	잎 크기	7~20×5~20cm	수피 색	회백색
꽃 크기	–	열매 시기	9월	열매 색	연한 갈색

114 호랑가시나무

개화 시기	4~5월	잎 크기	3.5~10cm	수피 색	회백색
꽃 크기	7mm	열매 시기	10~12월	열매 색	붉은색

115 화살나무

개화 시기	5월	잎 크기	3~5cm	꽃 색	황록색
꽃 크기	–	열매 시기	10월	열매 색	붉은색

116 회양목

개화 시기	3~4월	잎 크기	12~17mm	꽃 색	노란색
수피 색	회색	열매 시기	9~10월	열매 색	갈색

117 회화나무

개화 시기	8월	잎 크기	2.5~6cm×15~25mm	꽃 색	노란색을 띤 흰색
꽃 크기	–	열매 시기	10월	열매 색	갈색

118 후박나무

개화 시기	5~6월	잎 크기	7~15×3~7cm	꽃 색	황록색
꽃 크기	–	열매 시기	7~8월	열매 색	흑자색

119 흰말채나무

개화 시기	5~6월	잎 크기	5~10cm	꽃 색	황백색
꽃 크기	4~5mm	열매 시기	8~9월	열매 색	백색

120 히어리

개화 시기	3~4월	잎 크기	5~9×7~10.5cm	꽃 색	연한 황록색
꽃 크기	7~8cm	열매 시기	9월	열매 색	검은색

MEMO

조경기능사 실기

발행일 | 2021. 1. 10 초판 발행
2022. 1. 20 개성 1판1쇄
2023. 1. 10 개정 2판1쇄
2024. 2. 10 개정 3판1쇄
2024. 5. 10 개정 3판2쇄
2025. 1. 10 개정 4판1쇄

저 자 | 정용민
발행인 | 정용수
발행처 | 예문사

주 소 | 경기도 파주시 직지길 460(출판도시) 도서출판 예문사
TEL | 031) 955-0550
FAX | 031) 955-0660
등록번호 | 11-76호

• 예문사 홈페이지 http://www.yeamoonsa.com

정가 : 28,000원

ISBN 978-89-274-5634-6 13520